MANNING

JUnit实战

（第2版）

JUnit IN ACTION

SECOND EDITION

〔美〕 Petar Tahchiev　Felipe Leme
Vincent Massol　Gary Gregory　著
王魁　译

人民邮电出版社
北京

图书在版编目（CIP）数据

JUnit实战 : 第2版 / (美) 塔凯文 (Tahchiev,P.) 等著 ; 王魁译. -- 北京 : 人民邮电出版社, 2012.4（2022.1重印）
ISBN 978-7-115-27475-5

Ⅰ. ①J… Ⅱ. ①塔… ②王… Ⅲ. ①JAVA语言—程序设计 Ⅳ. ①TP312

中国版本图书馆CIP数据核字(2012)第014947号

JUnit 实战（第 2 版）

◆ 著　[美] Petar Tahchiev　Felipe Leme
　　Vincent Massol　Gary Gregory
　译　王　魁
　责任编辑　杜　洁
◆ 人民邮电出版社出版发行　北京市丰台区成寿寺路 11 号
　邮编　100164　电子邮件　315@ptpress.com.cn
　网址　http://www.ptpress.com.cn
　北京九州迅驰传媒文化有限公司印刷
◆ 开本：800×1000　1/16
　印张：29.25　2012 年 4 月第 1 版
　字数：640 千字　2022 年 1 月北京第 18 次印刷

著作权合同登记号　图字：01-2009-3551 号

ISBN 978-7-115-27475-5

定价：79.00 元

读者服务热线：(010) 81055410　印装质量热线：(010) 81055316
反盗版热线：(010) 81055315
广告经营许可证：京东市监广登字 20170147 号

内容提要

本书从认识 JUnit、不同的测试策略、JUnit 与构建过程、JUnit 扩展 4 个方面，由浅入深、由易到难地对 JUnit 展开了系统的讲解，包括探索 JUnit 的核心、软件测试原则、测试覆盖率与开发、使用 stub 进行粗粒度测试、使用 mock objects 进行测试、容器内测试、从 Ant 中运行 JUnit 测试、从 Maven2 中运行 JUnit 测试、持续集成工具、表示层的测试、Ajax 测试、使用 Cactus 进行服务器端的 Java 测试、测试 JSF 应用程序、测试 OSGi 组件、测试数据库访问、测试基于 JPA 的应用程序、JUnit 的其他用法等内容。

本书不仅仅介绍了使用 JUnit 框架测试项目必须掌握的核心概念，还指导读者如何使用 JUnit 框架编写自己的测试用例，并针对在编写代码的过程中如何使得代码可测试给出建议。本书还介绍了基础的软件开发原则，如测试驱动开发（TDD）等，以便指导用户如何使用不同的工具来测试典型 Java EE 应用程序的每一层。此外，本书也提供了几个附录，以帮助读者快速转换到最新版本的 JUnit，并且能够轻松地集成自己喜欢的 IDE。

本书适合于已具有一定 Java 编程基础的读者，以及在 Java 平台下进行各类软件开发的开发人员、测试人员。对于单元测试学习者和编程爱好者来说，本书则具有极高的学习参考价值。

对本书第一版的赞誉

本书是关于单元测试 Java EE 组件的最佳指导手册。如果你正在寻找一些更加令人振奋的内容，那么你可以挑选其他图书中的任意一本，但是当你准备坐下来敲出一些代码时，你就会希望有这么一本书在你身旁。

——JavaRanch.com

我肯定会向任何对测试代码感兴趣的人推荐《JUnit 实战》……它是一本结构清晰、阅读流畅的图书，并且将技术理论和实际应用进行了完美的结合。

——TheServerSide.com

对于想要了解如何正确地构建 Java EE 应用程序的中级 Java 程序员，这是一本必备指南……清晰、简单并且有趣……这是到目前为止我所看到的最好的一本 JUnit 指南……这本书的确详细地介绍了 mock objects 和 stub 的使用，进一步扩展了你对基础软件设计的理解……我强烈推荐它。

——Killersites.com

本书不是一本 JUnit 教程，它深入系统地展示了 JUnit 的方方面面。它还解释了 JUnit 在软件开发过程的环境中的重要性。在此向广大的 JUnit 初学者和 JUnit 高级用户强烈推荐这本品质精良的图书。

——Denver JUG

阅读了大量的 Mannning 图书之后，我发现自己开始以不同的方式来思考问题了，这也促使我成为一名更优秀的开发者，《JUnit 实战》对我而言就是这样一本书。一开始，它打乱了我的开发节奏，因为为了测试我的代码，我不得不对它们进行修改，但是，随后我就发现所做的这些修改使得代码在整体上变得更好。现在我的代码充斥着各种工厂方法和类似的模式。你们这些家伙正在做一些好东西。

——Joshua Smith，一位读者

示例清晰，具有很强的实用性。作者们解决了单元测试 EJB 和 Web 应用所面临的各种复杂问题。他们并没有回避测试这些应用程序所带来的真正问题。

——Wade Matveyenko，一位读者

前言

作为一个屡获殊荣的数学家，我无法容忍平庸。这就是数学所教给我的——不要停止，直到你把它完成，并且不仅要用好的方法，而且要用最好的方法。

当我开始编写软件时，我发现这条原则同样适用。我认识一些同事，他们对自己的工作非常马虎随便，并且我也看到了他们因为自己的疏忽大意而深受其害。他们不耐烦地完成他们的任务，从不担心他们开发的软件质量，更不用说寻找可能的最佳解决方案。对于那些家伙，重用相同的代码就意味着，在任何他们需要相同代码的地方简单地复制和粘贴它即可。我看到了不耐烦地尽快完成任务是如何导致相同的任务一次又一次地被重新打开，因为编写代码时所产生的 bug 和问题。

值得庆幸的是，那类同事已经很少见了。大多数我的朋友都是值得我向他们学习的人。我曾有机会为惠普公司工作，不仅与技术团队合作，而且还与各级项目经理共事，并从他们那里我学到了提供高质量软件产品的秘密。

后来，我加入了 Apache 软件基金会（Apache Software Foundation，ASF），在那里我有机会与一些全球最顶级的软件开发人员一起工作。我研究了他们编写代码、编写测试用例以及在我们之间分享信息的最佳做法和习惯，并且我可以为惠普的一些最大客户将我学习到的知识和技能应用到各个项目中。

我逐渐对确保软件产品的可持续质量的问题发生了兴趣。然后，我在 2008 年春天遇到了 Vincent Massol 和 Felipe Leme。我曾在 ASF 与他们俩一起为了 Cactus 框架工作。Vince 建议我为他 5 年前撰写的畅销书编写最新的修订版。虽然这个计划是确定的，但是我还需要一些兴趣相投的伙伴来帮我一起实现它。这时候我联系了 Felipe Leme 和 Gary Gregory。他们俩都愿意帮忙编写一些章节。

在这之后事情的进展就顺利多了，带着修订 Vince 作品的最初目的，我们花了一年半的时间来编写新版本。如果有人在一开始就告诉我这项工作会有多么艰难，我肯定以为他在吓唬我。这就是为什么我觉得我需要向 Manning 团队表示衷心感谢的原因——他们使得整个写书的过程轻松了许多。

现在这本书已经出版，并且你可以把它捧在手中，我希望你会喜欢它。为了完成这本书，我们经历了一段艰难的旅程，但是现在它终于完成了。我知道你会从我们的书中学到很多新的东西，因为我确信你会提高你的软件质量——你已经迈出了第一步。

Petar Tahchiev

关于本书

欢迎阅读《JUnit 实战》第 2 版！如果你拿起这本书，那么你就有可能是一名关注软件产品质量的 Java 开发人员。或许你使用过早期版本的 JUnit 框架，或许你使用过其他的测试框架，亦或许这是你第一次接触软件测试。无论你之前拥有什么样的经历，你都可能对提高软件过程和软件质量感兴趣。本书旨在帮助读者掌握软件测试的基础知识和相关技能。软件测试包括了许多解决具体任务的项目、测试应用的不同组件和层。在软件测试中，最核心的角色是 JUnit 框架。大约 10 年前，Erich Gamma 和 Kent Beck 编写了这个框架，事实上它已经成为 Java 测试领域的测试标准。JUnit 框架最新的 4.x 版本不仅仅是 3.x 版本的修订版，还带来了更多的变化。如果你还没有听说过 JUnit 框架，那么根据书名，你可能会期待找到一个行之有效的老框架的新版本。但事实并非如此。不同于 JUnit 的早期版本，4.x 版本中引入一种新的方法并重新编写了整个框架。因此，也就有必要对本书的第一版进行修订了。

在《JUnit 实战》第 2 版中，我们介绍了使用 JUnit 框架测试项目必须掌握的核心概念。但是，这并不是本书全部的内容！本书不仅教用户如何使用 JUnit 框架编写自己的测试用例（test case），而且还针对在编写代码的过程中如何使得代码可以测试给出建议。本书还介绍了基础的软件开发原则，如测试驱动开发（TDD）等。它也将逐步指导用户如何测试每一个典型 Java EE 应用的每一层，例如，前层，使用诸如 Selenium 和 JSFUnit 此类的扩展工具；业务层，使用诸如 Cactus、mock objects 和 stub 此类的工具；最后的数据库和 JPA 层，使用诸如 DBUnit 之类的工具。

本书分为几个部分，其目的是按照由浅入深、由易到难的顺序对 JUnit 进行讲解。第 1 部分包括了头几章，介绍了 JUnit 框架的技术背景，高度概括了其构架，并展示了一个非常简单的 HelloWorld 示例应用程序，以帮助读者搭建和运行自己的测试环境。在简短介绍 JUnit 后，我们又利用几章的篇幅逐一介绍了所有重要的概念和框架组件，并深入讨论了每一个组件的功能。

本书的第 2 部分介绍了不同的测试技术：mock 方法和容器内方法，还介绍了一些新工具，以便创建我们需要的模拟对象。本书的第 3 和第 4 部分详细讨论了第三方工具/JUnit 扩展，我们使用它们来测试不同应用的不同层。此外，本书也提供了几个附录，以帮助读者快速转换到最新版本的 JUnit，并且能够轻松地集成自己喜欢的 IDE。

本书结构

第 1 章帮助你快速入门。本章通俗易懂地介绍了测试是什么、如何有效地进行测试、如何编写自己第一个测试用例。通过对这一章的阅读，你会充分意识到测试是自然而然产生的，它总是在开发期间发生。

第 2 章深入讨论了 JUnit 构架及其构成。在这一章中，介绍了大部分的 JUnit 常用功能。

在第 3 章中，我们开始创建一个应用程序实例。你将掌握几种设计模式并使用它们创建应用程序。在后面的章节中，我们还将阐述如何利用第 2 章介绍的 JUnit 功能有效地测试应用程序。

第 4 章着眼于几个重要方面：单元测试的必要性、已有软件测试的不同特点、不同测试类型之间的区别。我们也针对如何搭建不同的开发和测试环境给出了有效的建议。

在第 5 章中，我们将讨论测试质量的话题。我们继续探讨几个关键问题，如如何改善测试、如何提高测试覆盖面、如何设计应用程序构架以便使应用程序更易于测试。本章的最后简要地介绍了测试驱动开发（TDD）方法。

第 6 章详细介绍了 stub 技术，通常在无法获得系统资源时使用这种技术来模拟系统资源。在这一章中，我们提供了一个示例：通过使用 Jetty 嵌入式 servlet 容器来替换 servlet 容器。

第 7 章阐述了另一种在测试中加入模拟对象的方法：mock objects。当你处于封闭的 API 下进行编程，并且你无法修改或实例化可用的资源时，这种技术就非常有用。在这一章中，我们提供了一个示例：使用两大最主流的框架 EasyMock 和 JMock 来模拟一个 Servlet 并测试它。

第 8 章简要地介绍了当缺少重要的系统对象时我们所能采用的最后一种方法：容器内测试（in-container testing）。我们在这一章中介绍这种方法，以便我们在第 14～16 章中能够展开这个话题，讨论真实环境下的容器内测试示例。作为本书第 2 部分的总结章，第 8 章中也比较了前面章节所讨论的几种方法：stub、mocks 和容器内测试。

第 9 章是本书第 3 部分的开篇之章。在这一部分中，我们的重点是 JUnit 与不同构建框架的集成。特别是在这一章中，我们介绍了 Ant 构建框架。我们告诉你如何自动执行测试，以及如何使用执行结果生成有效的、美观的报告。最后，我们使用 Ant 框架运行前面章节中的一些示例。

第 10 章继续讨论引入构建框架并使 JUnit 与之集成的方法，但在这一章中我们来看一下 Maven。

第 11 章专门介绍持续集成（Continuous Integration，CI）理论——以一种持续的方式构建项目并执行测试，以确保没有任何变化会影响项目。我们进一步介绍了两大实践持续集成的主流软件项目：CruiseControl 和 Hudson，我们也借此机会，将前面章节中的一些示例导入到这两个工具中，设置并执行它们。

从第 12 章开始进入本书的最后一部分。这一部分讨论了各种 JUnit 扩展，借助它们可以增强测试框架，从而就能完成一些通常不可能完成的具体任务。在这一部分中，我们还介绍了典型应用程序的所有层，并解释了如何测试这些层。第 12 章重点关注 Web 应用程序的表示层，所以我们介绍了 HtmlUnit 和 Selenium 工具，并明确说明了如何使用它们。

第 13 章继续关注 Web 应用程序的表示层，但在这一章中，我们将聚焦于最难的话题之一：Ajax。我们不但详细介绍了 Ajax 是什么、为什么它很难测试，还阐述了各种测试方案。最后，我们介绍了 JsUnit 项目，并就测试 Google Web Toolkit（GWT）应用程序给出了一些特别的建议。

第 14 章探讨了另一种测试表示层的方法：即已在第 8 章中提到的容器内测试（in-container testing）。为此，我们介绍了有史以来的第一个容器内测试框架：Apache Cactus 项目。

第 15 章介绍了几种特别适用于测试 JSF 应用程序的方法。这一章详细说明了如何使用另一种称为 JSFUnit 的新兴工具——一种新的容器内测试框架，它基于 Apache Cactus，专门用来测试 JSF 应用程序。

第 16 章是专门为那些对 OSGi 应用程序感兴趣的读者而准备的。在这一章中，首先简单地介绍了 OSGi 的概念，然后介绍了 JUnit 的扩展 JUnit4OSGi，并提供了几种使用模拟和容器内测试来测试 OSGi 应用程序的方法。

从第 17 章开始的最后 3 章主要讨论了数据库测试。在第 17 章中，我们全面详细地介绍了一个称为 DBUnit 的项目。我们还深入剖析了几种测试数据库的方法，无论采用了什么持久化技术。

第 18 章揭开了 JPA 测试的所有秘密：测试多层应用程序和 JPA 持久层应用程序。

第 19 章是本书的最后一章。在这一章中，我们讨论了几种提高测试效率的方法。我们还介绍了一个新项目来帮助你测试 Spring 应用程序：Unitils。

本书约定

以下印刷约定适用于全书：

- Courier 字体用于表示所有的代码列表;
- Courier 字体用于正文中表示某些代码;
- **黑体**用于强调和介绍新术语;
- 注解用于代码中进行内部注释，突出显示重要的概念或代码区域。如果注解带有编号（如❶），那么其编号将随后出现在正文中。

此外，在代码列表中，你可能偶尔还会看到**粗体**代码。

- **粗体**代码——这里使用粗体有两个目的：一是突出显示一些 Java 关键字（便于读者阅读），二是突出显示两个或多个代码列表之间的不同。

代码下载

读者可以通过 Manning 公司网站上的图书主页中的链接 www.manning.com/JUnitinActionSecondEdition 或 www.manning.com/tahchiev，下载到本书相关的源代码。该下载页面包含了一个目录结构，列出了不同章节对应的所有子模块。每个子文件夹包含了一个用来编译和打包的构建脚本，读者可以执行与之相关的测试。关于如何安装应用程序的说明已包含在下载文件中的 README 文件中。

关于源代码，有几点要特别说明一下。起初我们想采用一个大型应用程序，可以全面展示应用层中的各种测试方法。后来，我们意识到使用这样一个大型应用程序所要面临的各种困难，于是我们转而采用目录结构表示法，每一章都拥有与之对应的源代码示例。全书的源代码示例根据章名被划分到不同的子文件夹中。所有的源代码示例都包含一个 Maven 构建脚本，并且其中有一些源代码示例还包含了一个 Ant 构建脚本。为了运行书中的所有示例，读者需要在计算机中安装 Maven2。

作者在线交流

购买《JUnit 实战（第 2 版）》也就意味着你获得了免费访问 Manning 出版公司所运营的一个私有论坛的权利，在这个论坛上你可以对本书做出评价，可以提出技术问题，并从作者和其他读者那里获得帮助。你可以从 www.manning.com/JUnitinActionSecondEdition 注册并访问该论坛。这个页面提供了注册后如何访问论坛的信息，也说明了你可以获得什么帮助以及论坛的行为规则。

Manning 对读者的承诺是，提供一个让读者之间以及读者和作者之间得以有效沟通的场所，但并不承诺作者们的参与程度，作者们对本书论坛的参与仍然是自愿的（无偿的）。我们建议你向作者们提出一些具有挑战性的问题，这样他们才会有兴趣经常参与。只要本书尚未绝版，读者就可以通过出版商的网站访问作者在线（Author Online）论坛和以前讨论的存档。

关于书名

In Action 丛书的特点是理论（介绍、概述等）与实践（教你如何动手的各种示例）相结合，其目的在于帮助读者学习和记忆。根据认知科学方面的研究，人们记住的事物往往都是他们在自我探索过程中发现的事物。

虽然 Manning 公司内部没有一位是认知科学家，但是我们深信，要使得学习的效果永久，就必须经历探索、实践以及复述学到了什么这几个阶段。人们理解并记住新事物，这也就是说，只有在积极探索新事物之后人们才能掌握它们。人类在**实践**中学习。“实例驱动”是 In Action 丛书的一个基本要素。它鼓励读者尝试，实践新代码，探索新构想。

关于本书的书名，还有一个更现实的理由：我们的读者都很忙。他们因工作需要或者为了解决问题而寻求书籍的帮助。他们需要的图书是这样的：不仅可以让他们快速上手，而且还可以让他们在想学的时候只学他们想学的内容。他们需要可以在实践（In Action）中帮助他们的图书。该丛书就是专门为这类读者设计的。

关于作者

Petar Tahchiev 是一名软件工程师，担任了 Apache 软件基金会（Apache Software Foundation）的 Jakarta 项目管理委员会（PMC）成员。多年来，他一直是 Jakarta Cactus 的开发主力，也参与了 Apache Maven 开发团队。此外，他也是 JCP 成员和 Bulgarian Java User Group（BGJUG）的负责人，经常在 OpenFest、ApacheCON、CommunityONE 和许多其他会议上发表演讲。Petar 在保加利亚出生并长大，并以优异的成绩毕业于索非亚（Sofia，保加利亚首都）大学的数学系。他曾在德国和荷兰的公司（如 Unic、惠普）任职多年，现在他回到可爱的索非亚，重点发展他自己的公司 Phamola，他的公司主要为客户在如何通过技术赢得优势方面提供帮助和建议。Petar 撰写了本书的第 1～11 章、第 14～16 章以及附录 A～D。

Felipe Leme 是一名软件工程师，非常热爱 TDD（Test-Driven Development）、Java 和电脑。11 岁时，他得到了他人生中的第一台电脑，1996 年他开始学习 Java，2000 年他编写了他的第一个 JUnit 测试用例。自从 1997 年在 Campinas 州立大学（Unicamp）获得计算机工程学士学位，他就几乎只使用 Java 了，同时他也在许多方面为社区做出了贡献：开源项目（如 DbUnit）的提交者（Committer）、会议（如 JavaOne）演讲者、JCP 个人成员、java.net 上的博客和撰稿人。Felipe 撰写了本书的第 17～第 19 章。经常往返于巴西的圣保罗和美国的加利福尼亚之间后，他终于定居在旧金山的湾区（Bay Area），与他的妻子、孩子们和寄居蟹生活在一起。

Vincent Massol 在利用几年的晚上时间创建了 Jakarta Cactus 和 Codehaus Cargo 并参与 Apache Maven 开源项目后，现在正享受着全职开发 XWiki 的乐趣，XWiki 是一个提供最顶级企业维基服务的开源项目。Vincent 也是 XWiki SAS 公司的 CTO，这家公司主要提供 XWiki 开源项目方面的服务。他是本书第一版的主要作者。Vincent 生活在法国巴黎，可以通过 www.massol.net 在线联系他。

Gary Gregory 拥有超过 20 年的面向对象语言的经验，包括 Smalltalk、Java、XML、各种数据库技术。Gary 曾任职于 Ashton-Tate、ParcPlace-Digitalk 和其他几家软件公司，

目前他在 Seagull 软件公司从事现有系统集成（Legacy Integration）应用程序服务器的开发。他是 Apache 软件基金会和 Apache Jakarta 项目管理委员会的积极参与者，定期为各种 Apache Commons 项目贡献力量。Gary 在法国巴黎出生和长大，获得洛杉矶加利福尼亚大学的语言学和计算机科学学士学位。Gary 撰写了本书的第 12～第 13 章和附录 E。他和他的妻子、儿子伴随着高尔夫俱乐部、各类冲浪板生活在洛杉矶。可以通过 http://www.garygregory.com 联系他。

关于封面图片

《JUnit 实战（第 2 版）》封面上的图片名叫“Burco de Alpeo”，选自 1799 年初版于西班牙马德里的一本各地服饰习俗汇编。同样的图片出现在本书的第 1 版封面上，但在接下来的几年里，尽管已要求我们的第 1 版读者来帮忙，我们还是没能成功地破译图片名的准确含义。欢迎读者在作者在线（Author Online）论坛中发布任何关于第 2 版的新建议。

那本汇编的扉页上写道：

Coleccion general de los Trages que usan actualmente todas las Nacionas del Mundo desubierto, dibujados y grabados con la mayor exactitud por R.M.V.A.R. Obra muy util y en special para los que tienen la del viajero universal

我们尽可能照字面意思翻译：

搜集了目前在已知的世界各国中使用的服饰，由 R.M.V.A.R 提供高精度的设计和印刷。本书特别适合那些准备畅游世界各国的人士。

虽然我们对这张图片的设计师、刻版师以及为这张图片手工上色的工人一无所知，但他们在此图中投入的“精度”却是显而易见的，而这只是这本彩色汇编中众多图片中的一张。这些图片的多样性生动地表明了 200 年前世界各地的城镇和区域的独特个性。在那个时候，即使两个地方相隔几十公里，根据不同的服饰风格就能区分出哪些人属于哪些地方。

这本汇编让我们真切地感受到了那个时代（以及任何其他历史时期，除了沟通极为方便的现代以外）的隔离与距离。自那以后，服饰风格已发生了改变。那时各地如此丰富的多样风格，在今天也逐渐模糊同化了。现在通常很难依靠衣着分辨出哪个人居住在哪个洲了。或许，客观地看，我们使用文化和视觉上的多样性换取了个人生活的多样性，或者换取了更丰富也更有趣的精神世界与科技生活。

我们使用基于两个世纪以前的多样化的地区生活来做图书封面，让这本汇编中的图片重现于世，并借此来赞美计算机业的创意、进取和乐趣。

第 1 版前言

到目前为止，测试仍然是人们所能找的能确保交付的软件正常运行的最好办法。本书是 4 年来在测试领域研究和实践的成果。实践来自我的 IT 咨询背景——我曾先后在 Octo Technology 公司和 Pivolis 公司任职；研究则来自我在晚上和周末所从事的开源开发工作。

自从 1982 年我的早期编程生涯开始，我就对编写能帮助开发者写出更好代码并且提高开发速度的工具感兴趣了。这一兴趣引导我进入了软件咨询、质量改进等领域。这些日子，我在建立持续构建（continuous-build）平台，同时也在探索最佳开发实践。这两者都需要完善的测试集来支持。测试与编码活动越接近，从代码获得反馈就越快速，所以我对单元测试很感兴趣。单元测试与编码活动如此接近，以至于现在单元测试像编写代码一样成为开发活动的一部分。

这个背景使得我参与了以下这些与软件质量有关的开源项目：

- Cactus，用于对 J2EE 组件进行单元测试（(http://jakarta.apache.org/cactus/);
- Mock Objects，用于对任何代码进行单元测试（http://www.mockobjects.com/）;
- Gump，用于持续构建（http://jakarta.apache.org/gump/）;
- Maven，用于构建和持续构建（http://maven.apache.org/）;
- Pattern Testing，使用 AOP（Aspect-Oriented Programming）来检查构架和设计规则，这是一个概念验证性质的项目（http://patterntesting.sf.net/）。

由于参与了这些项目，也就有了《JUnit in Action》这本书的面世。

没有人想编写糟糕的代码。我们都希望写出可以正常工作的代码——我们都以自己的代码为荣。但是，常常事与愿违。你是否经常听到这样的话："我们是想要些测试的，但我们在压力下没有足够的时间去写。""我们一开始是写了单元测试的，但两个星期后我们就没有动力继续下去了，再往后我们就放弃了编写单元测试。"

本书将向你展示为了编写高质量的代码所需要掌握的各种工具和技能。本书手把手地教你如何高效地运用工具，避免常见的陷阱。本书将使你具备编写可以正常工作的代码的能力，还将帮你把单元测试引入日常开发活动，并建立起一套步骤，使你可以按部就班地写出稳健的代码。

最重要的是，本书向你展示了如何控制你的软件的熵（译注：指随着软件的增长或修改，软件变得复杂和紊乱的程度），而不是反过来被它控制。我想起了拉丁作家 Lucretius（公元前 94 年至公元前 55 年）在他的《On the Nature of Things》作品中写到的一些诗句（我就不列出拉丁文原文了）：

It is lovely to gaze out at the churning sea from the safety of the shore when someone else is out there fighting the waves, not because you're enjoying their troubles, but because you yourself are being spared.

这正是当你意识到自己被精良的测试集“武装”起来时你将体验到的感觉。你会看到，别人还在蹒跚挣扎；并且你会感到欣慰，因为你拥有测试，可以用来阻止任何人（包括你自己）破坏你的应用程序。

Vincent Massol

致谢

我们要感谢所有为本书的创作做出贡献的朋友。首先，要感谢 Manning 公司的 Michael Stephens 和 Marjan Bace，如果不是因为他们，就不会有这本书的面世。其次，要感谢我们的内容编辑 Sebastian Stirling，本书逻辑清晰、文字流畅，这在很大程度上要归功于他。我们也要感谢 Megan Yockey、Steven Hong、Mary Piergies、Karen Tegtmeyer、Katie Tennant、Linda Recktenwald 以及 Manning 公司的其他相关人员，他们为此所付出的努力远远超出我们的想象。特别感谢 Ivan Ivanov，在本书即将付梓之前，他还为本书进行了最后一次技术上的校对。

我们还要感谢所有在本书编写过程中抽时间阅读原稿并指出问题的开发人员。在从原稿到出版的过程中，以下参与审稿的人员为本书提供了珍贵无价的建议，使它成为一本值得读者投入时间和金钱的书：Robert Wenner、Paul Holser、Andy Dingley、Lasse Koskela、Greg Bridges、Pratic Patel、Martijn Dashorst、Leonardo Galvao、Amos Bannister、Jason Kolter、Steffen Müller、Marion Sturtevant、Deepak Vohra、Eric Raymond、Andrew Rhine、Robert Hanson、Tyson S. Maxwell、Doug Warren、David Strong、John Griffin 和 Clint Howarth。

最后，我们还要向那些订阅 Manning Early Access Program（MEAP）版的用户表示真挚的感谢；他们在作者在线（Auther Online）论坛所留下的阅读反馈，极大地提高了本书最终印刷成品的品质。

谢谢大家！

Petar Tahchiev

我想先感谢我的家人，非常感谢你们总是那么信任我。特别感谢我的姐姐，她让我真正理解了“勇气”这个词的意义。还要非常感谢我的表兄 Ivan Ivanov，他促使我开启了我生命中这段疯狂的计算机旅程。我也感谢我人生中所有的英语老师——感谢你们。感谢 Vincent Massol 使得这一切成为可能，要不是因为你的辛勤工作，就不会有这本书的存在。最后，感谢一起参与此书编写的 Felipe Leme 和 Gary Gregory，你们两位真是太棒了。我期待每天能见到你们。

Felipe Leme

首先，我要感谢那些对我职业生涯发展功不可没的人，从而使我参与此书的编写成为可能：我的父母，他们深知教育的重要性；我的中学老师们（特别是 Ivo 先生），他们给我打下了良好的写作基础，并激发我对科学的兴趣；Leonardo Galvão，他对我在《Java Magazine》上的文章的犀利点评帮助我成为一名更优秀的作家。然后，要特别感谢 Petar，不仅邀请我参与本书的编写，而且他的真知灼见和辛勤努力使得这个项目成为现实。最后，感谢我的妻子和孩子们，他们一直给予我支持和鼓舞。

Vincent Massol

回想 2003 年，《JUnit 实战》是我写的第一本书。当时我完全不知道写作过程将会持续多久。最终我花了 18 个月（几乎是怀孕生子的两倍时间）才完成了这本书。当你完成一项长期任务时，最令人难忘的是，历经漫长投入收获果实的那一刻喜悦。这 7 年中，我总是带着与最初相同的不安，跟踪了解《JUnit 实战》的销售情况；7 年后，我很高兴看到第 1 版仍在持续销售中。然而，现在到了修订此书的时候了。虽然本书中相当一部分内容还是应时的，但是大部分实例和框架却已经有了发展，新的应用和框架也应运而生。Petar 赞同重新编写第 2 版，为这本书赋予第二次生命，这对我来说真是莫大的欣慰。你将会看到 Petar、Felipe 和 Gary 为此书的修订完成了非常出色的工作——添加了大量令人激动的新主题。

干得好，伙计们！

Gary Gregory

我想感谢我的父母，他们开启了我的人生之旅，为我提供了接受良好教育的机会，并给予我充分的自由选择自己的道路。我永远感谢我的妻子 Lori 和我的儿子 Alexander，他们鼓励我参与这样一个项目。一路上，我不断学习，有机会与许多非常杰出的人士共事。最后，我要感谢本书的其他作者以及 Manning 公司的所有成员，他们的支持、专业精神和宝贵建议都给我留下了深刻的印象。

目录

第1部分　认识JUnit

第 2 部分 不同的测试策略

第 3 部分 JUnit 与构建过程

第 4 部分 JUnit 扩展

第 1 部分

认识 JUnit

欢迎阅读《JUnit 实战（第 2 版）》！JUnit 是一个由 Kent Beck 和 Erich Gamma 于 1995 年年底着手编写的框架。自此以后，JUnit 框架日益普及，现在已经成为单元测试 Java 应用程序的事实上的标准。

本书是第 2 版。《JUnit 实战》的第 1 版非常畅销，由 Vincent Massol 和 Ted Husted 于 2003 年编写，其内容是基于 JUnit 3.x 版本的。

我们涵盖了 JUnit 最新的版本 4.6，讨论了许多第 1 版尚未介绍的功能。与此同时，我们关注其他一些有趣的测试代码的方法：mock objects、JUnit 扩展、测试应用程序的不同层，等等。

这一部分从探索 JUnit 本身开始。在本书后面的章节中，我们将专注于另一些工具和方法。

第 1 章快速介绍了测试的概念。你需要从基础知识入手逐步深入。在本章的后半部分，我们会直接跳到代码内容，查看如何编写简单的测试、运行它并看到运行结果。

第 2 章介绍了 JUnit 最核心的内容。我们构建了一个稍大型的项目，并分析其代码。我们不仅解释了 JUnit 的概念、Widget 和内部构成，也为你展示了编写测试用例的最佳做法，并利用构建的项目对它们进行了说明。

第 3 章重点介绍了测试。我们描述了各种各样的测试以及它们所适用的情况。我们还探讨了不同的平台（如开发、生产等），并展示了哪种测试和哪种情况能够在这些平台上最好地执行。

第 1 部分的最后一章致力于提升你的测试技巧。我们告诉你如何衡量测试覆盖面以及如何提高测试覆盖面。我们也解释了如何在编写测试之前生成可测试的代码，如何在动手编写代码之前编写测试。

第 1 章　JUnit 起步

Never in the field of software development was so much owed by so many to so few lines of code.

在软件开发领域中，从来没有这样的事情：少数几行代码对大量代码起着如此重要的作用。

——Martin Fowler

本章重点

- 探索 JUnit
- 安装 JUnit
- 编写第一个测试
- 运行测试

所有的代码都需要进行测试。

在开发期间，我们所做的第一件事是运行程序员自己的“验收测试”。我们编码、编译并运行。当我们运行时，我们就在进行测试。**测试**可能只是点击一个按钮，看它是否能弹出预期的菜单。然而，每天我们都要进行编码、编译、运行和测试。

当我们测试时，我们经常会发现各种问题——尤其是第一次运行时。于是，我们重新编码、编译、运行和测试。我们中的大多数人会迅速形成一种非正式的测试模式：添加一条记录、查看一条记录、编辑一条记录以及删除一条记录。手动运行诸如此类的小测试集是非常容易做到的，所以我们会**不断重复**这个操作。

有些程序员喜欢这类重复性的测试。在经历深入的思索和艰难的编码后，这类重复性的操作可以带来一段愉快的小憩。当我们小小的点击测试终于成功时，一股成就感便会油然升起：搞定了！我搞定了！

但有一些程序员却不喜欢重复性的工作。与其手动运行测试，他们宁愿创建一个小程序来自动运行测试。编写测试代码是一回事，而运行自动测试是另一回事。

如果你是一名编写测试代码的开发人员，那么这本书就是为你而准备的。我们将为你展示创建自动测试是多么简单、有效，甚至有趣。

如果你是一名深受测试影响的开发人员（test-infected[1]），那么这本书同样适合你。我们在第 1 部分介绍了基础知识，然后在第 2、第 3 和第 4 部分继续探讨实际工作中的各种疑难杂症。

1.1 证实它能运行

一些开发人员认为自动测试是开发过程中非常重要的一部分。你无法证实一个组件能够运行，除非它通过了一系列全面的测试。有两名开发人员觉得这类单元测试如此重要，以至于值得为它编写一个框架。1997 年，Erich Gamma 和 Kent Beck 针对 Java 创建了一个简单但有效的单元测试框架，叫做 JUnit。他们的工作遵循了 SUnit 的设计，而 SUnit 是 Kent Beck 早期为 Smalltalk 创建的一个框架。

DEFINITION **框架**是一个应用程序的半成品[2]。框架提供了一个可复用的公共结构，可以在多个应用程序之间进行共享。开发人员将框架融入到他们自己的应用程序中，并且加以扩展以满足他们特定的需求。框架与工具包的不同之处在于，框架提供了一致的结构，而不只是一组简单的工具类。

如果你对这些名字似曾相识，那很正常。Erich Gamma 就是为我们带来经典之作《模式设计》[3]的四大作者之一。同样，Kent Beck 由于他在软件开发方面的开创性成就“极限编程”（http://www.extremeprogramming.org）而广为人知。

JUnit（http://www.junit.org）是 SourceForge 网站上的一款开源软件，根据 IBM 通用公共许可证（Common Public License）1.0 版本进行发布。通用公共许可证对商业用户是友好的：人们可以随同商业产品分发 JUnit，而没有很多繁琐的手续和限制。

---

[1] test-infected 是由 Gamma 和 Beck 创建的一个术语，参见《Test-Infected: Programmers Love Writing Tests》, *Java Report*, 3, 7, 37–50: 1998。

[2] Ralph E. Johnson and Brian Foote, “Designing Reusable Classes,” *Journal of Object-Oriented Programming 1.5* (June/July 1988): 22–35; http://www.laputan.org/drc/drc.html.

[3] Erich Gamma et al., *Design Patterns* (Reading, MA: Addison-Wesley, 1995).

JUnit 迅速成为 Java 中开发单元测试的事实上的标准框架。被称为 xUnit 的相关测试框架，正在逐渐成为任何语言的标准框架。ASP、C++、C#、Eiffel、Delphi、Perl、PHP、Python、REBOL、Smalltalk 和 Visual Basic 都有了对应的 xUnit 框架，这里只是列举了一些而已。

JUnit 团队并没有发明软件测试，甚至也没有发明单元测试。起初，**单元测试**这个术语只是用来描述一项检查单个**工作单元**的行为的测试。

随着时间的推移，**单元测试**这一术语的运用领域扩展了。例如，IEEE 已经将单元测试定义为“单个硬件、软件单元或一组相关单元的测试”[1]。

在本书中，单元测试只是指窄义上的一种测试：检查与其他单元隔离的单个单元。我们重点关注的是程序员应用在他们自己代码中的小型渐增测试。有时我们把这种测试称为 Programmer Test（http://c2.com/cgi/wiki?ProgrammerTest），以区别于品质保证测试（QA）和客户测试。

以我们的角度来看，一个典型的单元测试通常可以描述为：“确保方法接受预期范围内的输入，并且为每一次测试输入返回预期的值”。

以上描述要求我们通过方法的接口来测试方法的行为。如果我们将 x 值传给方法，那么它会返回 y 值吗？如果我们改为将 z 值传给方法，那么它会正确地抛出异常吗？

DEFINITION **单元测试**检查一个独立**工作单元**的行为。在 Java 应用程序中，独立工作单元经常是（但不总是）一个独立方法。相比之下，**集成测试**和**验收测试**检查的是各种组件如何交互。一个**工作单元**就是一项任务，不直接依赖于其他任何任务的完成。

单元测试通常关注的是一个方法是否遵循了它的 API 契约中的条款。就像人们在特定条件下同意交换某种商品或服务时所签署的书面合同，API 契约是一份由方法签名而生成的正式协议，方法需要它的调用者提供特定的对象引用（Object Reference）或原始类型数值（Primitive Value），然后返回一个对象引用或原始类型数值。如果方法不能遵守契约，测试将抛出异常，于是我们就说方法已经破坏了它的契约。

在这一章里，我们从零开始介绍如何为一个简单的类创建单元测试。我们首先编写一个测试以及运行该测试的最小框架，以便你能够理解我们是如何处理的。然后我们再通过 JUnit 向你展示，正确的工具可以如何使生活变得更加简单。

DEFINITION API **契约**是一种观点：把一个应用程序编程接口（API）当作是在调用者与被调用者之间的正式协议。通常，单元测试通过证明预期的行为来帮助定义 API 契约。API 契约的概念源于因 Eiffel 编程语言而流行的“Design by Contract”（http://archive.eiffel.com/doc/manuals/technology/contract）的实践。

---

[1] *EEE Standard Computer Dictionary: A Compilation of IEEE Standard Computer Glossaries* (New York, IEEE, 1990).

1.2 从零开始

为了我们的第一个示例，我们创建一个简单的 Calculator 类，可以将两个数相加。Calculator 类为了客户端提供了一个 API，但并没有包含一个用户界面，如代码 1.1 所示。

代码 1.1 用于测试的 Calculator 类

```
public class Calculator {
   public double add(double number1, double number2) {
      return number1 + number2;
   }
}
```

虽然这里没有列出文档，但 `Calculator` 的 `add (double, double)` 方法的意图显然是接受两个 double 值并以 double 类型返回它们的和。虽然编译器能够告诉我们它通过了编译，但是我们也应该确保它在运行期间能够正常工作。单元测试的核心原则是“任何没有经过自动测试的程序功能都可以当作不存在[1]”。add 方法代表了 Calculator 的一个核心功能。我们拥有了一些能够实现该功能的代码，现在缺少的只是一个证明实现能够正常工作的自动测试。

add 方法如此简单怎么可能出错？

目前 add 方法的实现非常简单，以致不可能出错。假如 add 只是一个不重要的工具方法，那么我们可能就不会直接测试它。在这种情况下，如果 add 出错，那么针对使用 add 的所有方法的所有测试都将会出错。于是，add 方法将被间接测试，虽然如此，但还是算被测试过了。在 Calculator 程序中，add 不只是一个方法，而且是一项程序功能。为了确保程序正确运行，大部分开发人员都会期待一个针对 add 功能的自动测试，无论实现看起来多么简单。在某些情况下，我们可以通过自动功能测试或自动验收测试来证明程序功能。关于软件测试的一般内容，可以参阅本书的第 3 章内容。

在这个时候进行任何测试看起来都会有些困难。因为我们甚至都没有用户界面可以输入一对 `double` 值。我们可以编写一个命令行小程序，它能够在我们输入两个 `double` 值后显示运行结果。这样一来，就同时测试了我们自己输入数字及求和的能力了。这可比我们想要的还要多。我们想要知道的是，这个工作单元是否能够对两个 `double` 值求和并且返回正确的值，而并没想测试程序员是否能够输入数字！

与此同时，如果想花大力气测试我们的工作成果，那么也应该尽量使得这一份投入物有所值。在我们编写 `add (double, double)` 方法时，知道它能够正常工作这固然

[1] Kent Beck, *Extreme Programming Explained: Embrace Change* (Reading, MA: Addison-Wesley, 1999)。

很好，但是我们真正想知道的是，在交付应用程序的其他部分后或者在任何时候进行了后续的修改，这个方法是否依然够能正常工作。如果我们把这些需求放在一起考虑，那么我们就会产生一个想法：为 add 方法编写一个简单的测试。

这个测试程序可以将已知的值传给方法，并判断运行结果是否与我们的预期一致。我们也可以随后再次运行该程序，以确保该方法能够随着应用程序的增长而持续正常工作。我们能够编写的最简单的测试程序是什么样的呢？如代码 1.2 所示的 `CalculatorTest` 程序怎么样呢？

代码 1.2 一个简单的 CalculatorTest 程序

```
public class CalculatorTest {
   public static void main(String[] args) {
      Calculator calculator = new Calculator();
      double result = calculator.add(10,50);
      if (result != 60) {
         System.out.println("Bad result: " + result);
      }
   }
}
```

第一个 CalculatorTest 非常简单。它创建了 `Calculator` 的一个实例，传递给它两个数字，并且检查运行结果。如果运行结果与我们的预期不一致，那么我们就在标准输出设备上输出一条消息。

如果现在我们编译并运行这个程序，那么测试将会正常通过，同时一切看上去都非常顺利。但是如果我们修改代码使其报错，那么将会发生什么呢？为了找出错误信息，我们将不得不仔细地盯着屏幕。我们可能不必提供输入信息，但是我们仍然在测试我们自己监控程序输出的能力。我们想要测试的是代码，而不是我们自己！

在 Java 中，表示错误条件的传统做法是抛出异常。所以，我们要抛出异常来表示测试失败。

与此同时，我们或许还想针对其他尚未编写的 `Calculator` 方法运行测试，如 `subtract` 或 `multiply`。转向模块化的设计可以使得捕捉和处理异常更为容易，也可以使得以后扩展测试程序更为简单。代码 1.3 展示了稍好一点的 `CalculatorTest` 程序。

代码 1.3 稍好一点的 CalculatorTest 程序

```
public class CalculatorTest {
   private int nbErrors = 0;

   public void testAdd() {
      Calculator calculator = new Calculator();
      double result = calculator.add(10, 50);
      if (result != 60) {
         throw new IllegalStateException("Bad result: " + result);
      }
   }                                                              ❶
```

```
   public static void main(String[] args) {
      CalculatorTest test = new CalculatorTest();
      try {
         test.testAdd();
      }
      catch (Throwable e) {
         test.nbErrors++;
         e.printStackTrace();
      }
      if (test.nbErrors > 0) {
         throw new IllegalStateException("There were " + test.nbErrors
            + " error(s)");
      }
   }
}
```

❷

来看代码 1.3，在❶部分，我们把测试转移到了它自己的 testAdd 方法中。现在要观察测试做了些什么更加容易了。我们稍后也可以增加更多的方法，编写更多的单元测试，而不会使 main 方法变得更加难以维护。在❷部分，我们修改了 main 方法，以便在发生错误时输出栈跟踪信息，然后，如果发生任何错误，就抛出一个总结性的异常结束运行。

既然你已经理解了一个简单的应用程序及其测试，那么你就能够发现，即使这种不重要的类及其测试都可以从少量的脚手架代码（scaffolding code）中受益——我们创建脚手架代码来运行和管理测试结果。由于应用程序变得越来越复杂、涉及的测试也越来越多，继续构建和维护我们自己自定义的测试框架已成为一个负担。

接下来，我们退一步，来看一下单元测试框架的一般情况。

1.3 理解单元测试框架

单元测试框架应该遵循以下几条最佳实践规则。CalculatorTest 程序中一些不起眼的改进就突出体现了所有单元测试框架应该遵循（按照我们的经验）的三大规则：

- 每个单元测试都必须独立于其他所有单元测试而运行;
- 框架应该以单个测试为单位来检测和报告错误;
- 应该易于定义要运行哪些单元测试。

"稍好一点"的 CalculatorTest 程序虽然向以上规则靠拢了，但仍然存在着不足。例如，为了使每个单元测试能够真正独立运行，就应该在不同的类实例中运行它们，理想的情况是在不同的类加载器（class loader）实例中运行它们。

我们现在能够通过增加一个新的方法并且在 main 中增加一个对应的 try/catch 块来增加新的单元测试。显然，这是一个进步，但是在真正的单元测试集中，这样做还远远不够。经验告诉我们，很大的 try/catch 块会带来诸多维护问题。我们很可能遗漏一个单元测试并且还对此毫无意识！

如果我们可以增加新的测试方法并继续正常工作，那真是太好了。但是，程序又是如何知道要运行哪些方法呢？好吧，我们应该有一个简单的注册过程。一个注册方法至少可以盘点哪些测试正在运行。

另一种方法是使用 Java 的 reflection 和 introspection 功能。程序可以检查自身并决定要运行任何遵循某种命名协定的方法，例如，以“test”开头的方法。

对于单元测试框架而言，使增加测试变得更加简单（上文中提到的第 3 条规则）听起来像是另一条不错的规则。为了满足这条规则（通过注册或自我检测），还需要编写大量的支持代码，但这将是值得的。虽然起初的工作量会很大，但是随着每次我们增加一个新的测试，所有的努力都会得到回报。

令人高兴的是，JUnit 团队为我们解决了这个麻烦。JUnit 框架已经支持自我检测方法。它也支持针对每个测试使用不同的类实例和类加载器实例，并逐个报告每个测试的所有错误。既然你已经明白了你为什么要需要一个单元测试框架，那么就让我们进一步来了解 JUnit。

1.4 JUnit 的设计目标

JUnit 团队已经为框架定义了 3 个不相关的目标：

- 框架必须帮助我们编写有用的测试；
- 框架必须帮助我们创建具有长久价值的测试；
- 框架必须帮助我们通过复用代码来降低编写测试的成本。

在第 2 章中，我们会再次谈论到这几个目标。

接下来，在我们进入实战之前，先来看看如何安装 JUnit。

1.5 安装 JUnit

为了使用 JUnit 来编写应用程序测试，就需要将 JUnit 的 JAR 文件添加到项目的编译 classpath（类路径）和执行 classpath 中去，可以按照以下步骤操作。

从网站 http://www.junit.org 上下载 JUnit 发布包（junit-4.6 或者更新版本）。JUnit 发布包包含了几个测试例子，你可以运行它们来熟悉 JUnit 测试的执行。

将 JUnit 发布包的 ZIP 文件解压缩到计算机操作系统上的一个目录（如 Windows 系统上的 C:\或者 UNIX 操作系统上的/opt/）下。

在这个目录中，解压缩操作将会为了刚下载的 JUnit 发布包创建一个子目录（如 Windows 系统上的 C:\junit4.6 或者 UNIX 操作系统上的/opt/junit4.6）。

现在你可以准备运行随着 JUnit 发布包提供的测试例子了。JUnit 配有了用来全面查看测试结果的各种 Java 程序，包括一个基于文本界面的使用控制台输出的测试运行器（test runner），如图 1.2 所示。

为了运行这个文本界面的测试运行器，在 Windows 操作系统的 C:\junit4.6 或 UNIX 操作系统的/opt/junit4.6 下打开一个命令行窗口，并且输入操作系统下相应的命令。

如果是 Windows 操作系统：

```
java -cp junit-4.6.jar;. junit.samples.AllTests
```

如果是 UNIX 操作系统：

```
java -cp junit-4.6.jar:. junit.samples.AllTests
```

AllTests 类包含了一个 main 方法来执行测试例子：

```
public static void main (String[] args) {
   junit.textui.TestRunner.run(suite());
}
```

图 1.1 显示了测试执行的结果。

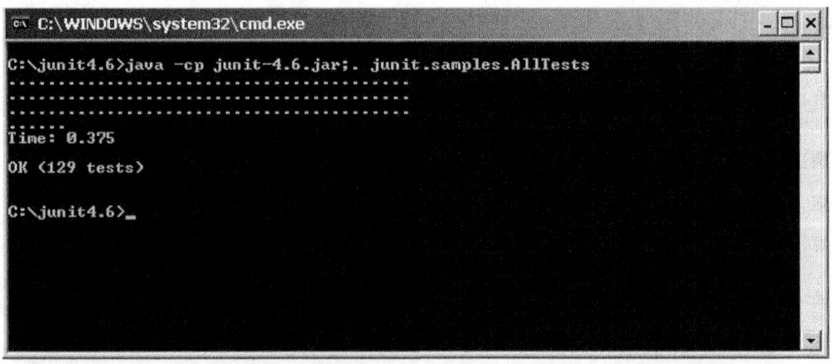

图 1.1 使用文本界面的测试运行器来执行 JUnit 发布包附带的测试示例

注意，JUnit 文本界面的测试运行器使用小圆点来表示通过测试。如果测试出现错误，则显示字母 E，而不是小圆点。

在本书的第 3 部分，我们会介绍使用 Ant 构建工具和 Maven 构建工具来运行测试。

1.6 使用 JUnit 测试

JUnit 拥有许多功能，可以使编写、运行测试更加容易。通过本书，你将可以了解到这些功能在实际中的各种运用。

- 针对每个单元测试，单独测试类实例和类加载器，以避免副作用。

- JUnit 注释提供了资源初始化和回收方法：`@Before`、`@BeforeClass`、`@After` 和 `@AfterClass`。
- 各种不同的 assert 方法使得检查测试结果更加简单。
- 与各种流行工具（如 Ant 和 Maven）的整合，以及与流行 IDE（如 Eclipse、NetBeans、IntelliJ 和 JBuilder）的整合。

事不宜迟，我们赶紧来看一下代码 1.4，看看使用 JUnit 编写的简单 `Calculator` 测试会是什么样子。

代码 1.4 使用 JUnit 编写的 CalculatorTest 程序

```
import static org.junit.Assert.*;
import org.junit.Test;

public class CalculatorTest {                                  ❶

   @Test                                                         ❷
   public void testAdd() {
      Calculator calculator = new Calculator();                  ❸
      double result = calculator.add(10, 50);                    ❹
      assertEquals(60, result, 0);                               ❺
      }
}
```

这是一个非常简单的测试，让我们来仔细分析这段代码。在❶部分，我们首先定义了一个测试类。唯一的限制是这个类必须是公有的，我们可以对它任意命名。但通常的做法是在类名称的末尾添加“Test”字样。也要注意，虽然在 JUnit 3 中我们需要扩展 TestCase 类，但是在 JUnit 4 中，我们已经不需要这样做了。

在❷部分，我们通过添加@Test 注释[1]，把这个方法标记为一个单元测试方法。最好的做法是按照 test*XXX* 模式命名测试方法。因为 JUnit 没有方法名称的限制，所以你可以根据自己喜好命名你的方法；只要它们拥有了@Test 注释，JUnit 就会执行它们。

在❸部分，我们通过创建 Calculator 类的一个实例（被测试的对象）开始进行测试，并且在❹部分，就像前面的操作一样，我们通过调用测试方法并传递两个已知值来执行测试。

在❺部分，JUnit 框架开始显现威力了！为了检查测试结果，我们调用了 assertEquals 方法，这个方法是我们使用这个类的第一行中的静态导入来导入的。assertEquals 方法的 Javadoc 如下所示：

```
/**
 * Asserts that two doubles or floats are equal to within a positive delta.
 * If the expected value is infinity then the delta value is ignored.
 */
static public void assertEquals(
   double expected, double actual, double delta)
```

[1] 注释首次在 JDK 1.5 中引入，所以为了使用它们，你需要安装 JDK 1.5 版本或者更高版本。

在代码 1.4 中，我们传递给 assertEquals 以下参数：

```
expected = 60
actual = result
delta = 0
```

因为传递给 calculator 的值分别是 10 和 50，然后告诉 `assertEquals` 预期的和为 60（因为我们相加的是整数，所以 delta 为 0）。当我们调用 `calculator` 对象时，我们把返回值传给了一个叫做 `result` 的局部变量。因此，我们将这个变量传递给 `assertEquals`，来与预期的值 60 做比较。

如果实际值不等于预期值，那么 JUnit 就抛出一个未经检查的异常，这将导致测试失败。

在多数情况下，delta 参数可以是零，我们大可放心地忽略它。它总是伴随着非精确计算（其中包括许多浮点计算）而出现。delta 提供了一个误差范围。如果实际值在 `expected - delta` 和 `expected + delta` 范围之内，则测试算通过。当进行带有舍入误差或截断误差的数学运算时，或者当断言一个关于文件修改日期的条件时，你就会发现它非常有用，因为这些数据的精确度取决于操作系统。

假设我们已经把代码 1.1 和代码 1.4 中的代码输入到 C:\junitbook\ch01-jumpstart 目录下（如果是 UNIX 操作系统则是/opt/junitbook/ch01-jumpstart），那么我们首先通过在那个目录中打开命令行提示并输入以下命令来编译代码（我们假定 javac 可执行文件在操作系统的 PATH 中）。

如果是 Windows 操作系统：

```
javac -cp \junit4.6\junit-4.6.jar *.java
```

如果是 UNIX 操作系统：

```
javac -cp /opt/junit4.6/junit-4.6.jar *.java
```

我们现在通过输入以下命令，准备启动控制台测试运行器。

如果是 Windows 操作系统：

```
java -cp .;\junit4.6\junit-4.6.jar
    org.junit.runner.JUnitCore CalculatorTest
```

如果是 UNIX 操作系统：

```
java -cp .:/opt/junit4.6/junit-4.6.jar
    org.junit.runner.JUnitCore CalculatorTest
```

图 1.2 显示了运行结果。

在代码 1.4 中，关于 JUnit 的 CalculatorTest 类，最值得一提的是，其代码要比代码 1.2 中的第一个 CalculatorTest 程序更易于编写。此外，我们也可以通过 JUnit 框架自动运行测试。

当我们在命令行提示下运行测试时（如图 1.2 所示），我们可以看到运行测试所花费的时间和已通过的测试数量。还有许多其他运行测试的方法，从 IDE（如 Eclipse）到构建工具（如 Ant）。这个简单的例子只是让你初步领略了一下 JUnit 和单元测试的强大。

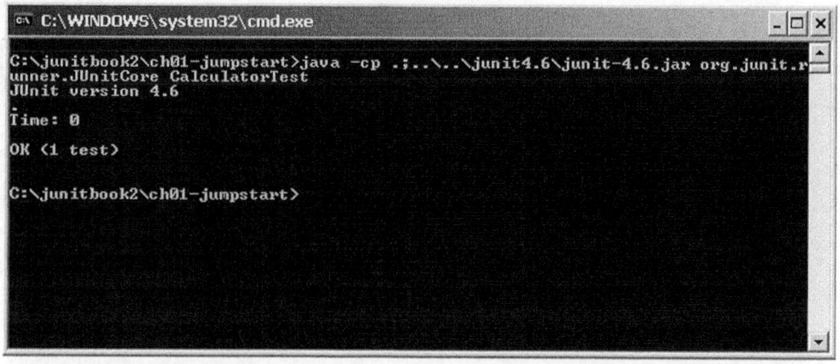

图 1.2 使用文本界面的测试运行器执行首个 JUnit 测试 CalculatorTest

1.7 小结

每位开发者都会执行某种类型的测试，来查看代码是否可以正常工作。使用自动单元测试的开发者能够根据需要重复执行这些测试，以确保新编写的代码可以正常工作并且不会破坏已有的测试。

没有 JUnit，要创建简单的单元测试并非难事，但是随着测试变得越来越多、越来越复杂，编写和维持测试也就变得越来越困难。JUnit 是一个单元测试框架，它使得创建、运行和修改单元测试更加简单。在这一章中，我们通过编写、运行一个简单的测试，对 JUnit 有了初步的认识。但是，JUnit 提供的功能远不止这些。

在第 2 章中，我们将更深入地了解 JUnit 框架的类（不同的注释和 assertion 机制）以及它们如何协同工作使得单元测试越来越有效。我们也讨论了老版 JUnit 3 和 JUnit 4 中的新功能之间的变化。

第 2 章　探索 JUnit 的核心

Mistakes are the portals of discovery.
错误是发现之门。

—— James Joyce

本章重点

- 使用核心 JUnit 类
- 理解 JUnit 的机制
- 理解 JUnit 的生命周期

在第 1 章中，我们已经明确了我们需要一种可靠的、可复用的方法来测试我们的程序。我们的解决方案就是编写或复用一个框架来驱动测试代码，以测试程序的 API。因为我们的程序对现有的类增加了新的类、新的方法，所以我们也需要增加相应的测试代码。经验告诉我们，有时候类会以意想不到的方式相互作用，所以我们很有必要确保我们能够在任何时间运行所有的测试，无论代码发生了什么修改。现在的问题是，我们如何才能运行多个测试类？并且我们如何才能搞清楚哪些测试通过了，而哪些测试失败了？

在这一章中，我们将深入讨论 JUnit 是如何提供各种功能来解决以上这些问题的。我们首先介绍了 JUnit 的核心概念——测试类、测试集和测试运行器（test runner），然后我们进一步介绍了各种核心测试运行器和测试集，随后再来看一下我们的老朋友测试类，最后我们将观察这些核心类是如何共同工作的。

而在下一章中，我们将使用一个应用程序示例来展示如何使用这些 JUnit 的核心概念。而且，我们还阐述了编写和组织测试代码的最佳做法。

2.1 探索 JUnit 核心

第 1 章中的 CalculatorTest 程序，如代码 2.1 所示，定义了一个测试类，它包含了一个单独的测试方法 testAdd。

定义一个测试类的要求是，这个类必须是公共的并且包含了一个无参数的构造函数。在我们的示例中，因为我们没有定义任何其他构造函数，所以我们也不需要定义无参数的构造函数；Java 会为我们隐式地创建它。

创建一个测试方法的要求是，这个方法必须使用@Test 注释，是公共的，不带任何参数，并且返回 void 类型。

代码 2.1 CalculatorTest 测试用例

```
import static org.junit.Assert.assertEquals;
import org.junit.Test;
public class CalculatorTest {

   @Test
   public void testAdd() {
      Calculator calculator = new Calculator();
      double result = calculator.add(1, 1);
      assertEquals(2, result, 0);
   }
}
```

JUnit 在调用（执行）每个@Test 方法之前，为测试类创建一个新的实例。这有助于提供测试方法之间的独立性，并且避免在测试代码中产生意外的副作用。因为每个测试方法都运行于一个新的测试类实例上，所以我们就不能在测试方法之间重用各个实例变量值。

为了进行测试验证，我们使用了由 JUnit 的 Assert 类提供的 assert 方法。正如你在之前的示例中所看到的那样，我们在测试类中静态地导入这些方法。另外，根据我们对静态导入的喜好，我们还可以导入 JUnit 的 Assert 类本身。表 2.1 列出了一些最流行的 assert 方法。

表 2.1 JUnit 断言方法示例

assert*xxx* 方法	作　用
assertArrayEquals("message",A,B)	断言 A 数组和 B 数组相等
assertEquals("message",A,B)	断言 A 对象和 B 对象相等。这个断言在比较两个对象时调用了 equals() 方法
assertSame("message",A,B)	断言 A 对象与 B 对象相同。之前的 assert 方法是检查 A 与 B 是否有相同的值（使用了 equals 方法），而 assertSame 方法则是检查 A 与 B 就是同一个对象（使用的是==操作符）

续表

assert*xxx* 方法	作 用
assertTrue("message",A)	断言 A 条件为真
assertNotNull("message",A)	断言 A 对象不为 null

当你需要一次运行多个测试类时，你就要创建另一个叫做测试集（test suite 或 Suite）的对象。你的测试集也是一个特定的测试运行器（或者 Runner），因此可以像运行测试类那样运行它。一旦你理解了测试类、Suite 与 Runner 是如何工作的，你就可以编写你所需要的任何测试了。这 3 个对象形成了 JUnit 框架的核心。

在日常工作中，你只需要编写测试类与测试集，其他类会在幕后帮你完成测试。

DEFINITION **测试类**（Test class 或 TestCase 或 test case）——一个包含一个或者多个测试的类，而这些测试就是指那些用@Test 注释的方法。使用一个测试类，可以把具有公共行为的测试归入一组。在本书的后续部分中，如果我们提到**测试**的时候，我们指的是一个用@Test 注释的方法；如果我们提到一个测试用例（或测试类），我们指的是一个包含了这些测试方法的类，也就是一组测试。通常在生产类和测试类之间都存在着一对一的对应关系。

测试集（Suite 或者 test suite）——一组测试。测试集是一种把多个相关测试归入一组的便捷方式。比如，如果你没有为测试类定义一个测试集，那么 JUnit 会自动提供一个测试集，包含测试类中所有的测试（在后面的章节中会详细介绍）。一个测试集通常会将同一个包中的测试类归入一个组。

测试运行器（Runner 或 test runner）——执行测试集的程序。JUnit 提供了多种运行器来执行你的测试。本章随后会介绍这些运行器，并且教你如何编写自己的测试运行器。

让我们来看一看 JUnit 核心对象的具体职责，如表 2.2 所示。

表 2.2 JUnit 核心对象

JUnit 概念	责 任	介 绍 章 节
Assert	让你去定义你想测试的条件。当条件成立时，assert 方法保持沉默；但条件不成立时则抛出异常	2.1 小节
测试	一个以@Test 注释的方法定义了一个测试。为了运行这个方法，JUnit 会创建一个包含类的新实例，然后再调用这个被注释的方法	2.1 小节
测试类	一个测试类是@Test 方法的容器	2.1 小节
Suite	Suite 允许你将测试类归成一组	2.3 小节
Runner	Runner 类用来运行测试。JUnit 4 是向后兼容的，可以运行 JUnit 3 的测试	2.2 小节

接下来，我们要详细说明一下表 2.2 中列出的但我们此前还没有见到过的对象：测试运行器 Runner 与测试集 Suite 对象。

要运行一个基础的测试类，你不需要做什么特别的工作；JUnit 会代替你使用一个测试运行器（test runner）来管理你的测试类的生命周期，包括创建类、调用测试以及搜集结果。后面的章节将会涉及一些情况，要求你创建的测试能以一种特殊的方式运行。其中的一种情况可以缓解创建测试时经常碰到的一个问题：调用输入不同的测试。在介绍 JUnit 提供的其他测试运行器之前，我们先在下一节中通过实例来讨论这个特殊情况。

2.2 运行参数化测试

Parameterized（参数化）的测试运行器允许你使用不同的参数多次运行同一个测试。代码 2.2 给出一个 Parameterized 运行器的实例（你可以在第 1 章的源代码示例中找到这个测试）。

代码 2.2 参数化测试

```
[...]
@RunWith(value=Parameterized.class)                              ❶
public class ParameterizedTest {

  private double expected;                                       ❷
  private double valueOne;
  private double valueTwo;
                                                                 ❸
  @Parameters
  public static Collection<Integer[]> getTestParameters() {
    return Arrays.asList(new Integer[][] {
        {2, 1, 1},  //expected, valueOne, valueTwo
        {3, 2, 1},  //expected, valueOne, valueTwo
        {4, 3, 1},  //expected, valueOne, valueTwo
    });
  }

  public ParameterizedTest(double expected,                      ❹
      double valueOne, double valueTwo) {
      this.expected = expected;
      this.valueOne = valueOne;
      this.valueTwo = valueTwo;
  }
                                                                 ❺
  @Test
  public void sum() {                                            ❻
      Calculator calc = new Calculator();                        ❼
      assertEquals(expected, calc.add(valueOne, valueTwo), 0);
  }
}
```

要使用 Parameterized 的测试运行器来运行一个测试类，那就必须要满足以下要求。首先，测试类必须使用@RunWith 注释，并且要将 Parameterized 类作为它的参数❶。其次，你必须声明测试中所使用的实例变量❷，同时提供一个用@Parameters 注释的方法❸，这里提供的是 getTestParameters 方法。此外，这个方法的签名必须是@Parameters public static java.util.Collection，无任何参数。Collection 元素必须是相同长度的数组。这个数组的长度必须要和这个唯一的公共构造函数的参数数量相匹配。在我们的这个例子中，每个数组包含了 3 个元素，因为公共构造函数有 3 个参数。我们的示例使用这个方法来为测试提供输入值和预期的输出值。因为我们想要测试 Calculator 程序的 add 方法，所以我们提供了 3 个参数：expected 值与两个待求和的值。在❹处，我们为测试指定了需要的构造函数。注意，这次我们的测试用例没有无参数的构造函数，而有一个可以为测试接受参数的构造函数。在❺处，我们最终实现了 sum @Test 方法，该方法实例化了 Calculator 程序❻，并断言调用了我们所提供的参数❼。

运行这个测试，将会根据@Parameters 方法返回的 Collection 的大小，进行相同数量的循环。执行这个单独的测试用例的效果等同于执行以下具有不同参数的测试用例。

```
sum: assertEquals(2, calculator.add(1, 1), 0);
sum: assertEquals(3, calculator.add(2, 1), 0);
sum: assertEquals(4, calculator.add(3, 1), 0);
```

这里我们要逐步分析 JUnit 的运行过程，以充分理解这项强大的功能：JUnit 调用了静态方法 getTestParameters❸。接下来，JUnit 为 getTestParameters 集合中的每个数组进行循环❸。然后，JUnit 调用了唯一的公共构造函数❹。如果存在多个公共构造函数，JUnit 就会抛出一个断言错误。JUnit 使用由数组元素构成的一系列参数来调用构造函数❹。在这个示例中，JUnit 使用数组中的第一个元素调用了有 3 个参数的构造函数❹，而这个元素本身就是一个数组：{2,1,1}。然后 JUnit 会像平时一样调用@Test 方法❺。JUnit 会为 getTestParameters 集合中的下一个数组重复以上过程❸。

当你将这个测试结果与上一个示例进行比较时，你就会发现，参数化的 JUnit 测试运行器运行了同一个方法 3 次，为@Parameters 集合中的每个值运行一次；而上一个示例只运行了一个测试。

JUnit 的 Parameterized 类是 JUnit 众多测试运行器中的一个。测试运行器可以让你控制 JUnit 如何运行测试。接下来，我们来看一下其他的 JUnit 测试运行器。

2.3 JUnit 的测试运行器

如果你刚开始编写测试，那么你会希望尽可能快捷地运行它们。这样你就能够将测试融合到开发循环中去：**编码→运行→测试→编码**（或者**测试→编码→运行→测试**，如果你偏爱测试先行的方式）。现在有很多 IDE（集成开发环境）与编译器都可以快速构建并运行应用程序，其中 JUnit 就可以让你构建和运行测试。

2.3.1 测试运行器简介

JUnit 4 可以向后兼容 3.8.x 版本。因为 JUnit 的 4.x 版本与 3.x 版本完全不同，所以

JUnit 4 很有可能不仅要运行 JUnit 4 的测试还要运行 JUnit3.x 版本的测试。这也就是为什么在 JUnit 的最新版本中提供了不同的运行器（如表 2.3 所示），分别用来运行 JUnit 3.x、JUnit 4 的测试以及其他不同的测试集。

表 2.3 JUnit 4 的测试运行器

运　行　器	目　　的
`org.junit.internal.runners.JUnit38ClassRunner`	这个运行器包含在当前的 JUnit 版本中，仅仅是为了向后兼容。它将测试用例作为 JUnit 3.8 的测试用例来启动
`org.junit.runners.JUnit4`	这个运行器将测试用例作为 JUnit 4 的测试用例来启动
`org.junit.runners.Parameterized`	这个测试运行器可以使用不同参数来运行相同的测试集
`org.junit.runners.Suite`	`Suite` 是一个包含不同测试的容器，同时 `Suite` 也是一个运行器，可以运行一个测试类中所有以`@Test` 注释的方法

如果测试类中没有提供任何运行器，那么 JUnit 将会使用一个默认的运行器。如果你希望 JUnit 使用某个特定的测试运行器，那么就使用`@RunWith` 注释来指定测试运行器类，如以下代码所示：

```
@RunWith(value=org.junit.internal.runners.JUnit38ClassRunner.class)
public class TestWithJUnit38 extends junit.framework.TestCase {
   [...]
}
```

现在我们已经初步了解了不同的测试运行器以及如何指导 JUnit 来使用它们，下面我们将更深入地探讨各种测试运行器。

2.3.2 JUnitCore façade

为了能够尽可能快捷地运行测试，JUnit 提供了一个 `façade`（`org.junit.runner.JUnitCore`），它可以运行任何测试运行器。JUnit 设计这个 façade 来执行你的测试，并收集测试结果与统计信息。你可以在第 1 章的图 1.3 中看到实际应用中的 `JUnitCore` 类。

> **设计模式实践：façade**
>
> façade[1]是一种设计模式，它为子系统中的一组接口提供了一个统一的接口。façade 定义了一个更高级别的接口，使得子系统更易于使用。你可以使用 façade 来将一些复杂的对象交互简化成一个单独的接口。

JUnit 的 façade 决定使用哪个运行器来运行你的测试。它支持 JUnit 3.8 的测试、JUnit 4 的测试以及两者的混合体。

在 JUnit 4 版本之前，JUnit 包含了 Swing 与 AWT 测试运行器；但是到了 JUnit 4 就不再包含它们了。那些图形化界面的测试运行器都带有一个横跨屏幕的进度指示条，这

1 这个定义摘自 Portland Pattern Repository（http://c2.com/cgi/wiki?FacadePattern）。

就是著名的 JUnit 绿条。JUnit 的用户都喜欢把通过测试叫做“绿条”，把测试失败叫做“红条”。因此，“保持绿条就是保持代码干净”是 JUnit 的座右铭。

图 2.1 显示了在 Eclipse 中一个绿条测试运行后的 JUnit 视图。

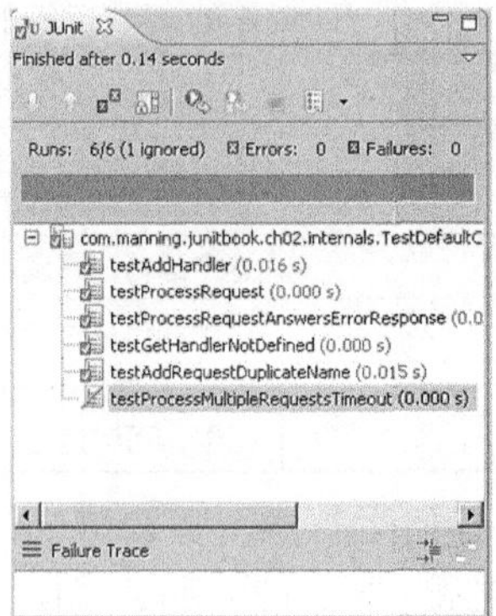

图 2.1　显示在 Eclipse 中的 JUnit 的绿条

当前，所有主要的 IDE 都支持与 JUnit 的集成。

2.3.3　自定义测试运行器

不像 JUnit 框架中的其他元素，这里没有 `Runner` 接口。相反，JUnit 自带的几个测试运行器都继承了 `org.junit.runner.Runner` 类。如果想创建你自己的测试运行器，你就需要扩展 `Runner` 类。关于这个话题的详细介绍，可以参考本书的附录 B。

2.4　用 Suite 来组合测试

因为是一个简单的测试，所以你可以直接编译如代码 2.1 所示的简单的计算器测试程序，并把它交给控制台 façade 运行器，如下所示：

```
>java org.junit.runner.JUnitCore CalculatorTest
```

如果类路径配置正确的话，那么测试应当顺利运行。这非常简单——至少运行这么一个单独的测试用例是非常简单的。

2.4.1　组合一组测试类

下一步就是运行多个测试类。为了简化这个任务，JUnit 提供了测试 `Suite`。这个 `Suite` 是一个容器，用来把几个测试归在一起，并把它们作为一个集合一起运行。

JUnit 设计 `Suite` 的目的就是为了运行一个或者多个测试用例。测试运行器会启动

Suite；然后运行哪个测试用例是由 Suite 来决定的。

你可能会疑惑，在第 1 章最后给出的那个示例中，你并没有定义一个 Suite，这个示例是如何运行起来的呢？为了使简单的事情可以保持简单，如果你没有提供一个自己的 Suite，那么测试运行器会自动创建一个 Suite。

默认的 Suite 会扫描你的测试类，找出所有以@Test 注释的方法。默认的 Suite 会在内部为每个@Test 方法创建一个测试类的实例。然后 JUnit 就会独立地执行每个@Test 方法，以避免潜在的负面影响。

如果你想将另一个测试添加到 CalculatorTest 类，比如 testSubtract，同时你使用@Test 注释这个测试，那么默认的 Suite 就会自动包含这个测试。

Suite 对象其实是一个 Runner，可以执行测试类中所有@Test 注释的方法。

代码 2.3 显示了如何将多个测试类组合成一个单独的测试集（test suite）。

代码 2.3 将测试类组合为一个 Suite

```
[...]
@RunWith(value=org.junit.runners.Suite.class)                ❶
@SuiteClasses(value={FolderConfigurationTest.class,          ❷
                     FileConfigurationTest.class})
public class FileSystemConfigurationTestSuite {
}
```

在代码 2.3 中，我们使用@RunWith 注释指定了相应的运行器❶，并且通过在@SuiteClasses 注释中指定测试类，来列出我们想要在这个测试中包含的所有测试❷。这些测试类中的所有@Test 方法都将包含到该 Suite 中。

对于代码 2.1 中的 CalculatorTest 而言，默认的 Suite 可以用以下代码来表示：

```
@RunWith(value=Suite.class)
@SuiteClasses(value={CalculatorTest.class})
public class AllTests {
}
```

2.4.2 组合一组测试集

由于 JUnit 采用了一种精妙的构建方式，所以使用 JUnit 来创建一组测试集也就成为了可能。例如，代码 2.4 串联了几个不同的文件，以展示多个测试用例是如何组合成多个测试集，然后这些测试集又组合成了一个主测试集。

代码 2.4 一组测试集

```
[...]
public class TestCaseA {
    @Test
    public void testA1() {
        // omitted
    }
```

```
}

[...]
public class TestCaseB {
    @Test
    public void testB1() {
        // omitted
  }
}

[...]
@RunWith(value=Suite.class)
@SuiteClasses(value = {TestCaseA.class})
public class TestSuiteA {
}

[...]
@RunWith(value=Suite.class)
@SuiteClasses(value = {TestCaseB.class})
public class TestSuiteB {
}

[...]
@RunWith(value = Suite.class)
@SuiteClasses(value = {TestSuiteA.class, TestSuiteB.class})
public class MasterTestSuite{
}
```

为了简化这个示例，我们的测试集 TestSuiteA 与 TestSuiteB 分别只有一个测试用例。而真正的测试集应该包含多个测试类，就像我们的主测试集。

你可以运行这段代码中的任何一个类，比如一个 JUnit 测试、两个测试类中的任意一个、两个测试集中的任意一个，甚至是主测试集。图 2.2 展示了在 Eclipse 中运行主测试集后的结果。

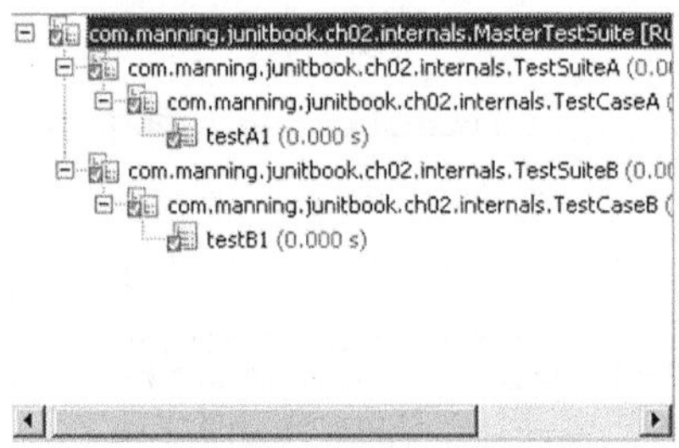

图 2.2 在 Eclipse 中运行了一组测试集

测试集提供了一种强有力的组织测试的方式。当然，这种便利性并非 JUnit 独有，在下一小节中你将会看到，其他工具也具有这样的功能，这将使我们重新考虑任何 JUnit 测试集的创建。

2.4.3 Suite、IDE、Ant 与 Maven

Ant 与 Maven 也提供了运行多组测试类和测试集的功能，你可以通过正则表达式的类型、要运行的测试类和测试集的名称来指定运行哪些测试类和测试集。另外，有些 IDE（比如 Eclipse）允许你在某个指定的包或者源代码目录中运行所有的测试类与 Suite。这足以让我们重新考虑是否值得在最初的地方创建 JUnit 的 Suite。

当然，如果你想在 Java 环境中组织你的测试，而不依赖于你的构件系统能力，那么 JUnit 的 Suite 是非常有用的。因为一般情况下构建系统都是由专门的人员或者团队来维护，而不是开发者自己。同样，你可能不希望依赖于任何指定的 IDE 以及它的 JUnit 集成能力。

2.5 小结

在这一章中，我们介绍了 JUnit 的核心概念和类，并向你展示了如何融合测试类、`Suite` 与 `Runner`。

使用一个测试类来测试一个域对象，在这里每个测试方法都对应于一个域方法或者一组特定的方法。JUnit 4 充分利用了注释来定义和管理测试。在 JUnit 3 中我们必须将一个测试类转变成一个 `TestCase` 子类，而在 JUnit 4 中这都成为了历史。

你可以使用一个测试集将相关的测试类都组合在一起，并允许你把它们作为一个整体调用。你甚至还可以将多个测试集组合成更高级别的测试集。

你可以使用一个 `Runner` 来调用单元测试与测试集。

在下一章中，我们将会介绍 `Controller` 设计模式，并构建一个 `Controller` 组件应用程序示例，然后再用 JUnit 来测试它。这样，不仅可以向你展示如何使用我们迄今为止讨论过的 JUnit 组件，还可以为你介绍许多 JUnit 的最佳实践。

第 3 章　掌握 JUnit

Tests are the Programmer's Stone, transmuting fear into boredom.
测试是程序员之石，把恐惧变为厌倦。

——Kent Beck, *Test First Development*

本章重点

- 实现一个简单的应用程序
- 使用 JUnit 测试这个应用程序
- 遵循 JUnit 最佳实践

到现在为止，我们已经对 JUnit 进行了全面的介绍，并展示了如何使用它（第 1 章）。我们也了解了 JUnit 的内部构成、核心类和核心方法是什么，以及它们彼此是如何相互影响的（第 2 章）。

现在我们通过引入和测试一个真实的组件，来更深入地研究 JUnit。在这一章中，我们实现了一个使用 Controller 设计模式的小型应用程序。然后，我们使用 JUnit 测试该应用程序的每一个部分。我们也介绍了一些编写和组织测试时的"JUnit 最佳实践"。

3.1　引入 controller 组件

《Core Java EE Patterns》一书把 controller（控制器）描述为一个"同客户端交互，控制并管理每个请求的处理"的组件，并且告诉我们，它既用于表现层模式，也用于业务层模式[1]。

一般而言，controller 可以处理以下事务：

- 接受请求;
- 根据请求执行任意常用计算;
- 选择一个合适的请求处理器;
- 路由请求，以便处理器可以执行相关的业务逻辑;
- 可能提供一个顶层处理器来处理错误和异常。

你会在许多应用程序中发现 controller 非常好用。例如，在表现层模式中，一个 web controller 接受了 HTTP 请求并且提取了 HTTP 参数、cookie 和 HTTP 头，就可能使得 HTTP 元素更易于被应用程序的其他部分访问。web controller 会基于请求中的元素来决定调用相应的业务逻辑组件（也许是在 HTTP 会话、数据库或其他资源中的持久数据的帮助下做到这一点）。Apache Struts 框架就是一个 web controller 的例子。

controller 的另一种常见用法是在业务层模式中处理应用程序。许多商业应用程序都支持几个表示层。HTTP 客户端可以处理 Web 应用程序，而 Swing 客户端可以处理桌面应用程序。在这些表示层之后，通常会有一个应用程序 controller 或者状态机（state machine）。程序员按照这种方式实现了许多 EJB 应用程序。EJB 层有它自己的 controller，这个 controller 通过一个业务 façade 或 delegate 连接不同的表示层。

既然 controller 具有如此多的用途，那么 controller 出现在大量的企业构架模式（包括 Page Controller、Front Controller 和 Application Controller[2]）中也就不足为奇了。你在这里将要设计的 controller 可能是实现以上任意经典模式的第一步。让我们来观察一下这个简单的 controller 的代码，看看它是如何工作的，然后再尝试进行一些测试。如果你想紧跟我们的脚步并且自己来运行一遍这些测试，那么可以在 SourceForge（http://junitbook.sf.net）上找到本章的所有源代码。关于配置源代码的更多内容，可以参考本书的附录 A。

3.1.1 设计接口

仔细来看一下 controller 的描述，就不得不注意到这 4 个对象：`Request`、`Response`、`RequestHandler` 和 `Controller`。`Controller` 接受了一个 `Request`，分发给了一个 `RequestHandler` 并返回了一个 `Response` 对象。根据以上一番描述，你就能够编写一些简单的入门级接口，如代码 3.1 所示。

---

[1] Deepak Alur, John Crupi, and Dan Malks, *Core Java EE Patterns: Best Practices and Design Strategies* (Upper Saddle River, NJ: Prentice Hall, 2001)。

[2] Martin Fowler, *Patterns of Enterprise Application Architecture* (Boston: Addison-Wesley, 2003)。

代码 3.1 Request、Response、RequestHandler 和 Controller 接口

```
public interface Request
{
   String getName();                                          <-❶
}
public interface Response                                     <-❷
{
}
public interface RequestHandler
{
   Response process(Request request) throws Exception;        <-❸
}
public interface Controller
{
   Response processRequest(Request request);                  <-❹
   void addHandler(Request request, RequestHandler requestHandler);  <-❺
}
```

首先，定义一个 Request 接口，这个接口只有一个返回请求的唯一名称的 getName 方法❶。所以，你就可以区分不同的请求。在你开发组件期间，你还会需要其他方法，但是你可以在需要的时候再增加它们。

其次，指定一个空接口❷。要开始编写代码，你只需要返回一个 Response 对象即可。Response 对象所封装的是你可以稍后处理的内容。但是眼下，你需要一个 Response 类型，以便你可以插入一个签名。

接下来，定义一个能够处理 Request 并返回 Response 的 RequestHandler❸。RequestHandler 是一个辅助组件，被设计用来处理大部分的"肮脏工作"。它可以调用各种类，这些类可能抛出任意类型的异常。Exception 就是由 process 方法抛出的。

定义一个顶层方法来处理收到的请求❹。在接受请求之后，controller 将请求分发给相应的 RequestHandler。注意，processRequest 并没有声明任何异常。这个方法位于控制栈的顶层并且应该在内部捕捉和处理所有的错误。如果它抛出了一个异常，那么这个错误通常会前往 Java 虚拟机（JVM）或者 servlet 容器。于是，Java 虚拟机或者容器就会向用户显示那些令人讨厌的白色界面中的某一种。所以，最好还是你自己编码来处理异常。

最后，❺是一个非常重要的设计元素。addHandler 方法允许你扩展 Controller，而无须修改 Java 源代码。

设计模式实战：控制反转（Inversion of Control）模式

向 controller 注册一个处理器就是控制反转模式的一个例子。你可能知道这个模式叫做**好莱坞原则**（Hollywood Principle），即"不要给我们打电话，我们会打给你的"。对象注册为事件的处理器。当事件发生时，被注册的对象上的一个钩子（hook）方法就会被调用。当允许开发者为框架事件插入自定义的处理器时，控制反转就让框架来管理事件的生命周期[1]。

[1] http://c2.com/cgi/wiki?HollywoodPrinciple。

3.1.2 实现基类

继代码 3.1 中定义的接口，代码 3.2 展示了这个简单的 controller 类的初步实现。

代码 3.2 一般的 controller

```
[...]
import java.util.HashMap;
import java.util.Map;

public class DefaultController implements Controller
{
   private Map requestHandlers = new HashMap();                    ❶

   protected RequestHandler getHandler(Request request)            ❷
   {
      if (!this.requestHandlers.containsKey(request.getName()))
      {
         String message = "Cannot find handler for request name "
                             + "[" + request.getName() + "]";
         throw new RuntimeException(message);                      ❸
      }
      return (RequestHandler)
                this.requestHandlers.get(request.getName());       ❹
   }

   public Response processRequest(Request request)                 ❺
   {
      Response response;
      try
      {
         response = getHandler(request).process(request);
      }
      catch (Exception exception)
      {
         response = new ErrorResponse(request, exception);
      }
      return response;
   }
public void addHandler(Request request, RequestHandler requestHandler)
{
   if (this.requestHandlers.containsKey(request.getName()))
   {
      throw new RuntimeException("A request handler has "
            + "already been registered for request name "
            + "[" + request.getName() + "]");                      ❻
   }
   else
   {
            this.requestHandlers.put(request.getName(), requestHandler);
   }
}
}
```

首先，声明一个 HashMap(java.util.HashMap)，来充当请求处理器的注册表❶。其次，增加一个受保护的方法 getHandler，来为接收的请求获取 RequestHandler❷。

如果 RequestHandler 还没有被注册，那么可以抛出一个 RuntimeException 异常 (java.lang.RuntimeException) ❸，因为这一突发事件意味着程序错误，而不是由用户或外部系统产生的问题。虽然 Java 并不要求你在方法的签名中声明 RuntimeException，但是你仍然可以把它作为一个异常来捕获到。一种改进的方法是，给 controller 框架添加一个特定的异常（比如 NoSuitableRequestHandlerException）。

然后，你的辅助方法会向调用者返回相应的处理器❹。

processRequest 方法❺是 Controller 类的核心。这个方法把请求分派给相应的处理器并且传回处理器的 Response。如果出现了一个异常，那么它就会在 ErrorResponse 类中被捕获，如代码 3.3 所示。

最后，检查一下处理器的名称是否已经被注册了❻，如果已经被注册了就抛出一个异常。来看一下这个实现过程，请注意这个签名传递了请求对象，但是你只用到了它的名字。当一个接口在编写代码之前就被定义好时，就会经常发生这类事情。避免对接口进行过度设计的一种方法是实践**测试驱动开发**（Test-Driven Development，参见第 5 章）。

代码 3.3 显示错误的特殊响应类

```
[...]
public class ErrorResponse implements Response
{
   private Request originalRequest;
   private Exception originalException;
   public ErrorResponse(Request request, Exception exception)
   {
      this.originalRequest = request;
      this.originalException = exception;
        }
      public Request getOriginalRequest()
   {
      return this.originalRequest;
   }
   public Exception getOriginalException()
   {
      return this.originalException;
   }
}
```

此时，你已经拥有一个粗糙但有效的 controller 骨架了。表 3.1 显示了本节开头提到的各种需求是如何与源代码相关的。

表 3.1 解决组件的基本需求

需　求	解 决 方 法
接受请求	public Response processRequest(Request request)
选择处理器	this.requestHandlers.get(request.getName())
路由请求	response = getRequestHandler(request).process(request);
错误处理	子类化 ErrorResponse

对于许多开发者来说，下一步将是七拼八凑地编写一个 stub 应用程序，使它能够与 controller 骨架相匹配。但是，作为深受测试影响的开发者，我们可以为 controller 编写一个测试集（test suite），而不必为一个 stub 应用程序手忙脚乱。这就是单元测试的魅力。我们能够编写一个 package 并检验它是否能够正常工作，这一切都超出了传统 Java 应用程序的范畴。

3.2 让我们来测试它

闪现的灵感让我们编写出了代码 3.1 中的 4 个接口，以及代码 3.2 和代码 3.3 中的两个入门级的类。如果我们现在还不动手编写一个自动测试，那么“极限编程局”就会收回我们的会员卡！

代码 3.2 和代码 3.3 几乎从最简单的实现开始，那么让我们以同样的方式来熟悉这组新的单元测试吧。我们能够探究的最简单的测试用例（test case）可能是什么样的呢？

3.2.1 测试 DefaultController

来看一个实例化 `DefaultController` 类的测试用例怎么样？要对 controller 进行任何有意义的操作，第一步就是构建它，所以让我们从这里开始。代码 3.4 显示了 bootstrap 测试代码。它构建了 `DefaultController` 对象并且创建了一个用于编写测试的框架。

代码 3.4 TestDefaultController：一个 bootstrap 迭代

```
[...]
import org.junit.core.Test;
import static org.junit.Assert.*;
public class TestDefaultController                                  <-❶
{
   private DefaultController controller;
   @Before
   public void instantiate() throws Exception                       <-❷
   {
      controller = new DefaultController();
   }
   @Test
   public void testMethod()                                          <-❸
   {
      throw new RuntimeException("implement me");                   <-❹
   }
}
```

测试用例（test case）类的名称以“Test”前缀开头❶。虽然这个命名传统不再需要遵循，但是采用这种命名方式，我们就可以把这个类标记为一个测试用例，以便我们能够轻易地识别出测试类，并可能在构建脚本中过滤它们。或者，按照你的母语习惯，你可能更愿意将“Test”作为类的名称的后缀。

接下来，使用`@Before` 注释的方法来实例化 `DefaultController`❷。这是一个内置的扩展点，JUnit 框架会在测试方法之间调用它。在❸处，插入了一个空的测试方法，这样你就有东西可以运行了。只要你确定测试基础设施可以正常工作，那么你就能开始添加真正的测试方法了。虽然这个测试可以运行，但是它依然会失败，接下来我们要修正这个测试!

这里用到了一项“最佳实践”：对还没有实现的测试代码抛出一个异常❹。这种做法可以防止测试通过并且提醒自己必须实现这部分代码。既然你已经拥有了一个基本的测试，那么下一步就是判断先测试什么。

JUnit 的详细说明

@Before 和@After 注释的方法的执行恰好发生在每一个@Test 方法的执行之前/之后，并且不管测试是通过还是失败。这可以帮助你提取所有的公共逻辑，如实例化领域对象（Domain Object）并在一些已知的状态中设置它们。你可能有许多这样的方法，和你需要的一样多，但要意识到，如果你不止有一个`@Before/@After` 方法，那么这些方法的执行顺序就还没被定义。

JUnit 也提供了`@BeforeClass` 和`@AfterClass` 注释来注释某个类中的多个方法。这些注释的方法只会在所有的@Test 方法之前/之后被执行一次。就像`@Before` 和`@After` 注释的方法一样，你可能同样有许多`@BeforeClass` 和`@AfterClass` 注释的方法，并且它们的执行顺序同样也没有被指定。

你需要牢记：`@Before/@After` 和`@BeforeClass/@AfterClass` 这两组注释的方法必须是公有的。其中`@BeforeClass/@AfterClass` 注释的方法必须是公有且静态的。

3.2.2 添加一个处理器

既然你已经拥有了一个基本的测试，那么下一步就是判断先测试什么。我们以`DefaultController` 对象作为这个测试用例的开始，因为这个操作的重点是创建一个 controller。你已经编写了一些代码并且确保其编译通过。但为了判断它能否正常工作，你应如何进行测试呢？

controller 的目的是处理一个请求并返回一个响应。但是，在你处理一个请求之前，设计要求添加一个`RequestHandler` 来做这个处理。所以，当务之急是：你应该测试是否能够添加一个`RequestHandler`。

第 1 章中运行的测试返回了一个已知的结果。为了判断一个测试是否成功，你会将自己预期结果与正在测试的对象所返回的任何结果进行比较。而`addHandler` 的签名是：

```
void addHandler(Request request, RequestHandler requestHandler)
```

为了添加一个`RequestHandler`，你需要一个名称已知的`Request`。为了检查添加`RequestHandler` 是否成功，你可以使用`DefaultController` 类的`getHandler` 方法，DefaultController 类使用了以下签名：

```
RequestHandler getHandler(Request request)
```

这是可行的，因为 getHandler 方法是受保护的，并且测试类和待测试类位于同一个包中。这正是在同一个包中定义不同测试的原因之一。

针对第一个测试，看起来你可以进行以下操作：

- 添加一个 RequestHandler，引用一个 Request;
- 获取一个 RequestHandler 并传递同一个 Request;
- 检查你获得的 RequestHandler 是否就是添加的那一个。

测试从何而来

现在你知道你需要什么样的对象。下一个问题是，“这些对象从何而来？”你应该继续前进，编写一些你将在应用程序中使用的对象（如登录请求）吗？

单元测试的要点在于，一次只测试一个对象。在一个面向对象环境中，如 Java，对象会被设计成要同其他对象交互。由此可知，要创建一个单元测试，你需要两种类型的对象：一种是你要测试的**领域对象**（Domain Object），另一种是用来与被测对象交互的**测试对象**（Test Object）。

DEFINITION 在单元测试的环境中，术语**领域对象**（Domain Object）被用来对比和比较用于应用程序中的对象与用来测试应用程序的对象（测试对象）。任何被测试的对象都被看作是一个领域对象。

如果你已经使用了另一个领域对象，如登录请求，并且测试失败了，那么就很难判断肇事者是谁。你可能无法分辨问题究竟是出在 controller 上还是出在请求上。因此，在第一轮的测试中，唯一你会在生产中使用的类是 DefaultController。其他的一切应该都是特殊的测试类。

JUnit 最佳实践：一次只能单元测试一个对象

单元测试的一个至关重要的方面就是细粒度。一个单元测试独立地检查你创建的每一个对象，这样你就可以在问题发生的第一时间把它们隔离起来。如果被测试的对象多于一个，那么一旦这些对象发生了变化，你就无法预测它们将如何相互影响。当一个对象与其他复杂的对象交互时，你可以使用可预测的测试对象将被测试的对象包围起来。软件测试的另一种形式是集成测试，检查正在工作的对象彼此间是如何交互的。更多关于其他类型的测试的内容，可以参考本书的第 4 章。

测试类存在于何处

你把测试类放在什么地方呢？Java 提供了几种选择。对于初学者来说，你可以进行以下操作之一：

- 把测试类作为包（package）中的公有类；
- 把测试类作为测试用例类的内部类。

如果这些类很简单并且以后也不太可能有很大的改变，那么把它们编写成内部类是最简单的做法。在这个示例中的类都非常简单。代码 3.5 显示了你可以添加到 `TestDefaultController` 类中的内部类。

代码 3.5 作为内部类的测试类

```
public class TestDefaultController
{
[...]
   private class SampleRequest implements Request                    ❶
   {
      public String getName()
      {
         return "Test";
      }
   }
   private class SampleHandler implements RequestHandler             ❷
   {
      public Response process(Request request) throws Exception
      {
         return new SampleResponse();
      }
   }
   private class SampleResponse implements Response                  ❸
   {
      // empty
   }
[...]
```

首先，创建一个可以返回已知名称（Test）的请求对象❶，然后实现一个 `SampleHandler`❷。接口调用了一个 `process` 方法，所以你也必须为此编写代码。因为你目前并不是在测试这个 `process` 方法，所以让它返回一个 `SampleResponse` 对象来满足签名。接下来定义一个空的 SampleResponse❸，这样你就有东西可以实例化了。

有了代码 3.5 中的脚手架以后，我们再来看一下代码 3.6，这段代码对添加一个 RequestHandler 进行了测试。

代码 3.6 TestDefaultController.testAddHandler

```
[...]
import static org.junit.Assert.*;

public class TestDefaultController
{
[...]
   @Test
   public void testAddHandler()                                      ❶
   {
      Request request = new SampleRequest();                         ❷
      RequestHandler handler = new SampleHandler();                  ❸
      controller.addHandler(request, handler);
      RequestHandler handler2 = controller.getHandler(request);      ❹
      assertSame("Handler we set in controller should be the
                     same handler we get", handler2, handler);       ❺
   }
}
```

为测试方法选择一个显而易见的名字，并且使用@Test 注释来注释你的测试方法❶。要记得实例化你的测试对象❷。这行代码是这个测试的重点：controller（即被测试对象）添加了测试处理器❸。注意，DefaultController 对象已被@Before 注释的方法实例化（参见代码 3.4）。

把处理器读回到一个新的变量中❹，并且检查你读回的对象是否与刚刚传输入的对象相同❺。

JUnit 最佳实践：选择有意义的测试方法名字

你可能看到，一个方法是带有@Test 注释的测试方法。你也必须能够通过阅读一个方法的名字来了解这个方法是用来测试什么的。虽然 JUnit 对测试方法的命名规则不做任何特殊的要求，但是一条好规则是一开始就采用 test*XXX* 的命名模式，其中 *XXX* 是待测领域方法的名字。当你需要为同一个方法添加其他测试时，则可以采用 test*XXXYYY* 的命名模式，其中 *YYY* 说明了测试之间的不同。不要担心你的测试名字变得越来越复杂或冗长。在本章的最后你就会看到，通过查看它的 assert 方法有时并不能准确地了解一个方法是测试什么的。建议按照描述性的方式来命名你的测试方法，并且可以在必要时添加注解。

虽然这个单元测试非常简单，但它证实了关键的前提，即存储和获取 RequestHandler 的机制运作良好。如果以后 addHandler 或者 getRequest 失败了，那么这个测试就会很快检测到问题。

随着你创建了更多这样的测试，你就会注意到你遵循着以下一个模式。

1. 通过把环境设置成已知状态（如创建对象、获取资源）来创建测试。测试前的状态通常称为 Test Fixture。
2. 调用待测试的方法。
3. 确认测试结果，通常通过调用一个或更多的 assert 方法来实现。

3.2.3 请求处理

让我们来看一下，如何测试 controller 的核心功能，即处理一个请求。因为你已经知道具体的步骤，所以我们只是在代码 3.7 中展示了测试代码，并加以了分析。

代码 3.7 testProcessRequest 方法

```
import static org.junit.Assert.*;
public class TestDefaultController
{
[...]
   @Test
```

```
    public void testProcessRequest()                                    <-❶
    {
        Request request = new SampleRequest();
        RequestHandler handler = new SampleHandler();                     ❷
        controller.addHandler(request, handler);
        Response response = controller.processRequest(request);       <-❸   ❹
        assertNotNull("Must not return a null response", response);       <-
        assertEquals("Response should be of type SampleResponse",
                SampleResponse.class, response.getClass());            <-❺
    }
}
```

首先，使用@Test 注释来注释这个测试，并且为测试取一个简单、统一的名字❶。创建测试对象，并添加测试处理器❷。

在❸处，这行代码与代码 3.6 中的有所不同，它调用了 processRequest 方法。然后验证被返回的 Response 对象不是 null❹。这非常重要，因为你会对 Response 对象调用 getClass 方法。如果 Response 对象是 null，那么这个调用就会失败，并抛出令人讨厌的 NullPointerException 异常。你使用了 assertNotNull(String,Object) 签名，这样如果测试失败，那么显示的错误是有意义的并且易于理解。如果你使用了 assertNotNull(Object)签名，那么 JUnit runner 就会输出一个 Stack Trace（栈跟踪），显示一个 java.lang.AssertionError 异常且不带任何消息，这样诊断起来就会更加困难。

再一次将测试结果和预期的 SampleResponse 类进行比较❺。

JUnit 最佳实践：在 assert 调用中解释失败的原因

无论何时，只要你使用了 JUnit 的任何 assert* 方法，就要确保自己使用第一个参数为 String 类型的那个签名。这个参数让你可以提供一个有意义的文本描述，在断言失败时 JUnit 的 test runner 就会显示这个描述。如果不使用这个参数，那么当测试失败时，要找出失败的原因就会比较困难。

分离初始化逻辑

因为 testAddHandler 和 testProcessRequest 这两个测试的初始化行为是一样的，所以你可以试着把这部分代码移进一个@Before 注释的方法。同时，你并不想把它移进一个新的@Before 方法中，因为你无法确定哪一个方法先被执行，并且你还可能得到一个异常。相反，你能够把它移进同一个@Before 方法中。

由于添加了更多的测试方法，因此你就可能需要调整在@Before 方法中所做的处理。目前，尽可能快地删除重复的代码，将有助于你更快地编写更多的测试。代码 3.8 显示了新的改进后的 TestDefaultController 类（修改部分已加粗显示）。

代码 3.8 重构之后的 TestDefaultControlle

```
[...]
public class TestDefaultController
{
   private DefaultController controller;
   private Request request;
   private RequestHandler handler;

   @Before
   public void initialize() throws Exception    {
      controller = new DefaultController();
      request = new SampleRequest();
      handler = new SampleHandler();                    ❶

      controller.addHandler(request, handler);
   }
   private class SampleRequest implements Request
   {
      // Same as in listing 3.1
   }
   private class SampleHandler implements RequestHandler
   {
      // Same as in listing 3.1
   }
   private class SampleResponse implements Response
   {
      // Same as in listing 3.1
   }
   @Test
   public void testAddHandler()                         ❷
   {
      RequestHandler handler2 = controller.getHandler(request);
      assertSame(handler2, handler);
   }
   @Test
   public void testProcessRequest()                           ❸
   {
      Response response = controller.processRequest(request);
      assertNotNull("Must not return a null response", response);
      assertEquals("Response should be of type SampleResponse",
                   SampleResponse.class, response.getClass());
   }
}
```

我们将实例化的测试对象 Request 和 RequestHandler 移进 initialize❶。这样我们就省去了在 testAddHandler❷和 testProcessRequest❸中重复相同的代码。我们为了向 controller 添加处理器，也创建了一个新的@Before 注释的方法。因为@Before 方法执行在每个@Test 方法之前，所以我们要确定我们完全创建了 DefaultController 对象。

DEFINITION **重构**——改善已有代码的设计。关于重构的更多内容，可以参看 Martin Fowler 写的已经成为经典之作的《Refactoring: Improving the Design of Existing Code》[1]。

[1] Martin Fowler, *Refactoring: Improving the Design of Existing Code* (Reading, MA: Addison-Wesley, 1999).

注意，你不要试图通过在一个测试方法中测试多个操作来共享初始化代码，如代码 3.9 所示（这是一个反面例子）。

代码 3.9 反面例子：不要组合测试方法

```
public class TestDefaultController
{
[...]
   @Test
   public void testAddAndProcess()
   {
      Request request = new SampleRequest();
      RequestHandler handler = new SampleHandler();
      controller.addHandler(request, handler);
      RequestHandler handler2 = controller.getHandler(request);
      assertEquals(handler2,handler);

      // DO NOT COMBINE TEST METHODS THIS WAY
      Response response = controller.processRequest(request);
      assertNotNull("Must not return a null response", response)
      assertEquals(SampleResponse.class, response.getClass());
   }
}
```

JUnit 最佳实践：一个单元测试等于一个@Test 方法

不要试图把多个测试塞进一个方法。这样导致的结果就是测试方法变得更加复杂，难以阅读也难以理解。更糟糕的是，你在测试方法中编写的逻辑更多，测试失败的可能性就越大，需要进行调试的可能性也就越大。这就像一个滑坡，你最终会坠入不得不为你的测试编写测试的深渊。

单元测试能够让你对程序产生信心，这是通过警示你以前正常工作但现在工作失败的代码而做到的。如果你在一个方法中塞入了多个单元测试，那么就难以定位究竟是什么地方出了问题。当测试共享一个方法时，那么一个失败的测试就可能让 fixture 处于无法预期的状态。这样位于这个方法中的其他测试可能也无法运行，或者可能无法正常运行，这样，你获得的测试结果画面通常是不完整的，甚至可能是误导性的。

因为在一个测试类中的所有测试方法都共享同一个 fixture，并且现在 JUnit 可以生成一个自动测试集。所以把每个单元测试放在它自己的方法中实在是轻而易举的。如果你需要在多个测试中使用相同的代码块，那么把它提取出来作为一个工具方法，每个测试方法就都可以调用这个工具方法。如果所有的方法都共享这段代码，那么更好的做法是把它放进 fixture 中。

另一种常见的错误是编写的测试方法没有包含任何 assert 语句。当你执行这些测试时，你会看到 JUnit 将它们标记为测试成功，但这只是一个测试成功的假象。记得要始终使用 assert 调用。唯一可以接受不使用 assert 调用的情况是当抛出一个异常来指出一个错误条件时。

为了获得最好的结果，你的测试方法应当像你的领域方法一样简单明了和目的明确。

每一个测试方法都必须尽可能地简洁清晰和目的明确。这正是 JUnit 为你提供了@Before、@After、@BeforeClass 和@AfterClass 注释的原因，所以你可以在多个测试之间共享 fixture，而不必把测试方法组合起来。

3.2.4 改进 testProcessRequest

当我们编写代码中的 testProcessRequest 方法时，我们希望能够确保返回的响应正是我们所预期的响应。现在的实现证实了返回的对象就是我们预期的对象。但是我们想知道的是，返回的响应是否与预期的响应一致。这个响应可以是一个不同的类，真正重要的是，这个类是否能把它自己标识为正确的响应。

assertSame 方法确保两个引用指向同一个对象，而 assertEquals 方法则利用了继承自 Object 基类的 equals 方法。为了检查两个不同的对象是否具有相同的标识，你需要提供你自己对标识的定义。针对响应这样的对象，你可以为每一个响应指定属于它自己的令牌（或者名称）。

SampleResponse 的空实现并没有一个可供测试的名称属性。为了获得你想要的测试，你首先需要为 Response 类实现更多的内容。代码 3.10 显示了一个增强版本的 SampleResponse 类。

代码 3.10 重构之后的 SampleResponse

```
public class TestDefaultController
{
[...]
   private class SampleResponse implements Response
   {
      private static final String NAME = "Test";
      public String getName()
      {
         return NAME;
      }
      public boolean equals(Object object)
      {
         boolean result = false;
         if (object instanceof SampleResponse)
         {
            result = ((SampleResponse) object).getName().equals(getName());
         }
         return result;
      }
      public int hashCode()
      {
         return NAME.hashCode();
      }
   }
[...]
```

既然 SampleResponse 已经有了自己的标识（用 getName()表示），并且也有了自己的 equals 方法，那么你就可以改进这个测试方法了：

```
@Test
public void testProcessRequest()
{
   Response response = controller.processRequest(request);
   assertNotNull("Must not return a null response", response);
   assertEquals(new SampleResponse(), response);
}
```

我们已经介绍了 SampleResponse 类中的标识的概念，这是为了测试而设计的。但是测试实际上在告诉你，在正确的 Response 类中应当存在一个标识，所以你需要按照以下方法修改 Response 接口：

```
public interface Response
{
   String getName();
}
```

正如你所看到的，测试有时候能够“告诉”和引导你如何更好地设计你的应用程序。但是，这并不是测试真正的目的。不要忘记测试是用来确保我们没有在代码中引入错误。要做到这一点，我们就需要对每种可能执行应用程序的情况进行测试。在下一节中，我们将深入探论一些异常条件。

3.3 测试异常处理

到目前为止，你的测试都没有偏离执行的主路径。如果测试对象之一的行为以不可预期的方式发生了改变，那么这类测试就指向了问题的根源。从本质上来说，你编写的是诊断测试（diagnostic test），可以用来监测应用程序的“健康程度”。

但是，有时候健康的程序也会发生异常情况。比如，一个应用程序需要连接到数据库，诊断测试可能会测试你是否遵守了数据库的 API。如果你开启了一个连接，但是又没有关闭它，那么诊断测试就会发现你没有满足“所有的连接必须在使用之后被关闭”的要求。

但是，如果无法获取连接，那么又会怎么样呢？可能连接池已空（无空闲连接），或者也可能数据库服务器宕掉了。如果数据库服务器配置正确，并且你获得了所有需要的资源，那么这样的情况可能永远都不会发生。

所有的资源都是有限的，并且可能会有一天，你获取的不是一个连接，而是一个异常。“任何可能出错的事情，最终都会出错。”

如果你正在手动测试一个应用程序，那么测试这类情况的一种办法就是在应用程序运行时关闭数据库。迫使错误条件发生是测试灾难恢复能力的极佳手法。创建错误条件也是非常耗时的，我们大多数人都无法承受一天做几次这样的事情，甚至一天做一次都不能忍。而且，许多其他错误条件并不是那么容易通过手工创建的。

测试执行的主路径是一件好事，也是一项要求。而测试异常处理同样重要，因此也应该作为一项要求包括在内。如果执行的主路径无法正常工作，那么你的应用程序将也无法正常工作（你很可能注意到了这个情况）。

JUnit 最佳实践：测试任何可能失败的事物

单元测试有助于确保你的方法遵守与其他方法的 API 契约。如果契约仅仅要求其他组件遵守，而没有对你的方法提出什么约束，那么就可能没有什么有意义的行为值得测试。但是，如果方法以任何方式改变了参数值或者字段值，那么这个方法就在提供独特的行为，这就需要测试。这个方法并不仅仅是个中间人—它是一个具有自己的行为的方法，可以想象，未来的改变可能会破坏它的行为。如果一个方法被改变了，变得不再简单，那么当发生这个改变时，你就应当为这个方法增加一个测试，但在改变之前则不需要增加。

正如 JUnit 的 FAQ 所提出的，“一般的观点是这样的：如果它自身不可能出错，那么它就太简单了，简单得无法出错。”这也是极限编程规则所持的观点：“不要过早添加功能”。

那么 JavaBean 的 getter 和 setter 又怎么样呢？这要根据情况具体分析。如果你使用文本编辑器手动编写这些 getter 和 setter，那么你可能会想要测试它们。但这种方式极其容易编写出错误的 setter，并且编译器还无法发现错误。但是，如果你使用一个 IDE 来监控这些事情，那么你的团队就可能决定不测试简单的 JavaBean 属性了。

我们都是普通人，并且每当涉及异常情况我们通常会倾向敷衍了事。甚至不少教科书对错误处理的介绍也是一笔带过，以至于简化书中的示例。结果就是，许多本应该是杰出的程序在投入运行之前都没有加入错误预防功能。如果正确地被测试过，那么一个应用程序就不应该显示任何“死亡之屏”，而应该优雅地捕获、记录并解释所有的错误。

3.3.1 模拟异常条件

异常的测试用例才是单元测试大放异彩的地方。单元测试可以模拟异常条件，就像模拟正常条件一样简单。其他类型的测试（如功能测试和接受测试）都是在实际运行层面执行的。这些测试是否会遇到系统错误往往属于突发事件，而单元测试则可以根据需要产生异常条件。

在我们最初闪现编程灵感时，我们就有了先见之明，即在基类中编写一个错误处理器。正如你在前面的代码 3.2 中所看到的，`processRequest` 方法捕获了所有的异常并返回了一个特殊的错误响应：

```
try
{
   response = getHandler(request).process(request);
}
catch (Exception exception)
{
   response = new ErrorResponse(request, exception);
}
```

你如何模拟异常条件以测试错误处理器是否正常工作呢？为了测试对正常请求的处理，你创建了一个 SampleRequestHandler，这个处理器返回了一个 SampleRequest（参见代码 3.5）。那么，为了测试错误条件的处理，你可以创建一个 SampleExceptionHandler，相反这个处理器会抛出一个异常，如代码 3.11 所示。

代码 3.11 用于异常情况的 Request handler

```
public class TestDefaultController
{
[...]
   private class SampleExceptionHandler implements RequestHandler
   {
      public Response process(Request request) throws Exception
      {
         throw new Exception("error processing request");
      }
   }
}
```

剩下的事情就是创建一个测试方法，注册这个处理器，并试图处理一个请求，如代码 3.12 所示。

代码 3.12 testProcessRequestAnswersErrorResponse，第一次迭代

```
public class TestDefaultController
{
[...]
   @Test
   public void testProcessRequestAnswersErrorResponse()
   {
      SampleRequest request = new SampleRequest();
      SampleExceptionHandler handler = new SampleExceptionHandler();
      controller.addHandler(request, handler);
      Response response = controller.processRequest(request);

      assertNotNull("Must not return a null response", response);
      assertEquals(ErrorResponse.class, response.getClass());
   }
}
```

创建请求和处理器对象

复用代码 3.8 中的 controller 对象

测试结果

如果你通过 JUnit 来运行这个测试，那么测试会失败！快速浏览一下消息你就会知道两件事。首先，你需要为测试请求更换一个不同的名字，因为 fixture 中已经有了一个名为 Test 的请求。其次，你可以需要在类中增加更多的异常处理，以至在实际运行中不会抛出一个 RuntimeException 异常。

关于第一点，你可以试着使用 fixture 中的请求对象，而不是你自己创建的。不过这样做还是会出现同样的错误（确实，一旦你有了一个测试，那么就会使用它来探索不同以往的编码策略）。你可能会考虑改变 fixture。如果你从 fixture 中删除注册默认的 SampleRequest 和 SampleHandler 的代码，你就为其他的测试方法引入了冗余——这并不是好事。更好的做法是修改 `SampleRequest`，这样它就可以以不同的名字被实例化。代码 3.13 显示了重构后的结果（与代码 3.11 和代码 3.12 的不同之处用**粗体**表示）。

代码 3.13　修改并重构后的 testProcessRequestExceptionHandler

```
public class TestDefaultController
{
[...]
   private class SampleRequest implements Request
   {
      private static final String DEFAULT_NAME = "Test";   ❶
      private String name;

      public SampleRequest(String name)   ❷
      {
         this.name = name;
      }

      public SampleRequest()   ❸
      {
         this(DEFAULT_NAME);
      }
      public String getName()
      {
         return this.name;
      }
   }
[...]
   @Test
   public void testProcessRequestAnswersErrorResponse()
   {
      SampleRequest request = new SampleRequest("testError");   ❹
      SampleExceptionHandler handler = new SampleExceptionHandler();
      controller.addHandler(request, handler);
      Response response = controller.processRequest(request);

      assertNotNull("Must not return a null response", response);
      assertEquals(ErrorResponse.class, response.getClass());
   }
}
```

引入一个成员域来保存请求的名称，并且把它设置为上一个版本的默认值❶。接下来，引入一个新的构造函数，使你可以把名称传递给请求对象❷，以覆写默认值。在❸部分，引入了一个空的构造函数，这样现有的调用将可以继续正常用作。最后，调用新的构造函数❹，这样异常请求对象就不会与 fixture 冲突。

如果你添加了另一个也要使用异常处理器的测试方法。你就可能把它的实例化移到 `@Before` 的 fixture 中，以消除冗余。

JUnit 最佳实践：让测试改善代码

编写单元测试常常有助于你写出更好的代码。理由很简单：一个测试用例就是一位你的代码的用户。只有在使用代码时你才能发现代码的缺点。因此，不要犹豫，应当根据测试时发现的问题重构代码，使其更加易于使用。测试驱动开发（TDD）的实践就依赖于这条原则。通过先编写测试，你就可以从代码用户的角度来开发你的类。关于 TDD 的更多内容可以参见第 5 章。

因为现在冗余还没有发生，所以让我们抵御预测变化的诱惑，保持代码不变（即极限编程所主张的“不要过早添加功能”规则）。

3.3.2 测试异常

在测试期间，如果你试图注册一个重名的请求，你就会发现 addHandler 抛出了一个未说明的 RuntimeException（这里“未说明”的意思是它没有显示在签名中）。来看一下代码，你会发现如果这个请求未被注册，getHandler 就会抛出了一个 RuntimeException 异常。

是否应当抛出未说明的 RuntimeException 异常是一个更大的设计问题（你可以把它作为稍后的研究任务）。目前，让我们来编写一些测试，以证明方法的行为与设计的一致。

代码 3.14 显示了两个测试方法，它们证明了 addHandler 和 getHandler 会按照预期抛出运行时异常。

代码 3.14 测试抛出异常的方法

```
public class TestDefaultController
{
[...]
   @Test(expected=RuntimeException.class)                           ❶
   public void testGetHandlerNotDefined()                               ❷
   {
      SampleRequest request = new SampleRequest("testNotDefined");      ❸

      //The following line is supposed to throw a RuntimeException
      controller.getHandler(request);                                   ❹
   }

   @Test(expected=RuntimeException.class)                               ┐
   public void testAddRequestDuplicateName()                            │
   {                                                                    │
      SampleRequest request = new SampleRequest();                      │
      SampleHandler handler = new SampleHandler();                      ❺
                                                                        │
      // The following line is supposed to throw a RuntimeException     │
      controller.addHandler(request, handler);                          ┘
   }
}
```

使用@Test 注释来注释你的方法，就标志着它是一个测试方法❶。由于我们打算测试一个异常条件，并且我们预期这个测试方法将会产生某种异常，所以我们也需要指定预期产生的异常是哪一种。我们可以通过指定@Test 注释的 expected 参数来指定异常类型。给测试取一个清晰易懂的名字❷。因为这个测试代表了一种异常情况，所以在标准的前缀 testGetHandler 后面添加 NotDefined，这样就可以把所有的测试放在一起，并说明每种变体的目的。

在❸部分，你创建了这个测试的请求对象，并且也为它指定了一个清晰易懂的名字。将这个（未注册的）请求传递给默认的 getHandler 方法❹。因为这个请求还没有添加处理器，所以会产生一个 RuntimeException 异常。

你可以遵循与第一个方法相同的模式：

1 插入应当抛出异常的语句；
2 向@Test 注释添加 expected 参数，来指定你所预期的异常类型；
3 一切正常进行。

JUnit 最佳实践：使异常测试更易于阅读

通常@Test 注释中的 expected 参数会明确告知开发者，应该产生什么类型的异常。但是你可以更进一步。除了以一种清晰易懂的方式命名你的测试方法，来表示这个方法要测试一个异常条件，你也可以向产生 expected 异常的代码行中添加一些代码注释，以突出显示。

controller 类根本还没有完成，但是你已经进行了还算不错的第一次迭代，并且拥有了可以证实它能够正常工作的一个测试集。现在你可以把 controller 包及其测试存入项目的代码库中，然后转而执行你任务列表中的下一项任务。

JUnit 最佳实践：让测试改善代码

一种识别异常路径的简单方法是检查待测代码中的不同分支路径。这里的“分支路径”指的是 if 子句、switch 语句和 try/catch 块的结果。当你开始跟踪这些分支时，你有时可能会觉得测试每个分支路径实在是太痛苦了。如果代码难以测试，那么通常也难以使用。当测试表明这是一个糟糕的设计（称为 code smell，http://c2.com/cgi/wiki?CodeSmell），那么你就应该停下来重构领域代码。在“有太多分支”的情况下，解决方案通常是把一个较大的方法分割成几个较小的方法[1]。或者，你也可以修改类的层次结构来更好地表示问题域[2]。其他的情形都需要不同的重构。

测试就是你的代码的第一位“顾客”，而且正如格言所说的，“顾客永远是对的”。

接下来，我们将要讨论的话题是超时测试。

3.4 超时测试

迄今为止，我们已经对应用程式功能的正确性进行了测试——当被提供了合适的数据，它不但以预期的方式表现行为，而且也产生了预期的结果。现在我们想看一下测试

1 Fowler, *Refactoring*, “Extract Method.”
2 更多关于编写可测试代码的内容可以参考第 4 章。

应用程序的另一面：可扩展性。我们的 DefaultController 类的扩展性怎么样呢？

我们将要编写一些测试，并预期这些测试在给定的运行时间内执行。要做到这一点，JUnit 为我们提供了@Test 注释的另一个参数，称为 timeout。在这个参数中，你能够指定以毫秒为单位的运行时间，并且如果测试执行超时，那么 JUnit 就会把这个测试标记为失败。例如，让我们来看一下代码 3.15 中的代码。

代码 3.15 超时测试

```
[...]
public class TestDefaultController
{
[...]
   @Test(timeout=130)                                                    <-❶
   public void testProcessMultipleRequestsTimeout()
   {
     Request request;                                                    ❷
     Response response = new SampleResponse();
     RequestHandler handler = new SampleHandler();                          <-

     for(int i=0; i< 99999; i++)                                            <-
     {                                                                        ❸
        request = new SampleRequest(String.valueOf(i));
        controller.addHandler(request, handler);                            <-
        response = controller.processRequest();
        assertNotNull(response);                                              ❹
        assertNotSame(ErrorResponse.class, response.getClass());
     }
   }
```

我们首先以毫秒为单位指定 timeout 参数，该参数就是我们所预计的运行时间❶。然后在❷部分中，我们声明了将要在测试中使用的 Request、Response 和 RequestHandler 对象。在❸部分，我们先用一个 for 循环创建 99 999 个 SampleRequest 对象，并且把它们以及一个处理器添加到 controller 中。在此之后，我们调用了 controller 的 processRequest() 方法，同时断言我们获得了一个非空的 Response 对象，并且我们获得的 Response 对象并不是一个 ErrorResponse❹。

你可能认为 130 毫秒的运行时间实在是太乐观了，那么你是对的。这个运行时间在我的机器上都很难达到。但是测试的执行时间不但取决于它所运行的硬件环境（处理器速度、内存大小等），也取决于它所运行的软件环境（主要取决于操作系统，但也与 Java 的版本等有关）。因此对于不同的开发者，这个测试可能失败也可能通过。此外，当在 processRequest() 方法中添加更多的功能时，我们之前设定的运行时间就会变得无法满足我们的需求。

现在，对某些开发者来说，我们已经到了一些超时测试就可能使整个构建失败的地步。所以，有时候跳过一些测试是个好主意。在 JUnit 3.x 中，我们为了跳过测试，就不得不修改测试方法的名称（使其不以 test 前缀为开头）。然而，在 JUnit 4.x 版本中，我们有一个好方法来跳过测试。唯一需要我们做的是使用@Ignore 注释来注释@Test 方法，如代码 3.16 所示。

代码 3.16　在 JUnit 4.x 中忽略一个测试方法

```
[...]
@Test(timeout=130)
@Ignore(value="Ignore for now until we decide a decent time-limit")    ❶
public void testProcessMultipleRequestTimeout()
{
   [...]
}
```

正如你所看到的，我们唯一所做的是将`@Ignore`注释添加到方法中。这个注释接收了一个 value 参数，这个参数让我们插入一个信息，来说明我们为什么跳过这个测试。

JUnit 最佳实践：总是为跳过测试说明原因

正如你在以上代码中所看到的，我们说明了为什么需要跳过该测试的执行。在实际中这是一个很好的做法。首先，你向其他的开发成员说明了你为什么想跳过该测试的执行，其次，你也向自己证实了你知道这个测试是做什么的，而且你没有忽略它只是因为它失败了。

上文已经提到过，在 JUnit 3.x 中，跳过测试方法的执行的唯一方式就是重命名方法或者把方法注释掉。这样你就无法知道有多少测试被跳过了。而在 JUnit 4.x 中，当你使用@Ignore 注释方法时，你会获得详细的统计数据，除了通过和失败的测试数量，还包括 JUnit 跳过了多少测试。

3.5　引入 Hamcrest 匹配器

有统计数据表明，人们很容易受到单元测试理念的影响。一旦你习惯于编写测试，就明白一直有人在保护你避免一些可能的错误，这种感觉是多么棒，你会惊叹以前没有单元测试是怎么活下来的。随着你编写了越来越多的单元测试和断言，你将不可避免地会遇到这个问题：一些断言太大并且很难看懂。例如，来看一下代码 3.17 中的代码。

代码 3.17　JUnit 笨重的 assert 方法

```
[...]
public class HamcrestTest {
   private List<String> values;

@Before                                                ❶
   public void setUpList() {
         values = new ArrayList<String>();
      values.add("x");
      values.add("y");
      values.add("z");
```

```
   }

@Test                                                    ❷
public void testWithoutHamcrest() {
   assertTrue(values.contains("one")                     ❸
           || values.contains("two")
           || values.contains("three"));
   }
}
```

我们在这个示例中要做的是，构造一个简单的 JUnit 测试，非常类似于我们之前所构造的测试。我们有了一个@Before 的 fixture❶，它将为测试初始化一些数据，然后我们就有了一个测试方法❷。在这个测试方法中，你可以看到，我们创建了一个又长又难懂的断言❸（可能它并不是那么难以理解，但是乍一看肯定无法明确它是做什么的）。我们的目标就是简化我们在测试方法中创建的断言。

为了解决这个问题，我们将介绍一个用于构建测试表达式的匹配器库。Hamcrest（http://code.google.com/p/hamcrest/）是一个库，包含了大量有用的匹配器对象（也称为约束或者谓语），它可以被植入到其他几种开发语言（如 Java、C++、Objective-C、Python 和 PHP）中。请注意，Hamcrest 本身并不是一个测试框架，但确切地说，它可以帮助你通过声明方式指定简单的匹配规则。这些匹配规则可以在许多不同的情况下使用，但是它们尤其适用于单元测试。

代码 3.18 是同一个测试方法，但这一次是使用 Hamcrest 库编写的。

代码 3.18 使用 Hamcrest 库简化 assert 声明

```
[...]
import static org.junit.Assert.assertThat;                    ❶
import static org.hamcrest.CoreMatchers.anyOf;
import static org.hamcrest.CoreMatchers.equalTo;
import static org.junit.JUnitMatchers.hasItem;
[...]

   @Test
   public void testWithHamcrest() {
      assertThat(values, hasItem(anyOf(equalTo("one"), equalTo("two"),    ❷
                   equalTo("three"))));
   }
[...]
```

这里复用了代码 3.17，并且在其中添加了另一个测试方法。这一次我们导入了必要的匹配器和 assertThat 方法❶，然后我们构建了一个测试方法。在这个测试方法中，我们使用了匹配器最强大的功能之一——它们能够互相嵌套❷。无论你是喜欢断言代码中带有还是不带有 Hamcrest 匹配器，这都是个人喜好问题。Hamcrest 能为你提供标准断言无法提供的功能，即在断言失败时提供一些可读的描述信息。

如果你跟随代码 3.17 和代码 3.18 中的示例操作一遍，你也许会注意到，在这两种情况中，我们创建了一个 List，而“x”、“y”和“z”都是其中的元素。然后，我们断言存在“one”、“two”或者“three”，这就意味着测试将会失败。让我们来执行这个测试，其执行结果如图 3.1 所示。

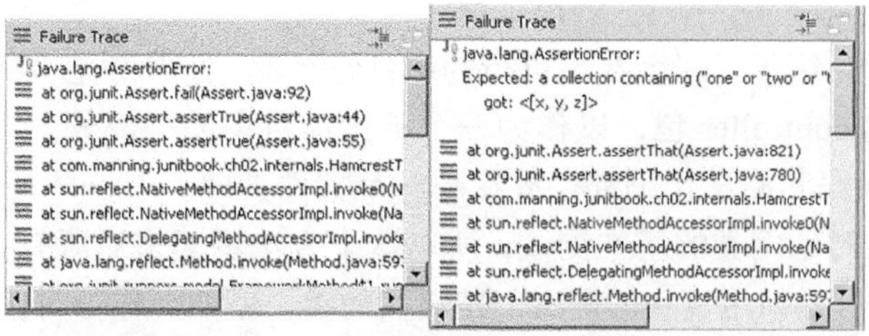

图 3.1 左边界面显示了没有使用 Hamcrest 时测试执行的栈跟踪信息，而右边界面显示的是使用 Hamcrest 后测试执行的栈跟踪信息

正如你从这两个界面中所看到的，右边的界面提供了更多的详细信息，是不是？表 3.2 列出了一些最常用的 Hamcrest 匹配器。

表 3.2 一些最常用的 Hamcrest 匹配器

核　　心	逻　　辑
anything	绝对匹配，在你想使得 assert 语句更具可读性的某些情况下非常有用
is	仅用于改善语句的可读性
allOf	检查是否与所有包含的匹配器匹配（相当于&&运算符）
anyOf	检查是否与任一包含的匹配器匹配（相当于||运算符）
not	与包含的匹配器的意思相反（相当于 Java 中的！运算符）
instanceOf、isCompatibleType	匹配对象是否是兼容类型（是另一个对象的实例）
sameInstance	测试对象标识
notNullValue、nullValue	测试 null 值 （或者非 null 值）
hasProperty	测试 JavaBean 是否具有某种属性
hasEntry、hasKey、hasValue	测试给定的 Map 是否含有某个给定的实体、键或者值
hasItem、hasItems	测试给定的集合包含了一个或多个元素
closeTo、greaterThan、greaterThanOrEqual、lessThan、lessThanOrEqual	测试给定的数字是否接近于、大于、大于或等于、小于、小于或等于某个给定的值
equalToIgnoringCase	通过忽略大小写，测试给定的字符串是否与另一个字符串相同
equalToIgnoringWhiteSpace	通过忽略空格，测试给定的字符串是否与另一个字符串相同
containsString、endsWith、startWith	测试给定的字符串是否包含了某个字符串，是否是以某个字符串开始或结束

所有的匹配器看起来都易于理解和使用，并且不要忘记你可以将它们组合使用。

最后值得一提的是，Hamcrest 极具可扩展性。编写用来检查某个特定条件的匹配器是非常容易的。唯一你需要做的是实现 Matcher 接口和一个命名适当的工厂方法（Factory Method）。在本书的附录 D 中，你可以找到更多关于如何编写自定义匹配器的内容，在这一部分中，我们针对如何编写你自己的匹配器提供了详细的介绍。

3.6 创建测试项目

因为本章介绍了对一个实际可行的组件进行测试，所以在本章的最后，让我们来看一下如何创建 controller 包，以作为一个更大项目中的一部分。在第 1 章中，你把所有的 Java 领域代码和测试代码都存放在同一个文件夹中。

这些只是对示例类的基本测试，所以这个方法看起来对所有人来说是最简单的。在本章中，你将开始使用真实的测试创建真实的类，就如同你曾对自己的项目所做的那样。所以，你就像为了一个真实项目而创建源代码库。

到目前为止，你只有一个测试用例，将它与领域类融合并不是什么大事。但是经验告诉我们，很快你就会有和领域类一样多的测试类，如果把它们都放在同一个目录下，就会带来文件管理方面的问题。找到下一个你想编辑的类就会变得很困难。

与此同时，你希望测试类能够对受保护的方法进行单元测试，所以你希望把所有的东西都放在同一个 Java 包中。解决方案是一个包有两个文件夹。图 3.2 显示了一个流行的集成开发环境（IDE）中的目录结构。

这是第 3 章的代码，所以我们使用“ch03-mastering”作为顶层项目的目录名（参见附录 C）。在根目录下，我们创建了分离的 src/main/java 和 src/main/test 文件夹。在这两个文件夹下，包结构才真正开始。

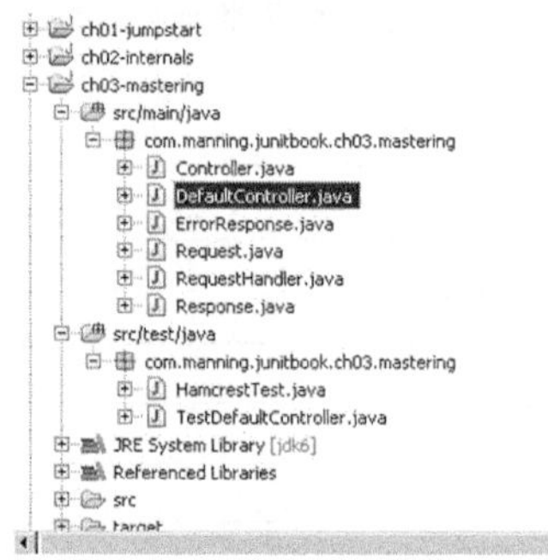

图 3.2 一个“分离但等同”的文件系统把测试都放在同一个包中，但放在不同的目录下

在这样的情况下，所有的代码都属于 `com.manning.junitbook.ch03.mastering` 包。正常工作的接口和类都放在 src/main/java 文件夹下，而我们为测试编写的类只位于 src/main/test 目录下。

除了消除混乱，“分离但等同”的目录结构还会带来其他的一些好处。现在，唯一的测试类具有很好识别的 `Test` 前缀。但稍后，你可能需要借助其他辅助类来创建更加复杂的测试。这些辅助类可能包括 stub、mock objects 以及其他的辅助类。在所有的这些类之前加上 `Test` 前缀可能并不方便，而且要从中区分出领域类和测试类也会变得很困难。使用一个单独的测试目录也可以使得发布一个只包含领域类的运行时 JAR 更为容易。并且，它还简化了所有测试的自动运行。

JUnit 最佳实践：相同的包，分离的目录

把所有测试类和待测试类都放在同一个包中，但采用平行目录结构。为了可以访问受保护的方法，你需要把测试和待测试类放在同一个包中。为了简化文件管理，并让人明确地区分测试类和领域类，你就需要把测试放在一个单独的目录中。

3.7 小结

正如你在第 1 章中所看到的，要 JUnit 入门并开始为你的应用程序编写 JUnit 测试并不是很难。在本章中，我们为一个简单但完整的应用程序 controller 创建了一个测试用例。测试用例并不是测试单个的组件，而是检验多个组件如何一起工作。我们从一个可以用于任何类的简单测试用例开始，然后把新的测试逐个添加到测试用例中，直到所有初始的组件都被测试到。由于断言变得越来越复杂，因此我们通过 Hamcrest 匹配器找到了一种简化断言的方法。我们预期这个包会日益增长，所以我们为测试类创建了另一个源代码目录。因为测试源代码和领域源代码的目录都位于同一个包中，所以我们仍然可以测试受保护成员和默认的包成员。

在下一章中，我们会把单元测试与需要在应用程序中执行的其他类型测试放在一起讨论。此外，我们还讨论了单元测试应如何与开发周期相配合。

第 4 章　软件测试原则

A crash is when your competitor's program dies. When your program dies, it is an "idiosyncrasy." Frequently, crashes are followed with a message like "ID 02." "ID" is an abbreviation for idiosyncrasy and the number that follows indicates how many more months of testing the product should have had.

崩溃指的是你竞争对手的计算机程序的死亡。当你的程序死亡的时候，这就是一个"特性"。通常，紧跟崩溃之后的是一个像"ID 02"这样的消息，"ID"是对特性的一个简称，而所跟随的数字表示了这个产品所再需要的测试月数。

—— Guy Kawasaki

本章重点

- 软件测试的必要性
- 软件测试的类型
- 单元测试的类型

在本书中的前面几章给出了非常实际的设计与部署单元测试的指导。本章则向后退几步，带你从更全面的视角领略各种类型的软件测试以及它们在应用程序的生命周期中所扮演的角色。

为什么你需要知道所有这些呢？因为进行单元测试并不是一件心血来潮的事情。因此，为了成为一个优秀的开发者，你必须理解单元测试与功能测试、集成测试以及其他类型的测试之间的区别。一旦你理解了为什么单元测试是必需的，你就需要知道距离执行你自己的测试还有多远。测试本身并不是最终的目标。

4.1 单元测试的必要性

单元测试的主要目的就是验证你的应用程序可以按照预期的方式正常运行，以及尽早地发现错误。尽管功能测试也可以做到这一点，但是单元测试更加强大，并且用途更加丰富，它能做的不仅仅是验证应用程序的正常运行，单元测试还可以：

- 带来比功能测试更广范围的测试覆盖；
- 提高团队工作效率；
- 监测衰退，降低对调试的需要
- 能为我们带来重构的信心，以及在一般情况下做出改变的信心；
- 改进实现；
- 将期望的行为文档化；
- 启用代码覆盖率以及其他指标。

4.1.1 带来更高的测试覆盖率

功能测试应该是任何应用程序所采用的首选测试类型。如果你必须在编写单元测试与编写功能测试之间做出选择的话，那么你应该选择后者。根据我们的经验，功能测试可以覆盖大约 70%的应用程序代码。如果你希望进行得更深入一点、提供更高的测试覆盖率，那么你就需要编写单元测试了。

单元测试可以很容易地模拟错误条件，这一点在功能测试中却很难办到（在某些情况下是不可能办到的）。单元测试不仅提供了测试，还提供了更多其他的用途，下面的章节将会一一介绍。

4.1.2 提高团队效率

想象一下，如果你是一个大型应用程序项目组中的一员。单元测试可以让你提交高质量的代码（经过测试的代码），而不必等到其他所有的组件都完成以后。另一方面，功能测试也更粗糙些，而且需要整个应用程序（或者是大部分）完成之后才可以测试它。

4.1.3 监测衰退和减少调试

一个成功通过的单元测试集可以确认你的代码能够正常运行，同时也给予你去修改现有的代码的信心，要么是为了重构的目的，要么是为了增加或修改新的特性。作为一个开发者，没有什么比这个感觉更好了：知道有人正站在背后看着你，而且如果你有什么做得不对的地方还会及时提醒你。

一组好的单元测试将会减少调试应用程序来找出错误的必要。功能测试会告诉你一个错误存在于某个用例的实现中的某处，而单元测试则会告诉你某个特定的方法因为一个特定的原因失败了。你就不再需要花几个小时来试着找出这个错误了。

4.1.4 自信地重构

如果没有单元测试的话，要证明重构是可行的将会是一件非常困难的事情，因为你总是可能会损坏一些东西。为什么你要花费几个小时调试（冒着延迟提交的风险），仅仅是为了改进实现或修改一个方法名称呢？单元测试提供了一个安全网，可以为你提供重构的信心。

让我们继续我们的实现，并试着进一步改善它。

JUnit 最佳实践：重构

在计算机科学的历史上，许多伟大的教师都主张迭代开发（iterative development）。比如，曾经创建了 Algol 和 Pascal 语言（当然它们现在已经成为古董了）的 Niklaus Wirth，他就很支持逐步精化（stepwise refinement）技术。

曾几何时，这些技术似乎比较难以应用到大型的、层次化的应用程序中。一个很小的改动可能会波及整个系统。项目经理不得不提前做好计划，尽量让改动降到最低，但是生产效率仍然低下。

xUnit 框架的兴起推动了敏捷方法论（agile methodologies）的流行，这再一次推进了迭代开发的发展。敏捷方法论倾向于垂直地编写代码来生成一个有效的用例，而不是水平地编写代码来一层一层地提供服务。

当你为一个独立的用例或者功能链设计和编写代码时，你的设计可能是符合这个特性的，但可能就不符合下一个特性了。为了对所有的特性都保持一致的设计，敏捷方法论提倡通过重构来根据需求调整个代码。

但是，你如何才能保证重构或者改进现有代码的设计不会损坏现有的代码呢？答案就是单元测试，它会告诉你代码在何时何地崩溃了。简而言之，单元测试能给你重构的信心。

敏捷方法论通过提供应对变化的能力来降低项目风险。通过把快速迭代标准化，并且应用像 YAGNI（You Ain't Gonna Need It）与 *The Simplest Thing That Could Possibly Work* 这样的准则，它们使得变化成为可能。但是，所有这些准则所共同依赖的基础是强大的单元测试。

4.1.5 改进实现

单元测试是客户要进行的代码测试的第一步。它们要求被测试的 API 是很灵活的，而且在隔离的情况下也是能够进行单元测试的。你通常不得不重构你的待测代码，以便使它能够进行单元测试（或者使用 TDD 方法，这种方法带来的代码天生就能进行单元测试，这将会在下一章中详细介绍）。

在你创建和修改单元测试的时候，对它们进行监控是非常重要的。如果一个单元测试太长或者太笨拙，那通常就意味着被测试的代码在设计上存在一些问题，你应该对它进行重构。另外，你也可以在一个测试方法中测试多个特性。如果一个测试无法孤立地验证一个特性，那么通常意味着代码不够灵活，也需要重构。修改代码来进行测试，这是十分正常的。

4.1.6 将预期的行为文档化

假设你需要学习一个新的 API。一边是花 300 页描述这个 API 的文档，而另一边是描述如何使用这个 API 的几个示例，那么你将如何选择？

示例的威力是众所周知的。单元测试恰恰就是这样的示例：它们展示了如何使用这个 API。也正因为如此，它们是完美的开发者文档。因为单元测试必须与工作代码保持同步，所以不像其他形式的文档，单元测试**必须**始终是最新的。

代码 4.1 展示了单元测试是如何帮助提供文档的。在没有足够金额的情况下执行一个转账操作时，`tesTransferWithoutEnoughFunds()`方法将会抛出一个 `AccountInsufficientFundsException` 异常。

代码 4.1 作为自动文档的单元测试

```
import org.junit.Test;
public class TestAccount {
   [...]
   @Test(expected=AccountInsufficientFundsException.class)          ❶
   public void tranferWithoutEnoughFunds() {
      long balance = 1000;                                          ❷
      long amountToTransfer = 2000;
      Account credit = new Account(balance);                        ❸
      Account debit = new Account();
      credit.transfer(debit, amountToTransfer);                     ❹
   }
}
```

在❶处，我们通过以@Test 注释一个方法来定义了一个测试方法，并且声明它必须抛出 `AccountInsufficientFundsException`（带有 expected 参数）。接下来，我们创建了一个有 1000 元存款的新账户❷和转账金额❸。然后我们要求转账 2000 元❹。正如我们所期望的，转账方法将会抛出一个 `AccountInsufficientFundsException`。如果没有抛出，那么 JUnit 会使这个测试失败。

4.1.7 启用代码覆盖率以及其他指标

在你按下按钮时，如果一切正常，单元测试就会告诉你。此外，单元测试还可以让你收集代码覆盖率指标（参见下一章）显示、逐个语句检查、测试执行了哪些代码，以及测试没有执行哪些代码。你还可以使用工具跟踪从一个构建到下一个构建测试成功与测试失败的过程。当然，你也可以监控测试的性能，如果与上一个构建相比，一个测试的性能下降了，就使得这个测试失败。

4.2 测试类型

图 4.1 大致勾勒出了现在软件测试的 5 种类型。当然也有其他对软件测试分类的方法，但是我们发现这种分类方法对于本书的目的是最有用的。请注意本节讨论的是一般意义上的软件测试，而不仅仅是本书其他地方所提到自动单元测试。

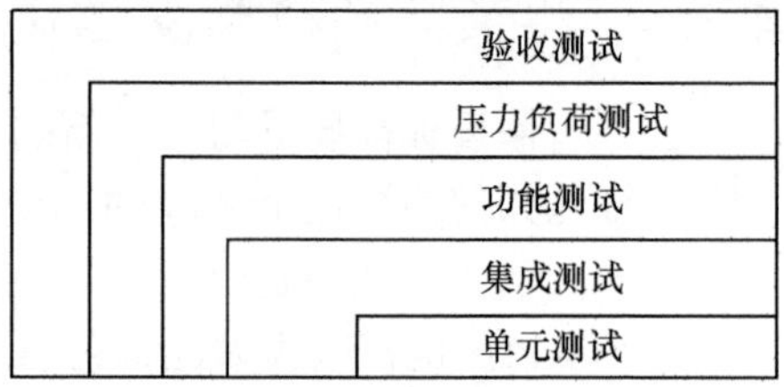

图 4.1　测试的 5 种类型

在图 4.1 中，位于最外面的软件测试在整个范围中是最广的，而位于最里面的软件测试在范围上是最窄的。当你从最里面的方框移到最外面的方框时，软件测试需要进行更多的功能性测试，也需要构建应用程序的更多部分。

接下来，我们先来看一下几种通用的测试类型，然后我们再集中讨论单元测试的类型。

4.2.1 软件测试的 4 种类型

我们已经提到过每个单元测试所关注的是一个不同的工作单元。但是，当多个不同的工作单元合并到一个工作流中的时候，测试将会发生情况呢？工作流的最后结果会是你所期待的吗？如果许多人同时使用一个应用程序，那么这个应用程序如何正常运行？以上问题将会由不同的软件测试类型来回答，我们可以将软件测试分为 4 类：

- 集成测试;
- 功能测试;
- 压力与负荷测试;
- 验收测试。

让我们来了解一下每种软件测试类型，我们从最里面的开始（不包含单元测试），依次向往外介绍。

集成软件测试

单个的单元测试是软件质量控制的根本，但是，当几个不同的工作单元合并到一个工作流中的时候，将会发生什么情况呢？一旦你针对某个类创建了测试并且已经执行了，那么下一步就是要将这个类与其他方法与服务建立关系。检查不同组件（可能此时它们正运行在目标环境中）之间的相互影响，这其实就是进行集成测试。表 4.1 描述了组件之间互相交互的多种情况。

正如更多的交通事故发生在十字路口，在应用程序中对象相互影响的结点也往往是 bug 的多发地带。理想情况下，你应该在编写应用程序代码之前就定义好集成测试。针对测试来编写代码，可以极大地提高程序员编写出行为良好的对象的能力。

表 4.1 测试对象、服务与子系统是如何交互的

交互	测试描述
对象	测试实例化多个对象，并调用这些对象上的方法
服务	当应用程序部署于一个 servlet 或者 EJB 容器时运行测试，应用程序可能连接到一个数据库或者连接到其他外部资源或设备
子系统	层次化的应用程序可能会有一个前端来处理表示，还有一个后端来处理业务逻辑。测试可以验证一个请求是否从前端传递到后端，并且从后端返回正确的响应

功能软件测试

功能测试检查公共 API 边界处的代码。通常情况下，这相当于测试应用程序用例。

开发者经常将功能测试与集成测试合并在一起。例如，一个 Web 应用程序包含了一个安全网页，只有经过授权的客户才可以访问。如果客户没有登录，却尝试访问该网页，那么结果将会是：客户被重定向到登录页面。一个功能单元测试可以检查到这种情况，它通过向这个网页发送一个 HTTP 请求，然后验证是否有一个重定向（HTTP 状态码 302）响应代码返回。

根据应用程序的不同，你可以使用以下几种不同类型的功能测试，如表 4.2 所示。

表 4.2 测试框架、图形用户界面（GUI）与子系统

应用程序类型	功能测试描述
应用程序使用了一个框架	框架中的功能测试主要集中在测试框架的 API（从最终用户或者服务提供商的角度来看）
应用程序有一个 GUI	图形用户界面的功能测试是为了验证所有的特性都可以被访问并提供预期的结果。测试可以直接访问 GUI，这也可能会调用其他的组件或后端程序
应用程序由子系统构成	层次系统试图按照角色的不同来划分系统。可能有一个表示子系统、业务逻辑子系统和数据子系统。层次化带来了灵活性，并且可以通过几个不同的前端来访问后端。每一层都会为其他层定义一个 API 来使用。功能测试主要就是测试该层的 API 协议是否实现

压力测试

当许多用户同时使用一个应用程序时，该应用程序的运行效果将会怎么样呢？大多

数的压力测试用来检查应用程序能否在某个指定的时间段内响应大量的用户请求。通常情况下，你可以使用软件来做到这一点，比如 JMeter[1]，它可以自动地发送设定好的请求，并跟踪应用程序的响应时间。通常，这些测试不会验证请求是否被正确地执行，这也正是我们为什么还需要其他测试的原因。图 4.2 显示了 JMeter 测试吞吐量的图形。

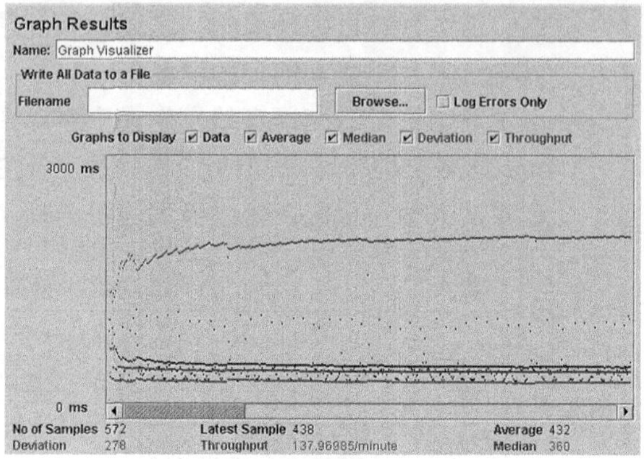

图 4.2 JMeter 吞吐量图

通常你会在一个单独的环境下执行压力测试，这种测试环境往往比开发环境具有更多的控制。压力测试环境必须尽量接近实际的运行环境；如果两个环境很不一样的话，测试也就没有什么意义了。

让我们首先使用常说的优化第一原则来快速认识一下性能测试："不要做它"。重点在于，在你花费宝贵的时间优化代码之前，你必须有一个需要解决的特定问题。这就是说，让我们进行性能测试。

除了压力测试，你还可以在开发环境内执行其他类型的性能测试。Profiler 可以在应用程序中寻找瓶颈，使程序开发者能够尽量优化它。但是，你必须能够证明的确存在一个特定的瓶颈，然后再证明你的优化确实消除了瓶颈。单元测试也可以帮助你把一个应用程序分割成一个个自然的部分。使用 JUnit，你可以创建一个与单元测试相匹配的性能测试。你可能想断言一个重要的方法从来不会花太长时间来执行。代码 4.2 展示了一个计时测试。

代码 4.2 使用 JUnit 强制一个方法超时

```
package com.manning.junitbook2;
import org.junit.Test;

public class ExampleTimedTest {

   @Test(timeout=5000)                    <-❶
   public void someVeryLongTest() {
        [...]
   }
}
```

这个示例使用`@Test`注释设置了一个超时参数❶，单位是毫秒。如果这个方法的运行超过 5 000 毫秒，那么测试就会失败。

当然，这种测试也存在一个问题，那就是你可能需要在出现以下情况时更改超时时

[1] http://jakarta.apache.org/jmeter。

间：底层硬件改变、操作系统更改、测试环境变化（如变成虚拟化运行或者逆向变化）。

验收软件测试

应用程序可以顺畅地运行固然很重要，但是应用程序也必须满足用户的需求。验收测试就是我们最终级别的测试。通常由客户或者客户代理人进行验收测试，以确保应用程序已经满足了客户或者利益相关者所提出的任何目标。

验收测试是其他所有测试的超集。通常验收测试会从功能与性能测试开始，但是它们可能还会包含一些主观标准，比如“易用性”与“外观与感觉”。有时候，验收测试可能包含了一个开发人员所运行的测试子集，区别就在于这次是客户还是 QA 团队运行测试。

想要获得在敏捷软件方法论中使用验收测试的更多信息，可以访问 Wiki 站点，了解 Ward Cunningham 的 fit 框架（http://fit.c2.com/）。

4.2.2 单元测试的 3 种类型

编写单元测试与编写生产代码同时进行，可以确保你的应用程序从一开始就处于测试中。我们鼓励这样的流程，同时敦促程序员使用他们对实现细节的理解，来创建和维护可以在构建中自动运行的单元测试。使用你对实现细节的理解来编写测试也被称为**白盒测试**（white box testing）。

当然，你的应用程序应该经受住其他各种形式的软件测试，从单元测试开始，以验收测试结束，上一小节已经详细介绍了各种软件测试类型。

作为一名开发者，你想确保你的每一个子系统都能够正确地执行。当你编写代码时，首先要进行的测试恐怕是逻辑单元测试。当你编写了越来越多的测试和越来越多的代码时，你就要增加集成和功能单元测试。在任何时刻，你都可能正在埋头于逻辑单元测试、集成单元测试或者功能单元测试。表 4.3 总结了 3 种不同类型的单元测试。

表 4.3 3 种单元测试：逻辑、集成与功能

测 试 类 型	描 述
逻辑单元测试	这种单元测试主要针对一个单独的方法来检查代码。你可以通过 mock objects 或者 stub 来控制某个特定的测试方法的边界（参见本书的第 2 部分）
集成单元测试	这种单元测试主要用来测试在真实环境（或者真实环境的一部分）中的不同组件之间的相互作用。例如，测试一段访问某个数据库的代码是否真正有效地调用了数据库（参见第 16 章与第 17 章）
功能单元测试	这种单元测试已经超出了集成单元测试的边界，目的是为了确认一个刺激响应。例如，一个 Web 应用程序包含了一个安全网页，只有经过授权的客户才可以访问它。如果客户没有登录，却尝试访问该网页，那么结果将会是：客户被重定向到登录页面。一个功能单元测试可以检查到这种情况，它通过向这个网页发送一个 HTTP 请求，然后验证是否有一个重定向（HTTP 状态码 302）响应代码返回

图 4.3 说明了这 3 种单元测试之间是如何相互作用的。图中的竖条块定义了 3 种单元测试的边界。你需要进行这 3 种单元测试，才可以确证你的代码能够正常工作。使用这种类型的测试可以增加你的测试代码覆盖率，从而提升你更改现有代码的信心，同时可以将引入回归错误的风险降到最低。

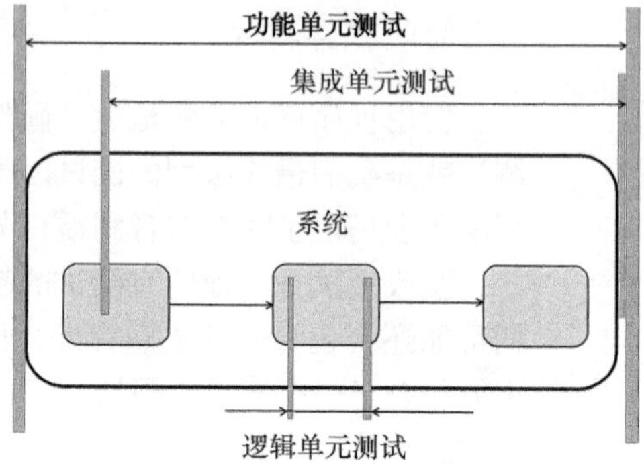

图 4.3 3 种单元测试之间的关系：功能、集成与逻辑单元测试

严格地来讲，功能单元测试并不是纯粹的单元测试，也不是纯粹的功能测试。它们相对于纯粹的单元测试而言，要更多地依赖于外部环境，但是它们又不像纯粹的功能测试那样会测试一个完整的工作流。我们之所以把功能单元测试放入我们的讨论范围内，是因为它们通常在开发环境中作为一系列测试中一部分是非常有用的。

一个典型的例子是 `StrutsTestCase` 框架（http://strutstestcase.sourceforge.net/），它提供了运行 Struts 配置的功能单元测试。这些测试告诉开发者控制器正在调用相应的软件行为，并转向预期的表示页面，但是它们并不能保证页面被正确地显示出来。

在讨论了不同类型的单元测试之后，现在我们已经对应用程序的测试有了全面的了解。我们可以充满信心地开发程序，因为我们在开发程序的同时还创建了测试，并且我们可以在查找回归错误的时候运行现有的所有测试。当测试失败时，我们可以准确地知道在什么地方出了什么问题，然后我们就可以直接把注意力集中在解决每一个问题上。

4.3 黑盒测试与白盒测试

在我们结束这一章之前，我们将关注软件测试的另一种分类：黑盒测试与白盒测试。这种分类非常直观、易于掌握，但是开发者经常忘记了这一点。下面我们从探讨黑盒测试的定义开始。

DEFINITION **黑盒测试**（black box test）——一个黑盒测试不知道系统内部的状态与行为。测试仅仅依赖于系统外部接口来验证它的正确性。

顾名思义，黑盒测试就是把系统当成一个黑盒子；可以把它想象成按钮与 LED 灯。我们并不知道系统内部结构以及系统是如何运行的。我们所知道的就是通过提供正确的输入，系统会产生预期的输出。为了正确地测试系统，我们需要知道的只是系统的**功能规范**（functional specification）。项目的早期通常会产生这样的规范，这也就意味着我们可以较早地开始测试。并且，任何人都可以参与到系统的测试中，如一个 QA 工程师、一个开发者甚至是一个客户。

黑盒测试最简单的形式就是试着在用户接口上模仿手动操作。另一种更复杂的方法则会使用一些工具来完成这个任务，比如 HTTPUnit、HTMLUnit 或者 Selenium。我们将会在本书的最后一部分中来讨论这些工具。

与黑盒测试相对应的是**白盒测试**（white box testing），有时也称为玻璃盒测试（glass box testing）。与黑盒测试不同的是，我们会使用实现的具体知识来创建测试并驱动测试进程。我们不仅需要了解一个组件的实现，并且需要了解它是如何与其他组件交互的。正由于以上这些原因，实现者本人就是创建白盒测试的最佳人选。

你会选择两种方法中的哪一种呢？不幸的是，这里并没有正确答案，我们建议你使用这两种方法。因为在某些情况下，你需要以用户为中心的测试，但是在另一些情况下，你又需要测试系统的实现细节。接下来，我们将讨论这两种方法的优点和缺点。

以用户为中心的方法

我们知道客户反馈会带给我们巨大的价值，并且根据极限编程（Extreme Programming）我们的目标之一就是“尽早发布、经常发布”。但是，如果我们只告诉客户“软件就在这，让我们知道你是怎么想的。”那么我们就不太可能获得有用的反馈。如果能够提供一段运行通过的手动测试脚本让客户参与进来，那就要好得多了。通过让客户对应用程序进行思考，那么他们也就能明白系统应该做什么了。

测试困难

黑盒测试的编写和运行都会更加困难[1]，因为它们经常要处理图形化前端，无论是 Web 浏览器还是桌面应用程序。另一个问题是，屏幕上显示的有效结果并不总是意味着应用程序是正确的。白盒测试通常更易于编写与运行，但是开发者必须实现它们。

测试覆盖率

与黑盒测试相比，白盒测试提供了更好的测试覆盖率。但另一方面，黑盒测试比白盒测试能带来更多的价值。我们将会下一章中专门讨论测试覆盖率。

尽管这些测试分类看起来很学术，但是要记住，分而治之并不仅仅适用于编写生产软件；同样也可以应用于测试。我们鼓励你使用这些不同类型的测试，以尽可能提供最好的代码覆盖率，从而给予你重构和发展应用程序的信心。

---

[1] 使用 Selenium 与 HtmlUnit 这样的工具可以让黑盒测试变得更加简单，我们在第 12 章中给出了详细的描述。

4.4 小结

改变的步伐在不断加快。产品发布的周期变得越来越短，并且我们需要对变化做出快速反应。此外，开放过程也正在发生变化——把开发看作是编写代码的艺术还远远不够。开发必须是一门编写完整的并且经过测试的解决方案的艺术。

为了适应快速变化，我们必须彻底抛弃瀑布模型（waterfall model），这种模型采用先开发后测试的模式。当变化与速度变得非常重要的时候，后期的测试就力不从心了。

当涉及应用程序的单元测试时，你可以使用几种类型的单元测试：逻辑、集成与功能单元测试。在开发过程中，所有的这些测试都很重要，并且还可以彼此相辅相成。另外，它们还补充了其他由质量保证人员和客户执行的一些软件测试。

在下一章中，我们将继续探索测试的世界。我们将展示一些最佳实践，比如测量测试覆盖率、编写可测试的代码以及实践测试驱动开发（TDD）。

第 2 部分

不同的测试策略

本书的这一部分揭示了在测试中使用的各种策略和技术。在这里我们采用了更科学和更理论的方法来解释其中的差异。我们描述了如何引入 mock objects 和 stub 技术，并深入探讨了容器内测试的细节。

这一部分的第 5 章探讨了各种改善测试质量的技术——测量测试覆盖率、实践测试驱动开发和编写可测试的代码。

第 6 章专门讨论了 stub 技术。我们深入研究了另一种隔离环境并使我们的测试无缝的解决办法。

第 7 章首先解释了 mock objects 是什么。我们详细地介绍了如何创建和使用 mock objects。我们也给出了一个真实场景中的示例，不仅解释了在什么地方最适合使用 mock objects，而且还展示了如何从它们与 JUnit 测试的集成中受益。

第 8 章介绍了一种完全不同的技术：在容器内执行测试。这种解决办法不同于前面介绍的几种技术，唯一相同的是，它也有优点和缺点。我们首先阐述了容器内（in-container）意味着什么以及它是如何实现的，然后在本章的最后我们将 mocks/stub 方法与容器内方法进行了比较。本章除了为你提供了丰富的理论知识，还可以看作是理解第 13 章和第 16 章的起点。

第 5 章　测试覆盖率与开发

I don't think anybody tests enough of anything.

我不认为任何人测试得足够全面了。

——James Gosling

本章重点

- 测量代码覆盖率
- 编写可测试的代码
- 实践测试驱动开发

在上一章中，我们介绍了测试软件并开始使用 JUnit 来探索测试。此外，我们还介绍了几种测试方法论。

既然我们正在编写测试用例，那么就应该了解这些测试到底有多好。我们可以使用测试覆盖率（test coverage）工具来报告哪些代码被测试覆盖了以及哪些代码没有被覆盖，从而得出测试覆盖率。我们还会讨论如何编写更易于测试的代码。最后我们将探讨测试驱动开发（TDD）。

5.1　测量测试覆盖率

编写单元测试给予你足够的信心去更改和重构应用程序。当你更改程序后，运行测试，就会立即得到关于待测新功能以及你的更改是否破坏了现有测试的反馈。但问题是，有些代码并没有被测试到，所以这部分未测代码的功能仍有可能因为更改而被破坏。

为了解决这个问题，我们就需要准确地知道当你或构建调用测试时哪些代码会运行。理想状态下，我们的测试应该百分之百地覆盖我们的应用程序代码。下面我们来详细讨论一下测试覆盖率会带来哪些好处。

5.1.1 测试覆盖率简介

如果使用黑盒测试，我们就能创建覆盖某个应用程序公用 API 的测试。因为我们使用文档作为我们的指南，而没有具体实现的知识，所以我们无法创建测试，比如，使用特定参数值来模拟代码中的特殊条件的测试。

测试覆盖率的指标之一是跟踪测试调用了哪些方法。这个指标无法告诉你测试是否完整，但它可以告诉你，针对某个方法你是否有相应的测试。图 5.1 显示了仅仅使用黑盒测试所能获得的部分测试覆盖率。

如果你比较熟悉某个方法的实现，那么你就**可以**编写一个单元测试。如果一个方法包含一个条件分支，你就可以编写两个单元测试，每个分支各有一个单元测试。你需要仔细研究这个方法的细节才可以创建这样的测试，这其实就是白盒测试。图 5.2 显示了使用白盒测试可以达到 100%的测试覆盖率。

使用白盒测试你可以获得更高的测试覆盖率，因为你可以访问更多的方法，而且因为你能够控制每个方法的输入以及次级对象的行为（使用 stub 或 mock objects，后面的章节会详细介绍这两种技术）。因为你可以针对受保护方法、包的私有方法以及公共方法编写白盒单元测试，所以你就可以获得更高的代码覆盖率。

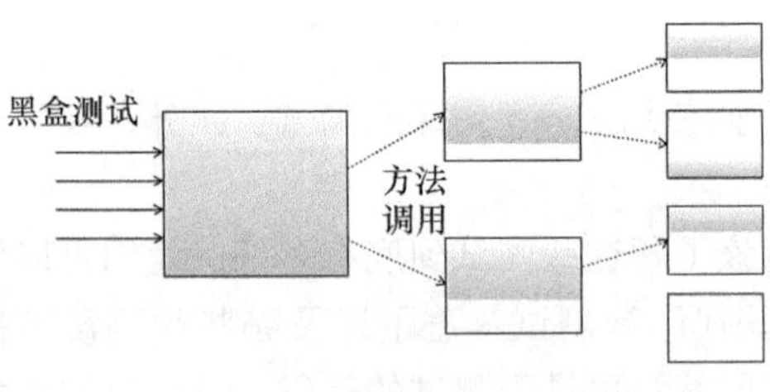

图 5.1 使用黑盒测试的部分覆盖率

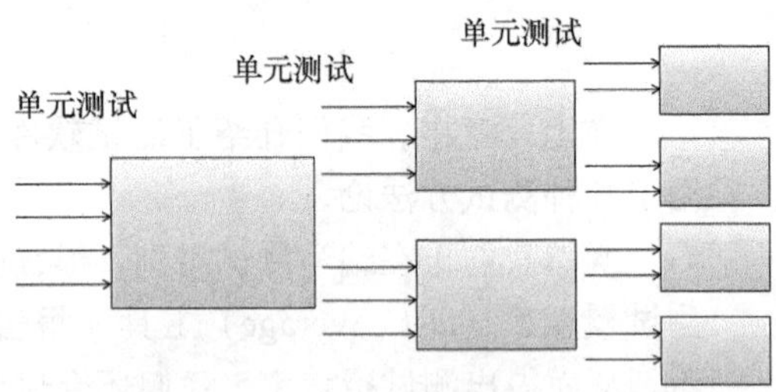

图 5.2 使用白盒测试达到的完全测试覆盖率

5.1.2 Cobertura 简介

Cobertura（译注：*cobertura* 在西班牙语是覆盖的意思）是一个与 JUnit 集成的代码覆盖率测量工具。Cobertura 具有以下特性：

- 它是免费、开源的；

- 可以与 Ant 和 Maven 集成，也可以通过命令行调用；
- 可以生成 HTML 或 XML 格式的报告；
- 可以按照不同的标准对 HTML 结果进行排序；
- 为每个类、包以及整个项目计算所覆盖的代码行与代码分支的百分比例。

为了测量测试覆盖率，Cobertura 为你指定的类文件创建了 instrument 后的副本。这个过程称为字节码工具技术（byte-code instrumentation），向现有的编译代码中增加字节码，以便记录什么执行了字节码。除了执行正常编译的单元测试，你还可以运行已经编译的并 instrument 化的测试。现在让我们开始使用 Cobertura。

从 http://cobertura.sourceforge.net/下载 Cobertura，然后解压缩安装文件。定义一个 `COBERTURA_HOME` 环境变量，并将它添加到执行的 PATH 环境变量中。COBERTURA_HOME 文件夹包含了几个我们在本小节中会用到的命令行脚本。虽然我们的示例是通过命令行来调用 Cobertura 的，但是请注意这个程序还提供了 Ant 任务。

我们首先使用以下命令来编译我们的测试用例：

```
>javac -cp junit-4.6.jar -d uninstrumented src\*.java
```

然后我们使用以下命令将我们的类 instrument 化：

```
>cobertura-instrument --destination instrumented
    uninstrumented\Calculator.class
```

这个--destination 参数定义了将 instrument 后的类保存到什么地方。应用程序的参数指定了预编译类的路径，在我们的实例中为 uninstrumented\Calculator.class。

接下来，我们针对 instrument 后的代码运行单元测试。Cobertura 不仅可以与 JUnit、Ant 集成，而且也可以与其他任何测试框架一起工作，与工具无关。为了运行你的测试，你需要在你的 CLASSPATH 中放置两个资源：

- Cobertura.jar;
- 包含了 instrument 后的类的目录要在包含了尚未 instrument 的类的目录之前。你可以通过命令行或者 Ant 来运行测试，但最后的结果都是相同的。例如，下面就是通过命令行来运行测试的：

```
>java -cp junit-4.6.jar;$COBERTURA_HOME\
    ➥cobertura.jar;instrumented;uninstrumented;
        -Dnet.sourceforge.cobertura.datafile=
        cobertura.ser org.junit.runner.JUnitCore TestCalculator
```

其中 `net.sourceforge.cobertura.datafile` 属性指向一个文件，Cobertura 会把代码覆盖率结果存储在这个文件中。如果你没有指定此属性，Cobertura 就会在当前目录下创建一个名为 cobertura.ser 的文件。

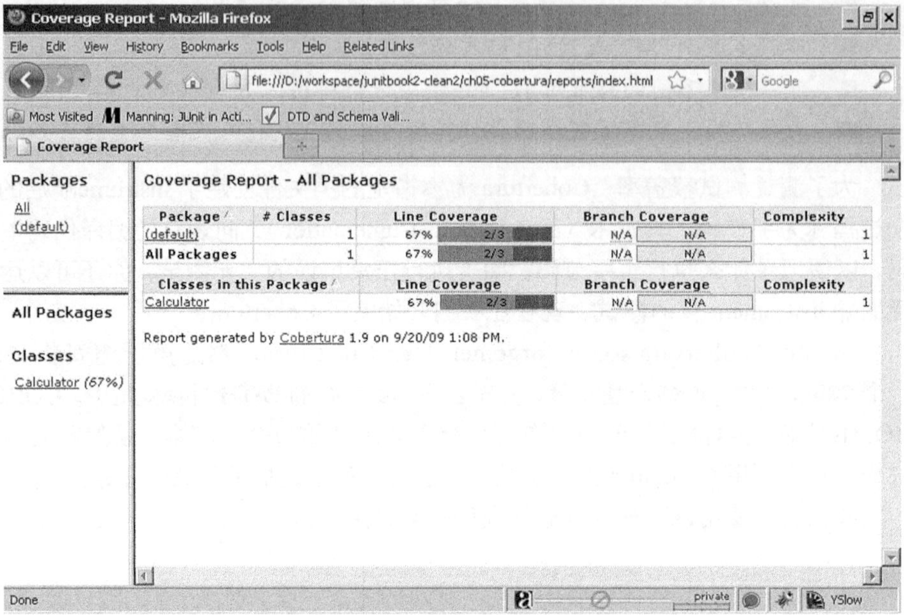

图 5.3　一个 Cobertura 代码覆盖率报告

5.1.3　生成测试覆盖率报告

在你运行这些脚本之后，你就会在 instrumented 文件夹中看到 instrument 后的类，以及一个针对给定测试运行的代码覆盖文件。使用 `cobertura-report` 脚本可以生成 HTML 格式的报告。

```
>cobertura-report --format html --datafile cobertura.ser
    --destination reports src
```

可以使用 destination 参数来指定报告的输出目录。reports 文件夹包含了如图 5.3 所示的 HTML 报告。

Cobertura 不仅可以显示某个包的代码覆盖率，甚至还可以显示某个类的代码覆盖率。你可以选择报告中的任何一个类，来查看这个特定的类被测试到何种程度。图 5.4 显示了一个类的报告。

该报告显示，`Calculator` 类中的 `squareRoot` 方法具有良好的测试覆盖率。行号旁边的数字表明，测试调用了这个方法 10 次，覆盖了这个方法中的所有行（这个示例中只有一行代码）。另一方面，sum 方法却没有被执行。总的来看，`Calculator` 类的代码覆盖率为 67%，这表明开发者还需要创建更多的测试。

根据你构建应用程序的方式，可能无法覆盖到测试环境中的所有代码。你可以考虑重构你的代码，以便在结合使用 mock objects 或 stub[1]的情况下获得更好的覆盖率。在整个开发周期中，是否选择这种方法来达到 100%的代码覆盖率可是你们团队要认真探讨的一项政策决定。

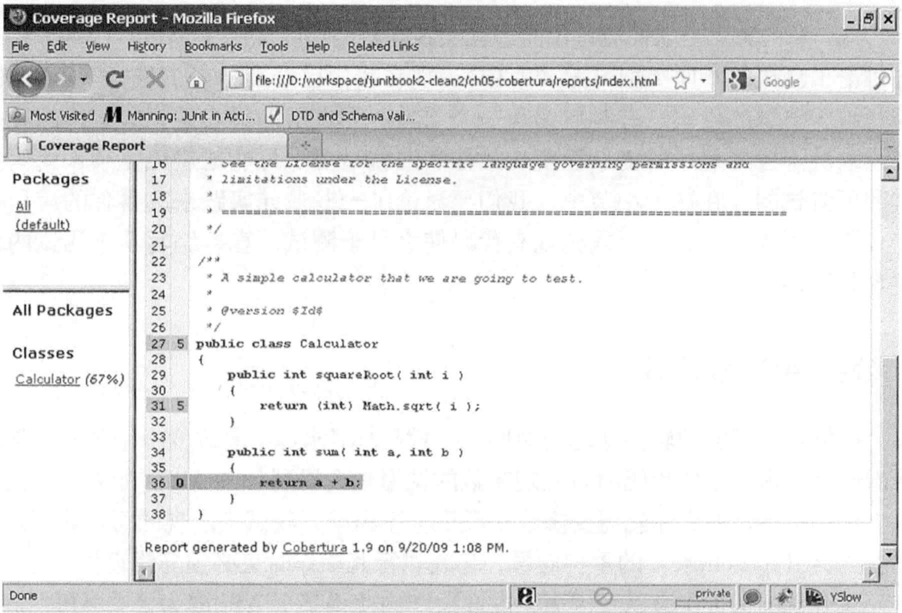

图 5.4　使用 Cobertura 测量类的代码覆盖率

5.1.4　结合黑盒与白盒测试

如果使用白盒单元测试，我们就可以获得较好的测试覆盖率，并且我们可以生成报告来证实这一点，那么，我们还需要使用黑盒测试吗?

如果你考虑到图 5.1 与图 5.2 之间的差异，就会意识到除了测试执行了多少个方法，还有更多的事情要面对。图 5.1 中的黑盒测试验证了不同对象之间的相互作用。而图 5.2 中的白盒测试，根据定义来讲，并不会测试对象之间的相互作用。如果一个白盒测试的确与另一个对象相互作用，那么这个对象通常是一个 stub 或一个 mock 对象，它们通常被用来产生特定的测试行为（参见第 6 章和第 7 章）。

如果你想彻底地测试你的应用程序，包括运行时对象之间是如何交互的，那么你就需要同时使用黑盒测试和白盒测试。

经过以上对代码覆盖率和 Cobertura 的介绍，你已经可以精确地查看单元测试覆盖了应用程序的哪些部分。接下来，我们将探讨不同的实现技术会如何影响编写应用程序

[1] 你将会在第 6 章和第 7 章中分别了解到关于 stub 和 mock objects 的更多内容。

测试的方式。

5.2 编写可测试的代码

这一章的重点是软件测试中的最佳实践。我们已经介绍了 JUnit（参见第 1～3 章）并讨论了测试的不同类型（第 4 章中）。现在我们已经准备好了进行下一阶段的学习：编写易于测试的代码。有时候编写一个单独的测试用例很容易，有时候却又很难，这完全取决于应用程序的复杂程度。最佳实践就是要尽可能地避免复杂；代码应该是易读和可测试的。在这一小节中，我们要讨论了一些最佳实践来改善你的应用程序构架与代码。不要忘记，比起重构现有代码使之易于测试，直接编写易于测试的代码肯定要容易得多。

5.2.1 公共 API 是协议

提供向后兼容的软件状态的原则之一就是你“永远不要改变一个公共方法的签名”。查看一个应用程序的代码时就发现多数的调用都会用到公共 API。如果你更改了一个公共方法的签名，那么你就需要修改在应用程序和单元测试中出现的每次调用。即使借助一些工具（如 Eclipse）的重构向导，你在执行此操作时也必须非常谨慎。

在开源的世界中，以及因为某款商业产品使得某个 API 成为公共 API，情况就会变得更加复杂——许多人使用你的代码，并且你应该小心对待你所做的更改，以确保软件的向后兼容性。

公共方法成为应用程序在不同的组件、开源项目以及商业产品之间的衔接点，通常它们甚至并不知道彼此的存在。

假设一个公共方法将距离（distance）作为 double 类型的参数，并且用黑盒测试来验证计算。在某些时候，参数的单位从英里（mile）变成公里（kilometer）。你的代码仍然可以编译，但是运行时却会出错。如果没有单元测试失败，以及告诉你什么出现了错误，那你可能要花费很长的时间来调试并向愤怒的客户进行解释。这个示例表明你必须要测试所有的公共方法。对于那些非公共的方法，你则需要更深入一步，即使用白盒测试。

5.2.2 减少依赖关系

记住，单元测试要在隔离的情况下验证你的代码。你的单元测试应该将你想要测试的类实例化，使用它并断言它的正确性。你的测试用例要足够简单。当你的类直接或者间接实例化一组新的对象时，那么将会发生什么？现在你的类将会依赖这些类。

为了编写可测试的代码，你应该尽可能减少这种依赖关系。如果你的类依赖许多其他需要在某些状态下被实例化和创建的类，那么你的测试就会变得极其复杂——你可能需要使用一些复杂的 mock-objects 解决方案（关于 mock objects 的内容可以参考第 6 章）。

减少依赖关系的一个解决方法是将你的代码隔离在两类方法之间，一类是实例化 new 对象（工厂）的方法，另一类是为你的应用程序提供逻辑的方法，如代码 5.1 所示。

代码 5.1　减少依赖关系

```
class Vehicle {

  Driver d = new Driver();
  boolean hasDriver = true;

  private void setHasDriver(boolean hasDriver) {
    this.hasDriver = hasDriver;
  }
}
```

每次我们实例化 `Vehicle` 对象时，我们还实例化了 `Driver` 对象。我们已经混合了这些概念。解决办法就是将 `Driver` **接口**传递给 `Vehicle` 类，如代码 5.2 所示。

代码 5.2　将 Driver 传递给 Vehicle

```
class Vehicle {

  Driver d;
  boolean hasDriver = true;

  Vehicle(Driver d) {
    this.d = d;
  }

  private void setHasDriver(boolean hasDriver) {
    this.hasDriver = hasDriver;
  }
}
```

这允许我们生成一个 mock `Driver` 对象（参考第 6 章），并将它传递给正在实例化过程中的 Vehicle 类。另外，我们还可以 mock 任何其他类型的 `Driver` 实现——`JuniorDriver`、`SeniorDriver` 等——然后将它传递给 `Vehicle` 类。

5.2.3　创建简单的构造函数

为了尽量获得更好的测试覆盖率，我们增加了越来越多的测试用例。而在每一个测试用例中，我们都要做到以下几点：

- 实例化类，以便进行测试；
- 将类设置到某个特定的状态；

- 断言类的最终状态。

通过在构造函数内部进行处理（除了填充实例变量以外），我们往往将以上列出的第一点与第二点混合在一起实现。事实上，无论从构架的角度（每次实例化类的时候我们都要做同样的事情），还是因为我们总是使类处于某种预定义的状态中，这都是一个糟糕的做法。这样的代码是难以维护和测试的。

5.2.4 遵循最少知识原则

迪米特法则（Law of Demeter），又称为**最少知识原则**（Principle of Least Knowledge），是一项设计准则，它主张一个类只要知道它需要知道的那么多即可。例如，来看一下代码 5.3。

代码 5.3 笛米特法则的反例

```
class Car {
  private Driver driver;

  Car(Context context) {
     this.driver = context.getDriver();
  }
}
```

在这个示例中，我们向构造函数 `Car` 传递了一个 `Context` 对象。这实际上就违反了迪米特法则，因为 `Car` 类需要知道 `Context` 对象有一个 `getDriver` 方法。如果我们想要测试这个构造函数，那么在调用构造函数之前我们就需要获得一个有效的 `Context` 对象。如果 `Context` 对象有许多变量与方法，那么我们就不得不使用 mock objects（参考第 7 章）来模拟上下文环境。

正确的解决方法就是应用最少知识原则，并只有在我们需要的时候才将引用传递给方法和构造函数。在我们的这个示例中，我们应该将 `Driver` 传递给 `Car` 构造函数，如下所示：

```
Car(Driver driver) {
  this.driver = driver;
}
```

这也就解释了一个关键概念：要求对象，但不搜索对象，而且仅要求应用程序所需要的对象。

5.2.5 避免隐藏的依赖关系与全局状态

对全局状态一定要谨慎，因为全局状态使得许多客户端共享全局对象成为可能。如果这个全局对象并没有被编码成共享访问，或者如果客户端预期独占访问全局对象，那么这就可能会导致一些意外的后果。举个例子，来看一下如代码 5.4 所示的实例。

代码 5.4 实际应用中的全局状态

```
public void reserve() {
    DBManager manager = new DBManager();
    manager.initDatabase();
    Reservation r = new Reservation();
    r.reserve();
}
```

DBManager 意味着一个全局状态。如果不首先实例化数据库，你就无法进行预约。从内部来看，Reservation 使用 DBManager 来访问数据库。如果没有被文档记录，那么 Reservation 类就对程序员隐藏了它对数据库管理器的依赖，因为 API 没有为我们提供任何线索。代码 5.5 提供了一个更好的实现。

代码 5.5 避免全局状态

```
public void reserve() {
    DBManager manager = new DBManager();
    manager.initDatabase();
    Reservation r = new Reservation (manager);
    r.reserve();
}
```

在这个示例中，Reservation 对象由给定的数据库管理器创建。严格地来说，只有使用数据库管理器配置 Reservation 对象后，Reservation 对象才可以正常工作。

因此，要尽量避免全局状态；当你提供一个全局对象的访问权限时，你不仅共享了这个对象，同时也共享了这个对象所涉及的任何对象。

正如 Miško Hevery[1]在他的博客中所说的那样：

你可能生活在这样一个社会中，每个人（每个类）都宣称谁是他们的朋友（协作对象）。如果我了解 Joe 认识 Mary，但是 Mary 与 Joe 都不认识 Tim，那么这就可以安全地假设如果我告诉 Joe 一些信息，他可能会告诉 Mary，但是 Tim 绝对不会获得这些消息。现在想象一下每个人（每个类）都宣布一些他们的朋友（协作对象），而不是全部，但其他的朋友（保持单态的协作对象）则是保密的。那现在你就会疑惑到底 Tim 是如何获得你告诉 Joe 的消息的。

接下来就非常有趣了。如果你是那个最初构建关系（代码）的人，你知道真正的依赖关系，但是后来者就会感到比较困惑，因为那些宣称的朋友并非对象的所有朋友，对你而言，你并不清楚某些隐秘的信息流路径。你活在一个充满骗子的世界里。

5.2.6 单态模式的优点和缺点

虽然我们刚刚建议你不要使用全局状态，但是单态（Singleon）模式[1]是一个很有用

[1] 参见 http://misko.hevery.com/about/。

的设计模式，它可以确保一个类只有一个实例。你可以扩展单态概念，以便为一个类提供若干个实例。大多数情况下，实现要定义一个私有构造函数和一个静态变量。例如，最简单的单态实现如下所示：

```
public class Singleton {
  public static final Singleton INSTANCE = new Singleton();
  private  Singleton() {}
}
```

在这里你可以使用静态 final 域 INSTANCE 来访问单态。或者，这个类可以使用延迟初始化来创建实例，比如：

```
public class Singleton {
  private  static Singleton INSTANCE;
  private  Singleton() {}
  public static Singleton getInstance() {
     if(INSTANCE == null) {
        INSTANCE = new Singleton();
     }
     return INSTANCE;
  }
}
```

单态设计模式需要确保对象只被实例化一次。为了确保这一点，我们通过将构造函数定义为 private 来隐藏它。与使用私有方法一样，你不能显式地调用和测试私有构造函数。这时你有一个选择：你可以通过代码覆盖率来确认所有的私有方法是否都被测试过，或者你可以修改访问修饰符来打开类，以便显式测试那些方法。

单态模式的一个显著缺点就是它在你的应用程序中引入了全局状态。例如，第一个例子中的 `INSTANCE` 域就是一个全局变量。所以，使用这种设计模式时应小心谨慎。

5.2.7 优先使用通用方法

静态方法，如工厂方法，是非常有用的，但大批量的实用静态方法可能引发它们自身的问题。回顾一下，单元测试是在隔离状态下进行的测试。为了实现隔离，你需要在你的代码中设置一些关键点，在这些关键点上你可以简单地用测试代码替代原有的代码。这些关键点使用到了多态（polymorphism）。因为多态（也就是一个对象显示为另一个对象的能力），你调用的方法也就无法在编译时确定。你可以轻松地利用多态将应用程序代码替换为测试代码，以强制某些代码模式被测试。

如果你仅仅使用静态方法，那么情况就会变得截然相反。然后你进行过程编程（procedural programming），并且你所有的方法调用都在编译时被确定了。那么你就不会再有可以替换的关键点了。

有时候静态方法对你的测试危害并不大，尤其是当你选择某个方法来结束执行图

[1] 关于单态模式的更多内容，你可以参考《Design Patterns: Elements of Reusable Object-Oriented Software》, by Erich Gamma, Richard Helm, Ralph Johnson, John M. Vlissides。

时，比如Math.sqrt()。另一方面，你可以选择一个方法，作为应用程序逻辑的核心。在那种情况下，在该静态方法内部被执行的每个方法都会变得难以测试。

静态代码以及无法在你的应用程序中使用多态，同样会影响你的应用程序和测试。没有多态，那就意味着没有代码重用，无论是对应用程序还是测试。这就可能会导致应用程序与测试中的代码冗余，所以我们也要尽量避免这种情况。

5.2.8 组合优先于继承

很多人选择继承作为一个代码重用的机制。但是我们认为组合可能更易于测试。在运行时，代码不能改变继承的层次结构，但是我们可以组合不同的对象。我们努力使代码在运行时尽可能的灵活。这样，我们就可以确保从对象的一个状态切换到另一个状态很容易，这也使得我们的代码易于测试。

例如，因为我们认为对于所有的 servlet 来说继承 AuthenticatedServlet 并不是好的做法，所以我们始终需要在我们的测试中为测试用户实例化凭证（credential）。另一方面，我们可以将一个 Credentials 实例变量添加到那些 servlet 中，不但 servlet 需要这样的变量，而且只有在需要的时候实例化 Credentials 变量，才可以让我们的类更易于测试。

5.2.9 多态优先于条件语句

上文已经提到过，在测试中我们仅仅做到了以下几点：

- 实例化类，以便进行测试；
- 将类设置到某个特定的状态；
- 断言类的最终状态。

在以上任何一点中都有可能遇到难题。例如，如果类十分复杂的话，要实例化它就会比较困难。

降低复杂度的常用方法之一就是，尽量避免使用长的 switch 与 if 语句，如代码 5.6 所示。

代码 5.6 一个使用条件语句的糟糕设计示例

```
public class DocumentPrinter {
  [...]
    public void printDocument() {
        switch (document.getDocumentType()) {
            case Documents.WORD_DOCUMENT:
                printWORDDocument();
                break;
            case Documents.PDF_DOCUMENT:
```

```
                printPDFDocument();
                break;
            case Documents.TEXT_DOCUMENT:
                printTextDocument();
                break;
            default:
                printBinaryDocument();
                break;
        }
    }
  [...]
}
```

这个实现非常糟糕，原因有好几个。这段代码是难于测试与维护的。每次我们想添加一个新的文档类型时，我们就需要增加额外的 case 语句。如果在你的代码中经常出现这种情况，那么你一定要全部将它修改掉。

每次你看到一条长的条件语句时，就考虑一下多态。因为多态是一种自然的、可以用来避免长条件语句的面向对象方法，具体做法就是将一个类拆分成几个小类。这些更小的组件要比一个大且复杂的组件更易于测试。

在上面的示例中，我们可以通过创建不同的文档类型（比如 `WordDocument`、`PDFDocument` 与 `XMLDocument`），并且为每种文档类型都实现一个 `printDocument()` 方法，来避免条件语句。这样就可以降低代码的复杂性，并且使得代码更加易读。

5.3 测试驱动开发

在第 3 章中，我们设计了一个应用程序，并且快速地创建了几个测试来验证你的设计。在我们编写这些测试时，这些测试也帮助改善了最初的设计。随着你编写越来越多的单元测试，正反馈的良性循环会鼓励你尽早地编写单元测试。当你设计并实现时，就自然而然地想要知道你将会如何来测试一个类。基于这一方法论，越来越多的开发者正在从利于测试的设计跃迁到测试驱动开发。

DEFINITION **测试驱动开发（TDD）**：测试驱动开发是一项编程实践，它要求开发者只有在自动测试失败的情况下才编写新的代码，并且要消除重复。测试驱动开发的目标是"能正常工作的干净代码"。

下面我们要探讨一下如何调整我们的开发周期，以执行测试驱动开发方法。

5.3.1 调整开发周期

当你开发代码的时候，你会设计一个应用程序编程接口（API），然后实现接口所提出的功能。当你进行单元测试的时候，你会通过一个方法的 API 来验证功能。测试实际上就是方法 API 的一个客户，正如你的领域代码是方法 API 的一个客户。

传统的开发周期是由以下环节组成的：编码、测试、(重复)、提交。开发者们使用TDD 后则做出了一个似乎很微小但实际上却惊人有效的调整：测试、编码、(重复)、提交。(在这以后还有很多。) 测试推动了设计，并成为了方法的第一个客户。

代码 5.7 展示了单元测试是如何对设计与实现起到帮助作用的。getBalanceOk 方法显示了 Account 的 getBalance 方法将账户余额作为一个长整型（long ）返回，并且这个余额可以在 Account 构造函数中设置。在这一点上，Account 的实现纯粹是假定的，但是编写单元测试可以让你把注意力集中在代码的设计上。一旦你实现了类，你就可以运行测试来证明这个实现是能正常工作的。如果测试失败了，你则可以继续在实现上埋头苦干，直到它通过测试。当测试通过，你就知道你的代码完全满足了契约的要求。

代码 5.7 作为设计指导的单元测试

```
import org.junit.Test;
import static org.junit.Assert.assertEquals;

public class TestAccount {
   @Test
   public void getBalanceOk () {
      long balance = 1000;
      Account account = new Account(balance);
      long result = account.getBalance();

      assertEquals(balance, result);
   }
}
```

当你将测试作为方法的第一个客户来使用时，那就很容易把全部注意力集中在 API 上。优先编写测试会带来以下：

- 设计代码的方法；
- 关于代码如何工作的文档；
- 对于代码的单元测试。

即便是项目的新成员也可以通过学习功能测试集（高层次的 UML 图也会有所帮助）来理解系统。为了能详细地分析应用程序中的特定部分，新成员可以将它分解成独立的单元测试。

5.3.2 TDD 的两个步骤

前面我们说过，通过“测试、编码、(重复)、提交”这样一个流程，TDD 加快了开发的周期。可是问题在于，这里遗漏了一个很重要的步骤。实际上的流程应该更像这样：测试、编码、**重构**、(重复)、提交。TDD 的核心原则是：

1 在编写新代码之前编写一个失败的自动测试；

2 消除重复。

消除重复这个步骤确保了你编写的代码不仅具备可测试性，还具备可维护性。当你消除了重复时，你就能够增加内聚，减少依赖。这些都是易于长期维护的代码的特征。

别的编码实践鼓励我们通过预知改变来编写可维护的代码。与它们不同的是，TDD 鼓励我们通过消除重复来编写可维护的代码。遵循这个实践的开发者发现，有测试作为支撑并且划分良好的代码自然而然地可以简单而安全地承受改变。TDD 给了我们信心：今天的问题今天解决，明天的问题明天解决。及时行乐啊！

JUnit 最佳实践：首先编写失败的测试

如果你用心学习 TDD 开发模式，就会发现一件有趣的事情：在你能写任何代码之前，你必须要写一个失败的测试。它为什么会失败呢？那是因为你还没有写出使它成功的代码。

面对这样一种情况，我们中的大多数人会开始写一个简单的实现来使测试通过。那么现在，测试成功之后，你就能止步并转移到下一个问题。为了做得更专业点，你会花几分钟时间来重构实现，以便消除冗余、明确目的，并优化在新代码中的投入。但是，一旦测试成功，从理论上来讲，你就完成任务了。

最后的游戏了？如果你总是测试先行，那么如果没有测试失败，你将永远不会写一行新代码。

现在我们已经介绍完了测试驱动开发的周期——测试、编码、**重构**、（重复）以及提交，接下来我们将要讨论如何将测试融入到整个开发周期中。

5.4 在开发周期中的测试

在开发周期的不同地方和不同时间都会有测试。我们首先介绍一下开发生命周期，然后以它为基础来决定在什么时候运行什么类型的测试。图 5.5 给出了一个典型的开发周期，这样的一个开发周期被我们广泛地应用在小型或大型团队的开发中。

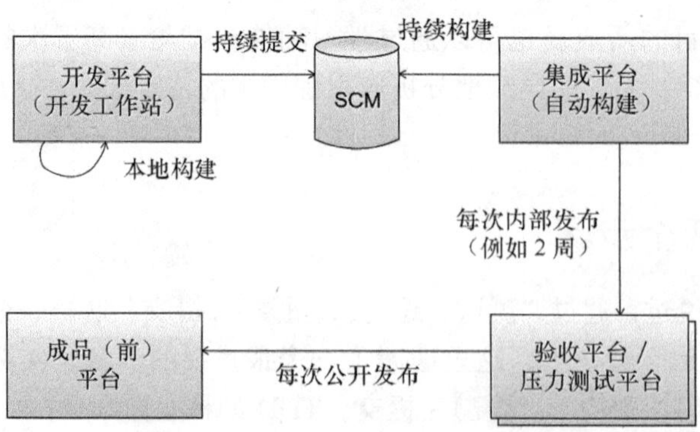

图 5.5 一个典型的使用持续集成规则的应用程序开发生命周期

我们将生命周期分成以下几个平台：

- **开发平台**（Development Platform）—— 这就是编码发生的场所，在开发者的工作站上。它的一个重要功能就是提交（commit 或 check in），这样的提交每天都会有几次，提交到你们的源码控制管理（SCM）系统（SVN、CVS、ClearCase 等）中。一旦你提交了，其他人就可以开始使用你所提交的东西了。但是，只提交能“工作”的内容也是很重要的。为了确保这一点，你可以使用 Ant 或者 Maven 运行一个本地构建；你也可以根据 SCM 仓库（参见第 9～11 章）的最新变化来观察一个自动构建的结果。
- **集成平台**（Integration Platform）—— 这个平台主要用于集成各个不同的组件（这些组件可能是由不同的团队开发的）来构建应用程序，而且要保证它们能够协同工作。这一步是极其有价值的，因为经常能在这里发现各种问题。正是因为它很重要，所以我们希望它能够自动执行。它被称为**持续集成**（请参考 http://www.martinfowler.com/articles/continuousIntegration.html）。并且持续集成可以通过把自动构建程序作为构建过程的一部分来实现（关于这一点的详细内容，可以参考第 11 章以及后面的章节）。
- **验收平台压力测试平台**（Acceptance Platform/Stress Test Platform）—— 取决于你的项目预算，这可以是一个或者两个平台。压力测试平台在加载以后执行应用程序，并验证它是正确的（从尺寸和响应时间上来看）。验收平台是项目客户验收（签字）整个系统的场所。强烈建议尽可能地在验收平台上部署系统，以便及时获取用户反馈。
- **成品（前）平台**（(Pre-) Production Platform）—— 成品前平台是成品前最后的测试地。它不是必需的，很小或者非关键性的项目没有它也行。

  现在我们来看一下测试是如何在开发周期中发挥作用的。图 5.6 显示了在每个平台上你能进行的不同种类的测试。

- 在**开发平台**上，你执行逻辑单元测试（这些测试可以在与环境隔离的情况下进行）。这些测试执行得非常快，并且你通常从你的 IDE 来执行它们，以验证你对你的代码所做的任何改动没有损坏任何东西。在你提交代码到你的 SCM 之前，你也可以通过你的自动构建来执行它们。另外，你也可以执行集成单元测试，但是它们通常会花费更多的时间，因为它们需要创建一部分环境（数据库、应用程序服务器等）。在实际工作中，你将会执行的只是所有集成单元测试的一个子集，包括所有你编写的新的集成单元测试。
- **集成平台**通常会自动运行构建过程，生成包、配置应用程序，然后执行单元和功能测试。通常，所有的功能测试中只有一个子集会运行在集成平台上，因为相对于目标成品平台，它只是一个简单的平台，缺少一些元素（例如，它可能缺少访问某个外部系统的连接)。所有类型的单元测试都在集成平台上执行(逻辑单元测试、集成单元测试和功能单元测试)。时间是次要的，整个构建过程可能会持续数小时而不影响开发。

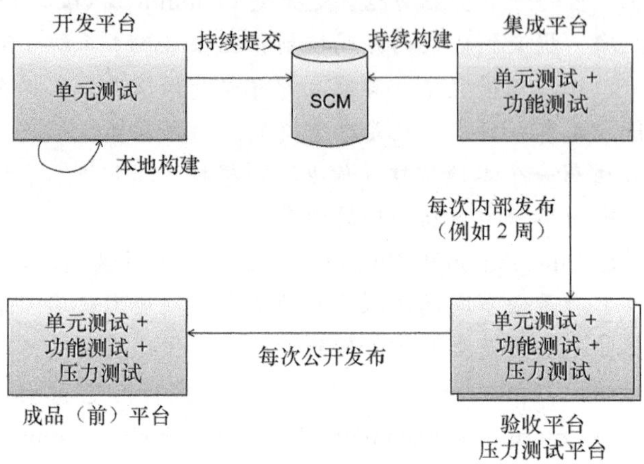

图 5.6 在开发周期的每个平台上执行的不同类型测试

- 在**验收平台/压力测试平台**上，你将重新执行与集成平台相同的测试；此外，你还要运行压力测试(性能与负荷测试)。验收平台极其接近于成品平台，并且能够执行更多的功能测试。
- 尽量在**成品(前)平台**上运行与验收平台相同的测试始终是一个好习惯。这样做就相当于做了一个全面的检查，以验证一切都被正确地构建了。

人类是奇怪的生物，总是倾向于忽视细节。在一个完美的世界里，我们会有 4 个平台来运行我们的测试。然而在现实的世界中，大部分软件公司都会试图跳过一些我们所列出的平台——或者把测试的概念作为一个整体。作为一位购买了本书的开发者，你已经做了一个正确的决定：更多的测试，更少的调试!

现在，决定权再一次在你手中。你要力求完美、坚持你迄今为止学到的一切，然后让你的代码从中受益吗?

JUnit 最佳实践：持续回归测试

大部分的测试都是当前所写的。如果你写了一个新特性，那么就要写一个新的测试。你要查看这个特性是否与其他的特性融合得很好，以及用户是否喜欢它。如果每个人都很开心，那么你就可以锁定这个特性并继续下一个。大部分软件都是以一种循序渐进的方式来编写的：你添加一个特性，然后再增加另一个，不断丰富。

通常情况下，每一个新建的特性都是建立在一条由已有特性形成的“道路”上。如果一个已有的方法可以服务于一个新的特性，那么你就可以重用这个方法，并节省了编写一个新方法的成本。当然，它并非这么简单。有时候你需要更改一个已有的方法来适应新的特性。如果出现这种情况，你就需要确认所有的已有特性仍然可以与修改后的方法一起工作。

JUnit 一个很大的优点就是测试能够自动进行。当一个方法被修改后，你可以测试这个方法。如果测试通过了，你就可以进行剩下的工作。如果测试失败，你则可以修改代码（或修改测试），直到所有的测试通过为止。

使用旧的测试来防止新的变化是一种回归测试的形式。任何一种测试都可以采用回归测试的方法，但是，在每次修改后都进行单元测试是你首要的、最好的防御方式。

确保回归测试进行的最好方法是将你的测试集自动化。关于更多自动化 JUnit 的内容，可以参考本书的第 3 部分。

5.5 小结

这一章专门介绍了单元测试中的一些高级技巧：检查你的测试覆盖率并提高它、设计易于测试的代码以及实践测试驱动开发（TDD）。一旦你掌握了测试理论基础（第 1 和第 2 章）、软件测试（第 3 章）、软件测试原则（第 4 章）之后，自然而然就要学习这些高级技巧。

下一章将会带领你进入测试代码的下一个层次。这里的下一个层次不仅包括了把 JUnit 作为测试框架使用，而且还包括了其他框架与工具的使用，并且它还引入了 mock 的概念。

第 6 章　使用 stub 进行粗粒度测试

And yet it moves.
但是它还在转动啊。

——Galileo（伽利略）

本章重点

- 介绍 stub
- 使用嵌入式服务器代替真正的网络服务器
- 使用 stub 单元测试一个 HTTP 连接

当你开发自己的应用程序时，你可能会发现你想要测试的代码段依赖于其他的类，而它们本身也依赖于另外一些类，这些类则要依赖于开发环境。例如，你可能正在开发一个使用 JDBC 访问数据库的应用程序、一个 Java EE 应用程序（它依赖于 Java EE 容器提供的安全性、持久性以及其他服务）、一个访问文件系统的应用程序，或者是一个连接到某些使用 HTTP、SOAP 或其他协议的资源的应用程序。

在前面的章节中，我们已经介绍了 JUnit 框架。从本章开始，我们将关注使用 JUnit 来测试一个依赖于外部资源的应用程序。

对于那些依赖于某个特定运行环境的应用程序，编写单元测试是一个挑战。你编写的测试需要具有稳定性，并且在被反复运行时，它们产生的结果必须是一致的。所以，你需要找到一个方法来控制运行测试的环境。一种解决办法是建立真正的需求环境作为测试的一部分，并在其上运行测试。在某些情况下，这种方法是行之有效的，并且可以带来了真正的好处（参见第 8 章，这一章讨论了容器内测试）。但是，只有在你的开发和构建平台上建立了真实的环境，测试才能充分发挥作用。事实上，这种情况并不总是行得通的。

例如，如果你的应用程序要使用 HTTP 连接到由第三方提供的一个 Web 服务器上，但在你的开发环境中通常并不存在那样一个可用的服务器程序，所以，你就需要通过一种方法来模拟服务器，这样你就能够为你的代码编写和运行测试了。

还有另外一种情况，假设你与其他的开发人员正在一起开发一个项目。你想测试项目中你自己负责的那一部分，但其他部分尚未完成，那么你该怎么做呢?一种解决办法是通过使用行为方式相同的仿造系统来替代它，从而模拟缺失的那一部分。

这里有两个策略供我们生成模拟对象：stub 技术和使用 mock objects。stub 是一种原始的方法，但如今仍然很流行，其主要原因是它们允许用户在不修改代码（修改代码是为了使代码具有可测性）的情况下测试代码。mock objects 则适用于另一种情况。本章将专门介绍 stub 技术，而第 7 章将会详细讨论 mock objects。

6.1 stub 简介

stub 是一种机制，用来模拟真实代码或者尚未完成的代码所产生的行为。stub 允许用户测试系统的某一部分，即使其他部分还不可用。通常，stub 不会改变你所测试的代码，但是会适当调整代码以提供无缝集成。

DEFINITION stub 是一段代码，通常在运行期间使用插入的 stub 来代替真实的代码，以便将其调用者与真正的实现隔离开来。其目的是用一个简单一点的行为替换一个复杂的行为，从而允许独立地测试真实代码的某一部分。

这里有一些可以用到 stub 的示例。

- 当你不能修改一个现有的系统，因为它太复杂，很容易崩溃。
- 对于粗粒度测试而言，就如同在不同的子系统之间进行集成测试。

stub 通常能够在被测系统中提供非常好的可靠性。使用了 stub，你就不必修改待测对象，并且你所测试的对象就同将来在产品中要运行的一样。使用 stub 进行测试通常是在运行环境中完成的，这样就提供了额外的可靠性。

从另一方面来说，stub 通常很难编写，尤其当仿真系统非常复杂的时候。stub 需要实现与它所替换的代码相同的逻辑，并且要准确地再现复杂的逻辑是非常困难的。因此，这里列出一些使用 stub 的弊端。

- stub 往往比较复杂难以编写，并且它们本身还需要调试。
- 因为 stub 的复杂性，它们可能很难维护。
- stub 不能很好地运用于细粒度测试。

■ 不同的情况需要不同的 stub 策略。

一般而言，stub 更适合代替代码中的粗粒度部分。你通常会使用 stub 来代替一个成熟的外部系统，如文件系统、一个到服务器的连接、一个数据库等。使用 stub 替代对单一类的方法调用是完全可以做到的，但是实现会更加困难（我们会在第 7 章中详细阐述如何使用 mock object 做到这一点）。

6.2 使用 stub 测试一个 HTTP 连接

为了说明 stub 能做什么，我们先来为一个简单的应用程序构建一些 stub，这个应用程序根据 URL 打开一个 HTTP 连接，同时读取其中的信息。图 6.1 显示了一个应用程序示例（只有一个 `WebClient.getContent` 方法），它通过 HTTP 连接远程的 Web 资源。远程的 Web 资源是一个 servlet，它会产生一个 HTML 响应。图 6.1 中的 Web 资源就是我们在 stub 定义中所提到的“真实的代码”。

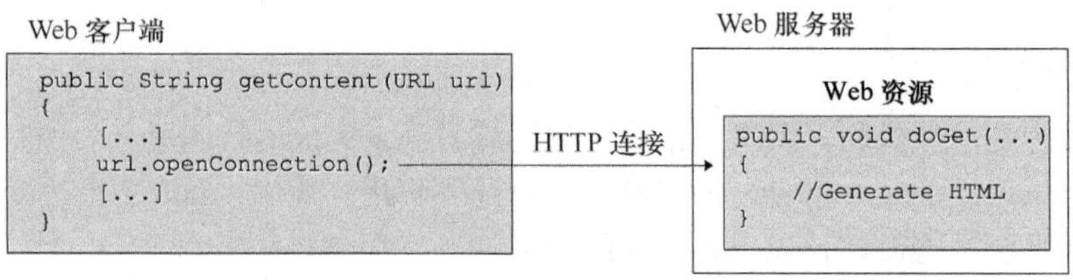

图 6.1 本示例打开一个 HTTP 连接来连接远程 Web 资源，该 Web 资源就是 stub 定义中的“真实的代码”。

在这一章中，我们的目标是通过使用 stub 替换远程 Web 资源来对 `getContent` 方法进行单元测试，如图 6.2 所示。你可以使用 stub 替换 servlet Web 资源，返回一个简单的 HTML 页，无论你对 `TestWebClient` 测试用例需要什么。这个方法允许你独立地测试实现 Web 资源（它们依次调用执行链上的几个其他对象，甚至还有数据库）的 `getContent` 方法。

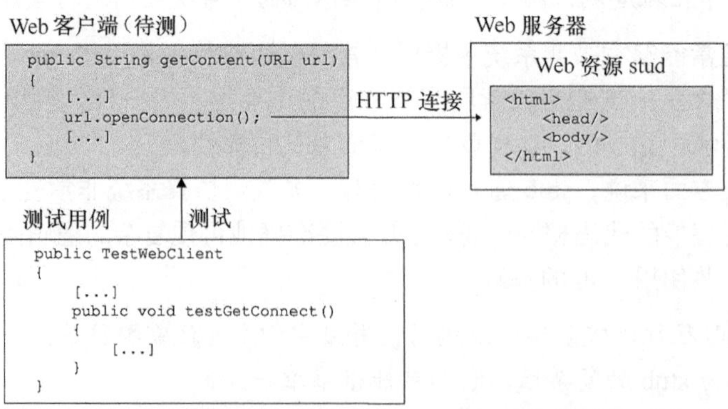

图 6.2 添加一个测试用例并使用一个 stub 来代替真实的 Web 资源

使用 stub 要注意的重点是，我们并没有修改 `getContent` 来接受 stub。对于待测的应用程序来说，这个变化是透明的。为了允许使用 stub，目标代码需要拥有一个定义完善的接口，并且允许插入不同的实现（在我们这个示例中，就是 stub）中。在如图 6.1 所示的示例中，接口是公共抽象类 `java.net.URLConnection`，这个类清楚地将页面的实现与它的调用者隔离开来了。

我们以一个简单的 HTTP 连接示例来看一下 stub 是如何运行的吧。来自示例应用程序的代码 6.1 显示了一个代码片段，它为给定的 URL 打开 HTTP 连接，并读取在 URL 上找到的信息。想象一下，这个方法就是你想对其进行单元测试的一个大项目的一部分。

代码 6.1 打开一个 HTTP 连接的示例方法

```
[...]
import java.net.URL;
import java.net.HttpURLConnection;
import java.io.InputStream;
import java.io.IOException;

public class WebClient {
   public String getContent(URL url) {
      StringBuffer content = new StringBuffer();
      try {
         HttpURLConnection connection = (HttpURLConnection)        ❶
            url.openConnection();
         connection.setDoInput(true);
         InputStream is = connection.getInputStream();
         byte[] buffer = new byte[2048];
         int count;                                                 ❷
         while (-1 != (count = is.read(buffer))) {
            content.append(new String(buffer, 0, count));
         }
      } catch (IOException e) {
         return null;                                           <—❸
      }
      return content.toString();
   }
}
```

我们从使用 `HttpURLConnection` 类打开一个 HTTP 连接开始❶，然后我们读取流内容，直到没有内容可读为止❷。如果发生一个错误，我们就返回 null❸。也许有人会认为更好的实现应该是抛出一个异常。但是对于测试目的来说，返回 null 是不错的。

6.2.1 选择使用 stub 的方案

在这个示例应用程序中，有两种可能的情况：远程 Web 服务器（如图 6.1 所示）可能位于开发平台的外围（如在合作站点上），或者它本身可能就是程序配置的平台的一部分。但是在这两种情况中，为了能够对 WebClient 类进行单元测试，你都需要在开发平台中引入一个服务器。一个相对简单的解决方案是安装一个 Apache 测试服务器，并将一些测试 Web 页面存放在 Apache 测试服务器的文件根目录中。这就是典型的、广泛采用的使用 stub 替代 Web 资源的解决方案。

但是它也有几个缺点，如表 6.1 所示。

表 6.1 使用 stub 替代 Web 资源解决方法的缺点

缺　点	说　明
对环境的依赖性	你需要在测试前确保运行环境已经准备好了，如果 Web 服务器宕掉了，但是测试仍然被执行了，结果必然是测试失败，那么你就会花时间来调试失败的测试。接着你会发现代码工作正常，只是运行环境的设置问题产生了一个失败的假象。所以，当你进行单元测试时，能够尽可能地控制运行测试的环境是非常重要的，这样才能保证测试结果的可再现性
分散的测试逻辑	测试逻辑被分散到两个不同的地方：一个是在 JUnit 测试用例，另一个是在测试 Web 页面。为了确保测试成功，你需要保持这两种资源同步
测试难以实现自动化	自动执行测试是很困难的，因为它包括了在 Web 服务器上配置 Web 页面、启动 Web 服务器以及运行单元测试

幸运的是，有一个更加简单的解决方案：使用嵌入式 Web 服务器。因为我们在 Java 中进行测试，所以最容易的选择就是使用可以嵌入测试用例类的 Java Web 服务器。为了这个明确的目的，你可以使用免费的、开源的 Jetty 服务器。在本书中，我们使用 Jetty 来建立 stub。关于 Jetty 的更多信息，可以访问 http://www.eclipse.org/jetty/。

我们之所以选择使用 Jetty，是因为它的运行速度很快（这在运行测试时非常重要），它是轻量级的，并且你的测试用例能够通过程序来控制它。此外，Jetty 还是一个非常优秀的 Web、Servlet 和 JSP 容器，你可以在实际生产中使用它。虽然在大部分的测试中，你很少会用到 Jetty 的这一功能，但是使用最好的技术总是不错的。

使用 Jetty 可以让你消除上文所提到的缺点：JUnit 测试用例启动了服务器，所有的测试都在同一位置使用 Java 编写，并且测试集的自动执行也不再是个问题。得益于 Jetty 的模块性，实践过程中真正的要点在于，仅仅使用 stub 替换 Jetty 处理器，而不是彻底替换整个服务器。

6.2.2 使用 Jetty 作为嵌入式服务器

为了更好地理解如何从测试中建立和控制 Jetty，我们来实现一个简单的示例。代码 6.2 显示了如何从 Java 中启动 Jetty，以及如何定义一个根目录（/）来启动服务文件。

代码 6.2 以嵌入模式启动 Jetty——JettySample 类

```
[...]
import org.mortbay.jetty.Server;
import org.mortbay.jetty.handler.ResourceHandler
import org.mortbay.jetty.servlet.Context;

public class JettySample {
```

```
    public static void main(String[] args) throws Exception {
        Server server = new Server(8080);                          <-❶

        Context root = new Context(server, "/");
        root.setResourceBase("./pom.xml");                         ❷
        root.setHandler(new ResourceHandler());

        server.start();                                  <-❸
    }
}
```

我们从创建 Jetty `Server` 对象❶开始，并在构造函数中指定使用哪一个端口来接收 HTTP 请求（端口 8080）。然后，我们创建了一个 `Context` 对象❷来处理 HTTP 请求并把它们传递给不同的处理器中。我们将上下文映射到已创建的服务器实例和根目录（/）URL 中。`setResourceBase` 方法设置文档根目录以提供资源。在下一行代码中，我们为根目录添加了一个 `ResourceHandler` 处理器，使之能提供文件系统中的文件。因为如果我们试图列出目录中的内容，这个处理器就会返回一个 HTTP 403-Forbidden 错误，所以我们指定资源基础是一个文件。在这个例子中，我们指定 pom.xml 文件在项目的目录中。最后，我们启动服务器❸。

如果你启动代码 6.2 中的程序，并在浏览器的地址栏中输入 http://localhost:8080，你应该就能看到 pom.xml 文件的具体内容了（如图 6.3 所示）。

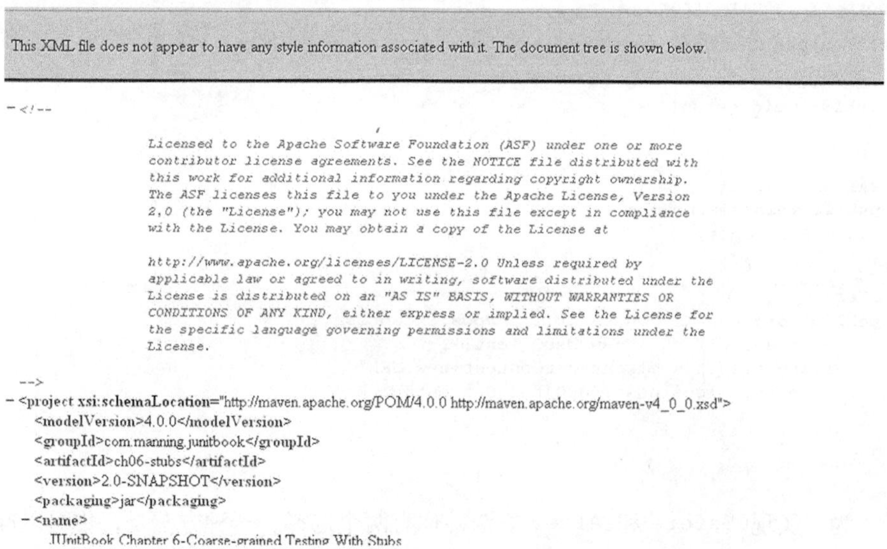

图 6.3　在浏览器中测试 JettySample 类

图 6.3 显示了打开浏览器访问 http://localhost:8080 之后运行代码 6.2 的结果。

现在你已经了解了如何将 Jetty 作为一个嵌入式服务器来运行，接下来我们将要介绍如何使用 stub 替换服务器资源。

6.3 使用 stub 替换 Web 服务器资源

现在你已经知道了如何简单地启动和设置 Jetty 了，所以接下来我们来关注一下 HTTP 连接的单元测试。你会首先编写一个测试，以证明你可以调用一个有效的 URL，并获取它的内容。

6.3.1 建立第一个 stub 测试

为了证实 WebClient 可以使用一个有效的 URL 正常工作，你就需要在测试用例的 setUp 方法中实现测试之前，启动 Jetty 服务器。你也可以在 tearDown 方法中停止服务器的运行。代码 6.3 给出了具体的做法。

代码 6.3 第一个测试来证明 WebClient 能够使用有效的 URL 正常工作

```
[...]
import java.net.URL;
import org.junit.test;
import org.junit.Before;
import org.junit.After;

public class TestWebClientSkeleton {

   @Before
   public void setUp() {

   }
   @After
   public void tearDown() {
      // Stop Jetty.
   }

   @Test
   public void testGetContentOk() throws Exception {
      WebClient client = new WebClient();
      String result = client.getContent(new URL(
         "http://localhost:8080/testGetContentOk"));

      assertEquals ("It works", result);
   }
}
```

为了实现@Before 和@After 方法，你有两个选择。一种方法是，你可以准备一个包含“It works”文本的静态页面，该静态页面被放置在代码 6.2 中的文档根目录（在代码 6.2 中由对 context.setResourceBase(String)的调用所控制）中。另一种方法是，配置 Jetty 使用你自己自定义的处理器，它可以直接返回字符串“It works”，而不用在文件系统的文件中获取字符串。这是一个更强大的技术，即便远程 HTTP 服务器在你的 WebClient 客户端应用程序上抛出了一个错误代码，你还是能够对这个测试用例进行单元测试。

创建一个 Jetty 处理器

代码 6.4 显示了如何创建一个返回“It works”字符串的 Jetty 处理器。

代码 6.4 创建一个被调用时返回字符串“It works”的 Jetty 处理器

```
private class TestGetContentOkHandler extends AbstractHandler {

  @Override
  public void handle(String target, HttpServletRequest request,
      HttpServletResponse response, int dispatch) throws IOException {      ❶

    OutputStream out = response.getOutputStream();                          ❷
    ByteArrayISO8859Writer writer = new ByteArrayISO8859Writer();
    writer.write("It works");                                               ❸
    writer.flush();
    response.setIntHeader(HttpHeaders.CONTENT_LENGTH, writer.size());       ❹
    writer.writeTo(out);
    out.flush();
  }
```

这个类通过继承 Jetty 的 AbstractHandler 类和实现单个的 handle 方法来创建一个处理器❶。Jetty 调用 handle 方法将收到的请求转发给处理器。然后，我们使用 Jetty 的 ByteArrayISO8859Writer 类❷来返回字符串“It works”，该字符串被写入 HTTP 响应中❸。最后一步设置响应内容的长度为写入输出流（这在 Jetty 中是必需的）的字符串长度，然后发送响应❹。

既然处理器已经被编写好了，你就可以让 Jetty 通过调用 context.setHandler(new TestGetContentOkHandler())来使用该处理器。你现在距离运行你的测试还有一步之遥。最后要解决的问题涉及了@Before 和@After 方法。如代码 6.3 所示的解决办法并不是最佳的，因为 JUnit 将为了每一个测试方法启动和关闭服务器。即使 Jetty 处理速度很快，但是也没有必要反复启动和关闭服务器。一个更好的解决方法是，使用我们在本书第 2 章中介绍的 JUnit 注释：@BeforeClass 和@AfterClass，这样对于所有的测试我们只要启动服务器一次就可以了。这些注释可以使你在类中的所有@Test 方法之前/之后执行代码。

隔离每个测试与性能考虑

在前面的章节中，我们花费了很长的篇幅来解释为什么每个测试应该运行在一个干净的环境中（甚至到了每次使用一个新的类加载实例的地步）。但是，有时候还有其他方面的考虑。性能就是一个典型的考虑因素。在 Jetty 的例子中，即使启动服务器只花 1 秒钟，一旦你有 300 个测试，总共加起来就有 300 秒（即 5 分钟）。测试集的执行要花费很长一段时间，这的确是个缺陷。你不会想要经常执行这些耗时的测试，这就抵消了单元测试反复运行的优点。你必须注意这种平衡。根据具体的情况，你也许会选择具有较长的执行时间，但运行在一个干净环境中的测试，或者基于性能的考虑，选择复用环境中的某些部分以调整测试。在手头的这个例子中，你可以针对不同的测试使用不同的处理器，并且你能够确信它们之间不会相互影响。

编写测试类

现在我们能够使用@BeforeClass 注释简单地编写出测试类，如代码 6.5 所示。

代码 6.5 把它们放在一起

```
[...]
import java.net.URL;
[...]

public class TestWebClient {

   @BeforeClass
   public static void setUp() throws Exception() {
      Server server = new Server(8080);

      TestWebClient t = new TestWebClient();

      Context contentOkContext = new Context(server, "/testGetContentOk");
      contentOkContext.setHandler(t.new TestGetContentOkHandler());

      server.setStopAtShutDown(true);
      server.start();

   }

   @Test
   public void testGetContentOk() throws Exception {
      WebClient client = new WebClient();
      String result = client.getContent(new URL(
         "http://localhost:8080/testGetContentOk"));
     assertEquals("It works", result);
   }

   @AfterClass
   public static void tearDown() {
      //Empty
   }

   private class TestGetContentOkHandler extends AbstractHandler {
      //Listing 6.4 here.
   }
}
```

这个测试类已经变得非常简单了。@BeforeClass setUp 方法以与代码 6.2 中同样的方式构建了 Server 对象。接下来的是@Test 方法，并且我们故意将@AfterClass 方法留为空，因为我们已经通过编程使服务器在关闭时停止。

如果你在 Eclipse 中运行测试，那么你就能看到如图 6.4 所示的结果——我们的测试通过了。

到目前为止，所有的事情都非常顺利——我们一直在测试的代码也很正常。但是，如果服务器崩溃了或者配置在服务器中的应用程序崩溃了，那么测试什么将会发生的行为看起来就非常符合逻辑了。在下一节中我们将详细讨论这些问题。

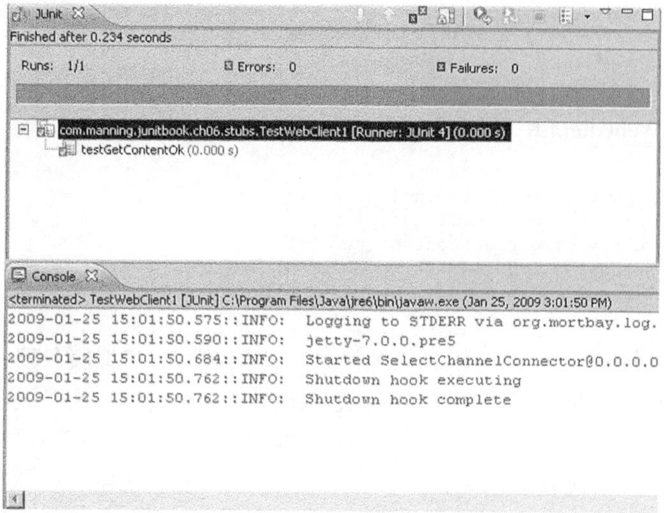

图 6.4 第一个使用 Jetty stub 正常工作的测试的结果。JUnit 在开始第一个测试前启动了服务器，并且在结束最后一个测试后服务器关闭了它自己。

6.3.2 针对故障情况进行测试

既然第一个测试已经正常工作了，我们来看一下如何针对服务器故障情况进行测试。当故障发生时，`WebClient.getContent(URL)`方法就返回了一个 `null` 值。你也需要测试这种可能性。有了前面建立的基础，你仅仅需要创建一个新的 Jetty `Handler` 类，来返回一个错误码并且将它注册在 `TestWebClientSetup1` 类的`@Before` 方法中。

我们为了无效的 URL（URL 指向一个不存在的文件）添加了一个测试。这个例子非常简单，因为 Jetty 已经为这种情况提供了一个 `NotFoundHandler` 处理器。你只需要按照以下方式修改 `TestWebClient setUp` 方法即可（变化部分已加粗显示）：

```
@BeforeClass
public static void setUp() throws Exception {
   Server server = new Server(8080);
   TestWebClient t = new TestWebClient();

   Context contentOkContext = new Context(server, "/testGetContentOk");
   contentOkContext.setHandler(t.new TestGetContentOkHandler());

   Context contentNotFoundContext = new Context(server,
                                         "/testGetContentNotFound");
   contentNotFoundContext.setHandler(t.new
                                    TestGetContentNotFoundHandler());

   server.start();
}
```

以下是实现 `TestGetContentNotFoundHandler` 类的具体代码：

```
private class TestGetContentNotFoundHandler extends AbstractHandler {
   public void handle(String target, HttpServletRequest request,
         HttpServletResponse response, int dispatch) throws IOException {
      response.sendError(HttpServletResponse.SC_NOT_FOUND);
   }
}
```

在 TestWebClient 中添加一个新的测试也极其简单：

```
@Test
public void testGetContentNotFound() throws Exception {
   WebClient client = new WebClient();
   String result = client.getContent(new URL(
      "http://localhost:8080/testGetContentNotFound"));
   assertNull(result);
}
```

采用类似的方法，你可以轻松地添加一个测试，来模拟服务器出现故障的情况。如果返回一个 5xx 的 HTTP 响应代码就表示出现了这个问题。为了做到这一点，你需要使用 HttpServletResponse.SC_SERVICE_UNAVAILABLE 来编写一个 Jetty Handler 类，并将它注册在 TestWebClientSetup1 类的@Before 方法中。

如果你没有选择一个嵌入式 Web 服务器（如 Jetty），那么要执行诸如此类的测试将会十分困难。

6.3.3 回顾第一个 stub 测试

你现在已经能够通过使用 stub 替换 Web 资源，对解决方案中的 getContent 方法进行全面的单元测试了。你已经测试了什么？你完成的是哪种类型的测试？事实上，你已经完成了一些十分重要的事情：你已经对方法进行了单元测试，但同时，你也已经执行了一个集成测试。此外，你不仅已经测试了代码逻辑，也测试了代码之外的连接部分(通过 Java 的 HttpURLConnection 类)。

这个做法的缺点是它非常复杂。一个 Jetty 初学者为了正确地建立测试，可能需要花费半天的工夫才能掌握足够多的 Jetty 知识。在一些实例中，你将必须对 stub 进行调试才能使它们正常工作。要时刻牢记：stub 必须保持简单，不要使它们成为需要测试和维护的、功能完备的应用程序。如果你在调试 stub 上花费了太多的时间，那就要考虑采用另一种不同的解决方法。

在这些示例中，你都需要用到 Web 服务器——但是在另一个示例中，stub 将会有所不同，并且也需要不同的设置。虽然经验会带来一些帮助，但是不同的情况通常还是需要不同的替换方案。

以上示例测试都很完美，因为你既可以对代码进行单元测试，同时也可以执行一些集成测试。但是，这个功能性是以复杂性为代价的。大部分轻量级的解决方案只专注于代码的单元测试，而不执行集成测试。理由是虽然集成测试很有必要，但是可以在单独的测试集中执行或者作为功能测试的一部分来完成。

在下一节中，我们来看一下另一个仍可以称作 stub 的解决方法。这个方法更简单、更容易理解，因为它不需要你替换整个 Web 服务器。它可以使你更加接近 mock object 策略，关于 mock object 我们将在下一章中详细介绍。

6.4 替换连接

到目前为止，你已经替换了 Web 服务器的资源了。接下来，我们要替换 HTTP 连接。这样做的话会妨碍你有效地测试连接，但是这没关系，因为它并不是你此时真正的目的。你真正想要做的是测试解决方案中的代码。在后面的阶段中，可以使用功能测试或集成测试来测试连接。

当不需要改变代码就可以替换连接的时候，我们就会发现，得益于 Java 的 URL 和 `HttpURLConnection` 类，我们可以引入自定义的协议处理器来处理任何类型的通信协议。你可以使任何对 `HttpURLConnection` 类的调用指向你自己的测试类，这些类会返回测试中需要的任何内容。

6.4.1 创建自定义的 URL 协议处理器

为了实现一个自定义的 URL 协议处理器，你需要调用 URL 的 `setURLStreamHandlerFactory` 方法，并传给它一个自定义的 `URLStreamHandlerFactory`。无论何时调用 URL 的 `openConnection` 方法，都会调用 `URLStreamHandlerFactory` 类返回一个 `URLStreamHandler` 对象。代码 6.6 给出了实现这个过程的代码。其想法是在 JUnit 的 `setUp` 方法中调用 URL 的静态方法 `setURLStreamHandlerFactory`。(更好的实现会使用到 `TestSetup` 类，以至于它在整个测试集执行期间只运行一次。)

代码 6.6 提供自定义的流处理器类来进行测试

```
[...]
import java.net.URL;
import java.net.URLStreamHandlerFactory;
import java.net.URLStreamHandler;
import java.net.URLConnection;
import java.io.IOException;

public class TestWebClient1 {

   @BeforeClass
   public static void setUp() {
      TestWebClient1 t = new TestWebClient1();
      URL.setURLStreamHandlerFactory(t.new StubStreamHandlerFactory());   ❶
   }
```

```
   private class StubStreamHandlerFactory implements
      URLStreamHandlerFactory {

      public URLStreamHandler createURLStreamHandler(String protocol) {    ❷
         return new StubHttpURLStreamHandler();
      }
   }
   private class StubHttpURLStreamHandler extends URLStreamHandler {
      protected URLConnection openConnection(URL url)
         throws IOException {                                             ❸
         return new StubHttpURLConnection(url);
      }
   }
   @Test
   public void testGetContentOk() throws Exception {
      WebClient client = new WebClient();
      String result = client.getContent(new URL("http://localhost"));
      assertEquals("It works", result);
   }
}
```

为了能够使用 `StubHttpURLConnection` 类，我们使用了几个（内部）类（❷和❸）。我们从调用 `setURLStreamHandlerFactory`❶和第一个 stub 类 `StubStreamHandlerFactory` 开始。在 `StubStreamHandlerFactory` 中，我们覆写 `createURLStreamHandler` 方法❷，在这个方法中我们返回了第 2 个私有的 stub 类 `StubHttpURLStreamHandler` 的一个新实例。在 `StubHttpURLStream Handler` 中，我们覆写了一个方法 `openConnection` 来根据给定的 URL 打开一个连接❸。

为了简单起见，你也能够使用匿名的内部类，但是这个方法将会使得代码更加难以阅读。注意，你目前还没有编写 `StubHttpURLConnection` 类，我们会在下一节中详细介绍这个类。

6.4.2 创建一个 JDK 的 HttpURLConnection stub

最后一步将是创建一个 `HttpURLConnection` 类的 stub 实现，以便你可以返回测试中想要的任何值。代码 6.7 给出一个简单的实现，它返回字符串“`It works`”作为一个流传给调用者。

代码 6.7 被替换的 HttpURLConnection 类

```
[...]
import java.net.HttpURLConnection;
import java.net.ProtocolException;
import java.net.URL;
import java.io.InputStream;
import java.io.IOException;
import java.io.ByteArrayInputStream;

public class StubHttpURLConnection extends HttpURLConnection {
   private boolean isInput = true;
   protected StubHttpURLConnection(URL url) {
      super(url);
   }
   public InputStream getInputStream() throws IOException {
      if (!isInput) {                                            ❶
         throw new ProtocolException(
```

```
            "Cannot read from URLConnection"
            + " if doInput=false (call setDoInput(true))");
      }
      ByteArrayInputStream bais = new ByteArrayInputStream(
         new String("It works").getBytes());
      return bais;
   }
   public void disconnect() {}
   public void connect() throws IOException {}
   public boolean usingProxy() {
      return false;
   }
}
```

HttpURLConnection 是一个抽象的公有类，它并没有实现一个接口，所以你可以继承它并覆写需要替换的方法。在这个 stub 中，你提供了 getInputStream 方法的实现，因为它是待测代码所使用的唯一方法。如果待测代码较多地使用了 HttpURLConnection 的 API，那么你就需要替换这些额外的方法。这就是代码变得越来越复杂的原因所在——你需要完全复制与真正的 HttpURLConnection 相同的行为。例如，在❶处，你测试了待测代码中的 setDoInput(false)是否已经被调用了，然后调用 getInputStream 方法返回一个 ProtocolException 异常（这就是 HttpURLConnection 的行为）。幸运的是，在多数情况下，你只需要替换一些方法，而不是整个 API。

6.4.3 运行测试

我们来运行 TestWebClient1 测试，它使用了 StubHttpURLConnection。图 6.5 显示在 Eclipse 中执行该测试的结果。

正如你所看到的，替换连接要比替换 Web 资源更加容易。这个方法与上文提到的方法相比，并没有执行相同程度的测试（你没有进行继承测试），但是它能使你更加容易地为 WebClient 逻辑编写专门的单元测试。

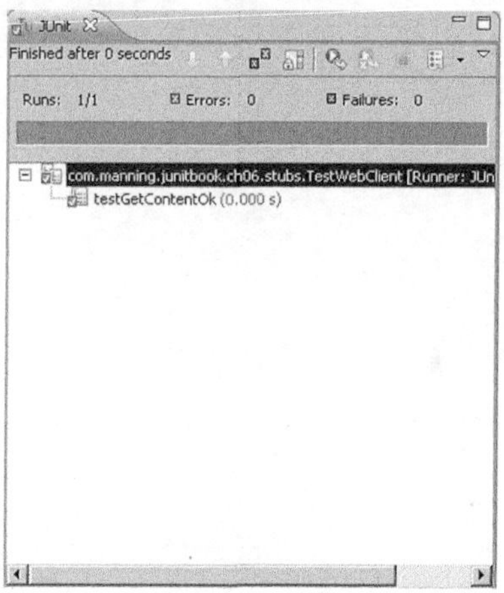

图 6.5 执行 TestWebClient1 的结果（其使用了 StubHttpURLConnection）

6.5 小结

在本章中，我们介绍了如何使用 stub 帮助我们对访问远程 Web 服务器（它使用了 Java 的 `HttpURLConnection` API 接口）的代码进行单元测试。我们特别展示了如何使用开源的 Jetty 来替换远程 Web 服务器。Jetty 可嵌入的特性让你能专注于替换 Jetty 的 HTTP 请求处理器，而不是替换整个容器。我们通过替换 Java 的 `HttpURLConnection` 类也阐述了一个更轻量级的解决方案。

下一章将介绍一种叫做 mock objects 的技术，这种技术支持细粒度单元测试。细粒度单元测试是完全通用的，并且（也是最好的一点）还能迫使你编写优秀的代码。虽然 stub 在一些情况中非常有用，但是有些人会觉得 stub 已经有些过时了，在过去多数人都认为测试应该是独立的，并且不应该修改已有的代码。新的 mock objects 策略不仅允许修改代码，而且还鼓励这一点。使用 mock objects 不仅仅是一种单元测试策略，它更是一种编写代码的全新方式。

第 7 章　使用 mock objects 进行测试

Programming today is a race between software engineers striving to build bigger and better idiot-proof programs, and the Universe trying to produce bigger and better idiots. So far, the Universe is winning.

如今，程序设计是一场软件工程师与现实之间的较量，软件工程师正在努力地构建更大、更好的易于使用的应用程序，而现实却在拼命制造出更大、更好的白痴。到目前为止，现实赢了。

——Rich Cook

本章重点

- 介绍并展示 mock objects
- 执行不同的重构
- 实践 HTTP 连接示例应用程序
- 介绍 EasyMock 与 JMock 库

孤立于其他方法或者环境来单元测试每一个方法，这当然是个很好的目标。但是要如何才能实现呢？你应该已经在第 6 章中看到了 stub 技术是如何把某一部分代码与环境隔离起来（比如，通过替换 Web 服务器、文件系统、数据库等手段）从而进行单元测试的。那么，如果是细粒度的测试呢？比如隔离一个调用另一个类的方法，这是可能的么？达到这样的目的会不会需要很大的投入，从而抵消进行测试所带来的好处？

是的，这是可以实现的！这项技术就是 mock objects。Tim Mackinnon、Steve Freeman 与

Philip Craig 三人首次在 XP2000 上提出了 mock objects 的概念。mock objects 策略允许你在可能的最细等级上进行单元测试以及逐个方法地进行开发，同时为每一种方法都提供了单元测试。

7.1 mock objects 简介

隔离测试确实可以带来巨大的好处，比如可以测试还没有写完的代码（只要你至少有一个接口可以使用）。另外，隔离测试可以帮助团队单元测试某一部分代码，而无须等到其他代码全部完成。

不过，最大的好处在于可以编写专门测试单一方法的测试代码，而不会受到被测方法调用某个对象所带来的副作用影响。小即是美。编写小型的专项测试非常有用；小测试不但简单易懂，而且当代码的其他部分发生改变时也不会被破坏。请记住，进行成组单元测试的好处之一就是鼓励你勇敢地进行重构——单元测试是防止衰退的卫士。如果你的测试粒度比较大，那么一旦重构引入了一个 bug，就有一系列的测试会因此而失败；结果就是测试会告诉你出现了一个错误，但是并不会告诉你这个错误在什么地方。而使用细粒度测试，受到潜在影响的测试就会比较少，而且测试会提供精确的信息，指出错误的确切原因。

mock objects（或者简称为 mocks），非常适用于将某一部分代码与其他代码隔离开来，并对这部分代码进行测试。mocks 替换了测试中与你的方法协作的对象，从而提供了一个隔离层。从这一点来讲，它与 stub 有些类似。不过相似之处也仅限于此，因为 mocks 并不实现任何逻辑：它们只是提供了一种使测试能够控制仿造类的所有业务逻辑方法行为的方法的空壳。

通过一些实例介绍了 mock objects 实践之后，我们会在本章最后的 7.6 节中讨论何时使用 mock objects。

7.2 使用 mock objects 进行单元测试

在本小节中，我们会展示一个应用程序以及一个使用 mock objects 的测试。设想一个很简单的用例，你希望可以从一个银行账户向另一个账户转账，如图 7.1、代码 7.1 和代码 7.2 所示。

`AccountService` 类提供与 `Account` 相关的服务，使用 `AccountManager` 将数据同步到数据库（比如 JDBC）。我们所感兴趣的是 `AccountService.transfer` 方法的执行，完成了转账的动作。如果不使用 mock，测试 `AccountService.transfer` 行为意味着需要建立一个数据库、预置测试数据、在容器（比如 Java EE 应用服务器）内部署代码等。尽管这个过程用来保证应用程序可以端到端工作，但是如果仅仅是单元测试你的代码逻辑，这个过程就显得工作量太大了。

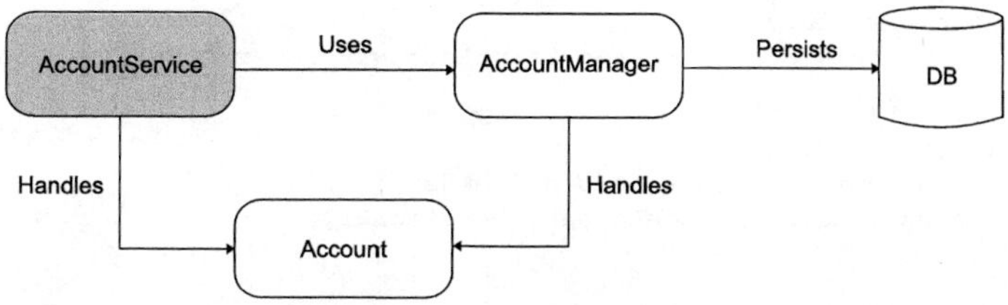

图 7.1　在这个简单的银行账户示例中，我们使用 mock objects 来测试一个账户转账方法

代码 7.1 展示了一个简单的 Account 对象，带有两个属性：一个账户 ID 与一个余额。

代码 7.1　Account.java

```
[...]
public class Account {
   private String accountId;
   private long balance;
   public Account(String accountId, long initialBalance) {
      this.accountId = accountId;
      this.balance = initialBalance;
    }
   public void debit(long amount) {
      this.balance -= amount;
    }
   public void credit(long amount) {
      this.balance += amount;
    }
   public long getBalance() {
      return this.balance;
    }
}
```

接下来的 AccountManager 接口管理着 Account 对象的生命周期与持久性（我们只能通过 ID 来查找账户和更新账户）。

```
[...]
  public interface AccountManager {
     Account findAccountForUser(String userId);
            void updateAccount(Account account);
  }
```

代码 7.2 显示了用于在两个账户之间进行转账的 transfer 方法。这个方法使用之前定义的 AccountManager 接口，通过 ID 来找到借贷方账户，并更新账户。

代码 7.2　AccountService.java

```
[...]
public class AccountService {
   private AccountManager accountManager;
   public void setAccountManager(AccountManager manager) {
      this.accountManager = manager;
    }
 public void transfer(String senderId, String beneficiaryId, long amount) {
     Account sender = this.accountManager.findAccountForUser(senderId);
```

```
        Account beneficiary =
                this.accountManager.findAccountForUser(beneficiaryId);

        sender.debit(amount);
        beneficiary.credit(amount);
        this.accountManager.updateAccount(sender);
        this.accountManager.updateAccount(beneficiary);
    }
}
```

我们希望可以对 AccountService.transfer 行为进行单元测试。为了达到这个目的，我们使用一个 mock 来实现 AccountManager 接口（如代码 7.3 所示）。我们这么做是因为 transfer 方法会使用到这个接口，并且我们需要在隔离的状态下测试它。

代码 7.3 MockAccountManager.java

```
[...]
import java.util.HashMap;
public class MockAccountManager implements AccountManager {

  private Map<String, Account> accounts = new HashMap<String, Account>();

      public void addAccount(String userId, Account account) {        ❶
      this.accounts.put(userId, account);
  }

  public Account findAccountForUser(String userId) {        ❷
      return this.accounts.get(userId);
  }

  public void updateAccount(Account account) {        ❸
     // do nothing
  }
}
```

addAccount 方法使用一个实例变量保存要返回的值❶。因为有多个我们想要返回的账户对象，所以我们把返回的 Account 对象存储到一个 HashMap 中。这使得 mock 变得一般化，能够支持不同的测试实例：一个测试可以使用一个账户建立 mock，另一个测试可以使用两个或更多的账户建立 mock，等等。

在部分❷中，我们实现了一个方法，以便从 accounts 地图中检索账户——我们只可以检索那些之前已经添加进去的账户。updateAccount 方法会更新一个账户，但是不会返回任何值❸。这相当于什么也没做。当它被 transfer 方法调用时，也不会起什么作用，就好像账户已经被正确地更新过了。

现在我们已经为针对 AccountService.transfer 编写一个单元测试做好了准备。代码 7.4 显示了一个使用 mock 的典型测试。

JUnit 最佳实践：不要在 mock objects 中写入业务逻辑

在编写一个 mock 时，要考虑的最重要的一点是不应该有任何的业务逻辑。它必须是一个"傻"对象，只做测试要求它做的事情。也就是说，它纯粹是由测试来驱动的。这个特征恰好与 stub 相反，stub 包含了所有的逻辑（参见第 6 章）。

当然这里也有两个不错的结论。第一，mock objects 可以很容易生成，在下面的章节里你会看到这一点。第二，因为 mock objects 是空壳，它们太简单了而不致于出错，所以不需要测试它们自己。

代码 7.4 用 MockAccountManager 测试转账方法

```
[...]
public class TestAccountService {

 @Test
  public void testTransferOk() {
      MockAccountManager mockAccountManager = new MockAccountManager();
      Account senderAccount = new Account("1", 200);
      Account beneficiaryAccount = new Account("2", 100);
      mockAccountManager.addAccount("1", senderAccount);                  ❶
      mockAccountManager.addAccount("2", beneficiaryAccount);
      AccountService accountService = new AccountService();
      accountService.setAccountManager(mockAccountManager);
      accountService.transfer("1", "2", 50);                          <-❷

      assertEquals(150, senderAccount.getBalance());               ❸
      assertEquals(150, beneficiaryAccount.getBalance());
   }
}
```

通常情况下，测试有 3 个步骤：测试准备❶、测试执行❷以及结果的验证❸。在测试准备阶段，我们创建了 MockAccountManager 对象，并且定义了在我们操作的两个账户（付款方与收款方）被调用时它返回什么样的结果。我们已经成功测试了 AccountService 代码（在与另一个域对象 AccountManager 隔离的情况下），此示例中的 AccountManager 是不存在的，但是在实际使用中，这个对象由 JDBC 来实现。

学习到这里，你应该对 mock 是什么有了相当的认识。在下一节中，我们将会展示如何使用 mocks 编写单元测试并使得待测代码被重构——这将是一个美妙的过程！

JUnit 最佳实践：只测试那些可能出错的代码

你可能已经注意到我们并没有使用 mock 模拟 Account 类。原因就在于，这个数据访问对象类并不需要 mock——它不依赖于环境，并且十分简单。其他测试用到了 Account 对象，因此相当于间接地测试了它。如果 Account 无法正常工作，那么基于此的测试将会失败并提醒我们所存在的问题。

7.3 使用 mock objects 来重构

有一些人曾经说过，单元测试应该对被测代码完全透明，并且你不应该为了简化测试而更改运行时的代码。**这是错误的！**实际上，单元测试是对运行时代码的最好运用，应该同其他运用同等看待。如果你的代码太不灵活，以致在测试中无法使用，那么你就应该对它进行修改。

例如，你对下面的一段代码怎么看？

```
[...]
import java.util.PropertyResourceBundle;
import java.util.ResourceBundle;
import org.apache.commons.logging.Log;
import org.apache.commons.logging.LogFactory;
[...]
public class DefaultAccountManager implements AccountManager {
   private static final Log LOGGER =                              创建一个
      LogFactory.getLog(AccountManager.class);                    Log 对象

   public Account findAccountForUser(String userId) {
      LOGGER.debug("Getting account for user [" + userId + "]");
      ResourceBundle bundle =                                     获得
         PropertyResourceBundle.getBundle("technical");           一条 SQL
      String sql = bundle.getString("FIND_ACCOUNT_FOR_USER");
      // Some code logic to load a user account using JDBC
      [...]
   }
   [...]
}
```

你觉得这段代码看起来好吗？这里我们看到存在两个问题，它们都与代码的适应性以及抵御变化的能力相关。第一个问题是，你不太可能决定去使用一个不同的 Log 对象，因为这是在类的内部创建的。比如在测试中，你可能想使用一个什么也不做的 Log，但是你办不到。

一般来说，这样的类应该能够使用给定的任何 Log。

这个类的目的并不是创建记录器，而是执行某些 JDBC 逻辑。同样的评论也适用于 PropertyResourceBundle 的使用。现在它看上去还不错，但是如果你决定使用 XML 来存储配置又会怎么样呢？再一次强调，决定使用什么实现并不应该是这个类的目的。

一个有效的设计策略就是，将直接业务逻辑外的其他对象传递给逻辑内的对象。外围对象选择应该由在调用链上更高层次的某个人控制。最终，当你沿着调用层向上移动时，使用一个给定的记录器或者配置的决定权就应该推给最高层次的人。这种策略可以提供最好的代码灵活性以及应付变化的能力。并且我们都知道，唯一不变的就是变化。

7.3.1 重构示例

重构所有的代码以传递域对象是比较耗费时间的。也许你不准备重构整个应用程序，而仅仅为了能够编写一个单元测试。幸运的是，这里有一个简单的重构技术，可以让你为代码保持相同的接口，并同时允许传递给它没有创建的域对象。为了确认这一点，我们来看看重构后的 DefaultAccountManager 类是什么样子的，请参考代码 7.5；其中修改的部分代码已用粗体表示。

代码 7.5 重构 DefaultAccountManager 以进行测试

```
public class DefaultAccountManager implements AccountManager {
   private Log logger;                                            ❶
   private Configuration configuration;

   public DefaultAccountManager() {
      this(LogFactory.getLog(DefaultAccountManager.class),
      new DefaultConfiguration("technical"));
   }
   public DefaultAccountManager(Log logger, Configuration configuration) {
      this.logger = logger;
      this.configuration = configuration;
   }

   public Account findAccountForUser(String userId) {
      this.logger.debug("Getting account for user [" + userId + "]");
      this.configuration.getSQL("FIND_ACCOUNT_FOR_USER");
      // Some code logic to load a user account using JDBC
   [...]
   }
[...]
}
```

注意❶，我们使用了一个新的接口 Configuration，来替换了前一个代码段中的 PropertyResourceBundle 类。这就使代码变得更加灵活，因为引入了一个接口（这非常容易 mock），并且 Configuration 接口可以实现成你想要的任何东西（包括使用资源包）。现在的这个设计更加优秀了，原因是我们可以通过 Log 与 Configuration 接口的任何实现使用和复用 DefaultAccountManager 类（如果我们使用带有两个参数的构造函数）。类可以由外部（它的调用者）来控制。同时，我们并没有破坏已有的接口，只是增加了一个新的构造函数。另外，我们还保留了原始的默认构造函数，它仍然使用默认值对域成员 logger 与 configuration 进行了初始化。

通过这样的重构，我们提供了一个在测试中控制域对象的暗门。我们不仅保留了后向兼容性，同时也为日后铺好了一条轻松重构的道路。调用的类可以按照它们自己的情况开始使用这个新的构造函数。

你是否因为引入暗门而有所担心呢？尽管这样可以让你的代码更易于测试。下面是极限编程权威 Ron Jeffries 的解释：

我的汽车有一个诊断口以及一个测油计。我的炉子侧面以及烤箱前面都有检查孔。我的钢笔筒是透明的，因此我可以看到里面是否还有墨水。

如果我发现有必要向一个类添加一个方法，以使我能够测试它，那么我就会这么做。这经常会发生，比如在有着简单的接口和复杂的内部函数的类中（可能会需要一个 Extract 类）。

我只是把我所理解的类的需求给予那些类，并且关注它下一步需要什么[1]。

[1] Ron Jeffries, TestDrivenDevelopment 邮件列表：http://groups.yahoo.com/group/testdrivendevelopment/message/3914。

设计模式实践：控制反转（IoC）

应用 IoC 模式到一个类中，意味着该类不再创建其不直接负责的对象实例，取而代之的是传递任何所需要的实例。实例可以通过使用一个具体的构造器、setter 或者需要这些实例地方法的参数，而被传递过去。在被调用类上正确地设置这些域对象就成了调用代码的责任[1]。

IoC 使单元测试变得轻而易举。为了证明这一点，让我们来看看现在要为 findAccountByUser 方法编写一个测试是多么轻松：

```
public void testFindAccountByUser() {
   MockLog logger = new MockLog();                               ❶
   MockConfiguration configuration = new MockConfiguration();    ❷
   configuration.setSQL("SELECT * [...]");
   DefaultAccountManager am = new DefaultAccountManager(logger,  ❸
                                                configuration);
   Account account = am.findAccountForUser("1234");
   // Perform asserts here
   [...]
}
```

在❶中，我们使用一个 mock logger 来实现 Log 接口，但是什么都没做。接下来我们创建了一个 MockConfiguration 实例❷，然后设置为：在调用 Configuration.getSQL 时返回一个给定的 SQL 查询。最后，我们创建所测试 DefaultAccountManager 的实例❸，并将 Log 与 Configuration 实例传递给它。

现在在测试代码中，我们已经完全能够从被测试代码的外围控制我们的记录和配置行为。因此我们的代码会变得更加灵活，并且允许使用任何记录和配置的实现。在本章和后面的章节中，你将会看到更多这样的代码重构。

最后要注意的一点是，如果你先编写测试，你会自觉地将代码设计得比较灵活。灵活性对编写单元测试而言是一个关键。如果你先进行测试，就可容易避免后期为了灵活性重构代码而带来的开销。

7.4　替换一个 HTTP 连接

为了了解 mock objects 在实际例子中是如何工作的，我们以一个简单的应用程序为例，它打开一个远程服务器的 HTTP 连接，然后读取页面内容。在第 6 章中，我们使用了 stub 测试这个应用程序。现在我们使用 mock objects 来模拟 HTTP 连接，来对其进行单元测试。

另外，你将会学习到如何为没有 Java 接口的类（即 HttpURLConnection 类）编写 mock。我们将会向读者展示一个完整的场景：从一个初始的测试实现开始，到进一步改

[1] 请参考针对组件框架实施的 IoC 模式，也就是 Jakarta Avalon 框架（http://avalon.apache.org）。

善实现，以及修改原始代码使之更加灵活。并且我们还会展示如何使用 mocks 来测试错误情况。

随着学习的不断深入，你将会不断地改善测试代码以及示例应用程序，尤其是针对同一个应用程序使用不同的方法编写单元测试。在这个过程中，你将会学会如何实现一个简单而优雅的测试方案，同时又让应用程序代码更加灵活、易于更改。

图 7.2 显示了一个 HTTP 示例应用程序。

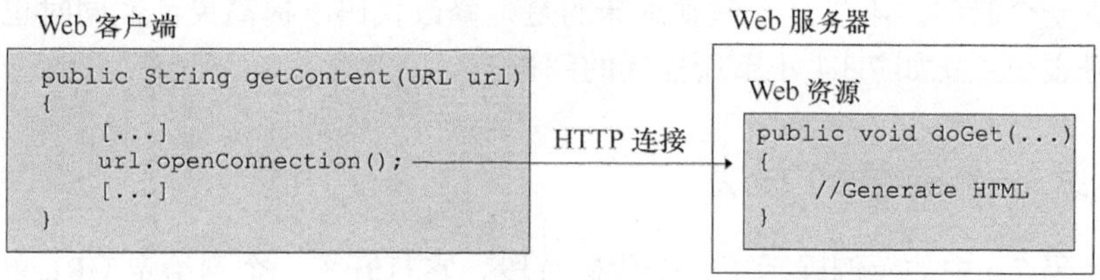

图 7.2 引入测试之前的 HTTP 示例应用程序

这个应用程序包含一个简单的 `WebClient.getContent` 方法，来对 Web 服务器上所运行的 Web 资源进行 HTTP 连接。我们希望在隔离 Web 资源的情况下对 `getContent` 方法进行单元测试。

7.4.1 定义 mock objects

图 7.3 展示了一个 mock object 的定义。`MockURL` 类代表了真正的 `URL` 类。在 `getContent` 里面所有对 URL 类的调用都会指向 `MockURL` 类。你可以看到，测试其实是一个控制器：它创建并配置 mock 在此测试中所要完成的行为；它会（由于某些原因）使用 `MockURL` 类替代真正的 URL 类，然后再运行测试。

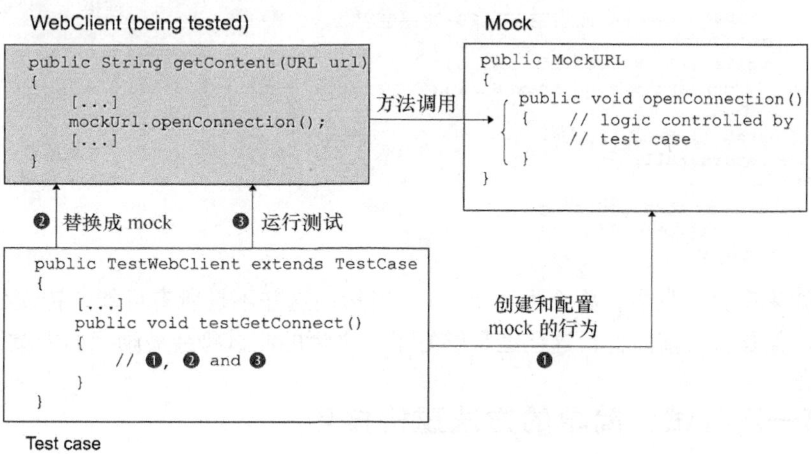

图 7.3 在一个使用 mock objects 进行测试的详细步骤

图 7.3 展示了 mock objects 策略非常有趣的一面：在生产代码中需要能够被 mock 替换。细心的读者可能已经注意到，URL 类是 final 类型的，因此不太可能创建一个扩展的 MockURL 类。

在接下来的章节里，我们将展示如何使用不同的方式实现这一技巧（通过在另一个级别上使用 mock）。在任何情况下，当使用 mock objects 策略时，将真正的类替换成 mock 是一个难点。这也许可以被视为 mock objects 的一个缺点，因为通常我们需要修改代码以提供一个暗门。不过具有讽刺意味的是，修改代码以提高灵活性同时也是使用 mock 的优势之一，正如 7.3.1 小节所描述的那样。

7.4.2 测试一个简单的方法

代码 7.6 中的示例展示了一个代码片段，它打开了一个到给定 URL 的 HTTP 连接，然后读取了在 URL 上的内容。让我们想象一下，这是我们要对其进行单元测试的大型应用程序中的一个方法，我们现在来测试这个方法吧。

代码 7.6 一个打开 HTTP 连接的实例方法

```
[...]
import java.net.URL;
import java.net.HttpURLConnection;
import java.io.InputStream;
import java.io.IOException;
public class WebClient {
   public String getContent(URL url) {
      StringBuffer content = new StringBuffer();
      try {
         HttpURLConnection connection =
            (HttpURLConnection) url.openConnection();
         connection.setDoInput(true);
         InputStream is = connection.getInputStream();
         int count;
         while (-1 != (count = is.read())) {
            content.append( new String( Character.toChars( count ) ) );
         }
      } catch (IOException e) {
         return null;
      }
      return content.toString();
   }
}
```

打开一个 HTTP 连接

读取所有上下文

如果有错误发生，将会返回 null。当然，这并不是所有可能的错误处理办法中最好的，但是就目前而言，这已经足够好了（之后的测试将会鼓励我们去重构代码的）。

7.4.3 第一次尝试：简单的方法重构技巧

我们的想法就是能够不依赖于一个真正的、到 Web 服务器的 HTTP 连接，独立地测试 getContent 方法。如果回忆一下 7.2 节所学到的知识，那么就意味着要编写一个 mock URL，在其中，`url.openConnection` 方法将会返回一个 `mock HttpURLConnection`。`MockHttpURLConnection` 类将会提供一个实现，让测试来决定 `getInputStream` 方法返回什么样的内容。理想情况下，你能够写出如下的测试：

```
@Test
public void testGetContentOk() throws Exception {
   MockHttpURLConnection mockConnection = new MockHttpURLConnection();    创建一个 mock HttpURLConnection
   mockConnection.setupGetInputStream(
                  new ByteArrayInputStream("It works".getBytes()));
   MockURL mockURL = new MockURL();                                       创建一个 mock URL
   mockURL.setupOpenConnection(mockConnection);
   WebClient client = new WebClient();
   String result = client.getContent(mockURL);    <-- 测试 getContent 方法
   assertEquals("It works", result);    <-- 断言结果
}
```

不幸的是，这个解决方案并没有用！因为 JDK `URL` 类是一个 final 类，并且没有任何可用的 URL 接口。所以扩展性仅此而已。我们需要找出另一个解决方案，很可能是去 mock 另外一个对象。其中的一个解决方案是替换 `URLStreamHandlerFactory` 类。这个方案我们已经在第 6 章探讨过了，因此这里我们来找出一种是使用 mock objects 的解决方案：重构 `getContent` 方法。如果思考一下，就会发现这个方法完成了两件事情：获取一个 `HttpURLConnection` 对象然后从中读取内容。可以将其重构，重构的结果就是如代码 7.7 所示的类(相对代码 7.6 更改的部分已用粗体显示)。我们截取了获取 `HttpURLConnection` 对象的那一部分代码。

代码 7.7 从 getContent 中抽取获得连接对象的部分

```
public class WebClient {
   public String getContent(URL url) {
      StringBuffer content = new StringBuffer();
      try {
         HttpURLConnection connection = createHttpURLConnection(url);    <--
         InputStream is = connection.getInputStream();
         int count;
         while (-1 != (count = is.read())) {
            content.append( new String( Character.toChars( count ) ) );
         }
      }
      catch (IOException e) {                                             重构 ❶
         return null;
      }
      return content.toString();
   }
   protected HttpURLConnection createHttpURLConnection(URL url)
                                          throws IOException {
      return (HttpURLConnection) url.openConnection();
   }
}
```

在上面的代码中，我们调用了 `createHttpURLConnection`❶来创建 HTTP 连接。

这个解决方案如何使测试 getContent 更加有效呢？我们现在可以使用一个很有用的技巧，那就是编写一个继承 WebClient 类的测试辅助类，然后覆写它的 createHttpURLConnection 方法，如下所示：

```
private class TestableWebClient extends WebClient {
   private HttpURLConnection connection;
   public void setHttpURLConnection(HttpURLConnection connection) {
      this.connection = connection;
   }
   public HttpURLConnection createHttpURLConnection(URL url)
                                               throws IOException {
      return this.connection;
   }
}
```

在测试中，我们可以调用 setHttpURLConnection 方法，并把它传递给 mock HttpURLConnection 对象。现在测试代码就变成了以下效果（更改部分显示为粗体）：

```
@Test
public void testGetContentOk() throws Exception {
   MockHttpURLConnection mockConnection = new MockHttpURLConnection();
   mockConnection.setExpectedInputStream(
      new ByteArrayInputStream("It works".getBytes()));
   TestableWebClient client = new TestableWebClient();          ❶
   client.setHttpURLConnection(mockConnection);
   String result = client.getContent(new URL("http://localhost"));   ❷
   assertEquals("It works", result);
}
```

在以上代码中，我们配置了 TestableWebClient❶，以便 createHttpURLConnection 方法返回一个 mock 对象。接下来再调用 getContent 方法❷。

这是一个常用的重构方法，也称为**方法工厂**（method factory）重构，尤其是在需要 mock 的类没有接口时这个方法非常有用。策略就是继承这个类，添加一些 setter 方法来控制它，并且覆写它的某些 getter 方法，以便返回测试中我们想要的东西。对当前这个例子而言，此方法还是不错的，但是并不完美。这有点像**海森堡测不准原理**（Heisenberg uncertainty principle）：被测试的子类改变了它的行为，所以当我们测试子类的时候，能放心地进行测试吗？

这个技巧对打开一个对象使之更适合测试而言是很有用的，但若仅止于此，那么它其实就是测试了一个与原始待测类相似的东西（并不是完全相同）。当然，我们并不是在为第三方库编写测试而不能更改代码——我们对待测代码有完全的控制权。因此我们可以改善代码，使之在整个过程中更易于测试。

7.4.4 第二个尝试：使用类工厂来重构

让我们来应用控制反转（IoC）模式，也就是说我们使用的任何资源都需要传给 getContent 方法或者 WebClient 类。这里唯一使用的资源是 HttpURLConnection 对象。我们可以把 WebClient.getContent 签名更改为：

这也就意味着我们将 HttpURLConnection 对象的创建任务推给了 WebClient 的调用者。但是，URL 是从 HttpURLConnection 类获取的，并且这个签名看起来并不是很好。幸运的是，有一个更好的方法创建了一个 ConnectionFactory 接口，如代码 7.8 与代码 7.9 所示。凡是实现 ConnectionFactory 接口的类都从一个连接返回一个 InputStream，无论连接的类型是什么（HTTP、TCP/IP 等）。这种重构技术有时候被称为类工厂重构[1]。

代码 7.8 ConnectionFactory.java

```
[...]
import java.io.InputStream;
public interface ConnectionFactory {
  InputStream getData() throws Exception;
}
```

WebClient 的实现如代码 7.9 所示（与初始代码 7.6 相比，更改的地方已用粗体表示）。

代码 7.9 使用 ConnectionFactory 重构后的 WebClient

```
[...]
import java.io.InputStream;

public class WebClient {
   public String getContent(ConnectionFactory connectionFactory) {
      StringBuffer content = new StringBuffer();
      try {
         InputStream is = connectionFactory.getData();
         int count;
         while (-1 != (count = is.read())) {
            content.append( new String( Character.toChars( count ) ) );
         }
      }
      catch (Exception e) {
         return null;
      }
      return content.toString();
   }
}
```

这个方案更好一些，因为我们使得数据内容的提取独立于我们获取连接的方式。最初的实现只能使用基于 HTTP 协议的 URL。但是新的实现则可以使用任何标准的协议（file://、http://、ftp://、jar://等），甚至是你自己自定义的协议。例如，代码 7.10 展示了基于 HTTP 协议的 ConnectionFactory 实现。

代码 7.10 HttpURLConnectionFactory.java

```
[...]
import java.io.InputStream;
import java.net.HttpURLConnection;
import java.net.URL;

public class HttpURLConnectionFactory implements ConnectionFactory {
   private URL url;
```

[1] J. B. Rainsberger 称之为以 Collaborators 替代子类：http://www.diasparsoftware.com/template.php?content=replaceSubclassWithCollaborator。

```
      public HttpURLConnectionFactory(URL url) {
         this.url = url;
      }
      public InputStream getData() throws Exception {
         HttpURLConnection connection =
            (HttpURLConnection) this.url.openConnection();

         return connection.getInputStream();
      }
   }
```

现在我们可以通过给 ConnectionFactory 编写一个 mock 来轻松测试 getContent 方法（参考代码 7.11）。

代码 7.11　MockConnectionFactory.java

```
[...]
import java.io.InputStream;

   public class MockConnectionFactory implements ConnectionFactory {
      private InputStream inputStream;

      public void setData(InputStream stream) {
         this.inputStream = stream;
      }
      public InputStream getData() throws Exception {
         return this.inputStream;
      }
   }
```

通常，mock 并不包含任何逻辑，完全由外部控制（通过调用 setData 方法来控制）。现在我们可以轻松地使用 MockConnectionFactory 来重写测试，如代码 7.12 所示。

代码 7.12　使用 MockConnectionFactory 重构后的 WebClient 测试

```
[...]
import java.io.ByteArrayInputStream;

public class TestWebClient {

   @Test
   public void testGetContentOk() throws Exception {
      MockConnectionFactory mockConnectionFactory =
                                 new MockConnectionFactory();
      mockConnectionFactory.setData(
                  new ByteArrayInputStream("It works".getBytes()));

      WebClient client = new WebClient();
      String result = client.getContent(mockConnectionFactory);
      assertEquals("It works", result);
   }
}
```

我们已经实现了最初的目标：对 WebClient.getContent 方法的代码逻辑进行单元测试。在这个过程中，我们为了测试不得不对它进行重构，这将会使得它的实现具有更好的扩展性，更能适应变化。

7.5 把 mocks 用作特洛伊木马

mock objects 就是特洛伊木马，但是它们并没有恶意。mocks 从内部替代真正的对象，并且调用类并不会意识到这一点。mocks 可以访问有关类的内部信息，使得它们更加有用。在当前的示例中，我们仅仅使用它们来模拟真实的行为，但我们并没有挖掘它们能够提供的所有信息。

可以把 mocks 用作探测器，监视待测试对象所调用的方法。让我们以这个 HTTP 连接为例。我们可以监视的一个非常有趣的调用就是 `InputStream` 的 close 方法。迄今为止我们没有对 `InputStream` 使用一个 mock object，但是我们可以很容易地创建一个，并且提供一个 verify 方法来确认 close 已经被调用。然后我们可以在测试的最后调用 verify 方法来验证所有应该调用的方法是否都已经被调用了（如代码 7.13 所示）。我们可能也会想要验证 close 是否只被调用了一次，如果它被调用多次或者根本没有被调用，那么就抛出异常。这些验证通常被称为**预期**（expectation）。

DEFINITION **预期**（expectation）—— 当我们谈论 mock objects 的时候，**预期**就是内嵌在 mock 里面的一个特性，用来验证调用此 mock 的外部类是否具有正确的行为。例如，一个数据库连接 mock 能够验证，在任何使用该 mock 的测试中，这个连接中的 `close` 方法都被调用了一次。

代码 7.13 中展示了一个关于预期（expectation）的示例。

代码 7.13 关闭时有所预期的 Mock InputStream

```
[...]
import java.io.IOException;
import java.io.InputStream;

public class MockInputStream extends InputStream {
  private String buffer;
  private int position = 0;
  private int closeCount = 0;
  public void setBuffer(String buffer) {          // 告诉 mock，read 方法应该返回什么
    this.buffer = buffer;
  }
  public int read() throws IOException {
    if (position == this.buffer.length()) {
      return -1;
    }
    return this.buffer.charAt(this.position++);
  }
  public void close() throws IOException {
    closeCount++;                                  // 计算 close 被调用的次数
    super.close();
  }
```

```
    public void verify() throws java.lang.AssertionError {
        if (closeCount != 1) {
            throw new AssertionError ("close() should "
                        + "have been called once and only");
        }
    }
}
```

检验是否满足预期

在 MockInputStream 类中，close 的预期很简单：我们希望它总是被调用一次。但是在大多数情况下，closeCount 的预期都依赖于待测试代码。一个 mock 通常会有一个类似 setExpected-CloseCalls 的方法，这样测试就可以告诉 mock 预期会发生什么。

接下来让我们修改 TestWebClient.testGetContentOk 的测试方法，以便使用新的 MockInputStream：

```
[...]
public class TestWebClient {

    @Test
    public void testGetContentOk() throws Exception {
        MockConnectionFactory mockConnectionFactory =
              new MockConnectionFactory();

        MockInputStream mockStream = new MockInputStream();
        mockStream.setBuffer("It works");
        mockConnectionFactory.setData(mockStream);
        WebClient client = new WebClient();
        String result = client.getContent(mockConnectionFactory);

        assertEquals("It works", result);
        mockStream.verify();
    }
}
```

在之前的测试中使用的是真正的 ByteArrayInputStream，而现在我们使用的是 MockInputStream。请注意，我们在测试的结尾处调用了 MockInputStream 的验证方法，以确认是否满足了我们所有的预期。运行测试的结果如图 7.4 所示。

这个测试会失败并弹出消息“close() should have been called once and only”。

这是为什么？因为我们没有关闭 WebClient.getContent 方法中的输入流。如果我们关闭了两次或者更多次，同样的问题还是会出现，这是因为测试检查的是被调用一次并且仅仅一次。

让我们修改一下待测试代码（参见代码 7.14）。

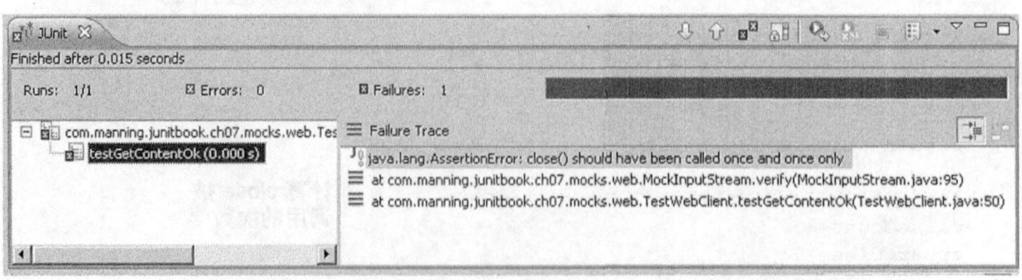

图 7.4　在新的 close 预期下运行 TestWebClient

代码 7.14 WebClient 关闭流

```
public class WebClient {
   public String getContent(ConnectionFactory connectionFactory)
                                                  throws IOException {
      String result;
      StringBuffer content = new StringBuffer();
      InputStream is = null;
      try {
         is = connectionFactory.getData();
         int count;
         while (-1 != (count = is.read())) {
            content.append( new String( Character.toChars( count ) ) );
         }
         result = content.toString();
      }
      catch (Exception e) {
         result = null;
      }

      // Close the stream
      if (is != null) {
         try {
            is.close();
         }
         catch (IOException e) {
            result = null;
         }
      }
      return result;
   }
}
```

关闭流，如果关闭时发生错误则返回 null

现在我们就可以看到漂亮的绿色进度条了，如图 7.5 所示。

对于预期，还有一些其他简单方便的用法。例如，假如你有一个组件管理器，在组件生命周期内调用不同的方法，那么你可能会预期这些方法是按照一定的顺序被调用的。或者，你可能会期望某个指定的值作为参数传递给 mock。一般可以认为，除了能够在测试中提供你想要的行为，mock 同样可以就其使用情况提供有用的反馈。

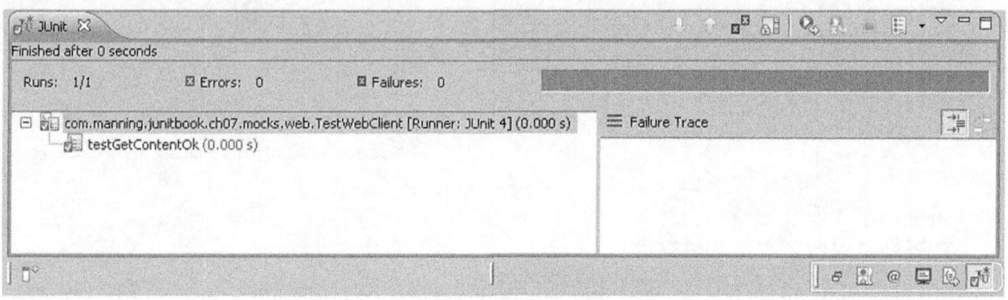

图 7.5 运行的 WebClient 关闭了输入流

下一章节将会展示使用一些最流行的开源 mock 框架的使用——它们功能强大，完全能够满足我们的需求，并且我们不需要从一开始就实现 mock。

7.6 介绍 mock 框架

到目前为止，我们已经从零开始实现了 mock objects。正如你所看到的，这虽然不是一项枯燥乏味的工作，但却是一项经常性的工作。你可能会猜测，我们并不是在需要 mock 时都要从头开始。而且，你说的对——有很多已经编写好的好项目，可以帮助我们使得 mock 在项目中的使用更为简单。在本节中，我们将深入探讨两个最广泛使用的 mock 框架：EasyMock 与 JMock。我们试图再次借助 HTTP 连接应用程序示例，来展示如何使用这两个 mock 框架。

7.6.1 使用 EasyMock

EasyMock（http://easymock.org/）是一个开源框架，它为模拟对象提供了一些有用的类。为了使用这个框架，你需要从其网站上下载 ZIP 格式的文档，解压缩到本地，然后将其包含的 easymock.jar 加载到你的 classpath 中。

为了充分展示在测试用例中使用 EasyMock 构建 mock objects 是多么简单，我们修改了之前章节中所构建的一些 mock。我们先从一个简单的开始：重写代码 7.2 中的 AccountService 测试。具体可以参见代码 7.15。

代码 7.15 使用 EasyMock 重写 TestAccountService 测试

```
[...]
import static org.easymock.EasyMock.createMock;
import static org.easymock.EasyMock.replay;               ❶
import static org.easymock.EasyMock.expect;
import static org.easymock.EasyMock.verify;

public class TestAccountServiceEasyMock
{
    private AccountManager mockAccountManager;             ❷

    @Before
    public void setUp()
    {                                                            ❸
        mockAccountManager = createMock( "mockAccountManager",
                                         AccountManager.class );
    }

    @Test
    public void testTransferOk()
    {
        Account senderAccount = new Account( "1", 200 );         ❹
        Account beneficiaryAccount = new Account( "2", 100 );

        // Start defining the expectations
        mockAccountManager.updateAccount( senderAccount );        ❺
        mockAccountManager.updateAccount( beneficiaryAccount );
```

```
        expect( mockAccountManager.findAccountForUser( "1" ) )
                                  .andReturn( senderAccount );      <-┐
        expect( mockAccountManager.findAccountForUser( "2" ) )         ❻
                                  .andReturn( beneficiaryAccount ); <-┘

        // we're done defining the expectations
        replay( mockAccountManager );                           <-❼

        AccountService accountService = new AccountService();
        accountService.setAccountManager( mockAccountManager );
        accountService.transfer( "1", "2", 50 );                  <-❽

        assertEquals( 150, senderAccount.getBalance() );           ❾
        assertEquals( 150, beneficiaryAccount.getBalance() );
    }

    @After
    public void tearDown()
    {
        verify( mockAccountManager );       <-❿
    }
}
```

你可以看到，代码 7.15 与代码 7.4 的篇幅长度差不多，但是我们不用编写任何额外的 mock 类。首先我们定义从 EasyMock 库中导入我们所需要内容❶。EasyMock 非常依赖 Java 5+ 的静态导入（static import）特性。在❷中，我们声明想要 mock 的对象。请注意，这里的 `AccountManager` 是一个接口。背后的原因很简单：核心 EasyMock 框架只能 mock 接口对象。在❸中，我们调用了 `createMock` 方法，来创建一个 mock 来模拟目标类。在❹中，如代码 7.4 所示，我们创建了两个账户对象，它们会在测试中被用到。然后我们开始声明预期。使用 EasyMock 我们有两种声明预期的方式。当方法的返回类型为 void，我们就在 mock objects 上调用此方法（❺），或者当方法返回任何类型的对象，然后我们需要使用 EasyMock API 中的 `expect` 和 `andReturn` 方法❻。一旦我们定义完预期，我们需要调用 `replay` 方法来声明它❼。在❽中，我们调用 transfer 方法在两个账户之间进行转账，并且在❾中，我们断言了预期的结果。`@After` 方法，在每个`@Test` 方法之后被执行，用来完成对预期的验证。使用 EasyMock，我们可以通过任何 mock `object` 来调用 `verify` 方法❿，以验证我们声明的方法调用预期被触发了。

这非常简单，是不是？那么我们更进一步，改写一个比较复杂的示例会怎么样？当然没有问题；代码 7.16 展示了对代码 7.12 中的 `WebClient` 测试的修改 。

我们想做的是要测试 `WebClient` 的 `getContent` 方法。为了达到这样的目的，我们需要 mock 所有与此方法相关的依赖关系。在本示例中，我们有两个依赖关系：一个是 `ConnectionFactory`，另一个是 `InputStream`。这样一来就存在一个问题，因为 EasyMock 只能 mock 接口，而 `InputStream` 是一个类。

JUnit 最佳实践：创建 EasyMock 对象

这里有一个关于 `createMock` 方法的有用的技巧。如果你检查 EasyMock 的 API，你会发现 `createMock` 方法带有很多签名。我们所用到的签名是

```
createMock(String name, Class claz);
```

但是另外还有：

```
createMock(Class claz);
```

那么到底要用哪一个呢？选择第一个更好一些。如果你使用第二个，并且你的预期还没有满足，那么就会得到一个错误信息，如下所示：

```
java.lang.AssertionError:
  Expectation failure on verify:
    read(): expected: 7, actual: 0
```

你可以看到，上面的信息并不像我们想象得那样清楚地描述了具体情况。如果我们使用第一个签名，并且把类映射到一个指定的名称，那么我们将会获得诸如以下信息：

```
java.lang.AssertionError:
  Expectation failure on verify:
    name.read(): expected: 7, actual: 0
```

为了能够 mock `InputStream` 类，我打算使用 EasyMock 的 Class Extension。Class Extension 是 EasyMock 的一个扩展项目，可以用来为类和接口创建 mock objects[1]。你可以从 EasyMock 的网站单独下载此工具。

代码 7.16 使用 EasyMock 重写 WebClient 测试

```
[...]
import static org.easymock.classextension.EasyMock.createMock;     ❶
import static org.easymock.classextension.EasyMock.replay;
import static org.easymock.classextension.EasyMock.verify;

public class TestWebClientEasyMock
{
    private ConnectionFactory factory;                    ❷
    private InputStream stream;

    @Before
    public void setUp()
    {
        factory = createMock( "factory", ConnectionFactory.class );    ❸
        stream = createMock( "stream", InputStream.class );
    }
    @Test
    public void testGetContentOk() throws Exception
    {
        expect( factory.getData() ).andReturn( stream );
        expect( stream.read() ).andReturn( new Integer( (byte) 'W' ) );
        expect( stream.read() ).andReturn( new Integer( (byte) 'o' ) );
        expect( stream.read() ).andReturn( new Integer( (byte) 'r' ) );    ❹
        expect( stream.read() ).andReturn( new Integer( (byte) 'k' ) );
        expect( stream.read() ).andReturn( new Integer( (byte) 's' ) );
        expect( stream.read() ).andReturn( new Integer( (byte) '!' ) );
        expect( stream.read() ).andReturn( -1 );
```

[1] final 与 private 类型的方法不能够被 mock。

```
        stream.close();                                          ❺

        replay( factory );                                   ❻
        replay( stream );

        WebClient2 client = new WebClient2();
        String result = client.getContent( factory );            ❼
        assertEquals( "Works!", result );                      ❽
    }

[...]
    @Test
    public void testGetContentCannotCloseInputStream() throws Exception {
        expect( factory.getData() ).andReturn( stream );
        expect( stream.read() ).andReturn( -1 );
        stream.close();                                                  ❾
        expectLastCall().andThrow(new IOException("cannot close"));

        replay( factory );                                                 ❿
        replay( stream );
        WebClient2 client = new WebClient2();
        String result = client.getContent( factory );

        assertNull( result );
    }

    @After
    public void tearDown()
    {
        verify( factory );
        verify( stream );
    }
}
```

和以前一样，首先导入我们所需要的对象❶。请注意，因为我们要用到 EasyMock 的 `classextension` 扩展，所以我们现在需要导入 `org.easymock.classextension.EasyMock` 对象，而不是 `org.easymock.EasyMock`。就是这样！现在我们就可以使用静态导入的 `classextension` 方法来创建类和接口的 mock objects 了。在❷中，与之前的代码一样，我们声明了想要 mock 的对象，而且在❸中，我们调用了 `createMock` 方法来初始化这些对象。

在❹中，我们在 read 方法被调用的时候定义了 stream 的预期（注意为了停止读取 stream，最后一个返回值为-1），然后在❺中，我们预期在 `stream` 中调用 close 方法。现在我们需要表示我们已经完成了对预期的声明；这是通过调用 `replay` 方法来实现的❻。剩下的就是调用待测方法❼，并且断言预期的结果❽。

我们同时也添加了另一个测试来模拟不能关闭 `InputStream` 的情况。我们定义了一个预期，期望 stream 的 close 方法被调用❾，在下一行代码中，我们声明如果这个调用发生了就产生一个 IOException 异常❿。

就像这个框架的名字所说的，使用 EasyMock 非常容易，并且你几乎随时都可以使用它。但是为了让你全面掌握 mock，我们需要介绍另外一个框架，这样你才可以更深入地理解 mock。

7.6.2 使用 JMock

到目前为止，我们已经介绍了如何实现我们自己的 mock objects 以及如何使用 EasyMock 框架。在本节中，我们将会介绍 JMock 框架（http://jmock.org/），这样你就可以对不同的 mock 技术有一个全面的了解。与上一节一样，我们还是从一个简单的示例开始：使用 JMock 重写代码 7.4。重写后的代码参见代码 7.17。

代码 7.17 使用 JMock 重写 TestWebClient 测试

```
[...]
import org.jmock.Expectations;
import org.jmock.Mockery;
import org.jmock.integration.junit4.JMock;
import org.jmock.integration.junit4.JUnit4Mockery;                ❶

@RunWith( JMock.class )                                           ❷
public class TestAccountServiceJMock
{
    private Mockery context = new JUnit4Mockery();                ❸

    private AccountManager mockAccountManager;                    ❹

    @Before
    public void setUp()
    {
        mockAccountManager = context.mock( AccountManager.class );    ❺
    }

    @Test

    public void testTransferOk()
    {
        final Account senderAccount = new Account( "1", 200 );
        final Account beneficiaryAccount = new Account( "2", 100 );   ❻

        context.checking( new Expectations()                          ❼
        {
            {
                oneOf( mockAccountManager ).findAccountForUser( "1" );
                will( returnValue( senderAccount ) );                 ❽

                oneOf( mockAccountManager ).findAccountForUser( "2" );
                will( returnValue( beneficiaryAccount ) );

                oneOf( mockAccountManager ).updateAccount( senderAccount );
                oneOf( mockAccountManager )
                            .updateAccount( beneficiaryAccount );
            }
        } );

        AccountService accountService = new AccountService();
        accountService.setAccountManager( mockAccountManager );
        accountService.transfer( "1", "2", 50 );                      ❾

        assertEquals( 150, senderAccount.getBalance() );              ❿
        assertEquals( 150, beneficiaryAccount.getBalance() );
    }
}
```

像通常一样，我们首先导入所有需要的对象❶。正如你所看到的那样，与 EasyMock 不同的是，JMock 框架并不依赖于任何静态导入特性。幸运的是，JMock 框架提供了一个 JUnit 4 runner[1]，这带来了很多的便利。在❷中，我们指示 JUnit 使用框架内的 JMock runner。在❸中，我们声明了 context 对象 Mockery，它将帮助我们创建 mock objects 并定义预期。在❹中我们声明了想要 mock 的 AccountManager。与 EasyMock 一样，核心的 JMock 框架仅仅提供针对接口的 mock。在@Before 方法（在每个@Test 方法之前被执行）中，我们通过 context 对象创建了 mock❺。与之前的代码类似，我们声明了两个账户，我们将使用这两账户来进行账户间的转账❻。但是要注意，这一次两个账户被声明为 final 类型。这是因为我们要在一个不同的方法中定义的内部类中使用它们。在❼中，通过构造一个新的 Expectations 对象来声明预期。在❽中，我们声明了第一个预期，每个预期都按照以下的形式来编写：

```
invocation-count (mock-object).method(argument-constraints);
    inSequence(sequence-name);
    when(state-machine.is(state-name));
    will(action);
    then(state-machine.is(new-state-name));
```

其中所有的子句都是可选的，除了粗体显示的 invocation-count 和 mockobject。我们需要指定会发生多少次调用以及发生在哪个对象上。之后，如果某个方法返回了某个对象，我们就可以使用 will(returnValue())构建来声明返回对象。

在❾中，我们开始从一个账户向另一个账户转账，然后断言期望的结果。这非常简单！不过等一下；针对调用计数的验证该怎么办？在之前的所有示例中，我们都需要验证，预期被调用的次数要符合期望值。

那么在 JMock 中，你就没有必要再多此一举了；JMock 的 JUnit runner 会考虑到这一点，如果任何期望的调用都没有发生，那么测试就会失败。按照上一节 EasyMock 中的模式，让我们重写代码 7.12，重写后的效果如代码 7.18 所示，同样是 WebClient 测试，不过这次使用的是 JMock。

代码 7.18 使用 JMock 重写 TestWebClient 测试

```
[...]

@RunWith( JMock.class )                                    ❶
public class TestWebClientJMock
{
    private Mockery context = new JUnit4Mockery()
    {
        {                                                  ❷
            setImposteriser( ClassImposteriser.INSTANCE );
        }
    };
```

[1] 关于如何实现一个自定义的 JUnit runner，可以参考本书的附录 B。

```
@Test
public void testGetContentOk() throws Exception
{
    final ConnectionFactory factory =
                         context.mock( ConnectionFactory.class );   ❸
    final InputStream mockStream =
                         context.mock( InputStream.class );

    context.checking( new Expectations()
    {
        {
            oneOf( factory ).getData();                             ❹
            will( returnValue( mockStream ) );

            atLeast( 1 ).of( mockStream ).read();
            will( onConsecutiveCalls(
                  returnValue( new Integer( (byte) 'W' ) ),
                  returnValue( new Integer( (byte) 'o' ) ),
                  returnValue( new Integer( (byte) 'r' ) ),        ❺
                  returnValue( new Integer( (byte) 'k' ) ),
                  returnValue( new Integer( (byte) 's' ) ),
                  returnValue( new Integer( (byte) '!' ) ),
                  returnValue( -1 ) ) );

            oneOf( mockStream ).close();
        }
    } );

    WebClient2 client = new WebClient2();
    String result = client.getContent( factory );                   ❻

    assertEquals( "Works!", result );                               ❼
}

@Test

public void testGetContentCannotCloseInputStream() throws Exception
{

        final ConnectionFactory factory =
                              context.mock( ConnectionFactory.class );
        final InputStream mockStream = context.mock( InputStream.class );

        context.checking( new Expectations()
        {
            {
                oneOf( factory ).getData();
                will( returnValue( mockStream ) );
                oneOf( mockStream ).read();
                will( returnValue( -1 ) );
                oneOf( mockStream ).close();                        ❽
                will( throwException(
                        new IOException( "cannot close" ) )  );     ❾
            }
        } );

        WebClient2 client = new WebClient2();

        String result = client.getContent( factory );

        assertNull( result );
    }
}
```

我们仍然在测试用例开头指示 JUnit 使用 JMock 的 `test runner`❶。这里我们不再需要对预期进行显式验证。为了使 JMock 不仅可以为接口而且也可以为类创建 mock objects，我们需要设置 `context` 的 `imposteriser` 属性❷。这就是说，现在我们可以使用常规的方式继续创建 mocks。在❸中，我们声明并初始化了我们想要为其创建 mocks 的两个对象。在❹中，我们开始预期的声明。请注意我们针对 `stream`❺中 `read()`方法的连续执行以及返回值的声明方法。在❻中，我们调用了待测方法，然后在❼中，我们断言了期望的结果。

为了全面展示如何使用 JMock 的 mock 库，我们还提供了另一个`@Test` 方法，它可以用来测试处于特殊条件下的 WebClient。在❽中，我们声明了 `close()`方法被触发的预期，而在❾中，我们指示 JMock 在这个触发发生时产生一个 `IOException` 异常。

正如你所看到的那样，JMock 库像 EasyMock 库一样简单易用。使用哪一个框架完全取决于你自己，但是只要牢记提升软件质量的关键不是你所使用的 mock 框架，而是你如何使用它。

7.7 小结

本章描述了一种叫做 mock objects 的技法，这种方法可以让你隔离于其他域对象以及环境针对代码进行单元测试。当涉及编写细粒度单元测试时，一个主要的障碍就是从执行环境中抽象出来。我们常常听到这样的说法："我没有测试过这个方法，因为要为它模拟出一个真实的环境实在是太难了。"好了，现在这样的说法将不复存在。

在大多数情况下，编写 mock object 测试有一个正面的副作用：它迫使你重写部分待测试的代码。在实际工作中，代码常常编写得不够好。你经常会把类之间的耦合关系以及和环境的耦合关系多余地写进代码之中。要编写出难以在不同环境中复用的代码是很容易的，并且一个小失误就有可能对系统中的其他类产生很大的影响（类似于多米诺效应）。而使用 mock objects，你必须从不同的角度思考代码，并且应用更好的设计模式，比如接口模式（Interface）和控制反转（IoC）模式。

不应该仅仅把 mock objects 看作是一项单元测试技术，它还是一项设计技术。方法论中一颗正在冉冉升起的新星"测试驱动开发（TDD）"就提倡在编写代码之前先编写测试。使用 TDD，你就不再需要为了可以进行单元测试而重构代码：所编写的代码已经是可以测试的了（要全面系统地了解 TDD 方法，可以参见 Kent Beck 的著作《*Test Driven Development: By Example*》[1]）！如果只想简单了解 TDD，可以参见本

[1] Kent Beck，*Test Driven Development: By Example*（Boston：Addison-Wesley，2003）。

书的第 5 章。

虽然编写 mock objects 非常简单，但是当你需要为几百个对象编写 mock 时，这项工作也会变得令人厌烦。在下面的章节中，我们会展示几个开源框架，它们能够为你的类自动生成可以立即使用的 mocks，使得应用 mock objects 策略成为一件令人愉快的事。

第 8 章　容器内测试

The secret of success is sincerity. Once you can fake that you've got it made.

成功的秘诀在于真诚。如果你能够装得像，那么你就成功了。

——Jean Giraudoux

本章重点

- mock objects 的缺点
- 容器内测试
- 对 stub、mock objects 和容器内测试进行比较

本章介绍了一种对在应用程序容器中的组件进行单元测试的方法，即容器内单元测试（in-container unit testing）或集成单元测试（integration unit testing）。我们讨论了容器内测试的优点和缺点，也展示了使用第 7 章中介绍的 mock objects 方法能做到什么，而当采用 mock objects 方法无法达到测试目的时，容器内测试又如何使得你可以编写集成单元测试。最后，我们对比了本书第 2 部分中所介绍的 stub、mock objects 和容器内这 3 种测试方法。

8.1　标准单元测试的局限性

让我们从代码 8.1 中的示例 Servlet 开始，这段代码实现了 `HttpServlet` 的 `isAuthenticated` 方法，即我们想要对其进行单元测试的方法。

代码 8.1 Servlet 实现了 isAuthenticated

```
[...]
import javax.servlet.http.HttpServlet;
import javax.servlet.http.HttpServletRequest;
import javax.servlet.http.HttpSession;

public class SampleServlet extends HttpServlet {
   public boolean isAuthenticated(HttpServletRequest request) {
      HttpSession session = request.getSession(false);
      if (session == null) {
         return false;
      }
      String authenticationAttribute =
         (String) session.getAttribute("authenticated");
      return Boolean.valueOf(authenticationAttribute).booleanValue();
   }
}
```

虽然这个 Servlet 非常简单，但足以让我们说明标准单元测试的局限性。为了能够测试 isAuthenticated 方法，我们需要一个有效的 HttpServletRequest。因为 HttpServletRequest 是一个接口，所以我们不能只调用一个 new HttpServletRequest。HttpServletRequest 的生命周期和实现都由容器提供（在这个例子中是一个 Servlet 容器）。对于其他服务器端的对象(如 HttpSession)，这也是同样成立的。只使用 JUnit 不足以为 isAuthenticated 方法和一般的 Servlet 编写测试。

DEFINITION **组件与容器**——在本章中，一个组件在一个容器中执行。容器为存放在内的组件提供了各种服务，如生命周期、安全、事务和分布等。

在 Servlet 和 JSP 的情况下，容器就是一个 Servlet 容器，如 Jetty 或 Tomcat。还有一些其他类型的容器，如 EJB、数据库和 OSGi 容器。

只要一个容器在运行期间创建和管理了对象，我们就无法使用标准的 JUnit 技术来测试这些对象。

8.2 mock objects 解决方案

我们来看几个针对容器内测试的解决方案。第一个用于单元测试 isAuthenticated 方法（参见代码 8.1）的解决方案是使用第 7 章中介绍的 mock objects 方法来模拟 HttpServletRequest 类。虽然这种方法可以正常工作，但是我们为了创建一个测试需要编写大量的代码。如果使用开源的 EasyMock[1]框架（参见第 7 章），我们就可以轻松地完成相同的结果，如代码 8.2 所示。

---

[1] http://easymock.org/。

代码 8.2 使用 EasyMock 测试一个 Servlet

```
[...]
import javax.servlet.http.HttpServletRequest;
import static org.easymock.EasyMock.createStrictMock;
import static org.easymock.EasyMock.expect;
import static org.easymock.EasyMock.replay;                      ❶
import static org.easymock.EasyMock.verify;
import static org.easymock.EasyMock.eq;
import static org.junit.Assert.assertFalse;
import static org.junit.Assert.assertTrue;
[...]
public class EasyMockSampleServletTest {

   private SampleServlet servlet;
   private HttpServletRequest mockHttpServletRequest;          ❷
   private HttpSession mockHttpSession;

   @Before
   public void setUp() {                                           ❸
      servlet = new SampleServlet();
      mockHttpServletRequest =
         createStrictMock(HttpServletRequest.class);
      mockHttpSession = createStrictMock(HttpSession.class);
   }

   @Test
   public void testIsAuthenticatedAuthenticated() {
      expect(mockHttpServletRequest.getSession(eq(false)))
         .andReturn(mockHttpSession);                                ❹
      expect(mockHttpSession.getAttribute(eq("authenticated")))
         .andReturn("true");
      replay(mockHttpServletRequest);                                 ❺
      replay(mockHttpSession);
      assertTrue(servlet.isAuthenticated(mockHttpServletRequest));     ❻
   }

   @Test
   public void testIsAuthenticatedNotAuthenticated() {
      expect(mockHttpSession.getAttribute(eq("authenticated")))
         .andReturn("false");
      replay(mockHttpSession);
      expect(mockHttpServletRequest.getSession(eq(false)))
         .andReturn(mockHttpSession);
      replay(mockHttpServletRequest);
      assertFalse(servlet.isAuthenticated(mockHttpServletRequest));
   }

   @Test
   public void testIsAuthenticatedNoSession() {
      expect(mockHttpServletRequest.getSession(eq(false))).andReturn(null);
      replay(mockHttpServletRequest);
      replay(mockHttpSession);
      assertFalse(servlet.isAuthenticated(mockHttpServletRequest));
   }
   @After
   public void tearDown() {                  ❼
      verify(mockHttpServletRequest);           ❽
      verify(mockHttpSession);
   }
}
```

我们首先使用 Java 5 的静态导入来导入需要的类和方法❶。我们大量地使用了 EasyMock 类，它的语法与 JUnit 的 Hamcrest 匹配器非常相似。接下来，我们针对想要模拟的对象 `HttpServletRequest` 和 `HttpSession`❷声明实例变量。使用`@Before` 注释的 `setUp` 方法❸在每一次调用`@Test` 方法之前运行，这就是我们实例化所有 mock objects 的地方。然后，我们按照以下模式来实现测试：

1 使用 EasyMock 的 API 设置我们的预期❹。

2 调用 `replay` 方法完成预期的声明❺。

3 断言 Servlet 上的测试条件❻。

最后，在❼处，`@After` 方法（在每个`@Test` 方法之后执行）调用了 EasyMock 的 `verify` API❽，来检查被模拟的对象是否满足了我们所有已编写好的预期。

模拟容器的极小一部分是一个测试组件的有效方法。但是要实现模拟可能很复杂并且需要编写大量的代码。就像其他类型的测试那样，当 Servlet 发生变化时，测试预期也必须随着变化。接下来，我们来简化一下这个任务。

8.3 容器内测试

另一种测试 `SampleServlet` 的方法是在容器本身中运行 `HttpsServletRequest` 和 `HttpSession` 对象所在的测试用例。这样就避免了要模拟任何对象的需求，我们可以在真实的容器中访问我们需要的对象和方法。

在我们的示例中，我们需要 `HttpServletRequest` 和 `HttpSession` 成为由容器管理的真正的对象。采用一种机制来部署和执行在容器中的测试，我们就有了容器内测试。接下来，我们来看看有什么选项可以用来实现容器内测试。

8.3.1 实现策略

我们有两个构架上的选择来驱动容器内测试：服务器端和客户端。正如我们之前所阐述的那样，我们可以通过控制服务器端的容器和单元测试来直接驱动测试。或者我们能够从客户端来驱动测试，如图 8.1 所示。

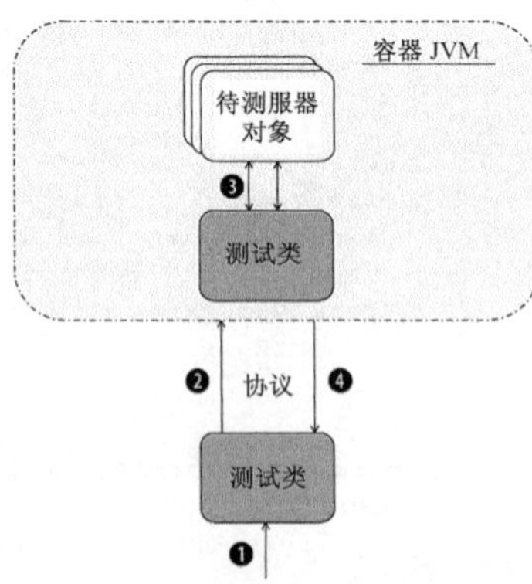

图 8.1 一个典型容器内测试的生命周期

一旦测试被打包并部署到容器内和客户端上，那么 JUnit 的测试运行器就会执行客户端上的测试类❶。一个测试类通过如 HTTP(S) 之类的协议来打开一个连接，并且在服务器端调用相同的测试用例❷。服务器端的测试用例运行在服务器端对象之上，这些服务器端对象都可以正常使用（如 HttpServletRequest、HttpServletResponse、HttpSession 和 BundleContext 等），并且测试我们的领域对象❸。服务器将来自测试的结果返回给客户端❹，该客户端可以由 IDE 或 Ant 或 Maven 获取。

8.3.2 容器内测试框架

正如你所见，当代码与容器交互并且测试无法创建有效的容器对象（即上一个示例中的 HttpServletRequest）时，容器内测试是适用的。

我们的示例使用了一个 Servlet 容器，但也有许多不同类型的容器：Servlet、数据库、OSGi、SIP 以及其他类似的容器。在以上所有的情况中，我们都可以使用容器内测试策略。在本书的第 3 部分中，我们介绍了使用这个策略的不同开源项目。表 8.1 列出了不同类型的容器和我们在后面章节中用到的测试框架。

虽然开源的世界提供了其他的项目，我们在表 8.1 中列出了最成熟的项目。接下来，我们比较了 stub、mock objects 和容器内测试这三者。

表 8.1 容器与测试框架

容 器 类 型	使用的容器内测试框架	详细介绍的章节
HTTP 容器	Cactus（用来测试 Servlet、JSP、标签库、过滤器和 EJB）	第 14 章
HTTP 容器	JSFUnit（用来测试 JSF 组件）	第 15 章
OSGi 容器	JUnit4OSGi（用来测试 OSGi 模块）	第 16 章
数据库容器	DBUnit	第 17 章

8.4 比较 stub、mock objects 和容器内测试

在这一小节中，我们将比较[1]上文已介绍的用来测试组件的不同方法。这一小节抽取了许多来自论坛和邮件的关于 stub、mock objects 和容器内测试优缺点的问题。

8.4.1 stub 的优点与缺点

在第 6 章中，我们已经介绍了 stub 技术，作为第一种容器外测试技术。为了测试和断言一个指定的类的实例状态，stub 可以很好地隔离这个类。例如，替换一个 Servlet 容器可以让我们跟踪已经产生了多少请求、服务器的状态是什么样的，或者被请求的 URL 是什么。

[1] 为了更深入地了解 stub 和 mock object 技术之间的不同，可以参考 Martin Fowler 的“Mocks Aren't Stubs”：http://martinfowler.com/articles/mocksArentStubs.html。

然而，使用了 mock objects，我们就能够测试服务器的状态及其行为。当使用 mock objects 技术时，我们需要编写代码并证实了预期，我们检查每一个步骤来查看测试是否执行了领域方法，以及测试调用了这些方法多少次。

比起 mock objects，stub 最大的优势之一就是更易于理解。相较于 mock objects 需要一个完整的框架才能运行，stub 只需用少量的额外代码就可以隔离一个类。stub 的缺点在于它们依赖于外部工具和补丁，并且它们也不跟踪被模拟对象的状态。

回顾第 6 章的内容，我们很容易使用 stub 来模拟了一个 Servlet 容器；而使用 mock objects 这样做的话就会非常困难，因为我们需要模拟出容器对象的状态和行为。以下总结了 stub 的优点和缺点。

优点：

- 它们是快速和轻量级的；
- 它们易于编写和理解；
- 它们功能强大；
- 测试是粗粒度的。

缺点：

- 需要特定的方法来验证状态；
- 它们不测试模拟对象的行为；
- 对于复杂的交互，它们非常耗时；
- 当代码发生变化，它们需要更多的维护。

8.4.2 mock objects 的优点和缺点

比起容器内测试，mock objects[1]最大的优势是 mock objects 不需要一个运行的容器来执行测试。使用 mock objects 可以快速建立起测试，而且测试运行速度也很快。其主要的缺点是，被测试的组件并不是在要部署它们的容器中运行。这些测试不能检查组件和容器之间的交互。当组件运行在容器内时，这些测试也无法对组件之间的交互进行测试。

你仍然需要借助一种方法来执行集成测试。通过编写和运行功能测试可以做到这一点。功能测试的问题在于，它们是粗粒度测试，只能测试一个完整的用例——这样你就无法享受到细粒度单元测试带来的好处。你也不能使用功能测试像使用单元测试那样测试许多不同的情况。

mock objects 还有一些其他方面的缺点。例如，你可能需要创建大量的 mock objects，

---

1 为了更深入地了解 mock objects 与容器内测试之间的不同，可以参考文章“Mock Objects vs. In-Container Testing”（http://jakarta.apache.org/cactus/mock_vs_cactus.html）。

而创建这些对象已被证实会带来相当大的开销。显而易见，代码越简洁（使用小且专注的方法），建立测试也就越容易。

mock objects 另一个重要的缺点是，为了建立一个测试，你往往需要明确知道被模拟的 API 的行为是怎么样的。要知道你自己的 API 行为并非难事，但是要了解另一个 API，比如 Servlet API，就没有那么容易了。

尽管一种指定类型的各种容器都实现了相同的 API，但所有容器的行为并不是一致的。例如，来看一下以下的 Servlet 方法：

```
public void doGet(HttpServletRequest request,
                  HttpServletResponse response) {
  response.setContentType("text/xml");
}
```

这个示例看上去非常简单，但是如果你在 Tomcat（http://tomcat.apache.org/）和 1.6.0 之前版本的 Orion（http://www.orionserver.com/）下运行这个例子，你就会注意到行为的不同。在 Tomcat 下，被返回的内容类型是 text/xml；而在 Orion 下，被返回的内容类型是 text/html。

这是一个极端的例子；所有的 Servlet 容器都设法尽量以相同的方式来实现 API。但是，对于不同的 Java EE API 来说，情况就要糟糕很多，尤其对于 EJB API 而言。执行者可能对一个 API 规约有不同的解释，并且规约本身甚至都会自相矛盾，使得执行规约非常困难。此外，容器也会有 bug；上文所展示的示例可能就是 Orion 1.6.0 中的一个 bug。虽然这是不幸的，但是，为了在任何项目中使用各种第三方库，你将不得不与 bug、技巧打交道。

在本小节的结尾部分，我们来总结一下使用 mock objects 进行单元测试的缺点：

- 这个方法不测试容器与组件或者组件之间的交互，它也不测试组件的部署情况;
- 它要求对模拟的 API 极其熟悉，而这可能很难达到（尤其对外部库而言）;
- 它是更加细粒度的，这可能使你被大量的接口所淹没;
- 像 stub 一样，在代码发生变化时它也需要维护。

8.4.3 容器内测试的优点与缺点

到目前为止，我们已经介绍了容器内单元测试的优点。但是，容器内测试也存在一些缺点，我们现在来讨论一下。

需要特定的工具

mock objects 一个主要的缺点是，虽然其概念是普通适用的，但是对于要被测试的 API 而言，实现容器内单元测试的工具确实特定的，如用于 Java EE 测试的 Apache Jakarta

Cactus。如果你希望为另一个组件模型编写集成单元测试，那么取决于是否存在这样一个框架。由于 mock objects 的概念是普遍适用的，所以你几乎可以使用 mock objects 测试任何 API。

没有良好的 IDE 支持

大多数容器内测试框架的一个重要缺点是缺乏良好的 IDE 集成。在多数情况下，你能够使用 Ant 或 Maven 执行测试，这也提供了在持续集成服务器（Continuous Integration Server，CIS，参见第 11 章）上运行一个构建的能力。或者，IDE 可以执行使用了 mock objects 的测试，就像执行普通的 JUnit 测试那样。

我们坚定地认为，容器内测试属于集成测试的一种。这意味着，你不需要像普通单元测试那样频繁地执行容器内测试，并且极有可能在一个持续集成服务器上运行这些容器内测试，从而减轻对 IDE 集成的需求。

更长的执行时间

另一个缺点是性能。为了让测试运行在容器中，你需要启动和管理这个容器，这可能是很耗费时间的。要花费多少时间（和内存），这取决于容器：Jetty 可以在 1 秒之内启动，Tomcat 可以在 5 秒内启动，而 WebLogic 可能需要 30 秒。并不是只有容器才会有启动延迟。例如，如果单元测试遇到了一个数据库，那么在开始测试之前，该数据库必须处于一种预期的状态（关于数据库应用测试，可以参考第 17 章）。在执行时间方面，集成单元测试要比 mock objects 耗时更长。因此，你就不可能像运行逻辑单元测试那样频繁地执行集成单元测试。

复杂的配置

容器内测试的最大缺点是测试的配置很复杂。因为应用程序及其测试都运行在一个容器内，所以应用程序必须被打包（通常打包成一个 WAR 或 EAR 文件）和部署到容器中。然后你必须启动容器并运行测试。

另一方面，因为为了实际生产你必须执行这些完全相同的任务，最好的做法之一是自动化这个过程，将其作为构建的一部分，并为了测试目的重用它。作为 Java EE 项目最复杂的任务之一，提供打包和部署的自动化形成了双赢的局面。提供容器内测试的需求将会驱使我们在项目初期就创建这个初始化过程，这也将促进持续集成。

为了达到这一目的，大多数容器内测试框架都包含了对诸如 Ant 和 Maven 此类的构建工具的支持。这将有助于隐藏复杂性，包括构建各种运行期间的工件、运行测试和采集报告。

8.4.4 容器内测试与容器外测试

标准设计的一个目标是将表现与业务层分离开来。例如，为了一个从数据库检索客户列表的标签，你应该使用两个类来实现代码。一个类实现这个标签并依赖于 Taglib API，而另一个类实现数据库访问并且不依赖于 Taglib API 但依赖于数据库类，如 JDBC。

分散关注点（Separation-of-Concerns）策略不仅允许在多个上下文中重用类，而且也简化了测试。你可以使用 JUnit 和 mock object 来测试业务逻辑类，也可以使用容器内测试来验证标签类。

比起 mock objects，虽然容器内测试需要更多的设置，但是这些投入是非常物有所值的。你可能不会经常运行容器内测试，但是这些测试能够确保你的标签可以在目标环境中正常工作。虽然你可能会想要跳过一个组件（如 taglib）的测试，但是由于功能测试最终将测试该标签作为一项副作用，所以我们建议你打消这种想法。**所有的组件都得益于单元测试**。在这里我们列出这些好处：

- 细粒度测试能够反复运行，并且能够告诉你代码何时、何地以及为何失败了。
- 你可以对组件进行全面的测试，不仅针对正常的行为，而且也可以针对错误的条件。例如，在测试一个标签访问数据库时，你应该确认当与数据库的连接断开时该标签的行为是否会与预期的一致。这在自动化的自动测试中将很难测试，但是当你组合使用容器内测试和 mock objects 时，它就会变得很容易测试。

8.5 小结

我们已经知道，一旦要对容器内的应用程序进行单元测试时，采用标准的 JUnit 测试就显得力不从心了。虽然使用 mock objects 能够完成这类测试，但是它遗漏了一些情况，如检查容器内组件之间的交互和组件与容器的交互的集成测试。为了检查容器内的行为，我们就需要采用一种技术来进行构架方面的测试：容器内测试。

虽然容器内测试很复杂，但是它解决了以上这些问题，并为开发者提供了必要的信心来修改和开发他们的应用程序。本章是阅读本书最后一部分的知识基础，在本书的最后一部分中我们将会继续探索这样的测试框架。

接下来，我们开始介绍本书的第 3 部分。在这一部分中，我们会基于测试驱动开发的原则，将 JUnit 集成到构建过程中。

第 3 部分

JUnit 与构建过程

本书的这一部分讨论了每个项目的开发周期中非常重要的一方面：构建过程。构建过程的重要性在项目开发过程中会更多地被重新考虑，尤其是在大型项目中。这就是为什么我们会花费这个部分的篇幅来介绍 JUnit 和两个最重要的构建工具 Ant 与 Maven 的集成。

第 9 章将帮助你快速了解 Ant 及其术语：任务、目标和构建。我们讨论了如何将测试作为 Ant 构建生命周期中的一部分来启动它，并且我们也展示了如何根据 JUnit 的执行结果生成一些特定的报告。本章可以看作是后面章节的基础，因为你只有充分掌握了 Ant，才能更好地理解在本书后面章节中谈到的所有关于 Ant 集成的内容。

第 10 章会带领你掌握相同的概念，但这次是通过另一个称为 Maven 的流行工具来介绍的。我们为你展示了如何在 Maven 构建生命周期中包含测试的执行，并且如何使用一些 Maven 插件生成美观的 HTML 报告。

本书这一部分的最后一章将专门讨论持续集成（CI）工具。极限编程人员高度推崇这项实践，同时这可以帮助你维护一个代码库，并且自动化在它之上的构建。这有助于构建那些依赖于其他几个小项目的大型项目，而这几个小项目又会经常发生变化（就像任何开源项目那样）。

第 9 章　从 Ant 中运行 JUnit 测试

It's supposed to be automatic, but you still have to press the button.

虽然它应该是自动的，但你还是不得不按下按钮。

——John Brunner

本章重点

- 介绍 Ant 和 Ivy
- 运行 Ant JUnit 任务
- 创建报告

在本章中，我们介绍了 Apache Ant（简称 Ant），它是一款免费的开源构建工具，能够直接支持 JUnit。你可以在任何 Java 编程环境中使用 Ant。我们为你展示了将运行测试作为构建的一部分是如何更加高效地使用 JUnit。我们也详细介绍了如何针对构建 Java 项目、管理 JAR 文件的依赖项、执行 JUnit 测试和生成 JUnit 报告设置环境。

9.1 生命中的一天

为了使单元测试有效，它们必须是开发流程的一部分。大部分的开发周期从项目源码仓库（repository）中导出模块开始。在进行任何修改之前，谨慎的开发者会首先运行所有的单元测试集。许多团队有一个规定：必须通过工作库中的所有单元测试。在开始进行任何开发之前，你应该检查确保所有的测试都通过了。也就是说，你应该始终确保你的工作是从已知的基线平稳开始。

下一步骤是为一个新的用例编写代码（或者修改一个已有的用例）。如果你是一名测试驱动开发（TDD）的实践者，那么你就会先开始针对用例编写新的测试（关于 TDD 的更多内容，可以参见第 5 章）。一般来说，测试将表明你的用例尚未被支持，要么无法通过编译，要么会在执行时出现错误。一旦你编写代码（正确地）实现了这个用例，那么测试就会顺利通过，并且你就可以提交你的代码了。而非测试驱动开发的实践者首先实现用例，然后再编写测试。一旦测试通过，开发人员就可以提交代码了。

在你为下一个功能进行编码前，你必须有一些测试来证明功能能够正常工作。在你实现了这项功能之后，你能够为了整个项目运行这些测试，确保新功能不会破坏任何现有的测试。如果现有的代码需要进行修改才能适应新的功能，你就应该首先更新测试，然后再对现有的代码进行修改。

如果你的测试很严格，为了帮助你编写新的代码（TDD），同时确保现有的代码不会与新功能有所冲突（回归测试[1]），你就必须把持续地运行单元测试作为开发周期的一个常规环节。你还必须能够在任何时候都毫不费力地自动运行这些测试。

在第 1 章的 1.4 小节中，我们讨论了以命令行方式运行 JUnit。针对单个的类运行单个的 JUnit 测试用例并不困难。但是，要在一个拥有数百个甚至数千个类的项目中执行持续的测试就是非常不切实际的。

在被全面测试的项目中，每一个产品类至少有一个测试类与之相对应。你不能指望开发人员每天手动地执行整套的回归测试。因此，你需要采用一种方法来轻松、自动地执行测试。

因为你要编写了如此多的测试，所以你就应该尽可能地以最有效的方式来编写和运行测试。Ant 是构建 Java 应用程序的事实上的标准工具，它是一个非常出色的工具，可以用来管理和自动化 JUnit 测试。

9.2 从 Ant 中运行测试

要编译和测试单个的类，如第 3 章中的 `DefaultController` 类，这并不困难。但是，如果你唯一的工具是 `javac` 命令行编译器，那么要编译一个包含多个类的大型项目就可能是非常令人头疼的。当类的数量不断增加，就有更多的类需要置于编译器的类路径（classpath）中，以便编译器能够找到它们。通常，在任何一次构建中，你只需要修改其中的一小部分类，这也给我们带了一个问题：将需要重新构建

[1] 关于回归测试的更多内容，可以参见本书的第 4 章。

的次数减到最少。因为相同的原因，在每次构建之后重新手动运行你的 JUnit 测试也同样不方便。

Ant 可以解决以上两个问题。Ant 不仅是一个构建应用程序的重要工具，也是一种运行 JUnit 测试的重要方式。

9.3 认识并安装 Ant

Ant 流行的原因之一是它不仅仅是一个工具：Ant 是一个运行代码的框架。除了使用 Ant 来配置和启动一个 Java 编译器，你还可以使用它来复制文件、运行 JUnit 测试集、创建报告等。

你可以通过一个 XML 文件来配置 Ant，这个 XML 文件被称为**构建文件**（build file），它默认被命名为 build.xml。Ant 构建文件描述了每一个你想在项目中执行的任务。一个构建文件可以有若干个**目标**（target）或者叫切入点（entry point），这样你就能够运行单个目标或将几个目标链接在一起。让我们来看一下如何将使用 Ant 自动运行测试作为构建的一部分。如果你还没有安装 Ant，可以阅读以下的安装步骤。关于安装 Ant 的更详细内容，可以参考 Ant 用户手册（http://ant.apache.org/manual/）。

在 Windows 操作系统上安装 Ant

要在 Windows 操作系统上安装 Ant，可以按照以步骤进行操作：

1. 将 ZIP 发布包文件解压缩到一个本地目录下（例如 C:\Ant）。在这个目录中，解压缩操作会为这个 Ant 发布包创建一个子目录，例如 C:\Ant\apache-ant-1.8.0。
2. 在你的环境变量中增加一个 `ANT_HOME` 变量，这个变量的值就是这个目录，例如：

   变量名：`ANT_HOME`

   变量值：`C:\Ant\apache-ant-1.8.0`
3. 编辑你的 `PATH` 环境变量，以添加%ANT_HOME%\bin 目录：

   变量名：`PATH`

   变量值：`%ANT_HOME%\bin;%PATH%`
4. 我们推荐你把 JDK 所在的目录指定为 `JAVA_HOME` 环境变量：

   变量名：`JAVA_HOME`

   变量值：`C:\jdk1.6.0_14`

   这个值和其他值一样，可能会根据你操作系统上安装 JDK 的位置的不同而不同。
5. 为了可以执行 Ant 的 JUnit 任务，要将 junit.jar 文件复制到%ANT_HOME%\lib 目录中。Ant 将会为了你的构建把 JAR 文件添加到类路径中。在后面的章节中我们将会介绍其他的选项。

在 UNIX（Bash）操作系统上安装 Ant

要在 UNIX（或 Linux）操作系统上安装 Ant，可以按照以步骤进行操作：

1. 将 Ant 的 TAR 分发包解压缩到一个本地目录下（例如/opt/ant）。在这个目录中，解压缩操作会为 Ant 分发包创建一个子目录，例如/opt/ant/apache-ant-1.7.1。
2. 在你的环境变量中增加一个 `ANT_HOME` 变量，这个变量的值就是这个目录，例如：
```
export ANT_HOME=/opt/ant/apache-ant-1.8.0
```
3. 将 ANT_HOME/bin 目录添加到操作系统的 `PATH` 环境变量中：
```
export PATH=${PATH}:${ANT_HOME}/bin
```
4. 我们推荐你把 JDK 所在的目录指定为 `JAVA_HOME` 环境变量：
```
export JAVA_HOME=/usr/java/jdk1.6.0_14/
```
5. 为了可以执行 Ant 的 JUnit 任务，要将 junit.jar 文件复制到${ANT_HOME}/lib 目录中。Ant 将会为了你的构建把 JAR 文件添加到类路径中。在后面的章节中我们将会介绍其他的选项。

9.4 Ant 的目标、项目、属性以及任务

当你构建一个软件项目时，你想要生成的常常不仅仅是二进制码。作为一个发布包，你可能也想生成 Javadoc。对于一个内部的开发构建，你可以跳过 Javadoc 的生成。有时候，你可能会想要从头开始运行一个构建。你也可能只想编译那些修改过的类。为了帮助你管理这个构建过程，一个构建文件可以包含多个目标，封装了创建应用程序和相关资源所需要的不同任务。

为了使构建文件更易于配置和重用，Ant 允许你定义属性元素（类似于编程中的常量，或者 Java 中的 final field）。核心的 Ant 概念如下所示：

- **构建文件**（build file）——每个构建文件通常都与一个特定的开发项目有关。Ant 使用 `project` 的 XML 标签作为构建文件中的根元素来定义这个项目。它也允许你指定一个默认的目标，所以你就能够运行 Ant 而不带任何参数。
- **目标**（target）——当你运行 Ant 时，你可以指定一个或多个目标来执行。目标可以随意地申明它们依赖于其他的目标。如果你要求 Ant 运行一个目标，Ant 将优先执行它所依赖的目标。这就允许你创建一个依赖于其他目标的目标，例如，创建一个 `distribution` 目标，而它依赖于其他的目标，如 `clean`、`compile`、`javadoc` 和 `war`。
- **属性元素**（property element）——因为在一个项目内的许多目标都具有相同的设置，Ant 允许你在整个构建文件内创建 `property` 元素来封装特定的设置并

重用它们。要引用构建文件中的一个属性，你可以使用${property}符号。如果要引用名为 target.dir 的属性，则可以写成${target.dir}。

正如我们在上文中提到的，与其说 Ant 是一个工具，还不如说它是一个用来运行工具的框架。你可以使用 property 元素来设置一个工具所需要的参数和运行该工具的一个任务。虽然大量的任务已被 Ant 捆绑，但是你也可以编写你自己自定义的任务。想了解关于使用 Ant 进行开发的更多内容，我们建议读者可以参考《Ant in Action[1]》一书和访问 Ant 的官方站点。

代码 9.1 显示了第 3 章中的示例项目的构建文件的开头部分。构建文件的这一部分代码设置了默认的目标以及你的目标和任务将要使用的各种属性。

代码 9.1 Ant 构建文件的开头部分

```
<project name="example" default="test">                          <-❶
    <property file="build.properties"/>                            ❷
    <property name="src.dir" location="src"/>
    <property name="src.java.dir" location="${src.dir}/java"/>     ❸
    <property name="src.test.dir" location="${src.dir}/test"/>
    <property name="target.dir" location="target"/>
    <property name="target.classes.java.dir"
           location="${target.dir}/classes/java"/>
    <property name="target.classes.test.dir"                       ❹
        location="${target.dir}/classes/test"/>
[...]
```

这段代码的开头❶指定了项目的名称为 example，并设定了默认的目标以便测试。test 目标会出现在代码 9.3 中。

接下来，我们包含了 build.properties 文件❷。因为开发人员可以将 JAR 文件保存在不同的位置，所以使用一个 build.properties 文件来定义它们的位置是一个很好的做法。许多开源的项目提供了一个示例 build.properties 文件，你可以复制和编辑这个文件以便适应你的环境。

我们使用 Ant 的 property 任务来定义产品的目录和测试源代码的目录❸，以及编译产品和测试代码的不同目录的位置❹。为源代码和编译代码在不同的位置中定义源代码目录和测试代码目录，这不失为一个很好的做法。在以上示例中，我们以 4 个属性定义作为结尾。将编译产品代码和测试代码分开来，使得构建其他的工件（如 JAR 文件）更加容易，因为所有的编译产品代码都位于它自己的目录中。

Ant 属性的一个重要方面是它们是不可变的。一旦你设定了一个属性值，你就不能再修改它了。如果你试图使用另一个 property 元素重新定义这个属性值，那么 Ant 就会忽略这个请求。

[1] 关于本书的更多信息，可以访问 http://manning.com/loughran/。

9.4.1 javac 任务

对于简单的项目而言，从命令行中运行 javac 编译器是非常简单的。但是，对带有多个包和源代码目录的产品来说，javac 编译器的配置会变得更加复杂。Ant 的 `javac` 任务允许一个构建文件调用编译器，所以你就不再需要依赖于命令行。Ant 几乎为所有与构建相关的工作提供了一个任务，你就不必再在命令行上进行操作，包括对仓库（如 CVS）的处理。你也可以找到 Ant 本身还没有定义的任务来处理任何事情。我们提到了 CVS，但是如果你正在使用 Subversion 进行版本控制，那么你就可以在 Subclipse 项目之外使用 SvnAnt[1]。

一种标准的做法是，在你的构建文件中创建 `compile` 目标来调用 Ant 的 `javac` 任务，从而来编译产品和源代码。`javac` 任务允许你设置所有的编译器选项，如源代码目录和目标目录、通过任务属性等。

代码 9.2 显示了调用 Java 编译器的产品和测试编译目标。

代码 9.2 构建文件的编译目标

```
<target name="compile.java">                                          ❶
   <mkdir dir="${target.classes.java.dir}"/>                            ❷  ❸
   <javac destdir="${target.classes.java.dir}">
      <src path="${src.java.dir}"/>
   </javac>                                                                ❹
</target>

<target name="compile.test" depends="compile.java">
   <mkdir dir="${target.classes.test.dir}"/>                          ❺
   <javac destdir="${target.classes.test.dir}">
      <src path="${src.test.dir}"/>
      <classpath>
         <pathelement location="${target.classes.java.dir}"/>          ❻
      </classpath>
   </javac>
</target>
                                                                           ❼
<target name="compile" depends="compile.java, compile.test"/>
```

首先，我们声明了 `compile.java` 目标❶，来确保目标目录存在❷，并编译了产品源代码❸。Ant 在构建文件顶部（如代码 9.1 所示）设置了属性 `target.classes.java.dir`，并将它插入到`${target.classes.java.dir}`位置中。`mkdir` 任务创建了一个目录❷，但是如果这个目录已经存在的话，那么 Ant 不会有任何提示。然后，这个构建使用 `javac` 调用了 Java 编译器，并传给它目标目录❸和源代码目录❹。

`compile.test` 目标依赖于使用 `depends` 属性指定的 `compile.java` 目标❺（`depends=compile.java"`）。当你调用 `compile.test` 目标时，如果 Ant 还没有调用 `compile.java`

[1] 更多详细内容，可以访问 http://subclipse.tigris.org/svnant.html。

目标，那么它就会立即这么做。

你可能已经注意到，你并没有明确地把 JUnit 的 JAR 添加到类路径中。记住，当你安装 Ant 的时候，为了便于使用 Ant 的 junit 任务，你已经把 JUnit 的 JAR 文件复制到了${ANT_HOME}/lib 目录中。因为 junit.jar 已经在你的类路径中，所以你不需要在 javac 任务中指定它来编译你的测试。

你需要添加一个嵌套的 classpath 元素❻，以便把你刚刚编译了的产品类添加到类路径中，这是因为测试类调用了产品类。

最后，我们有一个 compile 目标❼，它依赖于 compile.java 和 compile.test 目标。

9.4.2 JUnit 任务

在第 3 章中，我们已经手动运行了 DefaultController 测试。为了对所做的修改进行测试，我们不得不执行以下操作：

- 编译源代码；
- 针对已编译的类，运行 TestDefaultController 测试用例。

我们可以让 Ant 来执行以上作为同一 build 目标的一部分的两个步骤。代码 9.3 显示了 test 目标的详细代码。

代码 9.3 构建文件的 test 目标

```
<target name="test" depends="compile">                                   ❶
  <junit printsummary="yes" haltonerror="yes" haltonfailure="yes"        ❷
    fork="yes">
    <formatter type="plain" usefile="false"/>                            ❸
    <test name="junitbook.example.TestDefaultController"/>
      <classpath>                                                        ❹
        <pathelement location="${target.classes.java.dir}"/>
        <pathelement location="${target.classes.test.dir}"/>
      </classpath>                                                       ❺
  </junit>
</target>
```

我们声明了 test 目标，并定义它依赖于 compile 目标❶。如果我们要求 Ant 运行 test 目标，那么它将会在运行 test 目标之前先运行 compile 目标（除非 Ant 已经调用了 compile）。在这个目标中定义的唯一任务是调用 junit❷。junit 的 printsummary 属性会使得任务在测试的最后输出一个单行的摘要。将 fork 设置为 yes 可以强制 Ant 为每个测试分别使用一个独立的 Java 虚拟机（JVM）。虽然这会对性能产生负面的影响，但如果你为测试用例之间的相互干扰感到烦恼，这就是一个很好的解决办法。haltonfailure 和 haltonerror 属性表明如果任何测试返回一个错误或者一个失败，就停止构建。在 Ant 中，错误是指意料之外的错误，类似于异常，而失败是指失败的断言调用。我们配置 junit 任务的格式程序来使用纯文本格式，并将测试结果输出到控制台❸。test 的 name 属性定义了将要运行的测试的类名称❹。最后，我们为了这一个任务在类路径中添加我们刚刚编译的产品类和测试类❺。

这样就完成了我们的第一个 test 目标，接下来，我们要运行这个 Ant 构建。

9.5 让 Ant 来执行任务

现在你已经组装好了构建文件，那么你就能够通过改变当前目录并输入 ant，从命令行中运行它。图 9.1 显示了 Ant 控制台的输出信息。

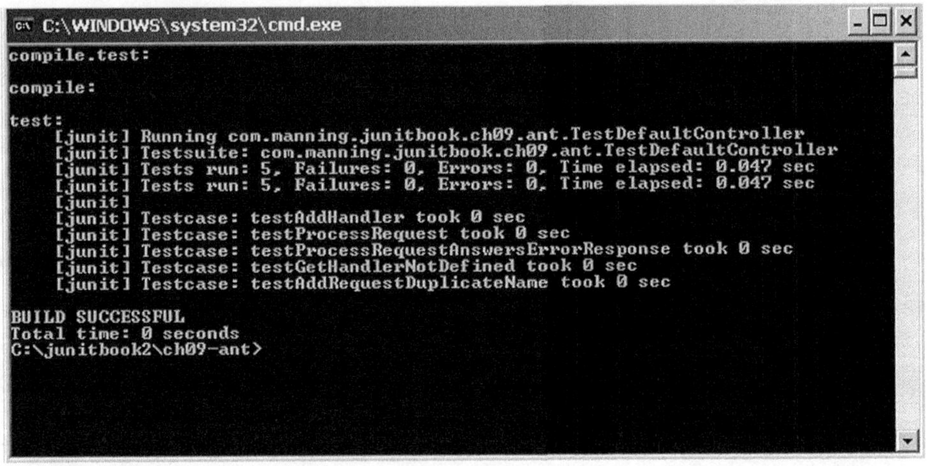

图 9.1　从命令行中运行构建文件

我们现在能够同时构建和测试项目。如果有任何测试失败，则 haltonfailure 和 haltonerror 设置将会提供停止构建，并将问题反馈给我们。

> **运行 junit 可选的任务**
>
> junit 任务是捆绑在 Ant 的 ant-junit.jar 文件中的一个可选组件，它应该已经存在于你的${ANT_HOME}/lib 目录中。Ant 并没有捆绑一份 JUnit 的复制，所以你必须确保 junit.jar 位于你的类路径中或者在${ANT_HOME}/lib 目录中。ant-junit.jar 文件包含了任务本身。关于安装 Ant 的更多内容，可以参考 9.3 小节“介绍和安装 Ant”。如果你在运行本章中的 Ant 构建文件时遇到了任何问题，则应确认 ant-junit.jar 文件是否在${ANT_HOME}/lib 文件夹中，并且 junit.jar 要么在你的类路径中，要么也在${ANT_HOME}/lib 目录中。

到现在为止，我们已经了解了使用 Ant 执行测试的一种方式。现在我们来看一下构建过程的另一个方面：依赖管理（dependency management）。为了对 Ant 项目的依赖项进行自动化管理，我们将引入和使用 Apache 的 Ivy[1]项目。

9.6 使用 Ivy 进行依赖管理

当你的项目比较小型时，要处理代码所依赖的 JAR 文件可能是非常容易的。在我们前面的示例中，我们仅依赖于一个 JAR 文件，即 junit.jar。对于较大型的项目，你的构建最后可能会依赖于几十个库。对于新加入的开发人员或项目下游的开发人员来说，这些依赖项可能就是一大难题了。必须知道 JAR 的依赖项是什么并且知道在 Web 上什么地方可以获取这些信息，不应该成为使用项目的开发人员的一大障碍。

Apache 的 Maven 项目首先为 Java 项目引入了依赖管理（参见下一章中关于 Maven 构建工具的介绍）。Maven 的依赖管理基于一个或多个（内网、外网或本地）仓库的概念，这些仓库包含了来自整个开源世界中的大量项目的 JAR。开发人员在配置文件中为一个项目列出了依赖项，并且允许 Maven 将正确的文件下载到计算机上的本地仓库的缓存中。然后，你能够根据这些 JAR 在本地仓库中的位置，把它们添加到类路径中。

Apache 的 Ivy 是一款流行的开源依赖管理工具（用来记录、跟踪、解决和报告依赖项），注重灵活性和简易性。虽然 Ivy 作为一个独立的工具是可用的，但它尤其能与 Ant 很好地配合使用，Ant 提供了一些强大的 Ant 任务，涉及从依赖项解析（dependency resolution）到报告和发布等多个方面。关于 Ivy 更深入的内容并不在本书的讨论范围之内，但是我们可以使用 Ivy 的依赖管理功能重做我们的构建文件。

Ivy 的安装是非常简单的；首先从站点下载 ZIP 文件，然后将它解压缩，并且将 ivy-vvv.jar（其中的 *vvv* 表示 Ivy 的版本）复制到${ANT_HOME}/lib 目录中。

Ivy 的工作方式与 Maven 相同，它甚至可以使用 Maven 的仓库来解析和下载依赖项。你在一个默认命名为 ivy.xml 的文件中为你的项目指定了依赖项。Ivy 将会把所有列在 ivy.xml 文件中的依赖项下载到一个本地缓存目录中。代码 9.4 用**粗体**突出显示了构建文件中的变化。

代码 9.4 将 Ivy 的变化添加到构建文件中

```
<project name="example" default="test"
   xmlns:ivy="antlib:org.apache.ivy.ant">      <-- 1
   <property file="build.properties"/>

   [...]
```

[1] 关于 Ivy 的更多信息，可以访问 http://ant.apache.org/ivy/。

```
  <ivy:retrieve file="./ivy.xml" sync="true"/>                  ❷

  <property name="junit.jar" location="lib/junit-4.6.jar"/>          ❸
  [...]

  <target name="compile.test" depends="compile.java">
     <mkdir dir="${target.classes.test.dir}"/>
     <javac destdir="${target.classes.test.dir}">
     <src path="${src.test.dir}"/>
     <classpath>
        <pathelement location="${target.classes.java.dir}"/>
        <pathelement location="${junit.jar}"/>                    ❹
     </classpath>
  </javac>
</target>
[...]
<target name="test" depends="compile">
  <junit printsummary="yes" haltonerror="yes" haltonfailure="yes"
        fork="yes">
     <formatter type="plain" usefile="false"/>
     <test name="junitbook.example.TestDefaultController"/>
     <classpath>
        <pathelement location="${target.classes.java.dir}"/>
        <pathelement location="${target.classes.test.dir}"/>
        <pathelement location="${junit.jar}"/>                     ❺
     </classpath>
  </junit>
</target>
[...]
```

我们首先声明了 ivy 命名空间❶和调用了 Ant 的 Ivy 任务来获取列在来自公共仓库的 ivy.xml 文件中的依赖项❷。在我们使用 Ivy 取得 junit.jar 之后，归档会保存在项目的 lib 目录中。接下来，我们定义了 junit.jar 属性，使其指向我们刚刚下载的 JAR 文件❸。我们分别将 JAR 添加到 javac 任务的类路径中❹和 junit 任务的类路径中❺。因为我们不再需要位于${ANT_HOME}/lib 目录中的 junit.jar 了，所以我们可以删除它。ivy.xml 文件定义了项目的依赖项，如代码 9.5 所示。

代码 9.5 列出依赖项的 ivy.xml 文件

```
<ivy-module version="2.0">                                       ❶
   <info organisation="junitbook" module="example-ivy"/>            ❷
   <dependencies>                                                     ❸
      <dependency org="junit" name="junit" rev="4.6"/>
   </dependencies>
</ivy-module>
```

首先，ivy-module 根标签❶定义了我们想要使用的 Ivy 版本（在这个用例中采用的版本是 2.0）。然后，info 标签❷为我们将要定义的依赖项定义了组织和模块名称。最后，嵌套的 dependencies 元素❸是我们指定依赖项的地方。这里我们的模块只有一个依赖项被列出：JUnit。

再次调用 Ant，显示的结果与 junit.jar 位于${ANT_HOME}/lib 目录中时相同，如

图 9.2 所示。但是这次，我们会看到 Ivy 调用并解析了项目的依赖项。

图 9.2 Ant 与 Ivy 配合使用的输出结果

在下一节中，我们将尝试另一种形式的报告。

9.7 创建 HTML 报告

当你正在运行交互式测试时，图 9.1 中的控制台输出可能是可以接受的，但是如果你想检查以后的结果，那么你就不能使用这个输出。计划任务（cron job）工作或者持续集成服务器（参见本书的第 11 章）可以每天自动地运行测试，这样控制台输出就可能无法使用了。

`junit` 任务可以生成 XML 文件，详细描述不同测试的运行结果。另一个可选的 Ant 任务 `junitreport`，可以使用一个 XSL 样式表将这个 XML 文件转换成 HTML 格式。转换的结果是你可以使用任何 Web 浏览器打开这份报告。图 9.3 显示了 `example` 项目的一个报告页面。

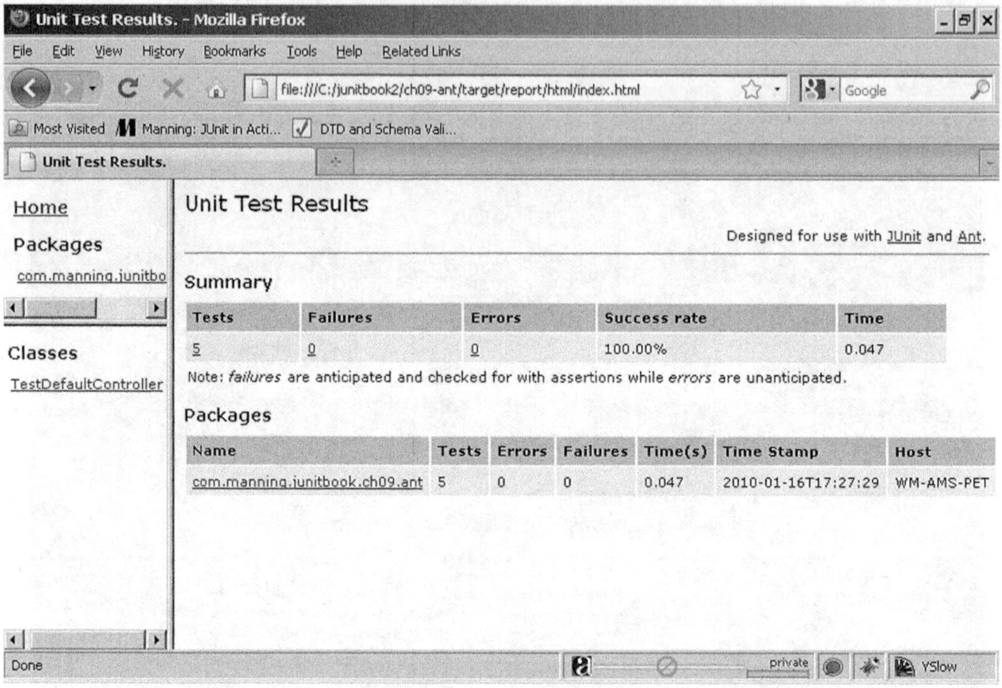

图 9.3　Ant 任务生成的 HTML 报告

代码 9.6 显示了为了生成这份报告需要对构建文件所进行的修改（**粗体部分**）。

代码 9.6　在构建文件中添加 JUnitReport 任务

```
<project name="example" default="test">
[...]
    <property name="target.report.dir" location="${target.dir}/report"/>    ❶
[...]
    <target name="test" depends="compile">
       <mkdir dir="${target.report.dir}"/>                                 ❷
       <junit printsummary="yes" haltonerror="yes" haltonfailure="yes"
          fork="yes">
         <formatter type="xml"/>                                           ❸
         <test name="junitbook.example.TestDefaultController"
            todir="${target.report.dir}"/>                                 ❹
            <classpath>
               <pathelement location="${target.classes.java.dir}"/>
               <pathelement location="${target.classes.test.dir}"/>
            </classpath>
      </junit>
   </target>
   <target name="report" depends="test">                          ❺
      <mkdir dir="${target.report.dir}/html"/>                          ❻
      <junitreport todir="${target.report.dir}">                          ❼
         <fileset dir="${target.report.dir}">
```

```
            <include name="TEST-*.xml"/>                                   <-8
        </fileset>
        <report todir="${target.report.dir}/html"/>                         <-9
      </junitreport>
   </target>
</project>
```

首先，我们为报告将要生成的位置定义了一个属性❶，然后创建了这个目录❷。我们修改了 junit 任务，使它输出 XML 格式的测试结果❸，而不是纯文本格式。Junitreport 使用 XSL 将 XML 格式的测试结果转换为 HTML 报告。我们要修改 junit 任务，以便在${target.report.dir}目录中创建一个 XML 报告文件❹，然后再创建一个新的 report 目标来生成 HTML 报告❺。

我们通过创建将要生成 HTML 报告的目录来开始创建 report 目标❻。我们调用了 junitreport 任务来创建这个报告❼。junitreport 任务会扫描被指定为 Ant 文件集（fileset）的一组 XML 测试结果❽，并且在我们指定的目录中生成 HTML 报告❾。

下一步要学习的是如何批处理测试。

JUnit 报告的未来

Ant 的 junit 任务产生了 XML 输出，包含了执行 JUnit 测试的详细结果。这个任务并不是能够产生 XML 格式文件的唯一工具，Maven 的 Surefire 插件也可以做到这一点。除了 junitreport，其他几个工具也可以读取这种格式的内容，如 maven-surefire-reports 和不同的持续集成服务器等。

到 Ant 的 1.7.1 版本为止，生成的 HTML 报告都不会列出跳过的测试，因为 Ant 不会使用 JUnit 4 的功能。值得注意的是，在早期版本的 JUnit 中，不存在针对跳过测试的特定状态。所以，我们应该期待针对 JUnit 报告的 XML Schema 进一步发展，目前这个话题正在 Apache 的 Ant 维基[1]上展开讨论。

9.8 批处理测试

我们当前的构建文件通过 test 目标调用了 junit 任务，从而调用特定的测试用例。虽然这对于一小组测试类来说是可行的，但是对于比较大的类集而言，它就可能变得难以应付了。补救这种情况的一个办法是，将测试集中在一个测试集（test suite）中，然后再从 Ant 中调用这个测试集。

或者，你也可以指示 Ant 通过使用通配符根据类名称来查找相关的测试，从而批处理多个测试。batchtest 元素使用带有通配符的文件集来查找测试类，如代码 9.7 所示（相对于代码 9.4 的修改之处已用**粗体**表示）。

---

1 http://wiki.apache.org/ant/Proposals/EnhancedTestReports。

代码 9.7 使用 batchtest 查找测试类

```
<project name="example" default="test">
  [...]
  <target name="test" depends="compile">
    <mkdir dir="${target.report.dir}"/>
    <property name="tests" value="Test*"/>                                  ❶
    <junit printsummary="yes" haltonerror="yes" haltonfailure="yes"
      fork="yes">
      <formatter type="plain" usefile="false"/>
      <formatter type="xml"/>
      <batchtest todir="${target.report.dir}">
        <fileset dir="${src.test.dir}">
          <include name="**/${tests}.java"/>                                 ❷
          <exclude name="**/Test*All.java"/>
        </fileset>
      </batchtest>
      <classpath>
        <pathelement location="${target.classes.java.dir}"/>
        <pathelement location="${target.classes.test.dir}"/>
      </classpath>
    </junit>
  </target>
  [...]
  <target name="clean">
    <delete dir="${target.dir}"/>
  </target>
</project>
```

tests 属性定义了❶在后面代码中被 batchtest 元素❷所使用到的类的命名模式。定义这个属性可以让我们在命令行中重写它或者通过另一个属性定义。例如，这使得我们可以运行一个单独的测试用例或者提供一个值来运行一小组测试。当保留默认值来执行整套测试时，这项技术就为我们提供了一种针对任何指定的、正在使用的类运行测试的快捷方式。以下示例仅仅执行了 TestDefaultController 测试用例：

```
ant -Dtests=TestDefaultController test
```

batchtest 元素❷使得 test 目标和我们的构建更加灵活。而添加一个 clean 目标来删除所有构建产生的文件始终是一个很好的做法。这样做可以让我们从最初的构建原则（在本例中，是 Java 源文件构建原则）开始进行构建，消除了多余类的潜在影响。通常情况下，dist 目标（为了分发）生成了项目的所有分发文件并依赖于 clean 目标。

你应该考虑一下测试类的名称，这样你就能使用一种合理的模式来匹配它们。根据开发语言的不同，你可以选择使用 Test 或 TestCase 作为类名称的前缀或后缀，例如 DatabaseAccessorTest。

自动单元测试是灵丹妙药吗？

简言之，不是。虽然自动单元测试可以发现大量的错误，但是我们仍然需要通过手动测试来找到尽可能多的错误。一般而言，自动回归测试能够捕获所有被发现的错误中的 15%～30%，而手动测试可以发现其余的 70%～85%错误。

你对此确信吗？

有些测试优先的狂热爱好者现在报告了数字非常低的错误统计，大约是每个月有一至两个错误，甚至更少。正式的研究需要来进一步验证这些报告。你的情况肯定会与他们有所不同。

9.9 小结

在本章中，我们引入了 Apache 的 Ant，它是构建 Java 软件的最佳工具之一。我们介绍了 Ant 构建文件的基本概念并描述了几个关键任务：`javac`、`junit` 和 `junitreport`。这些任务允许你编译 Java 代码、运行 JUnit 测试和创建 HTML 测试报告。我们也引入了 Apache 的 Ivy 来轻松管理项目的 JAR 文件的依赖项。Ivy 会为你的构建解析和下载 JAR 文件的依赖项。

在后面的几章中，我们会继续使用 Maven 来探讨持续集成范例，Maven 是另一个构建软件的常用工具。我们从核心的 Maven 概念开始入手，并且探索了两个重要的插件：`maven-surefire` 和 `maven-surefirereport`。我们还研究了与 Ivy 相比 Maven 是如何处理依赖管理的。

第 10 章　从 Maven2 中运行 JUnit 测试

The conventional view serves to protect us from the painful job of thinking.
传统观点的作用就在于使我们免受思考的痛苦。

——John Kenneth Galbraith

本章重点

- 介绍 Maven
- Maven 的依赖管理
- Maven 的 Surefire 插件
- Maven Surefire Report 插件

在本章中，我们将讨论和揭示另一种叫做 Maven 的常用构建系统工具。我们将向你展示 Maven 是如何不同于 Ant 的，同时也简单地介绍了 Maven 这个构建系统。如果你刚开始接触 Maven 或者你需要通过一种方法来持续地启动测试，那么这一部分内容将对你非常有用。

人们有时提到 Maven，认为它就是类似于 Ant 的一种工具。一旦他们发现 Maven 完全不同于 Ant，他们又会觉得很有挫败感。不要担心，不只是你一个人有这种体会。这就是为什么我们要花费本章开头几页的篇幅来解释对于理解 Maven 最必不可少的内容：Maven 是如何不同于 Ant 的。然后，我们给出了一些真实场景中的示例，包括编译测试用例、运行测试用例以及生成完美的报告。

在本章的最后，你将掌握如何在你的计算机上搭建环境，从而使用 Maven 来构建不同的 Java 项目，包括管理它们的依赖库、执行 JUnit 测试以及生成 JUnit 报告。

10.1 Maven 的功能

一旦你在几个项目上使用了 Ant，你就会注意到几乎所有（或者占相当大的比例）的项目都需要同一个 Ant 脚本。虽然这些脚本通过剪切和粘贴非常容易重复使用，但是每一个新的项目都会需要一些修改，才能使得 Ant 构建文件可以正确地工作。此外，每个项目通常都包含几个子项目，每个子项目都需要你创建和维护一个 Ant 构建文件。Maven（http://maven.apache.org/）则在 Ant 停下的地方继续前进，这使得它自然而然地适用于许多团队。像 Ant 一样，Maven 是一个运行其他工具的工具，但是 Maven 旨在把工具的复用带到了一个新的水平。如果 Ant 是一个源代码构建框架，那么 Maven 就是一个源代码构建环境。

为了更好地理解 Maven 是如何工作的，你需要理解 Maven 背后的关键点（即关键原理）。Maven 被设计用来将构建系统提升到一个新的水平，超越了 Ant。所以你需要了解 Maven 社群不喜欢 Ant 中的某些事情，以及它如何试图在设计 Maven 时避免这些事情。也就说，你需要熟悉将 Maven 作为一个全新项目启动的核心原因。

自 Maven 项目开始，为了项目的整个软件架构，就已经明确了某些基本原则。这些原则的作用是简化使用 Maven 的开发，并且使得开发人员能够更加容易地实现构建系统。Maven 基本的理念之一就是构建系统应该尽可能得简单——软件工程师不应该在实现构建系统上花费大量的时间。从头开始启动一个新项目应该非常简单，然后迅速开始开发软件，而不是将宝贵的时间浪费在设计和实现构建系统上。

在本节中，我们详细地描述了 Maven 的每一条核心原则，同时我们从一名开发人员的角度解释了这些核心原则对我们意味着什么。

10.1.1 约定优于配置

这个功能是一项软件设计原则，其目的是减少需要工程师进行配置的次数，同时有利于引入开发人员需要遵守的大量传统规则。作为一名开发人员，你可以以这种方式跳过每个项目都必需的冗长乏味的配置过程，并且能够使自己专注于工作中更重要的部分。

约定优于配置（Convention over configuration）是 Maven 项目最强大的原则之一。我们通过它的一个应用程序示例，来看一下构建过程的目录结构。当 Maven 项目被启动时，一些初级的 Maven 开发人员会注意到，对于每一个 Ant 构建文件来说，编写构建文件的用户必须设计目录结构：声明源代码目录、构建目录和许多构建本身所需要的其他目录。

虽然 Ant 社群试图说明一些目录名称和目录结构，但仍然没有关于目录应该被如何命名的官方规范（即约定）。例如，许多用户通过声明 `target.dir` 属性来表示保存编译类的目录，而其他用户可能习惯于使用 `build.dir` 属性，并且看起来他们不太习惯使用 `target.dir`。同样，许多人习惯将他们的源代码放置在 src/目录中，但另一些人习惯将源代码放置在 src/java/目录中。Maven 团队决定，他们应该为此提出一个约定，而不是允许软件工程师每次自己来选择构建结构。

这就产生了现在所谓的“Maven 目录结构约定”。使用 Maven，所有你所需要的目录都已被定义好，而不再需要你自己定义。例如，Maven 约定 src/main/java/目录用来保存项目的 Java 代码，而 src/main/test/目录用来保存项目的单元测试，目标就是构建目录，等等。并且不仅仅是不需要定义目录结构了，在后面的章节中，我们会讨论到插件本身，你将会看到每一个插件都已经被定义了一个默认状态，所以你就不需要再定义它了。

这听起来非常不错，但是我们不会因此失去一些项目的灵活性吗？如果我们想使用 Maven，并且我们的源代码保存在另一个目录下，那么又会怎么样？在这一点上，Maven 是很强大的。虽然它提供了约定，但是你仍然可以在任何时候重写该约定，并使用你选择的配置。

10.1.2 强大的依赖管理

这是 Maven 引入的第 2 个关键原则。在项目被启动的时候，对 Java 项目来说，事实上的构建系统是 Ant。使用 Ant，你就不得不为项目本身指定项目的依赖库。Maven 引入了的**中心仓库**（Central Repository）概念——一个在网络上用来存储各种工件（依赖库）的地点。Maven 构建工具通过读取项目的构建描述文件、下载各种工件的必要版本来解析它们，然后将它们添加到应用程序的 classpath 中。这样，你唯一需要做的是在构建描述符的依赖库部分中列出所有的依赖库，如下所示：

```
<dependencies>
   <dependency>
      <groupId>junit</groupId>
      <artifactId>junit</artifactId>
      <version>4.5</version>
   </dependency>
   <dependency>
      <groupId>jmock</groupId>
      <artifactId>jmock</artifactId>
      <version>1.0.1</version>
   </dependency>
</dependencies>
```

然后你就可以在任何其他机器上任意地构建软件，没有必要再将依赖库与你的项目进行绑定，等等。

但是，Maven 也引入了本地仓库的概念。这是在用户硬盘上的一个目录（在 UNIX 系统上是~/.m2/repository/，而在 Windows 系统上是 C:\Documents and Settings\<User-

Name>\.m2\repository\)，Maven 将它刚刚从中心仓库下载的各种工件保存在这个目录中。此外，在你构建了项目之后，你的工件会被安装在本地仓库中，便于以后被一些其他的项目所调用——简单又简洁。

10.1.3 Maven 的构建生命周期

在 Maven 中，另一条强大的原则是构建生命周期（build lifecycle）。Maven 项目围绕着定义构建过程、测试和分发一个特定工件的理念而被构建。Maven 项目能够生成唯一的工件。这样我们就能够使用 Maven 来构建项目的工件，或者整理项目的目录结构，或者生成项目的文档。为了定义 Maven 的 3 个内置生命周期，我们使用 Maven 的操作如下：

- Default——用于生成项目的工件。
- Clean——用于清理项目。
- Site——用于生成项目的文档。

每个生命周期都包含了几个阶段（phase），并且为了通过某个生命周期，构建就必须遵循它的阶段。

以下列出了 Default 生命周期的所有阶段：

- Validate——验证项目是正确的，并且所有必要的信息都是可获得的。
- Compile——编译项目的源代码。
- Test——使用一个合适的单元测试框架来测试编译好的源代码。这些测试应该不会要求代码被打包或者部署。
- Package——将编译好的代码打包成可以发布的格式，如 JAR。
- Integration test——如果有必要，将发布包处理和部署到一个可以运行集成测试的环境中。
- Verify——运行任何检查来证实该发布包是有效的并符合质量标准的。
- Install——将发布包安装到本地仓库中，以便用作其他本地项目中的一个依赖库。
- Deploy——在一个集成或者发布环境，为了与其他的开发人员和项目进行共享，将最终版的发布包复制到远程仓库（remote repository）中。

你是否还记得，在使用 Ant 时，我们几乎拥有相同名称的目标（target）。是的，Ant 中的目标就类似于 Maven 中的阶段，除了一个例外。在 Ant 中，你编写了目标并且指定了哪个目标依赖于其他的哪个目标。而在使用 Maven 时，我们在此再次看到了“约定优于配置”原则。这些阶段已经按照上文列出的先后顺序定义好了。而且，Maven 会按照严格的顺序来调用这些阶段：它们按照以上列出的顺序依次被执行，从而完成整个生命周期。这就意味着，如果你调用它们中的任何一个，例如，你在项目的主目录下的命令行中输入：

```
mvn compile
```

那么 Maven 将会首先验证（validate）项目，然后再试着编译（compile）项目的源代码。

最后要注意的是，把所有的这些阶段看作扩展点是非常有用的。在任何时刻，你都可以把一些额外的 Maven 插件添加到阶段中，并且可以精心安排这些插件被执行的顺序和方式。

10.1.4 基于插件的架构

我们将要介绍的最后一个 Maven 的功能是它基于插件的架构。在这一章的开头，我们就提到 Ant 是一个构建源代码的框架，而 Maven 是一个构建源代码的环境。更具体地说，Maven 是一个集插件、执行和构建源代码于一体的环境。项目的核心部分是很小的，但项目的架构允许添加多个插件到核心部分，所以 Maven 构建了一个可以执行不同插件的环境。

在指定的生命周期中的每一个阶段都添加了一些插件到本阶段中，并且当按照插件被声明的顺序经历指定的阶段时，Maven 就会调用这些插件。下面列出了一些 Maven 核心的插件。

- Clean 插件——在构建之后清除。
- Compiler 插件——编译 Java 源代码。
- Deploy 插件——将构建的工件部署到远程仓库。
- Install 插件——将构建的工件安装到本地仓库。
- Resources 插件——将资源复制到输出目录下，以便包含在 JAR 中。
- Site 插件——为当前项目生成一个站点。
- Surefire 插件——在一个隔离的类加载器中运行 JUnit 测试。
- Verifier 插件——对于集成测试非常有用，验证某种条件的存在。

除了这些核心的 Maven 插件，还有几十种其他的 Maven 插件，每一种插件应对于你可能遇到的某一种情况，如 WAR 插件、Javadoc 插件、AntRun 插件以及你自己命名的任何插件。

插件在构建配置文件的 plugins 部分中被声明，例如：

```
<build>
   <plugins>
     <plugin>
         <groupId>org.apache.cactus</groupId>
```

```
        artifactId>cactus.integration.maven2</artifactId>
        <version>1.8.1-SNAPSHOT</version>
      </plugin>
    </plugins>
</build>
```

正如你所看到的，每一个插件的声明都指定了 groupId、artifactId 和版本。带有这些信息的插件看起来很像依赖库，是不是？是的，的确是这样，并且它们以同样的方式被处理——它们被下载到本地仓库中，与下载依赖库的方式相同。当指定一个插件时，groupId 和版本是可选参数；如果你不声明它们，则 Maven 将会寻找一个被指定 artifactId 参数的插件和以下任意一个 groupId：org.apache.maven.plugins 或 org.codehaus.mojo。版本也是可选的。如果你正在使用 2.0.9 版本之前的 Maven，那么 Maven 将会试图下载能够获取的最新版本。但是，从 Maven 2.0.9 版本开始，大部分插件的版本被锁定在 Super POM（即 Maven 的缺省 POM）中，所以，Maven 将不再下载最新的版本。为了避免自动更新和不可重写的构建，强烈推荐锁定插件的版本。

在 Maven 项目外部还有大量的其他插件可以使用，但这些插件只能与 Maven 一起使用。形成这种情况的原因就是，编写 Maven 插件实在是太简单了。

10.1.5 Maven 项目对象模型

如果你还记得 Ant 有一个默认命名为 build.xml 的构建文件，这个文件保存了所有关于构建的信息。在这个文件中，我们以任务和目标的形式指定了所有我们想要完成的事情。

那么在 Maven 中类似于 Ant 的 build.xml 构建文件又是什么呢？Maven 也有一个构建描述文件，默认命名为 pom.xml，取自于 Project Object Model（POM）的简写。与 Ant 相比，在 Maven 的项目描述符中，我们不必指定我们想做的事情；但我们要为项目本身指定通用的信息，如代码 10.1 所示。

代码 10.1 简单的 pom.xml

```
<project>
  <modelVersion>4.0.0</modelVersion>
  <groupId>com.manning.junitbook</groupId>
  <artifactId>example-pom</artifactId>
  <packaging>jar</packaging>
  <version>2.0-SNAPSHOT</version>
</project>
```

它看起来非常简单，是不是？但这个时候冒出来一个大问题："Maven 如何能够使用如此少的信息来构建我们的源代码？"

答案在于 pom.xml 的继承功能：每一个简单的 pom.xml 都从一个 Super POM 继承了大部分的功能。就像在 Java 中，每一个对象都会从 java.lang.Object 对象继承某些方法，Super POM 为每一个 pom.xml 授权了 Maven 的功能。

你看到了 Java 和 Maven 之间的相似性。这种相似性甚至可能比你想象得还要高：Maven 的多个 pom.xml 能够彼此相互继承，就像在 Java 中，一些类能够成为其他类的 parent。例如，如果我们想要使用代码 10.1 中的 pom 作为 parent，我们所要做的就是将它的 packaging 值修改为 pom。父项目和聚合（多模块）项目可能只有 pom 作为 packaging 值。我们也需要在 parent 中定义子模块，如代码 10.2 所示。

代码 10.2　针对父 pom.xml 的子模块

```
<project>
  <modelVersion>4.0.0</modelVersion>
  <groupId>com.manning.junitbook</groupId>
  <artifactId>example-pom</artifactId>
  <packaging>pom</packaging>                    <-❶
  <version>2.0-SNAPSHOT</version>

  <modules>
        <module>example-module</module>       <-❷
  </modules>
</project>
```

这段代码是代码 10.1 的延续。我们通过声明这个包为 pom 类型❶和添加一个 modules 部分❷，从而声明了这个 pom 是一个聚合模块。modules 部分通过为项目目录（如 example-module）提供相对路径，列出了模块所拥有的所有子模块。

代码 10.3 给出了子 pom.xml 的详细代码。

代码 10.3　继承了父 pom.xml 的子 pom.xml

```
<project>
  <modelVersion>4.0.0</modelVersion>
  <parent>
    <groupId>com.manning.junitbook</groupId>
    <artifactId>example-pom</artifactId>
    <version>2.0-SNAPSHOT</version>
  </parent>
  <artifactId>example-child</artifactId>
</project>
```

要记住这个子 pom.xml 位于父 pom.xml 已声明的目录（如 example-module）中。

这里要特别注意两点。第一，因为我们从一些其他的 pom 继承，所以这里不需要为子 pom 指定 groupId 和 version；第二，Maven 默认它们会与父 pom 的 groupId 和 version 保持一致。

考虑到与 Java 的相似性，我们自然而然会产生一个疑问："究竟 pom 可以从父 pom 那里继承什么类型的对象呢？"以下列出了一个 pom 能够从它的父 pom 继承的所有元素：

- 依赖库；
- 开发者和贡献者；
- 插件列表；

- 报告列表;
- ID 匹配的插件执行;
- 插件配置。

此外，每一个在父 pom 中被指定的元素都会自动被继承到子 pom 中。

在接下来的章节中，我们将会更深入地讨论 pom。

10.2 建立一个 Maven 项目

到现在为止，你已经看到了 Ant 与 Maven 之间的不同，接下来我们要转向另一个话题，开始使用 Maven 构建我们的项目。但是，我们首先要了解安装过程。

安装 Maven

安装 Maven 的过程主要包括以下 3 个步骤。

1. 从 http://maven.apache.org/下载最新版本的 Maven 发布包，并在选定的目录（例如，Windows 系统下的 C:\maven 或者 UNIX 系统下的/opt/maven）中对其进行解压缩。
2. 定义一个环境变量 M2_HOME，指向 Maven 的安装目录。
3. 将 M2_HOME\bin（如果在 UNIX 系统中则是 M2_HOME/bin）添加到你的环境变量 PATH 中，这样你就能在任何目录下输入 mvn。

现在你已经为使用 Maven 做好了准备。当你第一次执行一个插件时，要确保网络连接是打开的，因为 Maven 将会自动从网上下载这个插件所需要的所有第三方 JAR。

现在转到 c:\junitbook2\目录下，这是我们的工作目录，在这里我们将要建立多个 Maven 示例。在命令行中输入以下内容：

```
mvn archetype:create -DgroupId=com.manning.junitbook
    ➥-DartifactId=maven-sampling -DarchetypeArtifactid=maven-artifact-mojo
```

在你按下 Enter 键之后等待合适的工件下载时，你会看到一个命名为 maven-sampling 的目录被创建。如果你查看这个目录的内部，就会发现这个目录的目录结构已被创建，如图 10.1 所示。

这里发生了什么呢？我们从命令行调用了 maven-archetype-plugin 插件并且要求它使用指定的参数从头开始创建一个新的项目。于是，这个 Maven 插件就遵循目录结构的约定使用一个新的目录结构创建了一个新项目。而且，它使用 main 方法和相应的 AppTest.java 文件创建了一个简单的 App.java 类，其中 AppTest.java 是应用程序的一个单元测试。现在，在看到这个目录结构之后，最有可能发生的是，你会对哪些文件位于 src/main/java 目录中和哪些文件位于 src/test/java 目录中非常熟悉。

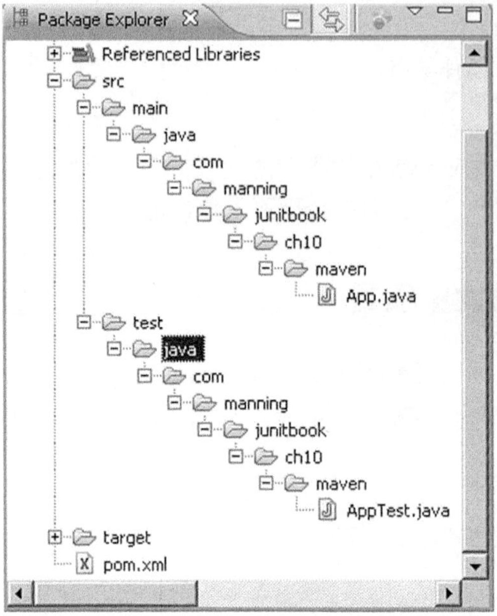

图 10.1　创建项目之后的目录结构

但是，它甚至会变得更加自动化。Maven 插件也为用户生成了一个 pom.xml 文件。让我们来打开这个描述文件，看看其中有什么不同之处，如代码 10.4 所示。

代码 10.4　maven-sampling 项目的 pom.xml 文件

```
<project xmlns="http://maven.apache.org/POM/4.0.0"
         xmlns:xsi=http://www.w3.org/2001/XMLSchema-instance
         xsi:schemaLocation="http://maven.apache.org/POM/4.0.0
         http://maven.apache.org/maven-v4_0_0.xsd">

  <modelVersion>4.0.0</modelVersion>
  <groupId>com.manning.junitbook</groupId>
  <artifactId>maven-sampling</artifactId>
  <packaging>jar</packaging>
  <version>1.0-SNAPSHOT</version>
  <name>maven-sampling</name>
  <url>http://maven.apache.org</url>
  <dependencies>
    <dependency>
      <groupId>junit</groupId>
      <artifactId>junit</artifactId>
      <version>3.8.1</version>
      <scope>test</scope>
    </dependency>
  </dependencies>
</project>
```

这就是项目的构建描述文件，它以一个带有合适的命名空间的全局性<project>标签作为开始，在命名空间内部我们列出了所有的组件。

- modelVersion——被使用的 pom 的模块版本。目前唯一支持的版本是 4.0.0。
- groupId——项目的组织 ID。注意这是当我们调用 Maven 时在命令行中提供的值。groupId 的作用类似于文件系统中的 Java 打包机制；它将来自一个组织、公司、人群等的不同项目组织在一起。
- artifactId——项目的工件 ID。这里的这个值也是我们在命令行中指定的值。artifactId 代表了项目已知的名称。
- packaging——项目将使用什么类型的工件打包？虽然这里我们指定了 jar，但是它也可以是 pom、ear 或者 war。
- version——项目（或者项目的工件）的当前版本。注意“–SNAPSHOT”字样的结尾，这个结尾表示这个工件仍处于开发模式，还没有被发布。
- dependencies——这个部分用来列出依赖库。

现在我们已经有了项目的描述文件，让我们对其进行一下优化，如代码 10.5 所示。首先，我们需要修改 JUnit 依赖库的版本，因为我们现在使用的是 4.6 版本，而插件生成的版本是 3.8.1。然后，我们可以在 pom.xml 文件中添加一些其他的详细信息，如添加 developers 部分。这些信息不仅使得 pom.xml 文件更加详尽，而且在我们构建站点时它也会被添加上。

代码 10.5 pom.xml 中的其他元数据

```
<developers>
    <developer>
    <name>Petar Tahchiev</name>
    <id>ptahchiev</id>
    <organization>Apache Software Foundation</organization>
    <roles>
      <role>Java Developer</role>
    </roles>
  </developer>
  <developer>
    <name>Gary Gregory</name>
    <id>ggregory</id>
     <organization>Apache Software Foundation</organization>
     <roles>
        <role>Java Developer</role>
     </roles>
  </developer>
  <developer>
     <name>Felipe Leme</name>
     <id>felipeal</id>
     <organization>Apache Software Foundation</organization>
     <roles>
        <role>Java Developer</role>
     </roles>
  </developer>
</developers>
```

代码 10.6 延续了上一段代码，显示了 organization、description 和 inceptionYear 元素。

代码 10.6 pom.xml 的描述元素

```
<description>
   "JUnit in Action II" book, the sample project for the "Running Junit
   tests from Maven" chapter.
</description>
<organization>
   <name>Manning Publications</name>
   <url>http://manning.com/</url>
</organization>
<inceptionYear>2008</inceptionYear>
```

现在让我们继续前进，开始着手开发软件。即使我们想使用我们最喜欢的 Java IDE：Eclipse 或者 IntelliJ IDEA，那也完全没问题——Maven 提供了额外的插件，能够将项目导入到我们最喜欢的 IDE 中。例如，这里我们使用 Eclipse 来向你展示这个导入过程是如何发生的。再次打开一个终端，进入到保存项目描述文件（pom.xml）的目录中。一旦进入后，就可以输入以下代码并按下 Enter 键：

```
mvn eclipse:eclipse -DdownloadSources=true
```

这会调用到 `maven-eclipse-plugin`，下载必要的工件之后，`maven-eclipse-plugin` 将会生成两个文件（.project 和.classpath），Eclipse 需要通过这两个文件来识别你的项目为一个 Eclipse 项目。我们在命令行中指定的 `downloadSources` 参数是可选参数。通过使用该参数，我们可以指示该插件下载源代码附件。你也可以通过在命令行中将可选参数 `downloadJavadocs` 设置为 `true` 来下载 Javadoc 附件。现在你能够把项目导入到 Eclipse 并测试它；你会注意到，在 pom.xml 文件中列出的所有依赖库当前都被添加到你的 `buildpath` 中了。非常神奇，是不是?

为了继续下面的讨论，让我们生成一些项目的文档。但是，等一下，我们应该如何做到这一点呢？我们没有任何可以由此生成文档的文件。这是 Maven 另一个强大的功能——我们只用极少的配置和描述信息，就能生成一个功能全面的网站骨架。在 pom.xml 文件所在的目录的命令行中输入以下命令：

```
mvn site
```

然后，Maven 就会开始下载它的插件，并且在成功安装这些插件之后，Maven 会生成外观不错的站点，如图 10.2 所示。

这个站点将生成于 Maven 的构建目录中——另一项约定。Maven 使用 target/目录来保存所有与构建本身有关的文件。甚至在这个目录下，源代码被编译在 target/classes/目录中，并且文档被生成在 target/site/目录中，这项约定依然成立。

在你检查项目之后，你可能会注意到，这个站点更像是一个网站骨架。的确是这样的，但是不要忘了，我们只使用了少量的数据就生成了这个站点。我们可以在 src/site 目录中加入更多的数据和网页，同时 Maven 会把这个目录添加到站点中，以生成完整的文档。

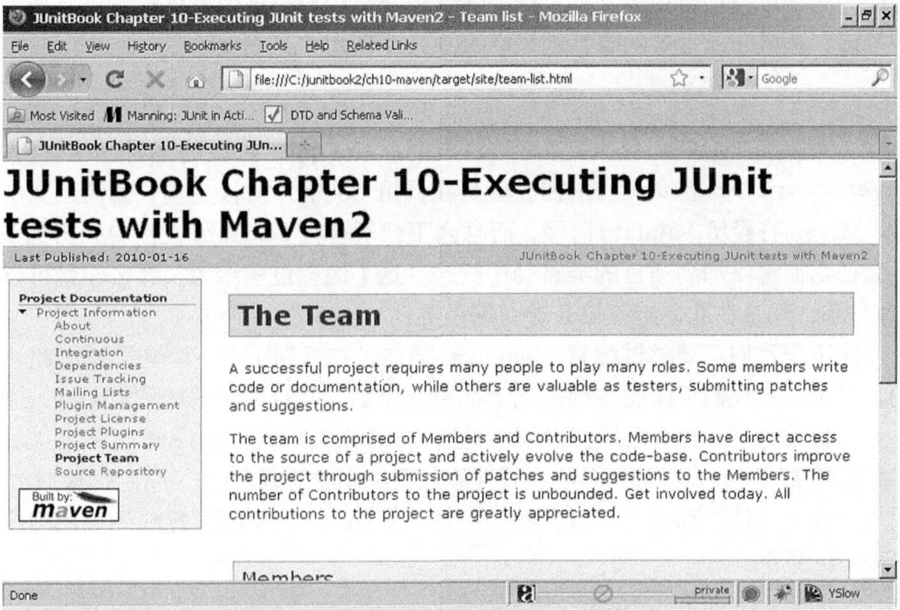

图 10.2　Maven 为项目生成的站点文档

10.3　Maven 插件的引入

到目前为止，一切都很顺利。你已经知道了 Maven 是什么，以及如何使用它从头开始构建一个项目。你也掌握了如何生成项目的文档，以及如何在 Eclipse 中导入项目。

为了继续下面的讨论，我们从本书的第 1 部分中获取源代码，并且把它保存在 src/main/java 目录中，Maven 默认将源代码保存在这个目录中。我们也为示例项目获取了相应的测试，并且把测试保存在 src/test/java 目录中（这也是一项约定）。现在，是调用 Maven 并指示它编译源代码和测试并执行测试的时候了。

但是，首先我们需要清理之前对项目的各种操作：

```
mvn clean
```

这将使得 Maven 经历了 Clean 阶段，并且调用了所有添加到这个阶段的插件，尤其是 `maven-clean-plugin` 插件，这个插件将会删除生成的站点所在的目标/目录。

10.3.1　Maven 的 Compiler 插件

像任何其他构建系统一样，Maven 被用来构建你的项目——在一个归档中编译你的软件和封装包。正如我们在本章开头提到的那样，在 Maven 中的每一个任务通过一个相应的插件以及项目描述文件的<plugins>部分中所出现的插件配置来完成。为了编译源代码，你唯一所要做的事情就是在命令行中调用 Compile 阶段：

```
mvn compile
```

这将使得 Maven 会执行所有被添加到 **Compile** 阶段的插件（尤其是它会调用 maven-compiler-plugin 插件）。但是在调用 Compile 阶段之前，就像上文中提到的那样，Maven 将经历 **Validate** 阶段，而且会下载所有在 pom.xml 文件中列出的依赖库，并且会把它们都添加到项目的类路径中。一旦这个编译过程结束，那么你就可以查看目标/类/目录，并且在此你应该也会看到编译类。

接下里我们将要尝试**配置** Compiler 插件。注意到了前一个句子中的粗体字吗？是的，没错——我们要摆脱“约定优于配置”原则，并且要试着配置 Compiler 插件。

到目前为止，我们已经使用了常见的 Compiler 插件，而且一切运行正常。但是，如果我们需要将-source 和-target 属性添加到编译器的调用中，以便为 JVM 的某个具体版本生成类文件，那要怎么做？我们应该将代码 10.7 中的几行代码添加到构建文件的<build>部分中。

代码 10.7 配置 maven-compiler-plugin

```
<build>
   <plugins>
      <plugin>
         <artifactId>maven-compiler-plugin</artifactId>
         <configuration>
            <source>1.4</source>
            <target>1.4</target>
         </configuration>
      </plugin>
   </plugins>
</build>
```

这是一个通用方法，可以用来配置每一个 Maven 插件。你要在<build>部分中添加一个<plugins>部分，然后你就可以在此处列出了每一个你想要配置的插件。在以上示例中，列出的插件是 maven-compiler-plugin。接下来你需要在插件的<configuration>部分添加配置参数。你可以从 Maven 的站点上获取每个插件的参数列表。

正如你在代码 10.7 中的 maven-compiler-plugin 插件的声明中所看到的那样，我们并没有配置 groupId 参数。这是因为 maven-compiler-plugin 插件是核心的 Maven 插件之一，而核心的 Maven 插件都带有一个名为 org.apache.maven.plugins 的 groupId，并且就像我们在本章开头所提到的那样，所有带有这么一个 groupId 的插件都可以跳过这一步。

10.3.2 Maven 的 Surefire 插件

Ant 使用 javac 任务来编译所有我们选定的测试，Maven 以同样的方式使用 maven-compiler-plugin 来编译所有位于 src/main/java/目录中的源代码。同样的情况也会发生在对项目进行单元测试的过程中，Ant 使用 junit 任务并且执行我们选定的测试用例，而 Maven 使用——猜一猜是什么？——一个插件。**执行单元测试的这个 Maven 插件**叫做 maven-surefire-plugin。注意前一个句子中的黑体部分，Surefire 插件被用来执行代码的单元测试，但是这些单元测试并不一定要是 JUnit 测试。还可以使用一些其他的单元测试框架，并且 Surefire 插件也能够执行它们的测试。

启用 maven-surefire-plugin 插件的**常规**方法非常简单，你唯一所要做的是调用 Maven 的 Test 阶段。采用这个方法，Maven 将首先调用所有应该在 Test 阶段之前出现的阶段（Validate 阶段和 Compile 阶段），然后再调用所有添加到 Test 阶段的插件，从而调用了 maven-surefire-plugin。要这样做的话，可以输入以下命令：

```
mvn clean test
```

Maven 首先清理目标/目录，然后编译源代码和测试，最后执行所有位于 src/test/java 目录中的测试（要牢记这项约定）。输出结果应该类似于如图 10.3 所示的内容。

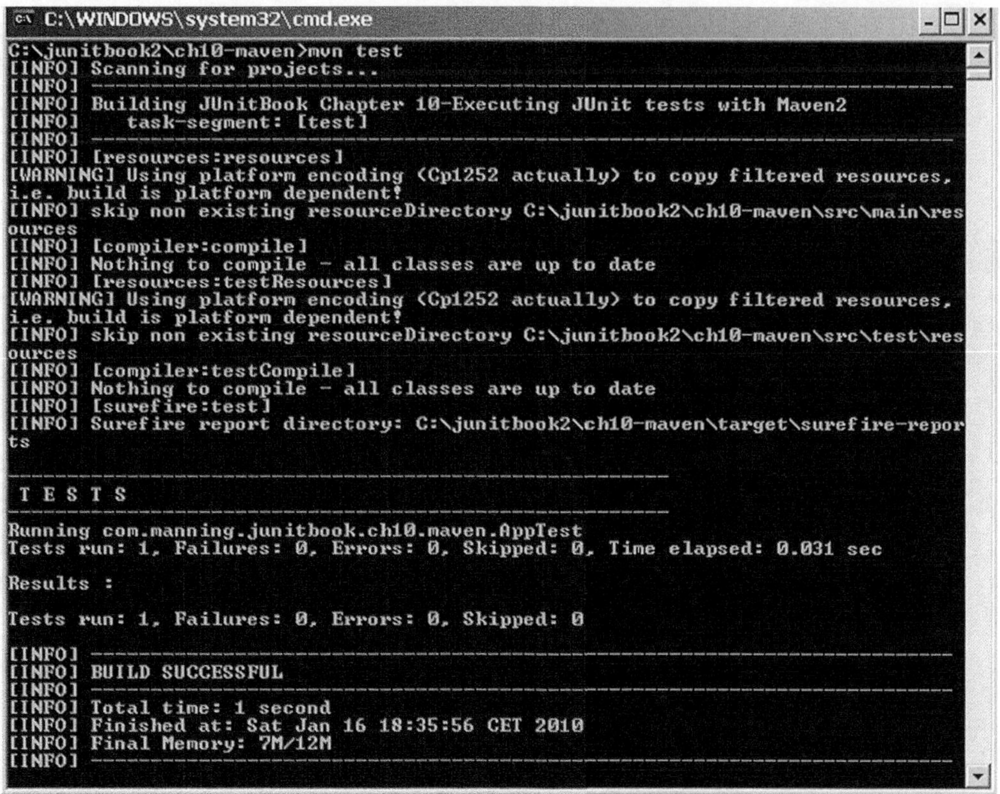

图 10.3　使用 Maven2 执行 JUnit 测试

这非常好，但是，如果我们不想执行所有的测试，那么该怎么做？如果我们只想执行其中的某一个测试用例，又该怎么做？这就要用到所谓的**非常规**方法，这样我们就需要配置 maven-surefire-plugin 来实现它。幸运的是，这里提供了一个插件参数，专门用来指定我们想要执行的测试用例的模式。Surefire 插件的配置可以采用与配置 Compiler 插件相同的方式来实现，如代码 10.8 所示。

代码 10.8 maven-surefire-plugin 的配置

```
<build>
   <plugins>
   [...]
      <plugin>
         <artifactId>maven-surefire-plugin</artifactId>
         <configuration>
            <includes>**/Test*.java</includes>
         </configuration>
      </plugin>
   [...]
   </plugins>
</build>
```

在以上代码中可以发现，我们已经指定了 includes 参数，以表明我们只希望执行与指定模式匹配的测试用例。是的，但是我们如何知道 maven-surefire-plugin 会接受什么参数呢？恐怕没有人能够将这些参数都熟记于心，但是你可以随时参考 Maven 官方网站（http://maven.apache.org/）上的 maven-surefire-plugin 文档（以及任何其他插件文档）。

10.3.3 使用 Maven 生成 HTML 格式的 JUnit 报告

在前面的章节中可以看到，Ant 有一个任务，专门用来从 JUnit 的 XML 输出信息中生成美观易读的报告。同样的情况也适用于 Maven。因为在默认情况下，Maven 会生成纯文本格式和 XML 格式的输出信息（根据约定，把它保存在目标/Surefire 报告目录中），所以我们不需要为了生成 JUnit 测试的 HTML 的 Surefire 报告进行任何其他的配置。

你可以已经猜到，生成 HTML 报告的这项工作是由 Maven 的一个插件来完成的。这个插件叫做 maven-surefire-report-plugin，而且在默认情况下，它并不会被添加到任何一个我们已知的核心阶段（许多用户并不是在每次构建软件时都需要 HTML 报告）。这就意味着我们无法通过运行某一个阶段来调用它（就像我们使用 Compiler 插件和 Surefire 插件所做的那样），但是我们却不得不从命令行中直接调用它：

```
mvn surefire-report:report
```

当我们这样做时，Maven 将试图编译源文件和测试用例，然后再调用 Surefire 插件来生成纯文本格式和 XML 格式的测试输出信息。在此之后，Surefire 报告插件将会试着把保存在 target/surefire-reports/目录中的所有 XML 报告都转换成一份 HTML 报告，这份

HTML 报告将会保存在 target/site 目录中（记住，关于这个目录的约定是，用于保存这个项目所有生成的文档，并且 HTML 报告也被认为是文档）。

如果你尝试着打开生成的 HTML 报告，它应该比较类似于如图 10.4 所示的效果。

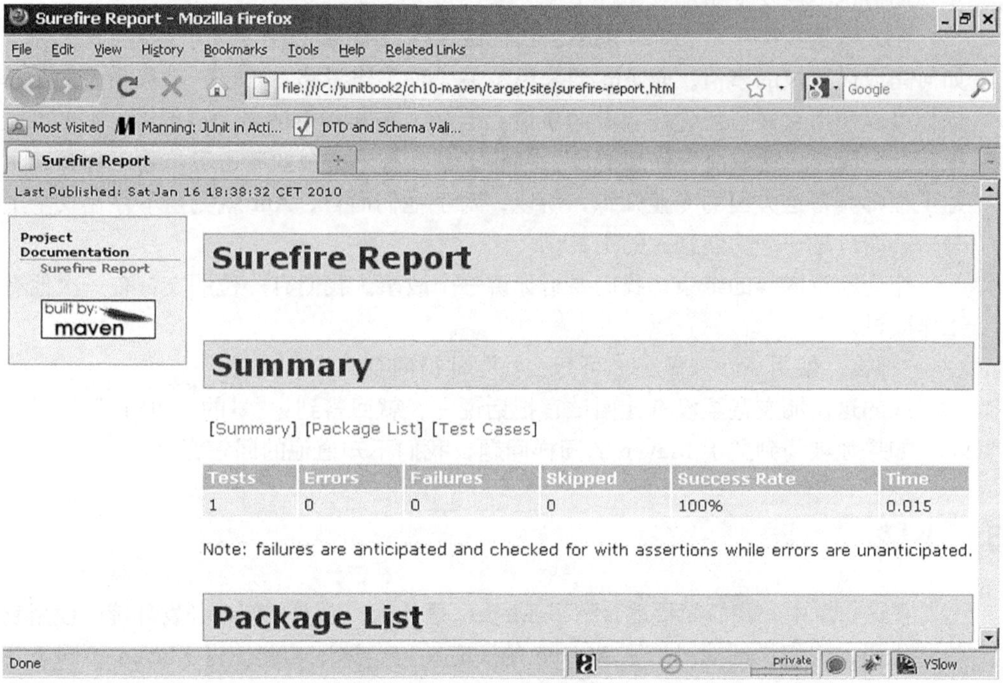

图 10.4　由 Maven 的 Surefire 报告插件生成的 HTML 报告

在下一节中，我们将讨论一些 Maven 的不足之处。

10.4　Maven 的不足

到目前为止，我们已经讨论了 Maven 可以作为代替 Ant 的构建工具。但是，就像生活中的所有其他事物一样，Maven 并不是只有闪光点，它也有一些不足之处。在你变得过于激动之前，只要想一想：自 2002 年 Maven 面市以来，Ant 仍然是构建软件方面的事实上的标准。

所有使用 Maven 的用户都会同意这个观点：使用 Maven 很容易上手，并且这个项目背后的理念也非常令人赞叹。但是，当你需要处理一些特殊的事情时，情况看起来就不太一样了。

Maven 的伟大之处就在于，它会为你建立一个框架，并且会限制你在这个框架内进行思考——思考 Maven 的方式以及按照 Maven 的方式处理事物。当你使用了 Maven 一段时间后，你就会不可避免地需要将一个文件从一个地方复制到另一个地方。我们觉得，你可能会很奇怪在 Maven 中并没有看到复制插件，而相比之下，Ant 却有一个 copy 任务。你不得不面对这个事实，并且如果你进一步研究和思考了“Maven 的方式”，就会发现你再也不需要复制那个文件了。

在大多数情况下，Maven 都不会让你做任何没有意义的事情。它会限制你并告诉你如何完成需要做的事情。而 Ant 却采用了另一种工作思路：它是一个很强大的工具，所以你可以使用它做任何你需要做的事情。但是，在某些不适当的情形下，Ant 可能不是很安全。同样，这取决于你想要使用哪些工具。有一些企业雇用了构建工程师，由于构建工程师具备这方面的专业知识，所以，对于他们而言，Ant 就完全不存在安全上的隐患——而只是一个功能强大的工具。

作为本章内容的结束，我们要给你讲一个故事。我们有一位朋友，有一次他有一个工作面试。

“那么，使用 Ant 来做……可行么？”他被问到。

我的这位朋友甚至没有让面试官把话说完，就回答到：“是的，可行。”

如果他被问到关于 Maven 的同样问题，我们不知道他的回答将会是什么。

10.5 小结

在这一章中，我们简要地介绍了 Maven 是什么，以及如何在开发环境中使用它来构建源代码。我们详细地讨论了 Maven 的所有功能，这些功能使得 Maven 不同于其他任何构建系统，独树一帜。我们也详细地介绍了 Maven 的两大插件：Compiler 插件和 Surefire 插件。掌握本章的内容后，你不但能够启动和执行测试，而且也能生成美观易读的 HTML 测试结果报告。

下一章是本书自动化部分的最后一章。在下一章中，我们将介绍不同的持续集成构建工具，如 CruiseControl 和 Hudson。同时，我们将为你展示使用这些工具的优势，以及如何安装和配置这些工具。

第 11 章　持续集成工具

Life is a continuous exercise in creative problem solving.
生命就是一个不断创造性地解决问题的过程。

——Michael J. Gelb

本章重点

- 实践持续集成
- 介绍 CruiseControl
- 介绍 Hudson

在前面的两章中，我们详细介绍了通过使用如 Ant 和 Maven 等工具自动执行测试的多种方法。然后我们的测试由构建触发。现在，我们要进入下一个阶段：通过使用一些其他的流行工具按照一定的时间间隔自动执行构建和测试。在这一章中，我们将引入**持续集成**（Continuous Integration）模式，并且向读者展示了为项目制定进度的方法，以便项目能够在一定的时间限制内被自动构建。

11.1　尝试持续集成

将 JUnit 测试的执行作为一部分集成到你的开发周期中——代码→执行→测试→代码（或者测试→代码→执行→测试，如果你是一位倾向测试优先的开发者）——在某种意义上是一个非常重要的概念，JUnit 测试就是单元测试，也就是说，它们独立地测试了项目的单个组件。但是，大部分的项目都拥有模块化的结构，开发团队中不同的开发人员分别负责项目的不同模块。每一位开发者负责开发他自己的模块和单元测试，以确保他的模块能够顺利通过测试。

由于模块之间会互相影响，所以我们需要将所有不同的模块集成，以便了解它们是如何协同工作的。为了使应用程序能够通过测试得到证实，我们需要另一种测试：集成或功能测试。正如你在第 3 章中所看到的那样，这类测试主要用来测试不同模块之间的相互作用。

但是，集成测试几乎就是耗时的代名词，并且作为一位独立的开发人员，你的机器中可能并没有所有构建的模块。因此，在开发期间要运行所有的集成测试就无从谈起。这是因为在开发中，我们只专注于自己负责的模块，所有我们想要知道的是该模块能否像一个独立的单元那样工作。在开发期间，我们主要关心的是，如果我们提供合适的输入数据，那么该模块不仅可以按照预期的方式进行处理，也可以产生符合预期的结果。

测试驱动开发告诉我们：要尽早测试，要经常测试。如果每次我们进行一点小改动时，都把所有的单元测试、集成测试和功能测试执行一遍，这就会非常浪费时间。为了避免这一点，在开发期间我们只执行单元测试——尽早地以合理的频率进行单元测试。那么集成测试会怎么样呢?

11.1.1 持续集成测试

集成测试应该独立于开发过程而被执行。执行集成测试的最佳方法是按照一定的时间间隔执行（一般来说是 15 分钟）。采用这种方法的话，即使出现了某个错误，也可以在 15 分钟之内发现它，并且对于用户而言，这也是一个修改错误的好时机。

DEFINITION **持续集成**（Continuous Integration）[1]是一种软件开发实践方法，即开发团队的成员频繁地集成他们各自开发的模块。通常每位成员每天至少集成一次，也可能一天集成多次。每次集成都通过一次自动构建（包括测试）来验证，以便尽快检测出集成错误。许多开发团队发现，采用这个方法可以使集成问题显著地减少，同时也可以使团队软件开发更加高效。

为了使集成测试按照一定的时间间隔执行，我们也需要准备并构建好系统的模块。在模块被构建好和集成测试被执行之后，我们会想要尽快看到执行的结果。

我们需要使用一个软件工具来自动处理以下步骤：

1 从源码控制系统检查项目。

2 构建每一个模块并执行所有的单元测试，来验证不同的模块可以按照预期的那

[1] 这个定义出自于由 Martin Fowler 和 Matthew Foemmel 撰写的一篇著名文章。要查看这篇文章可以访问 http://www.martinfowler.com/articles/continuousIntegration.html。

样独立工作。

3 执行集成测试，来验证不同的模块可以按照预期的方式相互集成。

4 发布步骤 3 中执行测试的结果。

在这时可能会产生几个问题。首先，在用户手动执行以上所有步骤与使用工具自动执行之间有什么区别？答案是，没有区别，并且也不应该有区别！抛开没有人能够忍受从事这样一个工作的事实，如果你仔细查看以上步骤中的第一条，你就会看到我们要从源码控制系统检查项目。我们这样做，就好像我们是开发团队的新成员，并且刚开始该项目——在空文件夹中做一次清理检查。其次，在继续操作之前，我们想确保所有的模块都能正常地独立工作，因为如果它们无法正常地独立工作，测试它们是否能够很好地与其他模块集成也就毫无意义了。在建议步骤中的最后一步是通知开发人员测试结果。通知信息可以是一封邮件或者一条即时消息，也可以通过从一台 Web 服务器上发布测试报告来通知。

完整的集成过程如图 11.1 所示。CI 工具与源码控制系统集成来获取项目（①）。在 CI 工具使用了项目正在使用的构建工具之后，构建你的项目并执行不同类型的测试（②和③）。最后，CI 工具发布了测试结果（④），以便大家都可以看到它们。

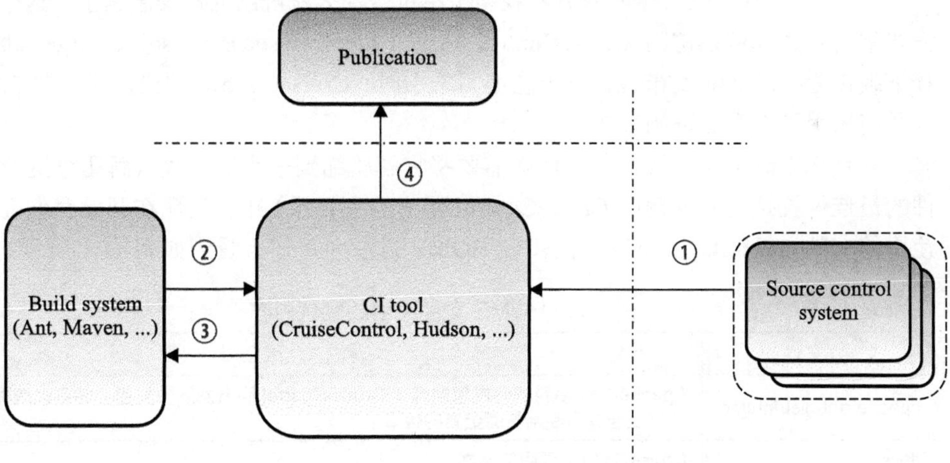

图 11.1 持续集成方案

这 4 个步骤是通用的，并且可以大大优化。例如，在我们开始构建之前，查看一下源码控制系统中是否发生了任何变化，可能会更好一些。否则，我们就白白浪费了主机的 CPU 处理能力，因为知道我们一定会获得相同的结果。

既然我们都认为在某种程度上我们需要使用一种工具来持续地集成我们的项目，那么就来看一下我们可能会使用哪一种开源解决方案（在我们已经拥有了良好的工具之时再考虑开发一种工具就是做无用功了）。

11.2 拯救用户的 CruiseControl

第一个我们将要介绍的开源[1]项目叫做 CruiseControl（简称 CC）（http://cruisecontrol.sourceforge.net/），当谈到持续构建过程时，它是目前事实上的标准。这个项目由一家名为 ThoughtWorks 的公司所创建，也是第一个可用的持续集成服务器。

11.2.1 开始使用 CruiseControl

在我们开始持续地构建代码之前，首先要做的事情是管理我们的资源。在这里是指为我们的 CruiseControl 服务器找到一个合适的主机。我们需要以这样的方式管理我们所拥有的资源，以便为持续集成专门提供一台独立的主机。一开始我们可能不需要这么做，但随着时间推移，我们的项目会变得越来越庞大，并且 CI 的构建也将花费更长的时间，所以为集成构建准备一台独立的主机始终是更好的做法。

另一种很好的做法是在主机上为 CruiseControl 服务器创建一个 ad hoc 用户。这个用户会拥有相应的权限来启动持续集成服务器并且执行构建。

一旦你为 CruiseControl 服务器找到了主机，那么就可以准备安装它了。这个安装过程非常简单。你可以访问 CruiseControl 站点（http://cruisecontrol.sourceforge.net/）并选择下载你需要的 ZIP 发布包。由于在编写本书时，CruiseControl 的最新版本是 2.8.3，所以我们采用了这个二进制发布包。

一旦你下载了这个发布包，你就需要将它解压缩到一个文件夹（解压缩这个 ZIP 文件的最佳位置是刚才创建的 CruiseControl 用户的主目录）中，从现在开始我们在这里所使用的文件夹是$CC_HOME。在$CC_HOME 目录中，你会看到如表 11.1 所示的内容。

表 11.1 $CC_HOME 文件夹中的默认内容

文件/文件夹	作　用
apache-ant-distribution	Apache Ant 项目的分发包捆绑了 CruiseControl 服务器的分发包。你可以选择使用这个分发包或是使用任何更新的版本
docs	CruiseControl 项目的文档
lib	项目所使用的各种第三方库
logs	持续构建的日志文件
projects	持续构建的项目。默认情况下有一个名为 connectfour 的示例项目位于这个文件夹中
webapp	用来将一个 GUI 保存到构建服务器
config.xml	CruiseControl 的主配置文件
cruisecontrol 脚本	这个.bat 或.sh 脚本文件（取决于用户所使用的架构）用来启动 CruiseControl

[1] CruiseControl 框架发布于它自己的 BSD-style 许可证下。这个软件是一个 OSI 认证的开源解决方案。

对于$CC_HOME 目录内部的文件结构，需要特别注意几点。就像你所看到的，CruiseControl 包包含在 Apache 的 Ant 分发包中。但是，这并不意味着你不能把 Maven 用作一个构建系统。你可以使用任何一个你最喜欢的构建工具。在后面的章节中，我们会更深入地讨论这个话题。

另外值得一提的是 projects 文件夹。这个文件夹用来保存你想要持续构建的项目。如果你查看该文件夹内部，就会看到一个名为 `connectfour` 的示例项目。这是一个 checked-out 项目，因此在继续后面的操作之前，简单地了解一下它是有帮助的。

既然我们已经为 CruiseControl 服务器的安装找到了一台主机，并且我们已经了解了这个项目的结构是怎么样的，那么让我们开始使用 CruiseControl 来创建一个需要持续构建的项目吧。

11.2.2 创建一个示例项目

在 CruiseControl 中创建项目非常简单。你只需要完成以下 3 个步骤：

- 在 projects 文件夹中检查你的项目；
- 为项目的构建配置 CruiseControl;
- 启动 CruiseControl。

让我们对以上 3 个步骤逐个进行详细说明。

通常情况下，我们使用源码控制系统将源代码保存在中央仓库（Central Repository）中，并且这个源码控制系统也负责管理软件的版本。如果你使用 Subversion 作为你的版本控制系统，那么你就可以很容易地检查你的项目：首先进入$CC_HOME\projects 文件夹，然后执行以下命令：

```
svn co http://url.of.your.repository.here/ theNameOfMyProject
```

其中你需要指定源码仓库的 URL，以及要检查项目所在的文件夹的名称。因此，在这里 Subversion 会检查该项目在 *theNameOfMyProject* 文件夹中的本地副本。

11.2.3 解析 CruiseControl 配置文件

现在我们已经在 projects 文件夹中检查到了项目，接下来就要配置 CruiseControl，使得它可以按照我们所希望的方式持续构建项目。配置本身与一个名为 config.xml 的脚本文件有关。你可以在$CC_HOME 文件夹中找到这个配置脚本，并且如果你查看该配置文件，就会看到如代码 11.1 所示的内容。

代码 11.1 CruiseControl 的 config.xml 文件

```
<cruisecontrol>                                                   ❶
  <project name="connectfour">                                      ❷

    <listeners>                                                       ❸
      <currentbuildstatuslistener
        file="logs/${project.name}/status.txt"/>
    </listeners>

    <bootstrappers>                                                     ❹
      <antbootstrapper                                                      ❺
           anthome="apache-ant-1.7.0"
           buildfile="projects/${project.name}/build.xml"
           target="clean" />
    </bootstrappers>
                                                                             ❻
    <modificationset quietperiod="30">

      <!-- touch any file in connectfour project to trigger a build -->
      <filesystem folder="projects/${project.name}"/>

    </modificationset>

    <schedule interval="300">                                               ❼
      <ant anthome="apache-ant-1.7.0"
           buildfile="projects/${project.name}/build.xml"/>
    </schedule>

    <log>                                                                     ❽
      <merge dir="projects/${project.name}/target/test-results"/>
    </log>

    <publishers>                                                              ❾
      <onsuccess>
        <artifactspublisher
           dest="artifacts/${project.name}"
           file="projects/${project.name}/target/${project.name}.jar"/>
      </onsuccess>
    </publishers>

  </project>
</cruisecontrol>
```

这个配置文件描述了 connectfour 项目的构建。我们将详细介绍它并解析不同部分的作用，以便你日后可以根据自己项目的配置情况对脚本文件进行修改。

我们从一个全局的 cruisecontrol 标签❶开始，这个标签是必需的，并且在这个标签内部列出了所有我们想要构建的项目❷。我们可以同时构建多个项目，但是这意味着我们必须为所有的项目指定一个独特的名称（通过使用 project 标签的 name 属性）。

listeners 元素❸主要用来获取不同的、可插入式的 listener 实例。这些 listener 实例会收到每个项目构建事件（如项目的启动或结束）的通知。例如，在以上 config.xml 文件中，我们定义了一个 currentbuildstatuslistener，我们使用这个 listener 向一个由 file 属性指定的文件中写入项目的状态。

CruiseControl 中的 listener 是非常有趣的工具，因此这里我们想多花点篇幅介绍它。

你可能已经注意到，定期地构建项目会消耗大量的资源。CruiseControl 在这方面非常智能，它不会触发一次新的构建，直到它检测到源码控制系统发生了一些变化。否则，构建就是毫无意义的，因为我们会得到相同的结果。但是，我们如何辨别 CruiseControl 服务器已经运行并且由于在源码控制系统中没有发生任何变化而跳过了构建，还是 CruiseControl 服务器已经宕机了呢？解决的办法就是使用 listener。你可以配置 CruiseControl 的 listener 向位于文件系统某处的文件中记录每一件事情。这样做的好处是，不管源码控制系统的状态怎么样，都会触发激活 listener 的事件。这样你就可以随时跟踪是否进行了一次构建。

在 config.xml 文件中，下一个要介绍的就是 `bootstrappers` 元素❹。这是一个容器元素，用来定义一些需要在执行构建之前采取的行动。而且，不论是否需要一次构建，`bootstrappers` 都会被执行。在我们的配置文件中，我们已经指定了一个 `antbootstrapper`❺，它将会调用项目的构建描述文件的 `clean` 目标，并且会清理之前构建过程中所用到的所有资源。

而 `modificationset` 元素❻定义了一系列文件和文件夹，CruiseControl 将会对它们的变化进行监测。这里要牢记的一点是，只有检测到 `modificationset` 元素中所列出的一系列文件和文件夹发生了变化，才会尝试构建。

`schedule` 元素❼决定了构建的时间表。其中 `interval` 参数指定了构建的时间间隔（以秒为单位），并且在 `schedule` 元素内部，我们列出了我们所使用的构建系统的类型。我们需要指定构建系统的主文件夹以及要执行的构建文件。在以上的配置文件中，虽然我们指定的构建工具是 Ant，但是你也可以使用 Maven，同样毫无问题。

`log` 元素❽是可选项，通常被用来指定执行的日志文件的储存位置。位于其内部的 `merge` 元素告诉 CruiseControl 哪些构建执行的日志文件是有价值的，并且应该保存在 CruiseControl 执行的日志目录中。在以上的示例中，我们只关注来自 JUnit 执行的.xml 文件，所以我们打算把它们储存在日志目录中。

最后的一部分是 `publishers` 元素❾，它经常用来作为预定构建的结尾步骤。就像 `bootstrappers` 每次会在构建之前被执行一样，无论构建的结果怎么样，`publishers` 每次都会在构建之后被执行。在 `publishers` 中，我们可以指定以什么动作作为构建的结束。它可能是发送一封电子邮件、在网上的某处发布生成的工件，或是在 Jabber Messenger 上张贴一则消息。在以上的示例中，我们将构建的结果（即来自 target 文件夹的.jar 文件）发布到了 artifacts 文件夹。只有当执行的结果是成功的，我们才这么做（参见以上 `onsuccess` 元素）。

到目前为止，一切都很顺利——我们能够启动 CruiseControl，并且根据代码 11.1 中的配置信息，它将每隔 300 秒构建一次项目（如果源码控制系统中发生了变化）。所以，现在让我们来实现它。进入$CC_HOME 文件夹，并且通过输入以下命令来启动 CruiseControl 服务器：

```
cruisecontrol.bat
```

或者如果是在 UNIX[1]系统下，可以执行以下命令：

```
./cruisecontrol.sh
```

CruiseControl 将被执行并且会找到 config.xml 文件来读取。如果你已经正确地配置了每一部分，在执行之后你应该会看到如图 11.2 所示的内容。现在，在源码仓库中做一些改动，希望 300 秒后，你就会看到构建被再次执行。

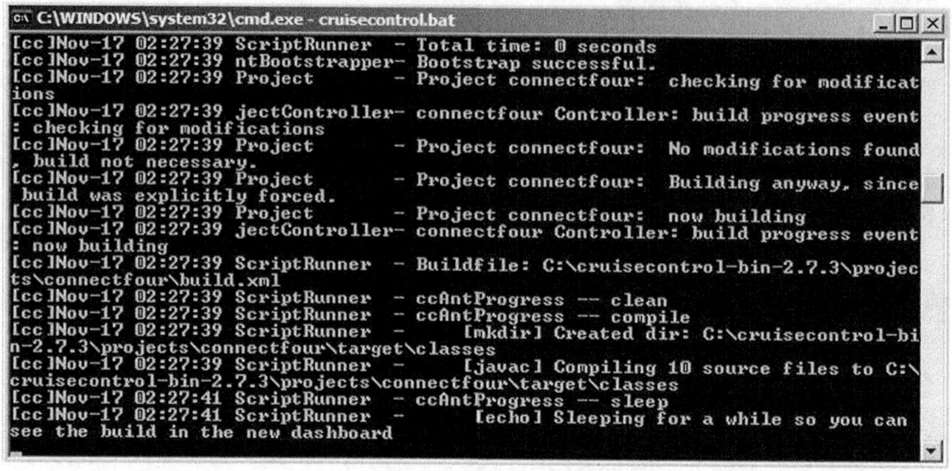

图 11.2　第一次执行 CruiseControl

这里有一个非常有趣的问题：你应该多长时间构建一次项目？这是一个棘手的问题，并且它完全取决于你和你需要进行一次新构建的时间间隔。当你需要大于 1 分钟的时间间隔来执行构建本身，那么每分钟进行一次构建就几乎没有意义。但不要忘记的是，本书讨论的主题是软件测试，并且我们也介绍了大量的测试方法，不仅用到了 JUnit 而且也用到了各种集成测试工具和功能测试工具。这就意味着生产构建往往是比较耗时的。

CruiseControl 通过启动一个 Jetty 实例和凭借一个界面友好的 GUI，也提供了一种控制预定构建的方法。在默认情况下，这个 Jetty 实例会在端口 8080 上被启动，但是你可以改变端口号（如果这个端口已经被占用了）。要改变端口号，你就需要修改 etc 文件夹中的 jetty.xml 文件中的 `port` 属性。为了完成我们的目标，我们要在端口 8888 上启动 CruiseControl。你可以通过在浏览器中访问 http://localhost:8888/cruisecontrol/地址来检查 GUI。你应该会看到如图 11.3 所示的界面内容。可以发现，图 11.3 中列出了一些重新构建次数的详细信息、一些构建失败次数的详细数据统计，当然也包含了 JUnit 日志文件。这里还提供了一个可以进行订阅的 RSS Feed（RSS 信息源），以便获得执行的结果。

[1] 你需要检查并确保.sh 脚本具有可执行的修饰符集。

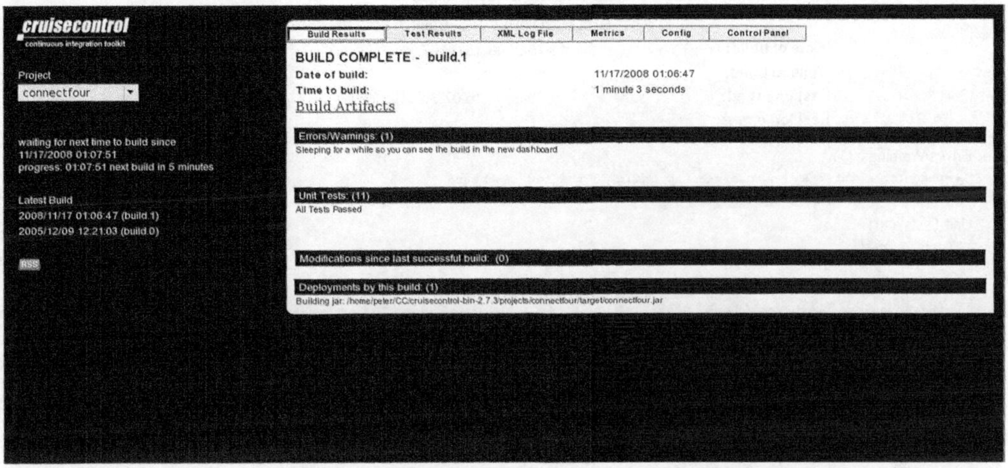

图 11.3　浏览器中的 CruiseControl 控制面板

代码 11.2　CruiseControl 的 htmlemail 通知

```
<htmlemail
    mailhost="your.company.smtp.host"                                   ❶
    returnaddress="cruisecontrol@yourcompany.com"                       ❷
    buildresultsurl="http://localhost:8888/buildresults/connectfour/"
    css="/home/peter/my-very-own-css/cruisecontrol.css"                 ❸
    logdir="logs/connectfour">                                          ❹
  <map alias="developers" address="connectfour-team@mycompany.com" />
  <map alias="manager" address="boss@mycompany.com" />
  <always address="manager" />
  <failure address="developers" reportWhenFixed="true" />
</htmlemail>
```

名为 `htmlemail` 的 publisher 定义了将要发送的通知邮件。我们首先定义了用来发送电子邮件的 `mailhost`❶，并且也指定了发送邮件的邮件地址❷。以上这两个参数与 `buildresultsurl` 参数（即构建结果所保存的位置）都是必需的。而剩下的所有参数则是可选的。我们可以指定一个自定义的 CSS 样式表❸和保存日志文件的路径❹。

最后一步是为通知邮件应该发送给哪些用户创建别名（alias）。我们使用 `map` 元素分别将这些别名映射到一个电子邮件。之后，我们指定了我们希望在什么情况下这些用户会收到邮件通知。默认情况下，在构建成功和失败时，CruiseControl 都会发送电子邮件通知。但是，对于整个开发团队来说，这会带来太多的信息量，并且这也是为什么我们要在这里指定这些用户只在构建失败时和问题被解决时才收到电子邮件通知。

现在是重新启动 CruiseControl 服务器并故意中断构建的时候了。可以提交某些命令来中断构建！仅在 300 秒钟后，你就应该会收到一封电子邮件，其内容如图 11.4 所示。

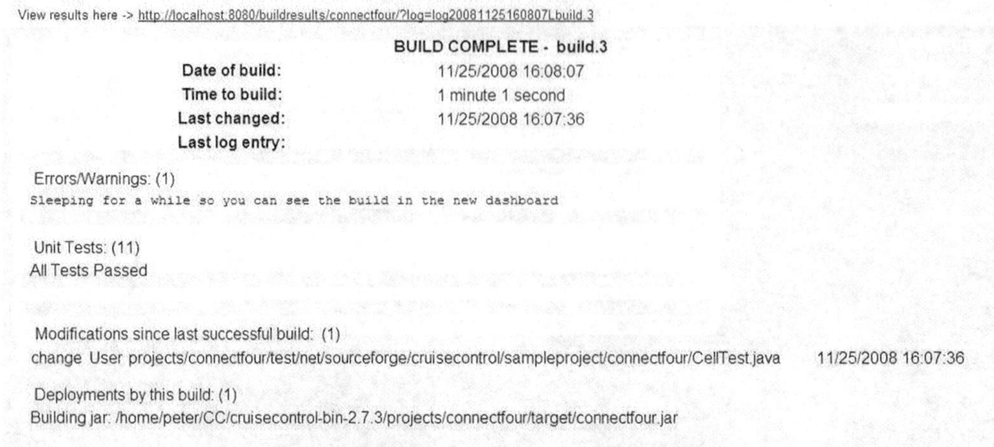
View results here -> http://localhost:8080/buildresults/connectfour/?log=log20081125160807Lbuild.3

BUILD COMPLETE - build.3

Date of build:	11/25/2008 16:08:07
Time to build:	1 minute 1 second
Last changed:	11/25/2008 16:07:36
Last log entry:	

Errors/Warnings: (1)
Sleeping for a while so you can see the build in the new dashboard

Unit Tests: (11)
All Tests Passed

Modifications since last successful build: (1)
change User projects/connectfour/test/net/sourceforge/cruisecontrol/sampleproject/connectfour/CellTest.java 11/25/2008 16:07:36

Deployments by this build: (1)
Building jar: /home/peter/CC/cruisecontrol-bin-2.7.3/projects/connectfour/target/connectfour.jar

图 11.4　来自 CruiseControl 服务器的电子邮件通知

正如你所看到的，这个报告为你提供的信息不仅包括了哪一项 JUnit 测试失败了，也包括了在资源控制系统中最后提交命令的用户。要确定团队中的哪一位成员应该为中断集成负责是极其容易的。

CruiseControl 具有一个即插即用的体系结构，如你所见，你可以在构建执行之前、期间或之后插入不同的 listener 或者 bootstrapper 来处理不同的事情。你也可以指定不同的 publisher 来以不同的方式通知构建执行的结果。除了我们已经介绍过的 `htmlemail` 方法，这里还有一个 publisher，用来在 Yahoo! Messenger 或 Jabber Messenger 上发送即时消息，或者将构建执行的结果张贴到博客中并通过一个 RSS 信息源来收集它们。

现在让我们来看一看另一个叫做 Hudson 的持续集成服务器。在我们介绍了 CruiseControl 和 Hudson 这两个服务器之后，你就可以比较它们并选出你想要使用的是哪一个。

11.3　另一个持续集成工具——Hudson

虽然第一个持续集成服务器很好用，但是还有一大堆其他的软件工具可供选择，我们通过介绍一些有趣的新特性，试着来与 CruiseControl 做一下比较。这些软件工具中的一部分甚至不是免费的（如 AntHill Pro、Hudson 或 Cruise[1]），并且你不仅需要为购买的产品付费，还需要为培训和技术支持支付费用。

为了完整起见，我们需要引入另一个工具。这样你就可以选择你所喜欢的工具。需要牢记的是，你的软件质量的提高不在于你选择使用的工具，而在于你决定实践持续集

1 Cruise 和 CruiseControl 不是一回事！虽然它们都源于同一家公司 Thought-Works，但 CruiseControl 是开源的，并且可以免费使用。而 Cruise 仍然是一款商业软件。

成的事实。

11.3.1　Hudson 简介

Hudson（http://hudson-ci.org/）是一个用来持续构建的开源项目。就像任何其他用来持续构建的软件一样，它基于一个想法：能够持续地从源码控制系统中轮询源代码，并且一旦它检测到了变化，就启动一次构建。为什么我们要在这一章中介绍它呢？首先，因为它已经成为一款被广泛使用的主流工具，其次，因为它与 CruiseControl 有本质上的区别。

11.3.2　安装

在安装 Hudson 之前，确保你已经安装了 J2SE 的 1.5 版本或者更高版本，同时确定你的环境变量 JAVA_HOME 指向了已经安装 Java 的目录。

安装过程本身非常简单。你访问 Hudson 项目的网站并下载最新版本的 Hudson。在本书编写之际，Hudson 的最新版本是 1.352。Hudson 分发包是一个独立的 WAR 文件，而 CruiseControl 分发包是一个 ZIP 文件。你无须解压缩这个 WAR 文件，因为 Hudson 自带了一个 Winstone Servlet 容器。你可以使用以下命令从命令行中启动该服务器：

```
java -jar hudson.war --httpPort=8888
```

注意，首先我们在除 8080 端口外的端口上启动 Hudson（仅仅因为本书中的示例要求这个端口是空闲的），其次，如果你以这种方式启动 Hudson，那么你所有的 log 文件都会转到控制台。

为了开始使用该服务器，你需要打开 http://localhost:8888/链接。如果没有出现任何错误，你应该可以看到如图 11.5 所示的界面。

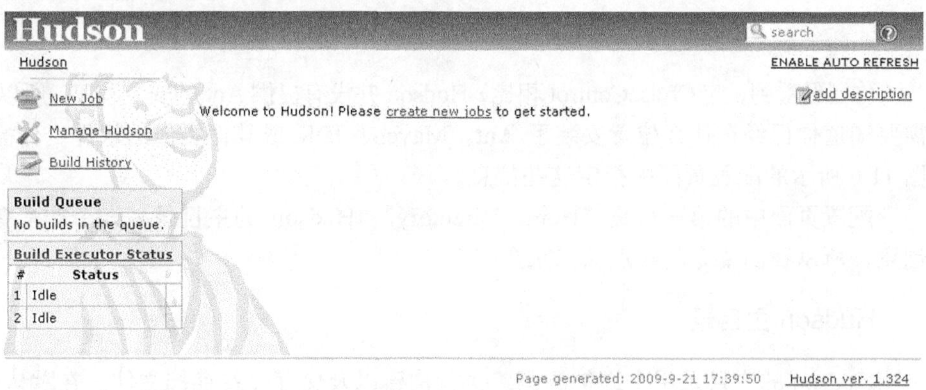

图 11.5　Hudson 初始启动界面

这里也可以指定不同的命令行参数，如重新定义服务器要在哪个端口上启动，或者重新指定应用程序要在哪个根目录下启动。

如果你不想使用 Winstone Servlet 容器，你也可以使用任何你想用的其他 Servlet 容器。如果你坚持采用这种解决办法，那么你将不得不按照你所使用的 Servlet 容器来决定安装过程。

11.3.3 配置 Hudson

与 CruiseControl 相比，Hudson 的优势在于更易于配置，Hudson 的配置可以通过 Web 界面来完成。一旦你已经安装了 Hudson，就可以开始进行配置了。打开一个浏览器，并在地址栏中输入 http://localhost:8888/。此时，你应该可以看到 Hudson 的欢迎界面，并且在界面的左侧会出现一个“Manage Hudson”的链接。单击该链接，你将会看到另外的一系列链接，这些链接可以转到你想要配置的安装部分。单击“Configure System”，将打开一个如图 11.6 所示的网页。

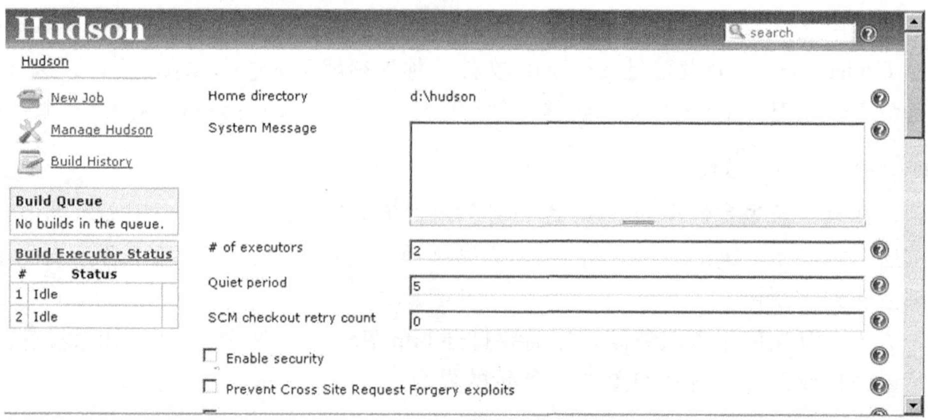

图 11.6 Hudson 的配置界面

你已经看到，与 CruiseControl 相比，Hudson 并没有提供 Ant 的安装程序，所以 Hudson 需要知道你已经在什么位置安装了 Ant、Maven、JDK 或其他类似的软件。你需要在如图 11.6 所示的配置页面中指定这些信息。

配置页面中的第一行是“Home Directory”。Hudson 的主目录是一个非常有意思的创意，所以我们要专门花点篇幅来介绍它。

Hudson 主目录

Hudson 的主目录用来维护源码、执行构建以及保存一些存档文件。在默认情况下，它位于$USER_HOME/.hudson（在 UNIX 操作系统下，$USER_HOME 被解析为/home/

<username>，而在 Windows 操作系统下，被解析为 C:\Documents and Settings\<username>\）。

你可以通过设置 `HUDSON_HOME` 的环境变量或者设置 `HUDSON_HOME` 的 Servlet 容器属性，来修改 Hudson 主目录的默认位置。

如果你此时查看一下 HUDSON_HOME 目录，你就会看到类似于代码 11.3 的目录结构。

代码 11.3 Hudson 主目录的目录结构

```
[HUDSON_HOME]
 +- config.xml      (hudson root configuration)                 ❶
 +- fingerprints    (stores fingerprint records)
 +- plugins         (stores plugins)                              ❷
 +- jobs                                                            ❸
     +- [JOBNAME]       (sub directory for each job)
         +- config.xml      (job configuration file)
         +- workspace       (working directory for the version control
                                                              system)
         +- latest          (symbolic link to the last successful build)
         +- builds
             +- [BUILD_ID]      (for each build)
                 +- build.xml       (build result summary)
                 +- log             (log file)
                 +- changelog.xml   (change log)
```

在主目录内部，Hudson 保存了一个配置文件❶、不同的插件❷以及它所运行的所有 Jobs❸。众所皆知，这些在 Hudson 中的 Jobs 就是你所构建的不同的项目。每一个 Job 都可以有多次构建，因此你可以轻易地发现哪次构建失败了以及构建失败的原因。

在配置页面中，也提供了一些选项用来指定安装 Ant（假如你想要构建的项目会用到 Ant）或者安装 Maven（假如你的项目正在使用 Maven 构建）的路径。你也可以在此指定 JDK、CVS 和电子邮件通知（如电子邮件服务器、用户名和密码）的安装信息。值得注意的是，你无须指定 build.xml 文件的路径，但是你需要指向安装 Ant 的目录，以便日后在 Hudson 上能够与 Ant 安装程序进行交互并且发布 `ant-f build.xml` 命令。

11.3.4 配置 Hudson 中的项目

到现在为止，你已经配置了 Hudson，使其可以找到 Ant、Maven 和其他软件工具的安装程序，于是你就可以继续操作并配置一个新的 Job。为了使用 Hudson 配置一个新的 Job，首先要打开 Hudson 的主界面，并在左侧的列表中单击“New Job”链接。然后，你将会看到一个需要填写的示例表格。你必须为 Job 指定一个名字，并确保你选择了页面中所显示的某一项构建选项。如果你的构建是基于 Maven2 的，则要确保你选择了“Build A Maven2 Project”选项，否则就选择“Build A Free-style Software Project”选项，单击“OK”按钮，你将会看到如图 11.7 所示的项目配置界面。

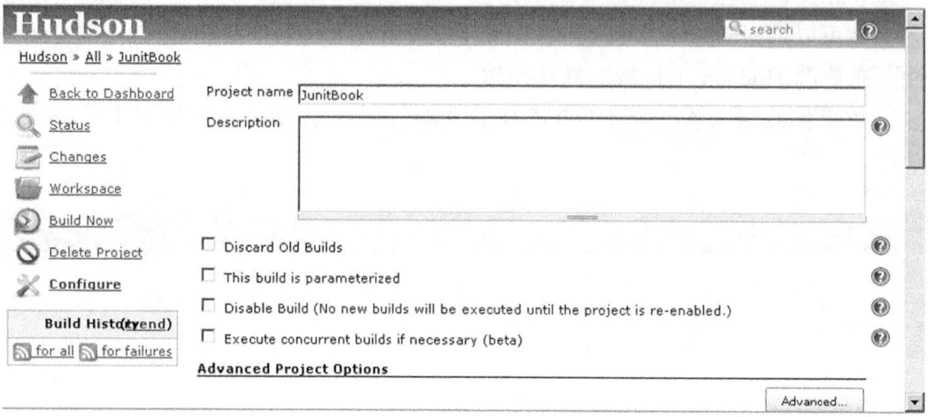

图 11.7 Hudson 中的项目配置界面

在这里你可以设置你想要构建 Job 的方式。你可以使用配置界面中的开头几行来指定和修改 Job 的名字和说明。然后，还可以设置一些与你所使用的源码控制管理（SCM）系统有关的选项（如 Subversion、CVS 等）。

接下来的这一部分指定了构建触发器的设置——在什么情况下你想要触发你的构建。现在你的面前显示了几个选项：轮询 SCM 系统以检查是否需要进行一次构建、阶段性地构建项目、在构建了一些独立项目之后再构建该项目等。这里我们选择“Poll The SCM”触发器；然后我们需要在打开的一个文本框中指定我们想要进行轮询的时间间隔。这个文本框使用了一个很友好的语法，它遵循了 UNIX Cron 工具的语法。例如，我们想要每个小时都执行一次项目，所以我们就在这个文本框中指定了`@hourly`。如果你点击触发器旁边相应的问题标记，你就可以了解关于 Cron 语法的更多内容。

接下来的一部分设置与调用构建本身有关。你可以指定执行一段 Shell 脚本、一个 Windows 批处理文件、一个 Ant 构建文件或者一个 Maven 构建文件。在以上任何一种情况中，你都可以指定任何参数、对象、目标等。你也可以设置多个构建步骤，如首先调用一段 Shell 脚本，然后再运行 Ant。这里也提供了一些其他的选项，用户可以通过拖放操作重新设置所有的这些构建步骤。

最后一部分配置了构建完成后的触发器。这里列出的选项将帮助你发布工件、发布 Javadoc、构建其他一些项目、发送一封附有构建结果的电子邮件或者任何其他你所需要的内容。这里也提供了选择多个触发器的选项。

在完成以上所有设置后，你应该保存该 Job 的配置。这个操作将会使你跳转到项目的主页中，如图 11.8 所示。

从 Job 的主页中，你可以追踪当前 Job 的情况。在页面左侧的菜单中，你可以选择查看其他用户对该 Job 进行的修改、检查该 Job 的工作空间、删除该项目、配置该项目或者设定另一次构建。你也可以通过 RSS 信息源订阅构建结果。

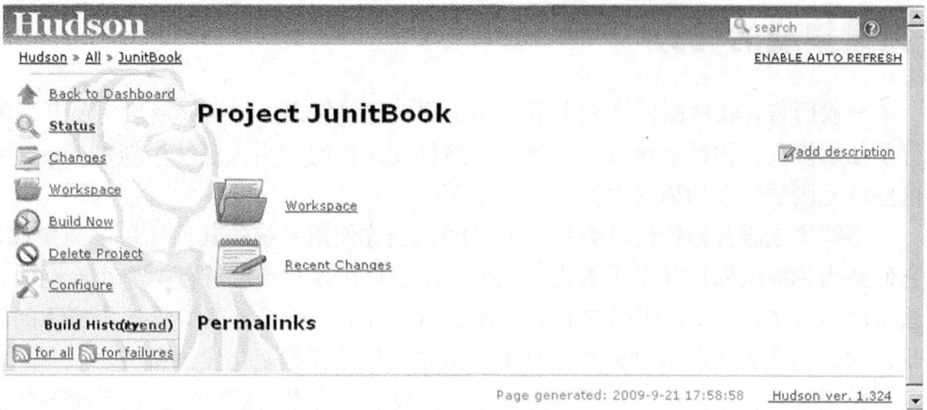

图 11.8 Hudson 的 Job 主页

由于我们不希望为了触发构建而等上一个小时，所以让我们现在就执行它吧。在 Job 的主页上，点击“Build Now”链接并耐心等待构建结束。

现在你可以在 Job 的主页上看到构建执行的结果了。你不仅可以看到构建是何时运行的，也可以看到最后一次成功的构建是何时发生的。点击任何一个构建数字可以让你更深入地了解构建本身：哪一个模块被构建了、哪一次测试失败或成功了，更重要的是还给出了相应的理由，如图 11.9 所示。

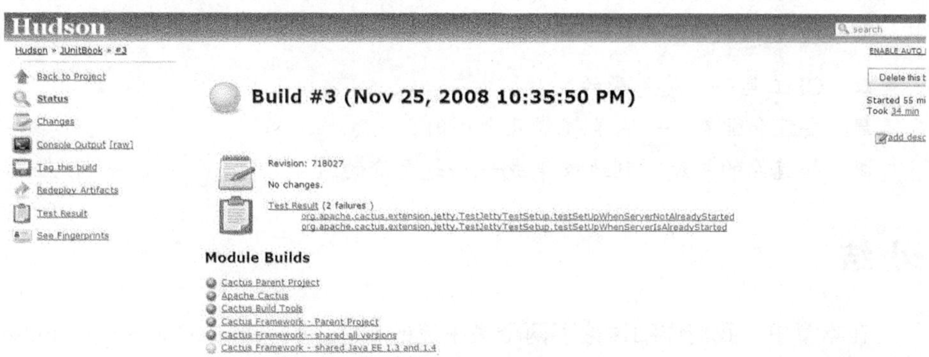

图 11.9 Hudson 构建结果

一旦你使用了 Hudson 一段时间后，你就可能会发现它更加易于使用。它整个的配置都可以通过一个友好的 Web 界面来完成，并且它相对容易实现。但是，最明显的优点是 Web 界面非常直观，这也就是我们为什么没有详细介绍 Hudson 的原因。另一个原因是 Hudson 目前正处于快速发展时期。它是一个具有大批开发人员支持的成熟项目，这些开发人员不断地为了改进代码库而努力。从这个角度来看，看看这个项目将如何随着时间发展也是非常有意义的。

11.4 持续集成的优势

一般而言，软件测试是为了帮助你发现自己的错误。每当你对自己所开发的代码进行了任意修改，你都会执行单元测试。这样无论何时你引入了一个新的 bug 到系统中，这些单元测试都会为你提供保护并发出警告。

持续集成服务器恰恰具有相同的目的：当你使用系统的其他模块中断集成过程时，它们会为你提供保护并发出警告。此外，由于每次你对系统进行一个小改动时，你都无法手动运行 CI 工具，所以它们会在独立的主机上运行并试图持续地集成你的软件。但是，它们仍会为你提供保护并针对中断集成过程的任意变化发出警告。

关于为什么不使用 CI 工具这个问题，我们从许多人那里听到过各种各样的回答，其中最有说服力的一条理由是："我没有看到使用它的好处。"并且通常持有这种说法的都是从来没有使用过 CI 服务器的人。

我们都会犯错误——面对现实吧！你和我们，以及任何其他人——是人就会犯错误。而且不管你有多么优秀，你都会偶尔犯错误，包括在系统中引入一个 bug。认识到这一点，那么在这些错误发生时通过某种机制来通知你就显得合情合理了。软件测试和 CI 工具恰恰就是这样的好帮手。一旦你启用了一个 CI 工具，无论采用哪一个工具——CruiseControl、Hudson 或者其他任何类似的工具——你就会明白，知道有一个好帮手正在为你提供保护，同时一个空的邮箱意味着没有任何事情被中断，这种感觉是多么美好。

总结一下我们所介绍的内容：

- CI 工具——是免费的。
- 安装和配置——需要耗费几个小时。
- 知道你的构建顺利地被集成——是无价的。

11.5 小结

在本章中，我们详细讨论了两个最主流的 CI 工具：CruiseControl 和 Hudson。你可能已经注意到了它们是完全不同的。那么，我们为什么要介绍这两个工具呢？

原因是可以帮助你充分理解：在现代软件开发生命周期中，持续集成是一个非常重要的概念；虽然你使用哪一个 CI 工具完全没有区别，但你是否采用 CI 工具却会带来很大的不同。

在本章中，我们结束了本书中涉及 JUnit 与构建过程集成的这一部分内容。现在你可以运行你的构建、使用 Ant 或 Maven 执行测试了，也可以创建一个持续集成构建并按照预定的原则执行你的构建和测试。

这样你就拥有了可以保护模块远离新 bug 的 JUnit 测试，同时你也拥有了一个工作空间，可以持续地执行构建和运行测试，以查看在集成过程中是否有任何事情被中断。现在你已经完全实现了自动化，可以继续下一章的内容了。

本书的下一个部分会涉及测试应用程序的不同的层。我们会看到一些测试示例，包括如何针对表示层、针对数据库和持久层执行测试。我们也展示了如何测试你的 GUI 组件，而且你可以在你刚刚了解的持续集成环境中整合这些测试并运行它们。让我们继续前进!

第 4 部分

JUnit 扩展

本书的最后一部分介绍了不同类型的 JUnit 扩展。我们涵盖了所有类型的外部项目，它们试着通过扩展 JUnit 来弥补测试框架的不足。它们可以测试企业级应用程序的不同方面和层面。

我们首先在第 12 章中介绍了 HTMLUnit 和 Selenium 项目。我们向你演示了如何使用这些项目来测试你的表示层。我们不仅详细描述了如何创建你的项目，而且还深入说明了一些测试表示层的最佳实践。第 13 章专门介绍了前端的测试，在这一章中我们将探讨如何测试应用程序的 Ajax 部分。我们还引入 JsUnit 项目，并针对 Google Web Toolkit（GWT）应用程序给出一些特别的提示。

第 14 章和第 15 章重点介绍了如何测试服务器端的 Java 代码。第 14 章介绍了 Cactus 项目，该项目主要用来测试 Java EE 的核心组件（如 JSP、Servlet、EJB 等）。第 15 章描述了 JSFUnit 项目，该项目可以用来测试基于 JSF 的应用程序。

第 16 章内容不多，重点介绍了如何测试面向组件的应用程序。我们描述了用来测试 OSGi 服务的各种技术。

第 17 章和第 18 章专门讨论了持久层的测试。这两章主要介绍了 DBUnit 项目，并给出了测试应用程序 JPA 部分的具体方法。

最后一章介绍了如何使用 Unitils 和 JUnit-addons 项目来创建你自己的扩展。

第 12 章　表示层的测试

If debugging is the process of removing software bugs, then programming must be the process of putting them in.

如果说调试是消除软件错误的过程，那么编程就是制造错误的过程。

——Edsger Dijkstra

本章重点

- 介绍表示层测试
- 使用 HtmlUnit 进行测试
- 使用 Selenium 进行测试

简单来说，表示层测试（presentation-layer testing）就是在应用程序的图形用户接口（GUI）中找出错误。找出这一层的错误与找出应用程序其他层的错误同样重要。一次糟糕的用户体验可能会使你失去一位客户或者阻止一名网上冲浪者再次访问你的网站。此外，用户界面中的错误可能会导致应用程序其他部分的运行故障。

由于 GUI 的特性以及与人的交互性，GUI 测试提出了一些独特的要求，并且需要依赖它自己的一套工具和技术。本章涵盖了 Web 应用程序用户界面的测试。

我们在此讨论什么可以客观地或以编程方式对 GUI 进行断言。而对于主观元素的选择，如字体、颜色及版面设计等，是否会导致应用程序难以使用或无法使用，则不在本章讨论的范畴之内。

我们能够测试的包括页面内容上的所有细节（甚至可以包括拼写）、应用程序的结构或导航（例如，以下链接指向他们预期的目标），以及使用验收测试[1]来验证用户操作的能力。我们还可以验证网站运行所需要的浏览器和操作系统。

12.1 选择测试框架

我们来看一下两个用来在 JUnit 中实现表示层测试的免费开源工具：HtmlUnit 和 Selenium。

HtmlUnit 是一个纯 Java 编写的 headless 浏览器框架，它可以与你的测试运行在相同的虚拟机上。当你的应用程序不依赖于操作系统特性，并且浏览器特定的实现与 HtmlUnit 无关（如 JavaScript、DOM、CSS 等）时，就可以使用 HtmlUnit。

Selenium 可以通过编码驱动各种 Web 浏览器并检查 JUnit 的结果。Selenium 也提供一个简单的 IDE 来记录和回放测试，并且能生成测试代码。当你需要验证具体的浏览器和操作系统时，就可以使用 Selenium，尤其是在应用程序充分使用或依赖于某个浏览器的特定实现（如 JavaScript、DOM、CSS 等）时。

让我们从 HtmlUnit 开始吧。

12.2 HtmlUnit 简介

HtmlUnit 是一个开源的由 Java 编写的 headless 浏览器框架。它允许测试通过编码来模拟基于浏览器的 Web 应用程序的用户。HtmlUnit 测试不会显示用户界面，这个框架可以让你对 Web 应用程序的方方面面进行测试。

我们在这里介绍一些最常见的任务；除此之外，你会发现 API 非常简单且易于使用。在后面的章节中，当我们提到“使用 Web 浏览器进行测试”时，就可以理解为：我们通过模拟一个特定的 Web 浏览器来进行测试。

关于如何安装 HtmlUnit，可以参考本书的附录 E“安装软件”。

12.2.1 一个实例

我们来看一下代码 12.1 中给出的示例。现在你可以测试了，假设你能够连接到互联网。该测试将会访问 HtmlUnit 网站，浏览器定位到 Javadoc，并且确保每个类都有相应的文档。

代码 12.1 我们的第一个 HtmlUnit 示例

```
[...]
public class JavadocPageTest {
```

[1] 极限编程验收测试：http://www.extremeprogramming.org/rules/functionaltests.html。

```
@Test
public void testClassNav() throws IOException {
   WebClient webClient = new WebClient();                                          ❶
   HtmlPage mainPage = (HtmlPage) webClient.getPage(                              ❷
      "http://htmlunit.sourceforge.net/apidocs/index.html");
   HtmlPage packagePage = (HtmlPage) mainPage.getFrameByName(                     ❸
      "packageFrame").getEnclosedPage();
   HtmlPage bVerPage = packagePage.getAnchorByHref(                               ❹
      "com/gargoylesoftware/htmlunit/BrowserVersion.html").click();
   HtmlParagraph p = (HtmlParagraph) bVerPage.getElementsByTagName(               ❺
      "p").item(0);
   Assert.assertTrue("Unexpected text", p.asText().startsWith(                    ❻
      "Objects of this class represent one specific version of a given"));
   webClient.closeAllWindows();                                                   ❼
}
}
```

让我们逐步分析一下这个示例。我们总是从创建一个 HtmlUnit Web 客户端❶开始，系统默认为我们提供了一个 Internet Explorer 7 Web 客户端。我们从 Web 客户端访问了主页❷，然后访问了位于页面左下角方框中的类列表❸。接下来，我们获得了我们感兴趣的类的链接，并且像用户那样点击它❹。针对我们点击的链接，这会打开一个新页面，然后我们再针对第一段的元素进行查询❺。最终，我们检查了以我们预期的文本开始的段落应该在那里❻，并释放了资源❼。

这个示例涵盖了以下基础元素：获得到一个 Web 页面，浏览器定位 HTML 对象模型以及断言结果。你会注意到定位 HTML 模型的代码中缺少标准的 JUnit 断言。如果 HtmlUnit 没有找到一个元素或者遇到一个问题，它就会自动抛出一个异常。

12.3　编写 HtmlUnit 测试

当你编写 HtmlUnit 测试时，你写的代码模拟了一个坐在 Web 浏览器前的用户的行为：你获得一个页面，输入数据，阅读文本，并且点击按钮和链接。你没有手动地操作浏览器，而是通过编程控制了一个模拟的浏览器。在每一个步骤中，你都可以查询 HTML 对象模型，并断言你所期望的值。如果遇到问题，该框架将会抛出异常，这将允许你的测试用例不去检查这些错误，从而减少混乱。

12.3.1　HTML 断言

现在你已经知道，JUnit 提供了一个称为 `Assert` 的类，它允许测试在检测到错误条件时失败。因此，`Assert` 是任何单元测试的根本。

HtmlUnit 提供了一个类似的类，叫做 `WebAssert`。它包含了对 HTML 标准的断言，比如 `assertElementPresent`、`assertLinkPresent` 和 `assertTextPresent`。HtmlUnit 本身经常使用 `WebAssert notNull` 来避免 null 参数。在你编写功能可能重复的代码之

前，一定要检查 WebAssert 类。

如果你需要的方法不存在，那么你就应该考虑创建你自己的断言类来进行额外的 HTML 断言。你也可以考虑创建一个应用程序特定的断言类，以便在你的单元测试中重用。记住，代码重复是敌人。

12.3.2 对特定的 Web 浏览器进行测试

HtmlUnit 到了 2.7 版本，支持如表 12.1 所示的浏览器。

表 12.1 HtmlUnit 支持的浏览器

Web 浏览器与版本	HtmlUnit 的 **BrowserVersion** 常量
Firefox 2（不推荐）	BrowserVersion.FIREFOX_2
Firefox 3	BrowserVersion.FIREFOX_3
Internet Explorer 6	BrowserVersion.INTERNET_EXPLORER_6
Internet Explorer 7	BrowserVersion.INTERNET_EXPLORER_7
Internet Explorer 8	BrowserVersion.INTERNET_EXPLORER_8

默认情况下，WebClient 模拟 Internet Explorer 7。为了指定要模拟哪一种浏览器，你可以给 WebClient 构造函数提供一个 BrowserVersion 常量。例如，对于 Firefox 3，可以使用以下代码：

```
WebClient webClient = new WebClient(BrowserVersion.FIREFOX_3);
```

12.3.3 测试多个 Web 浏览器

你也许想使用最常用的 IE 和 Firefox 版本来测试你的应用程序。为了实现这个目的，我们定义测试包含了 HtmlUni t 支持的所有 Web 浏览器。

代码 12.2 使用了 JUnit 的 Parameterized 性能来执行相同的测试，其中包含了 HtmlUnit 支持的所有浏览器。

代码 12.2 针对 HtmlUnit 支持的所有浏览器进行测试

```
[...]
@RunWith(value = Parameterized.class)                                    ❶
public class JavadocPageAllBrowserTest {

    private BrowserVersion browserVersion;                               ❷

    @Parameters
    public static Collection<BrowserVersion[]> getBrowserVersions() {   ❸
        return Arrays.asList(new BrowserVersion[][]{
            {BrowserVersion.FIREFOX_2},
            {BrowserVersion.FIREFOX_3},
            {BrowserVersion.INTERNET_EXPLORER_6},
            {BrowserVersion.INTERNET_EXPLORER_7}});
```

```
    }
    public JavadocPageAllBrowserTest(BrowserVersion browserVersion) {   <-4
        this.browserVersion = browserVersion;
    }
                                                                          5
    @Test
    public void testSearchPage() throws Exception {                    <-
        WebClient webClient = new WebClient(this.browserVersion);
        // same as before...
    }
}
```

基于我们的前一个示例，我们做了以下改变：我们使用了 JUnit 的测试运行器 `Parameterized`❶。我们添加了一个 BrowserVersion 实例变量❷来跟踪浏览器的上下文。我们添加了 `getBrowserVersions` 方法❸来返回与待测浏览器对应的一系列 `BrowserVersion` 对象。这个方法的签名一定是`@Parameters public static java.util.Collection`，且没有参数。`Collection` 元素必须是同样长度的数组。这个数组的长度必须与唯一的公共构造函数的变量数目相匹配。在我们的例子中，每个数组包含一个元素，这是因为公共构造函数只有一个变量。

现在让我们逐步分析这个测试。JUnit 调用静态方法 `getBrowserVersions`❷。JUnit 为了 `getBrowserVersions` 集合中的每个数组进行循环❸。JUnit 调用了唯一的公共构造函数❹。如果存在着多个公共构造函数，JUnit 就会抛出一个断言错误。JUnit 使用由数组元素构成的一系列变量来调用构造函数。在我们的例子中，JUnit 使用数组中的唯一元素调用了只有一个变量的构造函数。然后 JUnit 正常地调用每个`@Test` 方法❺。我们会为 `getBrowserVersions` 集合中的下一个数组重复这个过程❸。

当你将测试结果与前一个示例进行比较时，你就会看到参数化的 JUnit 测试运行器运行了同一个方法 4 次，为`@Parameters` 集合中的每一个值运行一次；而前一个示例只运行了一个测试。

12.3.4 创建独立的测试

你可能并不总是想使用实际的 URL 处理页面，比如 test fixture、HTTP、文件等。接下来，我们将向你展示如何在单元测试代码中嵌入和运行 HTML。

这个框架允许你将一个 mock[1]的 HTTP 连接插入到一个 Web 客户端。在代码 12.3 中，我们使用默认的 HTML 响应字符串建立了一个 mock 连接。然后，该测试就可以通过使用任何 URL 值来获得这个默认的页面。

代码 12.3 配置一个独立的测试

```
[...]
public class InLineHtmlFixtureTest {
```

[1] 具体可以参见本书第 7 章“使用 mock objects 来测试”。

```
@Test
public void testInLineHtmlFixture() throws Exception {
   final String expectedTitle = "Hello 1!";
   String html = "<html><head><title>" + expectedTitle +
                                       "</title></head></html>";
   WebClient webClient = new WebClient();
   MockWebConnection conn = new MockWebConnection();        ❶
   conn.setDefaultResponse(html);                            ❷
   webClient.setWebConnection(conn);                         ❸
   HtmlPage page = webClient.getPage("http://page");
   Assert.assertEquals(expectedTitle, page.getTitleText());
   webClient.closeAllWindows();
}
[...]
```

我们首先定义预期的 HTML 页面标题和 HTML test fixture。然后，我们创建 Web 客户端 `MockWebConnection`❶，并且安装 HTML fixture，作为对 mock 连接的默认响应❷。接着，我们可以设置 Web 客户端连接到我们的 mock 连接❸。现在我们已经准备好了，并且我们获得了测试页面。在这里使用任何 URL 都可以获得该页面，因为我们建立了我们的 HTML fixture 作为默认响应。最后，我们检查页面标题是否与我们的 HTML fixture 相匹配。

为了配置一个具有多页面的测试，你可以为每个页面调用 `MockWebConnection` `setResponse` 方法中的任意一个。代码 12.4 在一个 mock 连接中建立 3 个页面。

代码 12.4 使用多页面 fixture 来配置测试

```
@Test
public void testInLineHtmlFixtures() throws Exception {
    WebClient webClient = new WebClient();
    final URL page1Url = new URL("http://Page1/");
    final URL page2Url = new URL("http://Page2/");
    final URL page3Url = new URL("http://Page3/");

    MockWebConnection conn = new MockWebConnection();
    conn.setResponse(page1Url,
       "<html><head><title>Hello 1!</title></head></html>");
    conn.setResponse(page2Url,
       "<html><head><title>Hello 2!</title></head></html>");   ❶
    conn.setResponse(page3Url,
       "<html><head><title>Hello 3!</title></head></html>");
    webClient.setWebConnection(conn);

    HtmlPage page1 = webClient.getPage(page1Url);              ❷
    Assert.assertEquals("Hello 1!", page1.getTitleText());    ❸

    HtmlPage page2 = webClient.getPage(page2Url);
    Assert.assertEquals("Hello 2!", page2.getTitleText());
    HtmlPage page3 = webClient.getPage(page3Url);
    Assert.assertEquals("Hello 3!", page3.getTitleText());
    webClient.closeAllWindows();
}
```

这个示例在一个 mock 连接中设置了 3 个页面❶，并且测试获得了每个页面❷，也验证每个页面的标题❸。

常见的陷阱

不要忘记 URL 中结尾的斜杠（/）；“http://Page1/”可以正常工作，但 http://Page1 就无法找到 mock 连接，因此会抛出一个异常。

12.3.5 导航对象模型

HtmlUnit 提供了一个与 HTML 对象模型类似的对象模型。你可以使用该对象模型来导航你的应用程序的 Web 页面。下面让我们一起来探讨一下它。

为了获得一个 HTML 页面，你总是要从一个 `WebClient` 开始并调用 `getPage`：

```
WebClient webClient = new WebClient();
HtmlPage page = (HtmlPage) webClient.getPage("http://www.google.com");
```

HtmlPage 是一个 HTML 页面从服务器返回的 HtmlUnit 模型。一旦你有了一个页面，你就可以通过以下 3 种方式之一来访问它的内容：

- 调用反射特定的 HTML 概念的方法，比如 form、anchor 和 frame；
- 调用通过引用名称和 ID 来访问 HTML 元素的方法；
- 调用使用了 XPath 的方法，XPath 是一种 Web 标准，用来处理 XML 文档节点。

现在让我们来看一看每种技术。

12.3.6 通过特定的元素类型访问元素

HtmlPage API 提供了反射 HTML 元素模型的各种方法：对于 anchor（锚点），有 `getAnchorByName`、`getAnchors` 等；对于 body（文档主体），有 `getBody`；对于 form（表单），有 `getFormByName` 和 `getForms`；对于 frame（框架），有 `getFrameByName` 和 `getFrames`；对于 meta tag（元标签），有 `getMetaTags`。在接下来的章节中，我们将会专门探讨如何使用 form 和 frame 元素。

12.3.7 通过名字与索引访问元素

以下讨论适用于所有可以返回一个 `List` 的方法：`getAnchors`、`getForms` 和 `getFrames`。你应该仔细考虑使用索引来访问这些列表的含义。比如说，考虑如下代码：

```
HtmlForm form = page.getForms().get(0);
```

该索引访问在你的测试中创建了一种假设情况：假设你想要测试的 HTML 表单总是位于列表中的第一个表单。如果页面发生了改变并且搜索表单改变了位置，那么你的测试将会失败，即使页面功能可能并没有变。通过使用索引来访问表单，你可以显式地测试页面上的表单顺序。如果你想测试这个列表中的一个元素的顺序，那么只能通过列表索引来访问元素。

为了使代码不受列表顺序变化的影响，使用：

```
HtmlForm form = page.getFormByName("f");
```

来替代代码：

```
HtmlForm form = page.getForms().get(0);
```

你可能会说，你现在依赖于表单的名称“f”，而不是表单的位置 0。这样做的好处是，当你更改变页面上的表单顺序时，表单的名称无须改变，但表单的索引必须改变。

当元素顺序很重要时，列表是很有用的。你可能想断言一个锚列表是按照字母顺序排列的，或者断言一个产品列表是按照升序价格排列的。

12.3.8　通过引用访问元素

正如你刚刚看到的，HtmlPage 允许你通过名字获得特定的元素。HtmlPage 也可以让你通过名称、ID 或者带有任何以 getElementBy 开头的方法（如 getElementById、getElementByName 等）的访问关键字来访问元素。这些方法允许你问一些关于 HTML 模型的一般问题。例如，当我们写成：

```
HtmlForm form = page.getFormByName("f");
```

这表示我们明确地要求找到一个以“f”命名的表单。我们也可以写成：

```
HtmlForm form = (HtmlForm) page.getElementsByName("f").get(0);
```

这表示要求找到以“f”命名的所有元素，然后再找到列表中的第一个元素。

注意代码中有两个变化：首先，我们将结果强制转换为所需的类型，除非我们能够直接使用 HtmlElement。其次，因为元素名称在一个页面中不是唯一的，所以 getElementsByName 会返回一个 HtmlElement 列表，这就是我们为什么调用 get 的原因。

如果你能通过 ID 访问想要的元素，那么你就可以使用 getElementsById，并取消调用 get。调用 get 会为这个测试引入一些致命的影响，因为我们引入了对列表顺序的依赖关系。如果我们想要一个适应性更强的测试，并且元素不包含 ID，那么我们就需要采取以下方法之一：

- 遍历列表，直到我们找到正确的元素。
- 使用 getChildren 或 getChildNodes 来向下寻找所需的元素。

以上两种选择都没什么吸引力，因此这里建议使用 HTML ID（如果你能够使用的话）。这使可以你创建适应性更强的测试。

一般来说，对于每个 HTML{Element}，都有一个称为 `Html{Element}`的类，如 `HtmlForm`。有些类的名称比它们的 HTML 元素名称更加直接清晰：例如，对于 HTML 元素“a”，这个类是 `HtmlAnchor`；而对于“h1”，这个类是 `HtmlHeading1`。

12.3.9 使用 XPath

使用 XPath[1]来进行复杂搜索可以降低代码的复杂度。XPath 是一种被 W3C 用来在 XML 文档中查询节点的语言。在这里我们不会讲述 XPath 语言本身；我们只关注在 HtmlUnit 中使用 XPath 所执行的两类任务：访问特定的元素和收集数据。

使用 XPath 访问元素

你可以调用两种方法中的任意一个来运行 XPath 查询：`getByXPath` 返回一个元素列表，而 `getFirstByXPath` 返回单个的元素。因为 `DomNode` 实现了这两种方法，所以不仅可以访问 HtmlPage，也可以访问所有的 `DomNode` 子类（包括了 HTML 类）。

了解使用哪些 XPath 表达式可能会带来许多麻烦和错误。幸运的是，你可以使用 XPath Checker[2]或 Firebug[3]（免费的开源 Firefox 附加组件）来检查任何网站，并且从当前的选择创建一个 XPath 表单。例如，访问 Google 主页上的文本输入域，可以使用：`/html/body/center/form/table/tbody/tr/td[2]/input[2]`。

注意，由这些工具自动生成的表达式通常会遇到索引问题，这与我们之前在 12.3.7 小节中讨论过的索引问题是一样的。通过检查代码，你可以创建以下表达式，它将对页面中的变化有更强的适应性：

```
//input[@name='q']
```

我们都知道天下没有免费的午餐[4]。因此，这个表达式在不受页面变化影响及简洁性上的提升需要付出一点小小的性能代价：XPath 必须找到页面上所有与条件`[@name='q']`匹配的输入元素，然后给出第一个元素。这与第一个表达式形成对比，第一个表达式是向下找出页面中的已知点，或者如果缺少了一个元素就会失败。为了运行这个 XPath 查询，调用如下：

```
page.getFirstByXPath("//input[@name='q']");
```

接下来，我们来看一看由 HtmlUnit API 支持的一项强大的 XPath 功能：收集数据的能力。

---

1 XPath 1.0：http://www.w3.org/TR/xpath。
2 XPath Checker：http://slesinsky.org/brian/code/xpath_checker.html。
3 Firebug：http://getfirebug.com/。
4 TANSTAAFL：http://en.wikipedia.org/wiki/TANSTAAFL。

使用 XPath 收集数据

XPath 一个极其强大的功能就是，它可以返回一组节点。这个功能允许我们使用一个表达式来执行一个可以返回一组数据的查询。这是一个非常好的收集页面数据的方法，无论这些值是否正式地出现在类似列表的结构中，比如 HTML 表格、列表及表单。

例如，这个表达式从 Java 6 的 Javadoc 页面中返回了一个锚列表，列出了所有包的名称：

```
//a[contains(@href, 'package-frame.html') and @target='packageFrame']
```

为了查看 XPath 表达式的实际效果，打开 Java 6 的 Javadoc 页面：

```
client = new WebClient();
mainPage = (HtmlPage) client.getPage
➥("http://java.sun.com/javase/6/docs/api/index.html");
```

然后打开包列表页面：

```
HtmlPage packageListPage = (HtmlPage) mainPage.getFrameByName
➥("packageListFrame").getEnclosedPage();
```

从这个页面，我们可以收集到所有指向 Java 包的链接：

```
List<DomNode> anchors = (List<DomNode>) packageListPage.getByXPath
➥("//a[contains(@href, 'package-frame.html') and @target='packageFrame']");
```

注意 XPath 有 1.0[1]版本和 2.0[2]版本的规范。HtmlUnit 包含了 Apache Xalan XPath 实现，但它只支持 XPath 1.0。如果你想使用 XPath 2.0 的功能，那么你就需要获得一个 XPath 2.0 引擎，这通常是指 XSL 2.0 引擎，比如 Saxon。当然，你也需要编写一些代码。

12.3.10 测试失败和异常

测试使用 JUnit 的 `Assert` 类和 HtmlUnit 的 `WebAssert` 类来检查错误条件，并让 HtmlUnit API 抛出未检查的异常。我们已经在 12.3.1 小节中介绍了 `WebAssert` 类。例如，如果你通过调用 `HtmlPage getFormByName` 来使用无效名查询一个表单，你就会获得以下异常：

```
com.gargoylesoftware.htmlunit.ElementNotFoundException:
➥elementName=[form] attributeName=[name] attributeValue=[unknown_element]
```

如果你调用 `WebClient getPage` 而页面不存在时，你将会遇到以下异常：

```
java.net.UnknownHostException: unknown_page
```

HtmlUnit 在包 `com.gargoylesoftware.htmlunit` 中定义了类似 `ElementNot`

---

1 XPath 1.0：http://www.w3.org/TR/1999/REC-xpath-19991116。

2 XPath 2.0：http://www.w3.org/TR/xpath20/。

FoundException 的各种表达式。为了验证一个方法能够抛出预期的异常，可以使用预期的属性来注释这个方法：

```
@Test(expected = ElementNotFoundException.class)
```

因为这些异常都未被检查，所以你不必从你的方法中删除它们，但是如果你想检查一个失败的特定状态，那么你就要记得捕获它们。例如，异常 ElementNotFound Exception 包含了导致失败的确切原因的特定信息：元素名、属性名和属性值。

尽管在 WebAssert 的 Javadoc 中没有明文说明，但 WebAssert 方法会针对一些意外的情况抛出异常。许多 WebAssert 方法都会抛出 ElementNotFoundException 异常。

JavaScript 和 ScriptExpection

默认情况下，所有的 JavaScript 错误都会抛出一个 ScriptException，并使得你的单元测试失败。这可能是无法接受的，尤其当你正在与第三方站点进行集成测试时，或者当异常是由于 Mozilla 的 JavaScript 库或 HtmlUnit 本身的缺陷而引起时。你可以通过在 Web 客户端上调用 setThrowExceptionOnScriptError 来避免因为 JavaScript 错误而导致中止单元测试：

```
webClient.setThrowExceptionOnScriptError(false);
```

日志

无论何时 HtmlUnit 遇到问题，你都会注意到控制台上的 HtmlUnit 日志警告。为了不显示这些消息，你就需要告诉记录器忽略警告，并且只报告严重的问题。以下示例将所有的 HtmlUnit 记录器设置到严重级别：

```
@BeforeClass
public static void setUpLogging() {
  Logger.getLogger("com.gargoylesoftware.htmlunit").setLevel(Level.SEVERE);
}
```

HtmlUnit 使用了 Apache Commons Logging 来记录它的日志，而 Apache Commons Logging 又默认使用了 JRE 日志工具。我们的示例直接重新配置了一个 JRE Logger 实例。一般情况下，Apache Commons Logging 不会允许你重新配置日志；你必须使用实际的日志实现才能这么做。

12.3.11 应用程序与网络导航

一般来说，你可以通过获得一个 HTML 页面，然后点击其中的链接或者用户界面元素（如按钮），来在应用程序和网页中进行导航。API 能够执行导航的所有表单。让我们来看一下不同类型的导航。

页面导航

使用 WebClient getPage()方法来获得一个页面。你可以通过 URL 或 URL 字符串获得一个页面。比如：

```
WebClient webClient = new WebClient();
webClient.setThrowExceptionOnScriptError(false);
HtmlPage page = (HtmlPage) webClient.getPage("http://www.google.com");
HtmlPage page2 = (HtmlPage) webClient.getPage
➥(new URL("http://www.yahoo.com"));
```

如果页面不存在或者不可到达，API 就会抛出一个异常，具体可以参见 12.3.10 小节。

点击导航

click 和 dblClick 方法可以方便地通过链接或者任意可以点击的用户界面元素进行导航。例如，继续之前的示例，我们输入一个网页查询并点击“搜索”按钮：

```
HtmlForm form = page.getFormByName("f");
HtmlTextInput queryText = (HtmlTextInput) form.getInputByName("q");
queryText.setValueAttribute("Manning Publications Co.");
HtmlSubmitInput searchButton = (HtmlSubmitInput) form.getInputByName("btnG");
HtmlPage resultPage = (HtmlPage) searchButton.click();
```

你可以对所有继承 HtmlElement 的类调用 click 和 dblClick 方法。点击方法模拟了点击一个元素（记住，HtmlUnit 是一个模拟器），并在元素被点击之后，在具有焦点的窗口中返回了页面。

HTML 4.01 的规范[1]定义了可点击的 HTML 元素。HtmlElement 对于所有 HTML 元素来说是一个基类，除了 frame 和 iframe 之外。

参见 HtmlElement 的 Javadoc[2]，或者在 Eclipse 中选择 HtmlElement，然后按下 F4 键显示该类的层次结构。

键盘导航

为了模拟用户按下回车（Enter）键，而不是点击“搜索”按钮，可以使用以下代码来替换找到并点击“搜索”按钮：

```
HtmlPage resultPage = (HtmlPage) queryText.type('\n');
```

你可以使用“\n”字符来编码回车键。你也可以使用 HtmlPage 的 tabToNextElement 方法和 tabToPreviousElement 方法来模拟用户在页面中按下 Tab 键。按下回车键或任意键可能对于测试来说是不充分的或不正确的过程。你可以使用 HtmlPage 的 setFocusedElement 方法给任何元素设置焦点。但请注意这将会触发任意 onfocus 和 onblur 事件处理器。现在让我们通过另一个示例和测试表单将这些概念融合贯通起来。

---

[1] http://www.w3.org/TR/html401/。

[2] http://htmlunit.sourceforge.net/apidocs/com/gargoylesoftware/htmlunit/html/HtmlElement.html。

12.3.12　使用 HtmlUnit 测试表单

HTML 表单支持被嵌入到 HtmlPage 的 API 中，在此我们可以使用 `getForms` 和 `getFormByName` 来访问表单元素，其中 `getForms`（返回 `List<HtmlForm>`）用来获取所有的表单元素，而 `getFormByName` 可以通过指定的名称来获取第一个 HtmlForm。你可以调用 HtmlForm 的 `getInput` 方法中的任意一个来获取 HTML 输入元素，然后再用 `setValueAttribute` 来模拟用户输入。

接下来的例子将重点展示 HtmlUnit 测试表单的技术。首先，我们创建了一个简单的页面，来显示一个带有输入域和“Submit（提交）”按钮的表单。我们通过将代码 12.5 中的 JavaScript 告警作为第二种测试途径，来提供了表单验证。关于这一点，更多的详细内容可以参见 12.3.4 小节。

代码 12.5　表单页面示例

```
<!DOCTYPE html PUBLIC "-//W3C//DTD XHTML 1.0 Transitional//EN"
➥"http://www.w3.org/TR/xhtml1/DTD/xhtml1-transitional.dtd">
<html xmlns="http://www.w3.org/1999/xhtml">
<head>
<script type="text/javascript">
function validate_form(form) {
    if (form.in_text.value=="") {
        alert("Please enter a value.");
        form.in_text.focus();
        return false;
    }
}
</script>
<title>Form</title></head>
<body>
<form name="validated_form" action="submit.html"
➥onsubmit="return validate_form(this);" method="post">
  Value:
  <input type="text" name="in_text" id="in_text" size="30"/>
  <input type="submit" value="Submit" id="submit"/>
</form>
</body>
</html>
```

当你在没有输入任何信息的情况下点击“Submit”按钮时，这个表单的效果如图 12.1 所示。我们通过代码 12.6 中的表单来测试正常的用户交互。

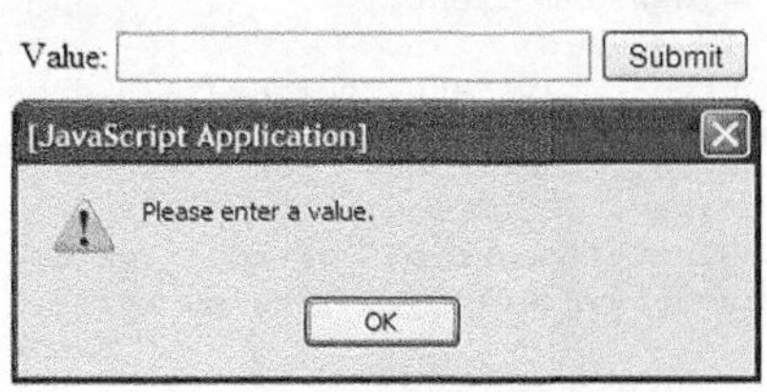

图 12.1　示例表单和告警

代码 12.6 测试一个表单

```
@Test
public void testForm() throws IOException {
    WebClient client = new WebClient();
    HtmlPage page = (HtmlPage)
              client.getPage("file:src/main/webapp/formtest.html");
    HtmlForm form = page.getFormByName("validated_form");
    HtmlTextInput input =(HtmlTextInput) form.getInputByName("in_text");   ❶
    input.setValueAttribute("typing...");
    HtmlSubmitInput submitButton = (HtmlSubmitInput)
                                  form.getInputByName("submit");   ❷
    HtmlPage resultPage = (HtmlPage) submitButton.click();
    WebAssert.assertTitleEquals(resultPage, "Result");
    // more asserts...
}
```

让我们来看一看这个示例。我们创建了 Web 客户端，获得了包含表单的页面，并获取了表单。接下来，我们从表单中获取了文本输入域，模拟用户输入了一个值❶，然后得到这个值并点击"Submit"按钮❷。在点击"Submit"按钮后我们又会获得一个页面，并且我们要确保它就是所预期的页面。

如果在以上任何一步骤中，框架都无法找到一个对象，那么 API 就会抛出一个异常，且测试自动失败。这可以使你把注意力放在测试上，并且如果页面或表单与预期的效果不符，那么就让框架来处理测试的失败。在 12.3.14 小节中将会对这个示例进行补充。

12.3.13 测试框架（frame）

HTML 框架支持也被嵌入到 HtmlPage 的 API 中，在这里我们可以使用 `getFrames` 和 `getFrameByName` 来访问框架，其中 `getFrames`（返回 `List<FrameWindow>`）用来获取所有的 iframe 和 frame，而 `getFrameByName` 可以通过指定的名称来获取第一个 iframe 或 frame。然后你就可以在该 frame 中通过调用 `FrameWindow getEnclosedPage` 来获得 HTML 页面。代码 12.7 通过 Java 6 的 Javadoc 进行导航。

代码 12.7 通过框架进行的页面导航

```
@Test
public void testFramesByNames() throws IOException {
    WebClient webClient = new WebClient();
    HtmlPage mainPage = (HtmlPage)
     webClient.getPage("http://java.sun.com/javase/6/docs/api/index.html");

    // Gets page of the first Frame (upper left)
    HtmlPage packageListPage = (HtmlPage)
       mainPage.getFrameByName("packageListFrame").getEnclosedPage();
    packageListPage.getAnchorByHref("java/lang/package-
                                              frame.html").click();

    // get page of the Frame named 'packageFrame' (lower left)
```

```
    HtmlPage packagePage = (HtmlPage)
       mainPage.getFrameByName("packageFrame").getEnclosedPage();
    packagePage.getAnchors().get(1).click();

    // get page of the Frame named 'classFrame' (right)
    HtmlPage classPage = (HtmlPage)
             mainPage.getFrameByName("classFrame").getEnclosedPage();
    webClient.closeAllWindows();
}
```

这个示例使用 getFrameByName 来获得 frame，然后又调用了 getEnclosedPage。单元测试也可以使用列表 API getFrames，但是你必须注意我们在 12.3.7 小节中所讨论过的问题。

由 getFrameByName 返回的中间产物 FrameWindow 并没有被使用在这个示例中。注意它代表了 frame 或 iframe 实际所在的 Web 窗口，并且提供了 API 来深入挖掘 GUI，如 getFrameElement，它可以返回一个 BaseFrame。而 BaseFrame 又可以提供对属性的访问，如 longdesc、noresize、scrolling 等。

至此，关于 API 的使用可以告一段落了。下面让我们来谈一谈 JavaScript、CSS 以及其他话题。

12.3.14 测试 JavaScript

HtmlUnit 可以自动处理 JavaScript。例如，即使 HTML 是由 Document.write()生成的，你都会遵循通常的模式：调用 getPage，找到一个元素，对它调用 click，然后检查结果。

你可以在 Web 客户端上通过调用 setJavaScriptEnabled 来切换支持还是不支持 JavaScript。HtmlUnit 默认是支持 JavaScript 的。你也可以在使用 setJavaScriptTimeout 终止脚本运行并传递给它一个超时时间（单位为毫秒）之前，设置一段脚本可以运行多长时间。为了处理 JavaScript 告警并确认调用，你可以为框架提供回调 routine。我们将在接下来的章节中探讨这些内容。

测试 JavaScript 告警

你的测试可以检查哪些 JavaScript 告警已经发生了。我们再次使用 12.3.12 小节中的表单示例来进行说明，这个示例包含了 JavaScript 验证代码，当用户输入空值时就会弹出告警提示。

代码 12.8 中的测试加载了我们的表单页面，并检查了当表单检测到错误条件时调用告警的情况。在第二个示例中，我们对 12.3.12 小节中已有的测试进行了改进，以确保表单的正常运行不会产生任何告警。我们的测试安装了一个告警处理器，它收集了所有的告警，并检查了页面加载后的结果。CollectingAlertHandler 类保存了所有的告警消息，以便后续的检查。

代码 12.8 断言预期的告警

```
@Test
public void testFormAlert() throws IOException {
   WebClient webClient = new WebClient();
   CollectingAlertHandler alertHandler = new CollectingAlertHandler();   ❶
   webClient.setAlertHandler(alertHandler);                               ❷
   HtmlPage page = (HtmlPage)
            webClient.getPage("file:src/main/webapp/formtest.html");
   HtmlForm form = page.getFormByName("validated_form");
   HtmlSubmitInput submitButton = (HtmlSubmitInput)                       ❸
                              form.getInputByName("submit");
   HtmlPage resultPage = (HtmlPage) submitButton.click();
   assertEquals(resultPage.getTitleText(), page.getTitleText());
   assertEquals(resultPage, page);
   List<String> collectedAlerts = alertHandler.getCollectedAlerts();
   List<String> expectedAlerts =                                          ❹
            Collections.singletonList("Please enter a value.");
   assertEquals(expectedAlerts, collectedAlerts);
   webClient.closeAllWindows();
}
```

来看一看这个示例：我们首先创建了 Web 客户端和告警处理器❶，告警处理器安装在 Web 客户端上❷。接着，我们获得了表单页面，获取了表单对象，获取了“Submit”按钮并点击它❸。这调用了 JavaScript，而 JavaScript 又调用了告警。点击“Submit”按钮会返回一个页面对象，通过对比当前和之前的页面标题，我们可以使用该页面对象来检查页面是否发生了改变。

我们也可以通过对比当前和之前的页面对象来检查页面是否已被改变。注意，这个对比使用了 `Object equals`，因此我们确实是在判断页面对象是否相同。如果框架的未来版本以一种意想不到的方式实现了 `equals`，这可能就不是一个优秀的测试了。最后，我们获得了之前产生的告警消息的列表❹，创建一个预期的告警消息列表，并将预期的和实际的告警消息列表进行对比。

> **JUnit 提示**
>
> 当使用 `equals` 方法进行任何断言时，要确保你理解了正在比较的对象的 `equals` 实现的语义。如果对象相同的话，那么在 `Object` 中的 `equals` 的默认实现将会返回 `true`。

接下来，代码 12.9 重写了原来的表单测试，以确保正常运行不会出现告警。

代码 12.9 断言在正常运行下不会出现告警

```
@Test
public void testFormNoAlert() throws IOException {
   WebClient webClient = new WebClient();
   CollectingAlertHandler alertHandler = new CollectingAlertHandler();   ❶
   webClient.setAlertHandler(alertHandler);
   HtmlPage page = (HtmlPage)
```

```
                webClient.getPage("file:src/main/webapp/formtest.html");
    HtmlForm form = page.getFormByName("validated_form");
    HtmlTextInput input = (HtmlTextInput) form.getInputByName("in_text");
    input.setValueAttribute("typing...");
    HtmlSubmitInput submitButton = (HtmlSubmitInput)
                form.getInputByName("submit");
    HtmlPage resultPage = (HtmlPage) submitButton.click();
    WebAssert.assertTitleEquals(resultPage, "Result");
    assertTrue("No alerts expected",
                alertHandler.getCollectedAlerts().isEmpty());
    webClient.closeAllWindows();
}
```

与原来的测试相比，不同之处在于，测试一开始❶我们就在 Web 客户端上安装了 CollectingAlertHandler，然后模拟用户输入一个值❷，并且在测试的最后检查了告警处理器的消息列表是否为空❸。

为了自定义告警的行为，你需要实现你自己的 AlertHandler。代码 12.10 将会使你的测试在脚本产生了第一个告警时失败。

代码 12.10 自定义告警处理器

```
client.setAlertHandler(new AlertHandler() {
      public void handleAlert(final Page page, final String message) {
            fail("JavaScript alert: " + message);
      }
});
```

你可以采用相同的原理来测试 JavaScript 的确认调用，具体的做法是使用 setConfirmHandler 在 Web 客户端上安装确认处理器。

12.3.15 测试 CSS

你可以在 Web 客户端上通过调用 setCssEnabled 来切换支持还是不支持 CSS。默认情况下，HtmlUnit 支持 CSS。

在调用 API 时，标准的 HtmlUnit 行为是当遇到问题时抛出异常。相比之下，当 HtmlUnit 检测到一个 CSS 问题时，它不会抛出异常；而是通过 Apache Commons Logging[1] 库将问题报告给日志。你可以使用 org.w3c.css.sac.ErrorHandler 在 WebClient 中自定义这种行为。HtmlUnit 提供了两种 ErrorHandler 实现：

- DefaultCssErrorHandler 是默认的处理器并记录了所有 CSS 问题；
- SilentCssErrorHandler 忽略所有的 CSS 问题。

为了安装错误处理器，可以在 Web 客户端上使用 setCssErrorHandler 方法。例如，下面代码可以使得所有的 CSS 问题被忽略：

[1] Apache Commons Logging：http://commons.apache.org/logging/。

```
webClient.setCssErrorHandler(new SilentCssErrorHandler());
```

如果你希望任何 CSS 问题都会导致测试失败，则可以创建一个错误处理器，它总是重新抛出指定的 CSSException。

12.3.16 SSL 错误

你会发现许多网站的 SSL 证书已经过期或者配置了不正确的 SSL 证书。默认情况下，Java 运行时会在检测到错误时抛出异常。如果这阻碍了你的测试，你就可以调用 WebClient.setUseInsecureSSL (true) 来使测试继续。使用这个 API 会导致 HtmlUnit 使用不安全的 SSL 处理器，而这种不安全的 SSL 处理器会信任任何人。

现在，我们已经从客户端的角度介绍了测试，让我们从服务器端的角度来讨论一下如何使用 HtmlUnit 与 Cactus 框架一起进行容器内测试。

12.4 集成 HtmlUnit 和 Cactus

Cactus[1]是一个免费的开源测试框架，主要用来对服务器端的 Java 代码（包括 servlet、EJB 等）进行单元测试。我们将会在第 14 章中详细讨论 Cactus。

那么 HtmlUnit 适用于哪些地方呢？来看一下由内而外地测试应用程序的各种场合吧。

- JUnit 能够测试数据层。
- 通过扩展 JUnit，Cactus 测试发生在业务中间层。
- HtmlUnit 存在于表示层。

在标准的 HtmlUnit 单元测试场景中，HtmlUnit 驱动测试。更确切地说，是 JUnit 调用了单元测试的类和方法。由于这些类和方法，你可以调用 HtmlUnit 来模拟一个 Web 浏览器，从而测试你的应用程序。

Cactus 的单元测试采用了另一种不同的交互方式；Cactus 只在恰当的时间里调用 HtmlUnit 单元测试，以验证页面已返回到了客户端。这里主要的区别在于，HtmlUnit 的单元测试发生在容器内，而不是通过模拟 Web 客户端来进行测试。

关于如何在 Cactus 中安装 HtmlUnit，可以参见附录 E。关于使用工具如 Ant 和 Maven 等进行 Cactus 测试的详细内容，可以参见第 14 章。

12.4.1 在 Cactus 中编写测试

因为 HtmlUnit 测试通常是和 HtmlPage 对象一起使用的，所以我们需要在页面将要

[1] Cactus 的网站：http://jakarta.apache.org/cactus/。

被返回到客户端时执行 Cactus 测试。对于基于 Java 代码的 Cactus 测试，如 servlet，都是 `org.apache.cactus.ServletTestCase` 的子类。如果测试类包含的方法的名称是以 end 开头的，那么 Cactus 将会通过 `WebResponse` 来调用这个方法，其中 `WebResponse` 包含了服务器端的响应内容。为你的测试导入相应的 `WebResponse` 类时要特别小心，因为它支持 3 个变量：

- 针对 HtmlUnit 1.6，`com.meterware.httpunit.WebResponse`;
- 针对 HtmlUnit 2.7，`com.gargoylesoftware.htmlunit.WebResponse`;
- 针对 Cactus 本身，`org.apache.cactus.WebResponse`。

你的样板测试类应该看起来与代码 12.11 差不多。

代码 12.11 HtmlUnit 的 ServletTestCase 子类样板

```
[...]
public class HtmlUnitServletTestCase extends ServletTestCase {
    public static Test suite() {
        return new TestSuite(HtmlUnitServletTestCase.class);
    }

    public HtmlUnitServletTestCase(String name) {
        super(name);
    }

    public void end(WebResponse webResponse) {
        // asserts
    }

    public void test() throws ServletException {
        SampleServlet servlet = new SampleServlet();
        servlet.init(this.config);
        // asserts
    }
}
```

在这个例子中，有几点需要注意。

- `ServletTestCase` 为你的使用提供了以下的实例变量:

```
AbstractServletConfigWrapper config
AbstractHttpServletRequestWrapper request
HttpServletResponse response
HttpSession session
```

- 测试方法创建了 servlet 来测试并初始化它。
- Cactus 与 JUnit 3 集成；它还不能支持 JUnit 4 的功能。

Cactus 提示

如果你的测试类没有包含一个 begin 方法，那么 end 方法的名称一定是 `end`。如果你的测试类包含了一个 begin 方法，那么 end 方法的名称**必须**与之匹配。例如，`beginFoo` 与 `endFoo`；否则，end 方法将不会被调用。

接下来，我们创建了一个简单的 servlet，如代码 12.12 所示。

代码 12.12 一个简单的 servlet

```
[...]
public class SampleServlet extends HttpServlet {
   public void doGet(HttpServletRequest request,
        HttpServletResponse response) throws ServletException, IOException {
        response.setContentType("text/html");
        PrintWriter out = response.getWriter();
        out.println("<html><head><title>Hello
              World</title></head><body><p>Hello World</p></body></html>");
    }
}
```

这个 servlet 返回了一个带有标题的 HTML 文档，并且这个 HTML 文档只有一个段落。下一步就是实现我们的 end 方法；我们需要从 `WebResponse` 变量中获得一个 HtmlPage 并验证它的内容。从 `WebResponse` 变量中获得一个 HtmlPage 需要解析 HTML。为了做到这一点，我们就要使用 HtmlUnit 的 `HTMLParser` 类：

```
public void end(WebResponse webResponse) throws IOException {
    WebClient webClient = new WebClient();
    HtmlPage page = HTMLParser.parse(webResponse,
                                     webClient.getCurrentWindow());
    WebAssert.assertTitleEquals(page, "Hello World");
    webClient.closeAllWindows();
}
```

我们创建了一个 `WebClient`，只是为了满足 HTMLParser API 的需要，这个 API 需要一个 `WebWindow`，而 `WebWindow` 又由 `WebClient` 所控制。

Cactus 提示

在 Cactus 中，你没有使用 `getPage` 来获得一个 HtmlPage。你却使用了 `HTMLParser.parse` 从 `WebResponse` 来解析它。

一旦你有了一个 HtmlPage，你就要回过头来使用标准的 HtmlUnit API。

我们在本章中对 HtmlUnit 的介绍就告一段落；由于 API 非常简单和直观，所以我们在这里就不再赘述，请你自行掌握其他相关的内容。现在让我们来看一看 Selenium，它是一种与 HtmlUnit 从本质上有所不同的测试框架。Selenium 不是模拟一个 Web 浏览器，而是驱动一个真实的 Web 浏览器进程。

12.5 Selenium 简介

Selenium[1]是一个免费的开源工具集，主要用来测试 Web 应用程序。Selenium 的优

[1] Selenium 的网站：http://seleniumhq.org/。

势在于能够在特定的操作系统上针对真实的浏览器运行测试。这与 HtmlUnit 有所不同，HtmlUnit 是在与测试相同的虚拟机上模拟浏览器。但 Selenium 的这个优势是以创建和管理 Selenium 运行时的复杂性为代价的。尽管 Selenium 提供了许多的组件，但我们在这里只介绍以下几个组件：Selenium 远程控制（RC）服务器、IDE 和客户端驱动的 API。

Selenium IDE 是一个 Firefox 的插件，它在许多编程语言（包括 Java）中被用来记录、回放和生成测试。测试调用 Selenium 客户端驱动的 API 来驱动应用程序；Selenium 客户端驱动的 API 与远程控制服务器进行通信，远程控制服务器又会驱动 Web 浏览器。

客户端驱动的 API 通过 TCP/IP 协议连接到服务器；服务器不需要运行在 JVM 中，甚至不需要运行在同一台机器上。Selenium 推荐[1]在多台具有不同操作系统和安装了不同浏览器的机器上运行服务器。通过为 `DefaultSelenium` 类指定主机名和端口号，测试可以连接到服务器上。

图 12.2 显示了 Selenium 集成开发环境（1.0 Beta 2）的主窗口。这个集成开发环境针对客户端驱动的 API 生成代码，但是它并不支持变更管理。你应该把 IDE 看作是一个单向的、单次使用的工具，你可以使用这个工具开始创建任何指定的测试用例。但你必须通过手动修改生成的测试，来处理应用程序中的任何修改。

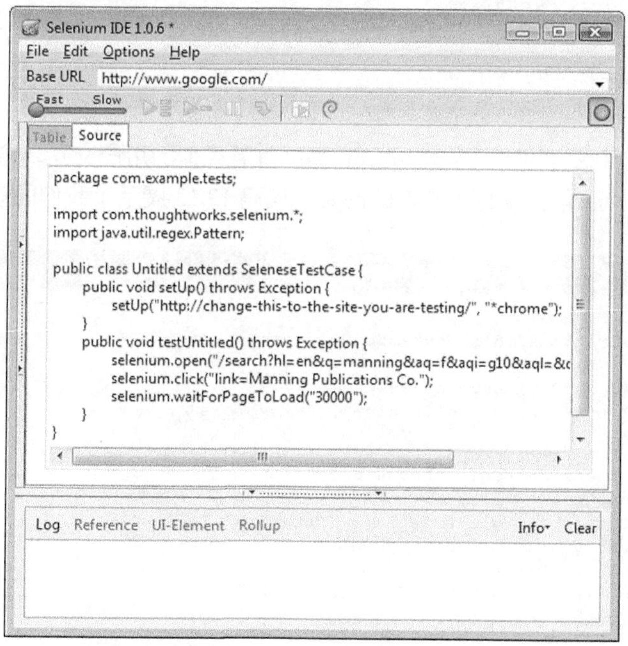

图 12.2　Selenium 集成开发环境的主窗口

为了使用 IDE，你首先要选择一种语言（在菜单中选择 Options→Format→Format

[1] Selenium 服务器的安装：http://seleniumhq.org/documentation/remote-control/languages/java.html。

Java (JUnit))，点击红色的录制按钮，使用用户会使用的浏览器，再次点击录制按钮终止录制。因为 IDE 记录了你所做的每一件事，你应该提前做好计划确定你想要验证哪些用户操作，并为每个操作创建一个或多个测试用例。在记录过程中的任何时刻，你都可以要求 IDE 从浏览器的上下文生成一个断言；当前页面的选择决定了最后的选择。图 12.3 显示了一个上下文菜单的示例。

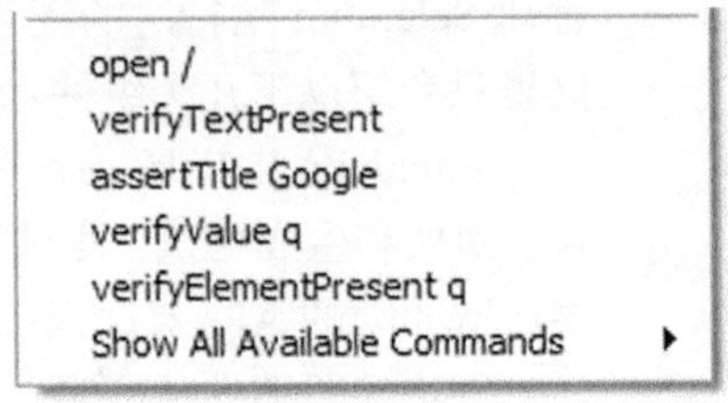

图 12.3 Selenium IDE 的上下文菜单

要安装 Selenium，可以参考本书的附录 E“安装软件”。一旦你安装完成后，就可以开始生成 Selenium 测试了。

12.6 生成 Selenium 测试

Selenium IDE 是一个非常不错的起步方式，并且运行得很快。在你记录一个测试之前，要在 IDE 源码窗格内编辑好包的名称和类的名称，以便匹配你所需要的目录和 Java 文件名。注意，生成的代码是 JUnit 3 的代码，正因为如此，它子类化（subclass）了 Selenium 的 `SeleneseTestCase` 类。

12.6.1 一个实例

以下示例与我们的第一个 HtmlUnit 测试有着类似的用户交互。访问 Google，输入一个查询关键字，点击鼠标以进入预期的网站。代码 12.13 展示了我们的第一个 Selenium 示例。

代码 12.13 我们的第一个 Selenium 示例

```
[...]
public class FirstTestJUnit3 extends SeleneseTestCase {
    @Override
    public void setUp() throws Exception {                          ❶
        setUp("http://www.google.com/", "*iexplore");
    }

    public void testSearch() throws Exception {
        selenium.open("/");                                          ❷
        assertEquals("Google", selenium.getTitle());                 ❸
        selenium.type("q", "Manning Publishing Co.");
        selenium.click("btnG");
        selenium.waitForPageToLoad("30000");
        assertEquals("Manning Publishing Co. - Google Search",       ❹
                                             selenium.getTitle());
        selenium.click("link=Manning Publications Co.");
        selenium.waitForPageToLoad("30000");
        assertEquals("Manning Publications Co.", selenium.getTitle());  ❺
    }
}
```

首先，setUp 方法❶通过用于测试的基准 URL 以及要使用的浏览器，调用了超类的 setUp 方法，在这个例子中使用的浏览器是 Internet Explorer（关于其他设置可以参考 12.8.1 小节）。这为 DefaultSelenium 实例初始化了 selenium 实例变量。

在这个测试方法中，我们首先打开了主页❷。接着我们设置了输入域的值❸，就好像用户已经输入了这个值一样，并且点击"Search（搜索）"按钮❹。click 变量是 Selenium 的定位器，在这里它是按钮的名称（后面的章节将会介绍更多关于定位器的概念）。我们等待新页面的加载，并断言打开页面的标题。然后，我们点击一个使用了 Selenium 链接定位器的链接❺，再一次等待新页面的加载，并断言打开页面的标题。

Selenium 测试子类化了 SeleneseTestCase，而 SeleneseTestCase 又子类化了 JUnit 的 TestCase 类。你会注意到方法都没有被注释；因为 Selenium 生成的测试是 JUnit 3 的测试。

在 JUnit 3 框架内运行而产生的直接问题就是测试类的性能。每次 JUnit 调用一个测试方法时，JUnit 也会调用 setUp 和 tearDown 方法；这意味着启动和终止 Web 浏览器，也就导致效率很慢。我们将会在 12.7.2 小节中来解决这个性能问题。

在使用 Selenium IDE 时，另一个需要考虑的问题是，你是在 Firefox 3 中记录测试的。如果你的浏览器要求不同于 Firefox 3，那么你所记录的测试在不同的浏览器中回放时就可能不尽相同。在不同的浏览器之间，页面的表现可以有所差异，有时候这种差异非常细微。此外，页面会包含一些脚本，以便根据主机上安装的浏览器来自定义页面的行为。服务器端的代码也可以根据代理提出的请求自定义不同的响应。请在使用 Selenium IDE 从 Firefox 生成代码之前仔细考虑这些问题；如果你的应用程序涉及了非 Firefox 的浏览器，如 IE 或 Safari，那么你就需要使用 HtmlUnit 重新编写测试。

接下来，我们来看一看如何才能运行 Selenium 测试。

12.7　运行 Selenium 测试

现在你已经了解了与 Selenium 测试用例相关的基本概念，下面我们就来描述一下运行 Selenium 测试的设置与技术：管理 Selenium 服务器和集成 Selenium 与 JUnit 4。

12.7.1　管理 Selenium 服务器

要运行 Selenium 测试，你就必须使用包含在 Selenium 远程控制下载包中的 Selenium 服务器。

> **Selenium：隐藏在表面之下的机制**
>
> Selenium 服务器启动浏览器，并作为你的测试的代理服务器；然后服务器就会为你执行测试。这种构架适用于任何浏览器和操作系统的组合；你也可以用它来测试 Ajax 应用程序。这个代理服务器的建立就是你为什么可能会收到证书警告的原因。

要手动启动服务器，可以在服务器目录下打开命令行窗口，例如：selenium-remote-control-1.0-beta-2\selenium-server-1.0-beta-2。假设 JVM 已经在你的 PATH 上，输入如下命令：

```
java -jar selenium-server.jar
```

你将看到，例如：

```
22:14:11.367 INFO - Java: Sun Microsystems Inc. 11.2-b01
22:14:11.382 INFO - OS: Windows XP 5.1 x86
22:14:11.382 INFO - v1.0-beta-2 [2571], with Core v1.0-beta-2 [2330]
22:14:11.539 INFO - Version Jetty/5.1.x
22:14:11.554 INFO - Started HttpContext[/selenium-server/driver,/
        selenium-server/driver]
22:14:11.554 INFO - Started HttpContext[/selenium-server,/selenium-server]
22:14:11.554 INFO - Started HttpContext[/,/]
22:14:11.570 INFO - Started SocketListener on 0.0.0.0:4444
22:14:11.585 INFO - Started org.mortbay.jetty.Server@109a4c
```

现在你可以准备运行测试了。当你运行测试时，你会看到两个浏览器窗口打开和关闭。第一个浏览器窗口包含了被测试的应用程序；第二个浏览器窗口将显示发送给浏览器的命令和日志条目（如果你已经启用了日志功能）。

如果你正在使用 Ant 或 Maven 进行构建，你就可以通过这些工具管理 Selenium 服务器的生存周期。我们推荐你从测试类或测试集直接管理服务器，在后面的章节中我们会详细介绍这一点。这将允许你，作为一个程序开发者，直接从命令行或 IDE（如 Eclipse）运行测试。

12.7.2 使用 JUnit 4 运行 Selenium 测试

Selenium 对 JUnit 的要求是版本 3；到了 Selenium 版本 1.0 Beta 2，还没有直接提供与 JUnit 4 的集成。这的确是一个问题，因为与默认的 SeleneseTestCase 相关的性能会比较糟糕；JUnit 针对每个测试方法的调用都是通过 setUp 和 tearDown 方法来启动和终止浏览器的。

针对这个问题，我们提出了一个两阶段的解决办法：首先针对在一个给定类中的所有测试方法管理服务器，然后再针对一个测试集中的所有类管理服务器。

要做到这一点，你就需要在类路径中增加服务器的 JAR 文件，比如，selenium-remote-control-1.0-beta-2\selenium-server-1.0-beta-2\selenium-server.jar。

在我们的第一个解决办法中，JUnit 针对每个运行在@BeforeClass 和@AfterClass 方法中的类启动和终止服务器一次，如代码 12.14 所示。

代码 12.14 从一个测试管理 Selenium 服务器

```
[...]
public class ManagedSeleniumServer {
    protected static Selenium selenium;                    <-❶

    private static SeleniumServer seleniumServer;          <-❷
```

```
    @BeforeClass
    public static void setUpOnce() throws Exception {              <-3
        startSeleniumServer();
        startSeleniumClient();
    }

    public static void startSeleniumClient() throws Exception {
        selenium = new DefaultSelenium("localhost", 4444, "*iexplore",
                                             "http://www.google.com/");
        selenium.start();
    }

    public static void startSeleniumServer() throws Exception {
        seleniumServer = new SeleniumServer();
        seleniumServer.start();
    }
    public static void stopSeleniumClient() throws Exception {
        if (selenium != null) {
            selenium.stop();
            selenium = null;
        }
    }

    public static void stopSeleniumServer() throws Exception {
        if (seleniumServer != null) {
            seleniumServer.stop();
            seleniumServer = null;
        }
    }

    @AfterClass
    public static void tearDownOnce() throws Exception {           <-4
        stopSeleniumClient();
        stopSeleniumServer();
    }
}
```

我们来分析一下这段代码。这个测试管理了两个静态变量：一个 Selenium 客户端驱动❶和一个 Selenium 服务器❷。@BeforeClass 方法启动了 Selenium 服务器，然后又启动了 Selenium 客户端❸。@AfterClass 方法终止了客户端，随后终止了服务器❹。现在我们可以从 ManagedSeleniumServer 子类来运行测试，这将会在下一个示例中演示。

这个类并没有子类化 SeleneseTestCase，以避免继承它的 setUp 和 tearDown 方法，setUp 和 tearDown 方法分别用来启动和终止 Web 浏览器。如果你想子类化 SeleneseTestCase，则确保你重写了 setUp 和 tearDown 这两个方法不做任何事。我们来看一看一个管理测试示例：

```
public class ManagedTestJUnit4v2 extends ManagedSeleniumServer {
    @Test
    public void testSearch() {
        // test...
    }
}
```

作为 ManagedSeleniumServer 的一个子类，这个类只需要测试方法。JUnit 会在调用当前类的@BeforeClass 方法之前调用在超类中声明的@BeforeClass 方法，并且在调用当前类的@AfterClass 方法之后调用超类中的@AfterClass 方法。

如果你不打算针对不同的浏览器和操作系统来管理一个 Selenium 服务器场的话，那么把这个类作为超类用于测试，就可以提供一个让你轻松实现的解决办法，并可以在你的测试和 VM 内运行管理 Selenium 服务器。

这个方法的缺点在于，JUnit 会为每个测试类启动和终止 Selenium 服务器。为了避免这种情况的出现，你可以创建一个测试集，其中的第一个测试类和最后一个测试类分别用来启动和终止服务器，但是你需要记得为每一个测试集做到这些，并且你也需要通过一个全局变量来共享 Selenium 服务器。下面我们来关注这个问题。

我们的第二个解决办法，如代码 12.15 所示，创建了一个 JUnit Suite 类来管理 Selenium 服务器。这个自定义的测试集将启动 Selenium 服务器，运行这个测试集中的所有测试类，然后再终止服务器。

代码 12.15 用来管理 Selenium 服务器的测试集

```
[...]
public class ManagedSeleniumServerSuite extends Suite {
    private static SeleniumServer seleniumServer;

    public static void startSeleniumServer() throws Exception {        ❶
        ManagedSeleniumServerSuite.stopSeleniumServer();
        seleniumServer = new SeleniumServer();
        seleniumServer.start();
    }

    public static void stopSeleniumServer() {                          ❷
        if (seleniumServer != null) {
            seleniumServer.stop();
            seleniumServer = null;
        }
    }

    public ManagedSeleniumServerSuite(Class<?> klass, Class<?>[]
        suiteClasses) throws InitializationError {
        super(klass, suiteClasses);
    }

    public ManagedSeleniumServerSuite(Class<?> klass, List<Runner>
        runners) throws InitializationError {                          ❸
        super(klass, runners);
    }

    public ManagedSeleniumServerSuite(Class<?> klass, RunnerBuilder
        builder) throws InitializationError {
        super(klass, builder);
    }

    public ManagedSeleniumServerSuite(RunnerBuilder builder, Class<?>
        klass, Class<?>[] suiteClasses) throws InitializationError {
        super(builder, klass, suiteClasses);
    }

    public ManagedSeleniumServerSuite(RunnerBuilder builder, Class<?>[]
        classes) throws InitializationError {
        super(builder, classes);
```

```
    }

    @Override
    public void run(final RunNotifier notifier) {                          ❹
        EachTestNotifier testNotifier = new EachTestNotifier(notifier,
                                          this.getDescription());
        try {
            ManagedSeleniumServerSuite.startSeleniumServer();              ❺
            Statement statement = this.classBlock(notifier);
            statement.evaluate();
        } catch (AssumptionViolatedException e) {
            testNotifier.fireTestIgnored();
        } catch (StoppedByUserException e) {
            throw e;
        } catch (Throwable e) {
            testNotifier.addFailure(e);
        } finally {
            ManagedSeleniumServerSuite.stopSeleniumServer();              ❻
        }
    }
}
```

这个类的关键就是 `run` 方法❹的实现。我们从超类中复制这个方法，并向我们的方法中插入调用来启动❺和终止❻Selenium 服务器。`startSeleniumServer`❶和 `stopSeleniumServer` 方法❷非常简单。剩余的代码包含了从超类中复制的多个构造函数❸。这就使得我们可以编写简单又简洁的测试集，如下所示：

```
@RunWith(ManagedSeleniumServerSuite.class)
@SuiteClasses( {
   UnmanagedFirstTestJUnit3.class, UnmanagedFirstTestJUnit4.class })
public class ManagedExampleSuiteTest {}
```

测试集中的每个测试类都负责连接到本地服务器。检查这些类，如 `UnmanagedFirstTestJUnit4`，使用主机名“`localhost`”和默认端口号 4444 连接到服务器。你可以进一步增强测试集来自定义这些设置。

现在我们可以生成并运行 Selenium 测试了，下面让我们讨论一下如何编写自己的 Selenium 测试。

12.8 编写 Selenium 测试

有了有效的测试基础设施，现在我们就可以研究如何使用 Selenium 来编写自己的测试了。我们会介绍如何针对多种浏览器进行测试、如何导航对象模型，并且我们还通过一些示例测试来进行说明。

12.8.1 针对特定的 Web 浏览器进行测试

Selenium 1.0 Beta 2 支持如表 12.2 所示的浏览器启动字符串。

表 12.2 Selenium 浏览器启动字符串

Web 浏览器	SeleneseTestCase 和 DefaultSelenium 浏览器字符串
Chrome	`*googlechrome`
Firefox	`*firefox`
Firefox	`*firefoxproxy`
Firefox Chrome URL[1]	`*chrome`
Internet Explorer	`*iexplore`
Internet Explorer HTML 应用程序[2]	`*iehta`
Internet Explorer	`*iexploreproxy`
Opera	`*opera`
Safari	`*safari`
特定的可执行浏览器	`c:\\path\\to\\a\\browser.exe"`

如果你没有调用 `SeleneseTestCase` 的 `setUp (string, string)`，那么默认使用在 Windows 上的 Web 浏览器启动字符串是`*iexplore`，而对于其他所有的操作系统则是`*firefox`。如果你使用 `DefaultSelenium` 类，那么你就必须提供一个浏览器启动字符串，例如：

```
selenium = new DefaultSelenium("localhost", 4444, "*iexplore",
   "http://www.google.com/");
```

注意，实验性的浏览器[3]为了提升的安全权限和代理注入而存在。

12.8.2 测试多个浏览器

为了使用多个浏览器运行相同的测试类，我们可以采用 JUnit 的`@Parameterized`性能，就像在 HtmlUnit 中使用的一样。在代码 12.16 中，为了用一个客户端驱动实例运行所有测试，然后再针对不同的浏览器重复测试，我们通过类级别和实例级别的 JUnit 初始化重写了之前的示例。

代码 12.16 针对多个浏览器运行测试类

```
[File 1]
@RunWith(ManagedSeleniumServerSuite.class)
@SuiteClasses({UnmanagedAllBrowsersTest.class})
public class ManagedAllBrowsersSuiteTest {}
[File 2]
@RunWith(value = Parameterized.class)                          ❶
public class UnmanagedAllBrowsersTest {
    private static Map<String, Selenium> SeleniumMap;          ❷
```

---

1 Chrome URL：https://developer.mozilla.org/En/XUL。

2 IE HTML 应用程序： http://msdn.microsoft.com/en-us/library/ms536496(VS.85).aspx。

3 实验性的浏览器：http://seleniumhq.org/documentation/remote-control/experimental.html。

```
@Parameters
public static Collection getBrowsers() {                              ❸
    return Arrays.asList(new String[][]{{"*iexplore"}, {"*firefox"}});
}

private static Selenium getSelenium(String key) {                     ❹
    Selenium s = getSeleniumMap().get(key);
    if (s != null) {
        return s;
    }
    stopDrivers(); // only let one driver run                         ❺
    s = new DefaultSelenium("localhost", 4444, key, "http://
 www.google.com/");
    getSeleniumMap().put(key, s);
    s.start();
    return s;
}

private static Map<String, Selenium> getSeleniumMap() {
    if (SeleniumMap == null) {
        SeleniumMap = new HashMap<String, Selenium>();
    }
    return SeleniumMap;
}

@AfterClass
public static void stopDrivers() {                                    ❻
    for (Selenium s : getSeleniumMap().values()) {
        s.stop();
    }
    SeleniumMap = null;
}

private String browserStartCommand;
private Selenium selenium;                                            ❼

public UnmanagedAllBrowsersTest(String browserStartCommand) {
    this.browserStartCommand = browserStartCommand;
}

@Before                                                               ❽
public void setUp() throws Exception {
    this.selenium = getSelenium(this.browserStartCommand);
}

@Test
public void testGoogleSearch() {
    this.selenium.open("/");
    SeleneseTestCase.assertEquals("Google", this.selenium.getTitle());
    this.selenium.type("q", "Manning Publishing Co.");
    this.selenium.click("btnG");
    this.selenium.waitForPageToLoad("30000");
    SeleneseTestCase.assertEquals("Manning Publishing Co. - Google
                              Search", this.selenium.getTitle());
    this.selenium.click("link=Manning Publications Co.");
    this.selenium.waitForPageToLoad("30000");
    SeleneseTestCase.assertEquals("Manning Publications Co.",
                                   this.selenium.getTitle());
}
}
```

我们来研究一下这个更加复杂的构建。这个测试类使用了@RunWith(value = Parameterized.class)❶注释。该注释指示 JUnit 来运行测试类，并根据我们的@Parameters 方法 getBrowsers❸返回值的多少决定测试类运行的次数。根据与 JUnit 的约定，该方法必须返回一个数组的 Collection；在我们的示例中，返回一个浏览器启动字符串列表，每个字符串对应一个我们想要测试的浏览器。

JUnit 将使用以“*iexplore”初始化的测试类来运行所有的测试方法，然后再使用以“*firefox”初始化的测试类来运行所有的测试方法。为了完成上述操作，你需要在你的机器上安装这两种浏览器。

我们更加详细地分析一下这个 JUnit 的精妙之处。在运行测试类时，JUnit 为测试方法和测试集合元素的交叉混用创建了测试类的实例。一个类的实例为了“*iexplore”以及为了类中的一个单独的@Test 方法而创建。JUnit 运行这个@Test 方法，并对类中的所有的@Test 方法重复这个过程。然后 JUnit 使用“*firefox”重复整个过程，并且 JUnit 也会对@Parameters 集合中的所有元素重复整个过程❸。

我们不再拥有一个@BeforeClass 方法；取而代之地，我们使用了@Before 方法❽来为每个测试方法初始化 selenium 实例变量❼。这个 selenium 实例变量从一个延迟初始化的静态变量中获得它的值❷。这只有在使用@Before 方法和延迟初始化我们的客户端驱动时才能正常工作。记住，我们希望我们的测试类可以为指定的参数化运行中的每个测试方法重用相同的驱动实例。

在类运行的最后，我们使用了@AfterClass 方法❻来清理驱动。尽管我们使用了一个静态 Map❷来保存测试运行过程中的驱动，但在任意指定的时刻，只有一个驱动会被保留在映射中。当创建一个新驱动时，getSelenium 方法❹可以安全地终止❺当前的驱动，因为我们知道 JUnit 已经完成了它的一个参数化运行过程。

现在，你已经知道如何有效地针对一组浏览器运行测试了，下面让我们来探讨一下如何使用 API 来导航应用程序。

12.8.3 应用程序和网络导航

不像 HtmlUnit，Selenium 没有提供 HTML 对象模型来进行导航；取而代之的，你可以调用 com.thoughtworks.selenium.Selenium 接口，它使用定位字符串来访问元素（参见 12.8.4 小节）。这个接口包含了 140 多种方法，并提供了编写测试所需的所有服务和设置开关。尽管没有对象模型，但 API 提供一些方法，可以与某些元素类型一起使用。例如，getAllFields 返回了页面上的所有输入域的 ID。

这里给出一个简单的例子，说明测试是如何操作页面元素的：

- 调用 click 和 doubleClick 来点击一个元素，从而获得结果页面；
- 调用 check 和 uncheck 来选中或不选中一个单选按钮或复选框；

■ 调用 type 来设定一个输入域的值。

现在，我们来介绍一下各种访问元素的方法。

12.8.4 通过引用访问元素

在我们的第一个示例中，我们看到了由定位器访问的 HTML 元素。Selenium 提供了一个 String 格式，可以不同的方式来访问元素。我们看到的两个定位器，一个是默认的定位方式，即 id，另一个是 link，用来查找锚元素。采用定位器的 API 变量的格式为：LocatorType=Argument。表 12.3 描述了不同的定位器以及它们的格式。

表 12.3　定位器及其格式

定位器类型	变　量	示　例
css	W3C CSS2 和 CSS3 选择器	css=a[href="#AnId"]
dom	JavaScript 表达式	dom=document.forms['f1'].intxt
id	@id 属性	id=AnId
identifier	@id 属性或者@name 属性等于 id 的第一个元素	identifier=AnId
link	与文本匹配的锚元素	link=I'm feeling lucky
name	具有@name 属性的第一个元素	name=lucky
ui	使用了一个 Selenium 的 UI-Element	ui=loginPages::loginButton()
xpath	XPath 表达式	xpath=//*[text()="lucky"]

为了获得一个域的值，例如，你可以写成：

```
String actualMsg = selenium.getText("name=serverMessage");
```

如果你遇到 XPath 跨浏览器的兼容性问题，那么你就可以使用针对特定浏览器的 XPath 表达式重构测试，或者调用 allowNativeXPath (false) 强制表达式在 Selenium 的 JavaScript 库中求值。

12.8.5 通过异常使测试失败

尽管生成的测试方法抛出了异常，但是它不会抛出任何检查异常，你用来编写测试的 API 也不会抛出任何检查异常。生成的代码和 API 抛出未检查的异常，以便在适当的条件下确保你的测试会失败。虽然 Selenium 定义了 SeleniumException 和 SeleniumCommandTimedOutException 作为未检查的异常，但是一些 API 也会抛出 RuntimeException 异常。

现在，我们来看一看各种使用 API 并导航应用程序的示例。

12.8.6 使用 Selenium 测试表单

API 并没有明确提供对表单的支持；但是你可以像使用任何其他元素那样使用表单，为了输入、点击和按下按键调用各种 API。

下面将"12.3.12 使用 HtmlUnit 测试表单"小节中的 HtmlUnit 示例改写为 Selenium API 的示例。需要提醒你的是，在 HtmlUnit 示例中，我们创建了一个简单页面来显示一个具有输入域和 Submit（提交）按钮的表单。

在这个示例中，我们通过 JavaScript 告警提供了表单验证，以作为第二种测试途径，具体可以参见 12.3.14 小节。

我们使用表单测试正常的用户交互，如下所示：

```
@Test
public void testForm() throws IOException {
   selenium.open("file:///C:/path/to/src/main/webapp/formtest.html");
   selenium.type("id=in_text", "typing...");
   selenium.click("id=submit");
   SeleneseTestCase.assertEquals("Result", selenium.getTitle());
}
```

让我们来逐步分析这个示例。我们打开表单页面，输入一个值，点击"Submit（提交）"按钮进入下一个页面。最后，我们要确保我们已经登录了正确的页面。

如果 Selenium 在任意步骤中都无法找到一个对象，那么框架会抛出一个异常，同时你的测试也会自动失败。这样就使得你可以把注意力集中在测试上，并且如果页面或表单与预期的结果不一致，那么框架就会进行处理，使你的测试失败。

12.8.7 测试 JavaScript 告警

测试可以检查一个 JavaScript 告警是否已经发生了。我们重用 12.3.12 小节中的表单示例，它包含了用来提醒用户输入了空值的 JavaScript 验证代码。

以下测试加载了我们的表单页面，并检查了当错误条件发生时浏览器产生警告的情况。关键的方法是 `getAlert`，它可以返回最近的 JavaScript 告警消息。调用 `getAlert` 方法的效果与在对话框中点击"OK"按钮的效果是一致的。

```
@Test
public void testFormAlert() throws IOException {
   selenium.open("file:///C:/path//to/src/main/webapp/formtest.html");
   String title = selenium.getTitle();
   selenium.click("id=submit");
   SeleneseTestCase.assertEquals("Please enter a value.",
                                 selenium.getAlert());          <-❶
   SeleneseTestCase.assertEquals(title, selenium.getTitle());
}
```

让我们来看一看这个示例。我们打开表单页面，保存当前的页面标题，并点击

“Submit（提交）”按钮。由于我们没有输入一个值，所以上述操作将会产生警告。接下来，我们调用了 getAlert ❶，来检查代码是否产生了正确的告警。最后，通过对比新页面的标题与已保存的页面标题，确保我们仍然在同一个页面上。

Selenium 提示

至于 Selenium 1.0 Beta 2 版本，JavaScript 告警将不会弹出可视化告警对话框。因为不支持从页面的 onload 事件处理器产生的 JavaScript 告警。如果发生这种情况，JavaScript 将会打开一个可视化对话框，同时 Selenium 会一直等待，直到有人点击了“OK”按钮。

我们不需要创建测试来检查在页面的正常运行期间是否发生了告警。如果测试产生了告警，而 getAlert 并没有获取它，那么 Selenium 接下来会抛出一个 SeleniumException 异常。例如：

```
com.thoughtworks.selenium.SeleniumException:
➥ERROR: There was an unexpected Alert! [Please enter a value.]
```

12.8.8 捕获一个 JUnit 3 测试失败的截屏

Selenium 提供了捕获测试失败时的截屏给 SeleneseTestCase 的子类的功能。Selenium 默认禁用这项功能；用户可以调用 setCaptureScreenShotOnFailure(true) 来启用该功能。在默认的情况下，截屏会被写入一个位于服务器目录下的 PNG 文件中，该 PNG 文件的名称与指定给 SeleneseTestCase String 结构函数的测试名称相同。

12.8.9 捕获一个 JUnit 4 测试失败的截屏

为了从 JUnit 4 测试用例中访问这个性能，你需要修改搜索示例，如代码 12.17 所示。

代码 12.17 捕获一个 JUnit 4 测试失败的截屏

```
private void captureScreenshot(Throwable t) throws Throwable {        ❶
    if (selenium != null) {
       String filename = this.getClass().getName() + ".png";
       try {                                                           ❷
            selenium.captureScreenshot(filename);
            System.out.println("Saved screenshot " + filename + " for " +
                                                          t.toString());
        } catch (Exception e) {
            System.err.println("Exception saving screenshot " + filename +
                              " for " + t.toString() + ": " + e.toString());
            e.printStackTrace();
        }
        throw t;
    }
}
```

```
public void testSearch() {
    // Same as before...
}

@Test
public void testSearchOnErrSaveScreen() throws Throwable {      <-❸
    try {
        this.testSearch();
    } catch (Throwable t) {
        this.captureScreenshot(t);
    }
}
```

我们增加了一个叫做 captureScreenshot 的新方法❶，它引入了一个 Throwable 参数，并调用了 Selenium 的 captureScreenshot 方法❷。我们通过创建一个新方法 testSearchOnErrSaveScreen❸，并从 testSearch 中删除了@Test，然后再将@Test 添加到新方法中，来重构我们的测试方法。

为了避免在每个想捕获失败时截屏的方法中重复以上代码模式，就需要扩展 JUnit。而扩展 JUnit 不在本节的讨论范畴之内，这里就不再赘述。

到此，我们就结束了对 Selenium 的介绍。接下来，在结束本章之前，我们要比较一下 HtmlUnit 和 Selenium。

12.9 HtmlUnit 与 Selenium

下面我们来总结一下 HtmlUnit 与 Selenium 之间的相同之处和不同之处。

相同之处在于，它们俩都是免费的、开源的，而且这两个工具都要求 Java 5 作为最低的运行平台。

这两者之间主要的不同在于，HtmlUnit 模拟了一个特定的 Web 浏览器，而 Selenium 驱动了一个真正的 Web 浏览器进程。在使用 Selenium 时，浏览器本身提供了对 JavaScript 的支持。而在 HtmlUnit 2.7 中，Mozilla 的 Rhino[1] 1.7 Release 2 引擎提供了 JavaScript 的支持，并且可以模拟特定的浏览器行为。

何时使用 HtmlUnit

当应用程序不依赖于操作系统的功能，并且特定的浏览器实现与 HtmlUnit 无关（如 JavaScript、DOM、CSS 等）时，则使用 HtmlUnit。

何时使用 Selenium

当需要对特定的浏览器和操作系统进行验证时，尤其是在应用程序充分利用或依赖于某个浏览器的特定实现（如 JavaScript、DOM、CSS 等）时，则使用 Selenium。

HtmlUnit 的优点在于它是一个 100%的 Java 解决方案，它可以很容易地集成在

[1] Mozilla Rhino：http://www.mozilla.org/rhino/。

构建过程中，并且 Cactus 可以集成 HtmlUnit 代码来进行容器内测试，就像与其他框架集成一样。HtmlUnit 提供了一个 HTML 对象模型，它可以非常精细地验证页面的细节。HtmlUnit 也支持使用 XPath 来收集数据；而 Selenium 对 XPath 的支持只限于引用元素。

Selenium 的优点是 API 更加简单，并可以驱动本地浏览器，从而确保测试的行为能够尽可能地接近于用户安装。

12.10 小结

在这一章中，我们介绍了表示层测试，并且探讨了两种免费开源工具 HtmlUnit 和 Selenium 的使用，以便测试 Web 应用程序的用户界面。

HtmlUnit 是一个没有外部要求的纯 Java 解决方案；它提供了一个完整的 HTML 对象模型，尽管该对象模型创建了相当冗长的测试代码，但却提供了非常出色的灵活性。

Selenium 是一个更为复杂的工具；它包括了一个简单的集成开发环境以及许多相辅相成的组件。IDE 生成了测试代码但却不维护它。Selenium 的优势来自于它的构架，这种构架允许嵌入式的 Selenium 远程控制服务器在各类操作系统上控制不同的浏览器。与使用 HtmlUnit 相比，Selenium API 更加简单和易于使用，从而可以带来更加简洁的测试代码。

当你的应用程序不依赖于操作系统的功能以及 JavaScript、DOM、CSS 等各种特定的浏览器实现时，则使用 HtmlUnit。

当需要对特定的浏览器和操作系统进行验证时，尤其是在应用程序充分利用或依赖于某个浏览器的特定实现（如 JavaScript、DOM、CSS 等）时，则使用 Selenium。

在下一章中，我们会在应用程序和测试用例中引入 Ajax 技术来增加一层复杂性。

第 13 章 Ajax 测试

Should array indices start at 0 or 1? My compromise of 0.5 was rejected without,I thought, proper consideration.

数组的下标应该从 0 开始还是从 1 开始呢？我觉得如果我折中一下从 0.5 开始，一定会被无情地拒绝。

——Stan Kelly-Bootle

本章重点

- Ajax 测试介绍
- 测试 Ajax 栈
- 测试 JavaScript
- 测试服务器服务
- 测试 Google Web 工具包的应用

本章涵盖了有关测试 Ajax 应用程序的相关内容。它是第 12 章的延续，主要讨论对于表现层的总体测试方法，并介绍了本章所使用的两个库和工具：HtmlUnit 和 Selenium。正如前一章一样，我们的目标是找出应用程序的图形用户界面的程序缺陷。我们通过将测试用例拆分成三个组来介绍分治法（divide-and-conquer）测试方法，即功能测试、客户端脚本测试和服务器服务测试。同时我们还将介绍每层测试的相关技术。最后我们将通过介绍 Google Web 工具箱（GWT）应用中特殊的测试挑战来结束本章内容。首先我们将以回顾 Ajax 和测试困难原因开始介绍。

13.1 Ajax 应用程序难以测试的原因

在 2005 年，文章“一种新的 Web 应用程序实现方法（A New Approach to Web Applications）”[1]创造了一个词 **Ajax** 来描述诸如 Google Maps[2]和 Google Suggest[3]等新一代 Web 应用程序。与它们的前辈相比，这类新的应用程序内容更为丰富、更具交互性并具有更强的响应能力。对于最为关键的用户使用体验来说，它们废弃了对整个 Web 页面进行频繁重载或刷新以同步更新信息的方案。尽管这些应用程序仍然是基于浏览器的，但它们已使得 Web 界面在外观和感觉上更像一个桌面应用程序。

尽管 Ajax 常常与其对应的由全部大写字母所组成的缩略词 AJAX 相关，但它现在的含义已远远超出了其全称 Asynchronous JavaScript and XML。你可以通过整合如下技术来搭建一个 Ajax 应用程序：CSS、DOM、JavaScript、服务器端脚本、HTML、HTTP 和 Web 远程访问（XMLHttpRequest）等。

除了这些相关技术，Ajax 还反映出一种新的 Web 应用程序构建标准，并被设计成能够为用户带来丰富内容且具有较强交互能力的使用体验。本章我们将研究如何对这类应用程序进行测试。

为了更好理解 Ajax 应用程序的测试挑战，我们首先会介绍传统的 Web 交互特性，然后会逐步介绍 Ajax 应用程序的交互特性。

13.1.1 传统的 Web 交互

在传统的 Web 交互中，用户打开页面浏览器后，页面在每次需要数据时都会请求服务器生成新页面。图 13.1 展示了这个处理过程。

13.1.2 Ajax 交互

在 Ajax 应用程序中，页面会与服务器进行通信以获取部分需要更新的页面数据，然后只对这部分页面进行更新。图 13.2 展示了这个处理过程。

用户在浏览器中打开 Ajax 应用程序起始页面后，它会进行 HTML 页面加载。浏览器使用相关的 CSS 来展示该 HTML 页面，并运行客户端 JavaScript 代码来创建页面事件处理器。这时的页面就可以响应用户交互了。用户通过页面进行交互时，会触发 JavaScript 事件处理器。对于一个诸如 Google Suggest 的应用程序来说，每个按键都会创建一个服务器响应，它由一个建议列表组成，并显示在下拉列表框中。JavaScript 事件处理器会

[1] http://www.adaptivepath.com/ideas/essays/archives/000385.php。

[2] http://maps.google.com/。

[3] http://www.google.com/webhp?complete=1&hl=en。

创建一个 XHR 对象并使用特定的 HTTP 响应来调用服务。XHR 对象包含一个 JavaScript 回调函数，浏览器会在准备好结果的情况下调用该函数。服务器负责处理这些请求并返回一个 HTTP 格式的响应。浏览器随后会调用 XHR 并使用服务器返回的数据，以 XML 或文本的形式来更新浏览器中的页面。为了更新页面，回调函数使用了 DOM API 来修改数据处理模型，这可以使得浏览器能够即刻展示这些更新数据。

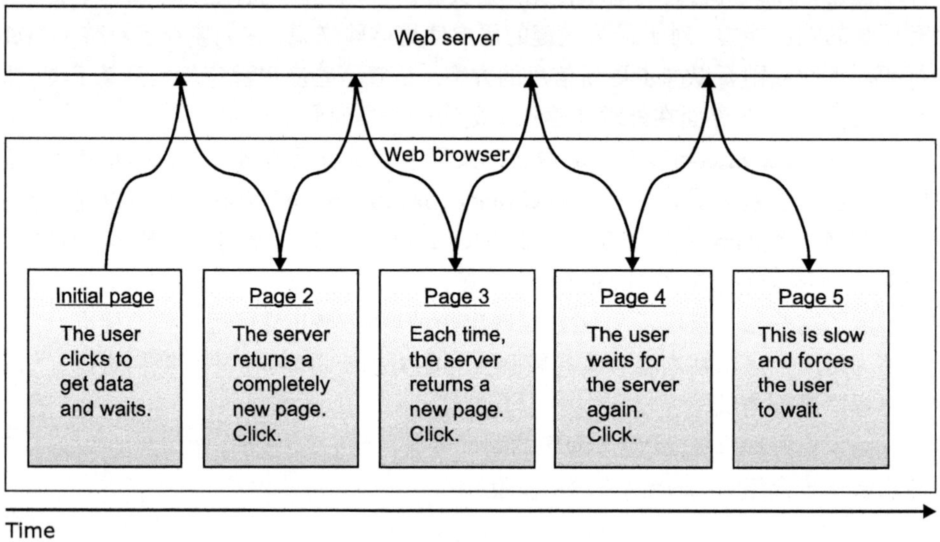

图 13.1 在传统 Web 应用程序中，每次交互都会下载新页面

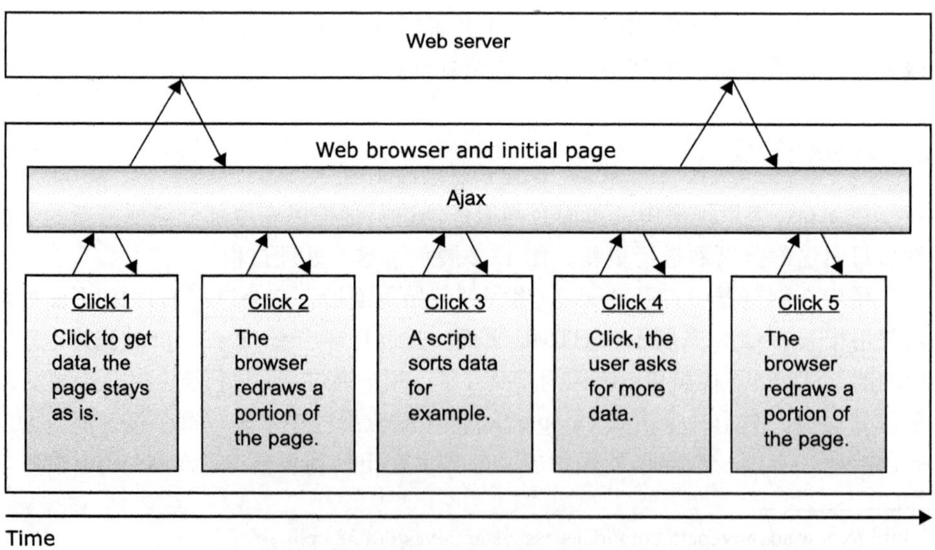

图 13.2 在 Ajax Web 应用程序中，每次交互只下载相关部分页面数据

13.1.3 一个崭新的世界

这种交互行为与传统 Web 架构有着很大区别，后者会加载整个页面，即用户在页面中的交互行为会导致加载另一个页面，然后再开始新的页面处理周期。而对于 Ajax 来说，页面只会被加载一次，后续所有的事件都会在这个页面内完成。运行在该页面中的 JavaScript 代码会提供与服务器交互的 I/O 接口，并负责更新内存中该页面的 DOM，而这正是浏览器向用户所展现的数据内容。

13.1.4 测试的挑战

前面我们提到的有关针对应用程序交互行为而编写测试用例所面临的挑战就是：对于 HTTP 通信的异步特性以及 JavaScript 代码对 DOM 的操作特性，困难在于当应用程序的异步操作发生在测试用例上时，如何用它们来驱动程序本身的测试。

除了要对第 12 章所介绍的有关对传统页面状态进行测试以外，你还需要对 Ajax 应用程序的最佳实践进行测试。测试用例必须对诸如拖放操作、表单验证和提交、事件处理、后退按钮、刷新按钮、撤销和恢复命令、花式导航（fancy navigation）、状态管理和缓存，以及用户友好界面（具体包括时延、展现进程、超时和多次单击等）等运行特点[1]进行测试。

更为复杂的问题是，诸如 JavaScript、DOM 和 XMLHttpRequest 等不同的 Ajax 组件技术是运行于由不同供应商所提供的不同的浏览器之上的。尽管各种免费和开源程序库可以将这些区别进行抽象，但针对这些应用程序的测试还是异常复杂。你的目标应当是使测试用例能够涵盖所有操作系统、所有浏览器和所有实现代码。

接下来我们会将这一大堆复杂的应用程序测试用例拆分成多个测试层面，它们包括：功能测试、客户端脚本测试和服务器服务测试。

13.2 Ajax 的测试模式

在进入测试代码之前，我们将对使用的测试模式进行全面考察，以合适 Ajax 应用程序的各个特点。我们可以将测试用例分成 3 种：

- 功能测试负责从客户端浏览器驱动整个应用程序测试，通常作为各个应用程序测试层的结束；
- 客户端脚本的单元测试负责对运行于浏览器中的 JavaScript 脚本进行测试，而应用程序页面所包括的脚本则不进行测试；

[1] 详见图书《Ajax in Action》，http://www.manning.com/crane/。

■ 服务测试负责对由服务器提供的以及由 JavaScript XHR 对象访问的服务进行测试。

在实施测试之前，我们先对这几类测试的细节内容进行学习。

13.2.1 功能测试

功能测试负责从客户端浏览器驱动整个应用程序测试，并通常作为各个应用程序测试层的结束。正如我们在第 12 章所讨论的那样，功能测试负责模拟用户操作，并会检查被访问 Web 页面的状态。你可以选择让测试用例仿真一个 Web 浏览器（HtmlUnit）或者用它驱动一个活动的 Web 浏览器（Selenium）。对于常用的浏览器仿真软件来说，关键在于它能在多大程度上支持 JavaScript。

13.2.2 客户端脚本单元测试

这里我们将脚本分为两部分：一部分使用 XHR 来控制 DOM，而另一部分则不使用 XHR。

尽管我们可以在脚本调用 XHR 对象并修改当前页面的 DOM 时对脚本功能和库进行独立测试，但这里我们需要一个 JavaScript 引擎和浏览器；这样就必须让浏览器保持活动状态或者仿真一个浏览器。对于这些脚本来说，我们必须使用功能测试。

对于其他脚本来说，我们所测试的是功能所对应的程序库，因此我们倾向于在一个独立的文件中实现这些功能，而不是将它们内置到 HTML 页面中。

我们可以对所有脚本进行测试，方法是对调用它们的页面进行功能测试，但我们更倾向于使用轻量级的测试用例，这样才会更加接近单元测试方向。重量级的功能测试速度较慢，它们需要使用 Web 浏览器，这种方式最好只在脚本不能用其他方式进行验证时使用。

下面我们看看 JavaScript 的单元测试。我们需要在 JavaScript 测试框架中寻找哪些重要内容呢？从测试驱动开发（TDD）的观点来看，最重要的特性就是自动化测试能力。我们必须将 JavaScript 测试集成到 Ant 或 Maven 编译脚本中。其次，我们需要具备从 JUnit 中运行测试用例的能力。你会找到很多 JavaScript 框架能够支持通过 HTML 页面内置测试调用（JsUnit[1]、JsUnitTest[2]和 script.aculo.us[3]）的方式来创建和运行测试用例，而其他框架则都使用 JavaScript 来完成测试（RhinoUnit[4]）。对于我们来说，最好的集成方式必须能够支持 JUnit。尽管 JUnit 或 Ant 集成方式可以针对特定的 JavaScript 测试框架来自

---

1 http://www.jsunit.net/。
2 http://jsunittest.com/。
3 http://script.aculo.us/。
4 http://code.google.com/p/rhinounit/。

定义开发测试代码，但 JsUnit 却为我们提供了现成的方案。JsUnit 是免费的开源架构，它与 JUnit 集成后，通过提供高级 Selenium 类型的分发版本配置选项来替我们完成上述的自定义开发。

JsUnit 用来测试 JavaScript，而 Selenium 则用来测试 Web 应用程序。JsUnit 允许你用 JUnit 测试 JavaScript，方法是通过控制本机或远程 Web 浏览器处理进程来实现。我们将在“使用 JsUnit 测试 JavaScript”一节中讨论 JsUnit 的实战内容。

13.2.3 服务测试

服务测试的目标是验证由服务器提供以及由 JavaScript XHR 对象访问的服务。在这里，HTML 页面和 JavaScript 是不参加测试的。由于 HTTP 是由 XHR 对象用于与服务器通信的标准，我们可以使用任意的 HTTP 客户端来对服务进行测试，并且这是与 XHR 和浏览器相独立的。适用于单元测试的免费、开源的 Java HTTP 程序库包括：HtmlUnit、HttpUnit 和 Apache Commons HttpClient。我们将在“使用 HttpClient 测试服务”一节详细介绍 HttpClient 的实战内容。

本章我们将对 Ajax 应用程序的服务器服务进行测试，这里我们将它和 Web 服务测试区分开来，因为后者是另外一个 Web 标准。

下面我们将对每种测试技术进行详细介绍，并附带具体的实施案例。首先我们从使用 Selenium 和 HtmlUnit 的功能测试开始介绍。

13.3 功能测试

现在我们看看如何对应用程序栈进行测试，我们的手法是继续使用我们在前一章中开始介绍的有关将 Selenium 和 HtmlUnit 应用于程序表示层的测试方式上。我们将介绍如何使用 Selenium 和 HtmlUnit 来编写相同类型的测试用例。我们还将介绍如何处理 Ajax 应用程序的异步特性，然后再对这些负责组成 stack 的特殊组件进行测试，如 JavaScript 程序库和服务器提供的服务（相对于 Web 服务来说）等。编写 Ajax 应用程序测试用例的关键之处在于了解某个行为何时会引起 DOM 内部的变化。我们还将介绍如何进行这类测试，并会先后使用 Selenium 和 HtmlUnit 来创建功能测试用例。

13.3.1 使用 Seleniun 进行功能测试

如果你对 Selenium 还不够熟悉，那么请查阅前面的章节，以便对这个我们用于搭建测试的基础结构进行一个初步的了解。这次我们重新使用 Selenium 完成一个更为高级的测试任务，即测试 Ajax。

一旦浏览器加载页面，Selenium 就会了解到该页面的版本。为了能看到更新后的 DOM，你必须使用与前面章节我们使用过的不同的 API。

我们看看如图 13.3 所示的示例表单。当你点击“Get Message”按钮后，页面会向服务器进行查询，并返回一个简单的文本信息：Hello World。JavaScript 代码随后会用该条信息对 DOM 进行更新，并且浏览器会显示这条输入的文本值，如图中屏幕快照所示。

图 13.3 一个简单的 Ajax 表单

代码 13.1 展示了页面对应的 HTML 源代码，其内部包含了用于实现 HTTP XML 请求的 JavaScript 代码。

代码 13.1 一个简单的表单（客户端）testform.html

```
<html>
<body>
<script type="text/javascript">
function newXHR() {                                        <-❶
   if (window.XMLHttpRequest) {
      return new XMLHttpRequest();
   } else if (window.ActiveXObject) {
      return new ActiveXObject("Microsoft.XMLHTTP");
   } else {
      alert("This browser does not support XMLHTTP.");
   }
}
function setMessage() {                                              <-❷
   var xhr = newXHR();
   xhr.onreadystatechange=function() {
      if(xhr.readyState == 4) {
        document.helloForm.serverMessage.value=xhr.responseText;     <-❸
      }
   }
   xhr.open("GET","hello-world.asp", true);
   xhr.send(null);                                                   <-❹
}
</script>                                                              ❺
<form name="helloForm"><input value="Get Message" type="button"     <-┘
   name="getMsgBtn" onclick="setMessage();" /> Message: <input
   type="text" name="serverMessage" /></form>
</body>
</html>
```

我们看看该 HTML 中的一些关键元素。表单❺定义了一个按钮，它在受到单击时会调用 JavaScript 子程序 setMessage❷。setMessage 子程序所做的第一件事就是调用 newXHR❶，它会创建一个新的 HTTP XML 请求对象。然后 setMessage 程序会调用服务❹并在得到服务器响应后更新 DOM❸。

下面的代码展示了本示例中服务器端的响应代码（hello-world.asp）。

```
<%
response.expires=-1
response.write("Hello World")          <-❶
%>
```

服务器响应为字符串“Hello World”❶。为了在本地使用 IIS 运行该示例，你需要为示例创建一个虚拟的 webapp 路径，并使用 IIS Permission Wizard 来授予它默认权限。

为了对表单进行测试并检查该信息是否为我们预期的信息，我们使用了与前面章节中相同的 JUnit 测试桩，并首先搭建了测试集来管理 Selenium 服务器：

```
[...]
@RunWith(ManagedSeleniumServerSuite.class)
@SuiteClasses( { UnmanagedFormTester.class })
public class ManagedFormTest {
    // See annotations.
}
```

以上代码展示了测试集 ManagedFormTest，它负责运行包含@Test 方法的测试用例 UnmanagedFormTester。JUnit 测试运行器 ManagedSeleniumServerSuite 负责管理 Selenium 服务器，并负责驱动单元测试。

在不知道任何 Ajax 相关信息的情况下，你也可以创建代码 13.2 中的测试方法 testFormNo。

代码 13.2 UnmanagedFormTester.java 糟糕的测试方法

```
/**
 * Tests a form. The Selenium server must be managed elsewhere.
 * To test the form in IE, create a virtual directory in IIS and point your
 * browser and tests to http://localhost/webapp/formtest.html
*/
public class UnmanagedFormTester {
    private static final String APP_WINDOW =
        "selenium.browserbot.getCurrentWindow()";

    private static final String EXPECTED_MSG = "Hello World";

    /**
     * The directory /ch13-ajax/src/main/webapp has been configured as
     * an IIS virtual directory for this test.
     */
    private static final String TEST_URL = "http://localhost/webapp/";

    private static final String TEST_PAGE = "formtest.html";

    private static Selenium selenium;
```

```
    @BeforeClass
    public static void setUpOnce() throws Exception {
        selenium = new DefaultSelenium("localhost", 4444, "*iexplore",
           TEST_URL);
        selenium.start();
    }

    @AfterClass
    public static void tearDownOnce() throws Exception {
        if (selenium != null) {
            selenium.stop();
        }
        selenium = null;
    }

    @Test
    public void testFormNo() throws IOException {
        selenium.open(TEST_PAGE);
        selenium.click("name=getMsgBtn");
        String actualMsg = selenium.getText("name=serverMessage");    ❶
        // The message is not there!
        Assert.assertFalse(EXPECTED_MSG.equals(actualMsg));     ❷
    }
}
```

如果从 UnmanagedFormTester.java 运行开始直到调用 getText❶方法都运行顺利的话，该调用会获取一个 Selenium 定位器来检索名为 serverMessage 元素的内容。返回值是空字符串❷，因为在对象模型中，DOM 模型不是最新的。也许我们需要等待服务器完成其工作并返回结果。调用 waitForPageToLoad 方法不会生效，因为该代码不会重载页面。重新调用该方法就意味着它是 Ajax 应用程序了，所以页面不会重新加载。在单击按钮后调用 Thread.sleep 方法同样不会生效。幸运的是，Selenium 提供了一个强大的 API 来完成这个目标：即 waitForCondition 方法。下面就是 UnmanageFormTester 类的具体代码：

```
@Test
public void testFormWithJavaScript() throws IOException {
   selenium.open(TEST_PAGE);
   selenium.click("name=getMessageButton");
   selenium.waitForCondition(APP_WINDOW +
      ".document.helloForm.serverMessage.value=='" + EXPECTED_MSG + "'",
      "1000");
}
```

作为选择，在不用重构的情况下，JavaScript 表达式作为 waitForCondition 方法的第一个参数，写法如下：

```
selenium.browserbot.getCurrentWindow().document.helloForm.serverMessage.
value == 'Hello World'
```

waitForCondition 会等待指定的条件成为 true，或者直到超时为止。该方法接收两个参数：第一个参数是 JavaScript 代码，其最后一个表达式必须被赋值为布尔类型的对象；第二个参数为 String 类型的超时表达式，单位为毫秒。

条件等待 API 的使用提示

为了让 JavaScript 代码能够访问应用程序窗口，你必须使用如下表达式：

```
selenium.browserbot.getCurrentWindow()
```

例如，为了获取文档，需要进行如下调用

```
selenium.browserbot.getCurrentWindow().document
```

使用 Selenium 进行 Ajax 测试的艺术在于将 JavaScript 代码嵌入你的 JUnit 代码中。这点可能让你很迷惑，因为这要求你将 JavaScript 代码嵌入到 Java 代码中，但这个操作是必要的，因为负责控制 Web 浏览器的 Selenium 服务器将为你运行这些 JavaScript 代码。作为对比，我们回到 HtmlUnit 并看看该测试用例在这个框架中的样子。

13.3.2 使用 HtmlUnit 进行功能测试

现在我们回到使用 HtmlUnit 进行测试上来，该内容我们已在第 12 章介绍过。尽管 HtmlUnit 的 API 比 Selenium 更为繁琐，但你还是可以完全使用 Java 编写测试用例。代码 13.3 向我们展示了使用 HtmlUnit 来测试表单。

代码 13.3 使用 HtmlUnit 测试同一个表单

```
public class AjaxFormTest {

private static final String EXPECTED_MSG = "Hello World";

private static final String TEST_URL =
    "http://localhost/webapp/formtest.html";

@Test
public void testAjaxForm() throws IOException {
    WebClient webClient = new WebClient();
    try {
        webClient.setAjaxController(new
           NicelyResynchronizingAjaxController());          ❶
        HtmlPage page = (HtmlPage) webClient.getPage(TEST_URL);    ❷
        HtmlButtonInput button = (HtmlButtonInput)
           page.getFirstByXPath("/html/body/form/input[1]");
        HtmlPage newPage = button.click();                  ❸
        HtmlInput reply = (HtmlInput)
           newPage.getFirstByXPath("/html/body/form/input[2]");
        Assert.assertTrue(EXPECTED_MSG.equals(reply.asText()));    ❹
    } finally {
        webClient.closeAllWindows();
    }
}
}
```

下面我们将该示例过一遍。通常，我们以创建 HtmlUnit Web 客户端并获取应用程序的起始页面❷作为开始。我们获取按钮后，单击它然后的到新的结果页面❸。从该页面中，我们获取输入域的全部值，该值是通过 XHR 调用获得的，并更新了 DOM，然后我们断言该内容是我们预期的内容❹。

HtmlUnit 的一般模式是获取压面、找到页面元素、单击该元素，然后检查结果页面的内容。

由于测试线程可能在 HtmlUnit 从服务器读取 Ajax 响应之前就结束了，因此你必须对测试代码与服务器响应同步，以确保测试运行期间嫩巩固获取预期的结果。尽管有一个简单的方式使得线程休眠一段时间，但 HtmlUnit 还提供了 API 来保证该 Ajax 测试的同步性和可预测性。该示例通过调用 `setAjaxController` 方法❶来说明了这一点。

`setAjaxController` 方法和 `NicelyResynchronizingAjaxController` 类将共同工作，以将非同步的 Ajax 调用转换成同步调用。`NicelyResynchronizingAjaxController` 类是 HtmlUnit 所提供的唯一的 `AjaxController` 子类。默认情况下，Web 客户端会使用 `AjaxController` 实例来初始化自身，这会使得 Ajax 调用成为异步的。

HtmlUnit 提示

通过将 Ajax 调用进行同步来创建可预测的测试。为了实现这点，可将 Web 客户端的 Ajax 控制器设置为 `NicelyResynchronizingAjaxController` 实例：

```
webClient.setAjaxController(new NicelyResynchronizingAjaxController());
```

如果你想要对测试行为进行较细粒度的控制，HtmlUnit 框架为你提供了试验性[1]的 API 以等待各个 JavaScript 任务结束。`waitForBackgroundJavaScript` 方法会等待至所有后台的 JavaScript 任务执行结束，通过 `window.setTimeout`、`window.setInterval` 和异步的 `XMLHttpRequest` 来定义这些预定的任务。例如，你可以在某个操作调用脚本超时一定毫秒数后再调用 `waitForBackgroundJavaScript` 方法：

```
HtmlPage newPage = button.click();
int jobs = this.webClient.waitForBackgroundJavaScript(1000);
```

该方法的返回值是正在执行或还在预定执行列表中的任务数量。如果你知道后台 JavaScript 何时会启动，但又不需要确认它们的执行时长的话，可以调用方法 `waitForBackgroundJavaScriptStartingBefore`。这时你必须使用该 wait 方法而不是使用由 `JavaScriptJobManager` 提供的 HtmlUnit 内部方法。

现在你已了解到如何使用 Selenium 和 HtmlUnit 来创建功能测试用例了。尽管这已从客户端角度证实了应用程序的运行状况，但它并没有显示底层构建模块的质量。现在是时候对这些构建模块进行测试以深入研究了，这些构建模块分别是 JavaScript 和服务器服务。我们将从 JavaScript 开始介绍。

[1] HtmlUnit 2.5 版本的 Javadoc 警告过，这些 API 可能改变测试行为，或者可能不会出现在以后的版本中。

13.4 JavaScript 测试

这里我们又面临着与此前一样的选择，HtmlUnit 和 Selenium：你倾向于模拟浏览器还是驱动一个活动浏览器呢？接下来我们将介绍两个 JavaScript 测试框架：RhinoUnit 和 JsUnit。RhinoUnit 类似于 HtmlUnit，是一个纯 Java 解决方案，而 JsUnit 则类似于 Selenium，它们都会驱动本地或远程 Web 浏览器。为了封装 JavaScript 测试，我们使用 JSLint 来检查我们的代码，以获得最佳实践。

13.4.1 使用 RhinoUnit 测试 JavaScript

RhinoUnit 允许你通过 Ant 来运行 JavaScript 单元测试。你可以用 JavaScript 来编写单元测试用例，并可以在 Java 6 版本中所包含 Java Scripting Framework 和 Mozilla Rhino JavaScript 引擎的帮助下通过 Ant 脚本来调用这些测试用例。如果你使用的是老版本的 Java，那么你需要使用附录 E 中列出的 Apache Bean Scripting Framework[1]（BSF）和 Mozilla Rhino JavaScript 引擎来“安装软件”。作为回报，RhinoUnit 会包含 JSLint[2]，它允许你通过 Ant 来检查 JavaScript 代码是否是最佳实践。这里需要下载和解压 RhinoUnit[3]。如果你使用的是 Java 6，准备工作就到此为止；如果不是，那么还需要完成一些额外步骤，具体请参考附录 E。

下面我们将创建一个简单的子程序以用于测试；下面的代码定义了一个阶乘函数(factorial.js)。

```
function factorial(n) {
    if ((n === 0) || (n === 1)) {
        return 1;
    }
    return n * factorial(n - 1);
}
```

下面的 JavaScript 单元测试用例负责测试阶乘函数（test-example.js）。

```
eval(loadFile("src/main/webapp/factorial.js"));          ❶
testCases(test,                                             ❷
    function test15() {
        assert.that(factorial(15), eq(1307674368000));      ❸
    },

    function test16() {
        assert.that(factorial(16), eq(20922789888000));     ❹
    }
);
```

1 http://jakarta.apache.org/bsf/。
2 http://www.JSLint.com/。
3 http://code.google.com/p/rhinounit/。

在测试代码的起始端，我们加入了被测函数库❶，同时调用了 eval 方法。需要注意的是，该文件的路径是相对于测试运行路径的；在这个情况下，该路径就是项目的根路径。接下来，我们必须调用 testCases 方法，并将 test 作为第一个参数❷传入，后面的参数为被测函数。你可以传入任意数量的函数；注意这里需要用逗号将测试函数分开。对于这个简单的测试用例，我们从两个不同的测试中调用了阶乘函数，并确认计算结果是我们的预期结果❸❹，例如，检查调用 factorial (15) 是否为预期值 1307674368000❸。assert.that 调用方式即为 RhinoUnit 的断言方式。第一个值是我们正在测试的值，即**实际值**；而第二个值则为**断言值**，它定义了实际的测试条件。这里我们使用 eq 方法来测试实际值是否等于断言值 1307674368000。通常的测试格式是：

```
assert.that(actual, predicate)
```

RhinoUnit 站点列出[1]了除 eq 之外的其他函数；这些函数得到了非常广泛的运用：

- 函数 eq (expected) 使用===来比较实际值和预测值；
- 函数 matches (reqExp) 测试实际值与给定的正则表达式是否匹配；
- 函数 isTrue (message) 测试实际值是否为 true，同时在实际值为 false 时给出可选信息；
- 函数 isFalse (message) 测试实际值是否为 false，同时在实际值为 true 时给出可选信息；
- 函数 not (predicate) 用于取断言的反向值；
- 函数 isNull (message) 测试实际值是否为 null，同时在实际值不为 null 时给出相关信息。

下面的示例给出了如何匹配正则表达式：

```
var actual = "JUnit in Action";
assert.that(actual, matches(/in/));              <-❶
assert.that(actual, not(matches(/out/)));           <-❷
```

该示例首先调用 match 函数并断言“in”存在于测试字符串中❶，然后检查“out”不存在于测试字符串中❷。

assert 对象包含了其他有用的函数：fail 类似于 JUnit 的 fail 方法。变量 mustCall 函数负责检查指定函数是否被调用。

为了运行测试，你需要一个 Ant 编译脚本。代码 13.4 正是一个用于运行该示例的编译脚本。

---

[1] http://code.google.com/p/rhinounit/wiki/APIDescription。

代码 13.4 Ant build.xml 用于 JavaScript 单元测试

```
<project name="ch13-ajax-rhinounit" basedir="." default="run-all-tests">

<target name="run-all-tests" depends="run-unit-tests, run-js-lint" />

<property name="src.dir" value="src/main/webapp" />
<property name="test.dir" value="src/test/webapp" />
<property name="rhinounit.dir" value="rhinounit_1_2_1" />          ❶
<property name="rhinounit.src" value="${rhinounit.dir}/src" />
<property name="JSLint.src" value="${rhinounit.dir}/JSLint" />

<!-- Requires Java 6 or Java 5 + BSF -->
<scriptdef name="rhinounit" src="${rhinounit.src}/rhinoUnitAnt.js"     ❷
language="javascript">
    <attribute name="options" />
    <attribute name="ignoredglobalvars" />
    <attribute name="haltOnFirstFailure" />
    <attribute name="rhinoUnitUtilPath" />
    <element name="fileset" type="fileset" />
</scriptdef>

<target name="run-unit-tests">
    <rhinounit options="{verbose:true, stackTrace:true}"          ❸
ignoredglobalvars="rhinounit"
rhinoUnitUtilPath="${rhinounit.src}/rhinoUnitUtil.js">
        <fileset dir="${test.dir}">
            <include name="*.js" />
        </fileset>
    </rhinounit>
</target>

<scriptdef name="JSLintant" src="${JSLint.src}/JSLintant.js"          ❹
     language="javascript">
    <attribute name="options" />
    <attribute name="JSLintpath" />
    <element name="fileset" type="fileset" />
</scriptdef>

<target name="run-js-lint">
    <JSLintant options="{eqeqeq : true, white: true, plusplus : false,   ❺
bitwise : true, evil: true, passfail: false}"
JSLintpath="${JSLint.src}/fullJSLint.js">
        <fileset dir="${src.dir}" />
    </JSLintant>
</target>

</project>
```

我们在 Ant 脚本起始端定义了路径和文件位置❶，它们与 Ant 编译路径地点相关。接下来我们定义了 `rhinounit` Ant 脚本❷和对应的参数，我们从 rhinoUnitAnt.js 文件中加载数据源。我们使用一个指向 JavaScript 单元测试源的 `fileset` 来调用脚本❸，这里我们包含了所有带有.js 扩展名的文件。用为 `rhinounit` 定义脚本并运行测试所同样的方式，我们为 JSLint❹定义了一个脚本来帮助我们检测脚本日志，最后我们在源路径中运行该 JSLint 脚本❺作为结束。有关 JSLint 的更多内容请参考 13.6 小节“使用 JSLint 检验最佳实践”。

RhinoUnit 提示

当调用 Ant 脚本 `rhinounit` 时，要确认将 `rhinoUnitUtilPath` 参数指向 rhinoUnitUtil.js 文件所在的位置，例如：

```
rhinoUnitUtilPath="${rhinounit.src}/rhinoUnitUtil.js"
```

这需要在编译脚本中兼顾到 JavaScript 单元测试；更多的文档手册请参考 RhinoUnit 站点[1]。接下来我们看看另一种不同于 RhinoUnit 的测试方法，它是用 JsUnit 对浏览器进行仿真，JsUnit 框架选择 Selenium 来驱动 Web 浏览器。

13.4.2 使用 JsUnit 测试 JavaScript

JsUnit[2]是一个 JavaScript 单元测试框架，它用 JavaScript 和 Java 语言编写而成。我们通过 Ant 来使用它驱动一个 Web 浏览器，目标是对与前面一节中同样的 JavaScript 进行测试。JsUnit 类似于 Selenium，相似之处在于，它也会对 Web 浏览器进行控制，并且测试用例运行于该浏览器的 JavaScript 引擎中。

下面我们将以展示如何从 JsUnit 运行测试用例开始，随后将介绍如何使用 Ant 进行自动化测试。本章源代码包含了 JsUnit 拷贝；详细代码请参考附录 E。

13.4.3 编写 JsUnit 测试用例

JsUnit 测试用例的编写可以通过创建一个包含 JavaScript 测试函数的 HTML 页面进行。然后通过一个 Web 浏览器来运行这个测试用例。我们只将 HTML 作为 JavaScript 容器使用。代码 13.5 为我们的阶乘测试用例。

代码 13.5 jsFactorialTests.html

```
<!DOCTYPE HTML PUBLIC "-//W3C//DTD HTML 4.01 Transitional//EN"
    "http://www.w3.org/TR/html4/loose.dtd">
<html>
<head>
    <meta http-equiv="Content-Type" content="text/html; charset=UTF-8">
    <title>JsUnit Factorial Tests - Chapter 13</title>
    <link rel="stylesheet" type="text/css"
        href="../../../jsunit/css/jsUnitStyle.css">                    ❶
    <script type="text/javascript"
        src="../../../jsunit/app/jsUnitCore.js"></script>
    <script type="text/javascript"
        src="../../../src/main/webapp/factorial.js"></script>           ❷
    <script type="text/javascript">
```

1 RhinoUnit: http://code.google.com/p/rhinounit/。

2 http://www.jsunit.net/。

```
        function test15() {                                    ❸
           assertEquals(factorial(15), 1307674368000);
        }

        function testRegEx() {                                 ❹
           var actual = "JUnit in Action";
           assertTrue(actual, /in/.test(actual));
           assertFalse(actual, /out/.test(actual));
        }

    </script>
</head>
<body>
   <h1>JsUnit Chapter 13 Tests</h1>
   <p>This page contains tests for the Chapter 13 examples.</p>
   <p>To see the tests, view the source for this page.</p>
</body>
</html>
```

我们在 HTML `head` 元素中定义了 JsUnit 测试，并在起始之处引用了必要的 JsUnit 框架❶，以及被测的 JavaScript 代码❷。

> **JsUnit 提示**
>
> `link href` 引用和 `script src` 属性是相对于 HTML 测试文件的路径而言的。

JavaScript 脚本 `script` 的一个元素定义了被测的阶乘函数❸和正则表达式❹。正如 JUnit3 一样，我们使用前缀 `test` 来定义被测函数。JsUnit 的 `assert` 函数集比 JUnit 的 `assert` 方法要小，我们已在下面列出。类似于 JUnit，JsUnit 的 API 定义了一个带有或者不带有信息参数的 assert 函数版本。下面列表中的方括号表示该参数是可选的。

- `assert([message,] booleanValue)`
- `assertTrue([message,] booleanValue)`
- `assertFalse([message,] booleanValue)`
- `assertEquals([message,] expectedValue, actualValue)`
- `assertNotEquals([message,] expectedValue, actualValue)`
- `assertNull([message,] value)`
- `assertNotNull([message,] value)`
- `assertUndefined([message,] value)`
- `assertNotUndefined([message,] value)`
- `assertNaN([message,] value)`
- `assertNotNaN([message,] value)`
- `fail(message)`

与 JUnit 类似，JsUnit 允许你使用 `setUp` 和 `tearDown` 函数。JsUnit 会在运行每个测试之前调用 `setUp` 函数，并在每个测试之后调用 `tearDown` 函数。

如果你定义了一个名为 setUpPage 的函数，那么 JsUnit 支持相当于@BeforeClass 的功能。JsUnit 会在页面加载后，在调用其他函数之前调用一次 setUpPage 函数。当 setUpPage 函数运行完毕时，你必须将参数 setUpPageStatus 设置为“complete”以通知 JsUnit 可以运行页面了。

JsUnit 与 JUnit

JsUnit 与 JUnit 是不同的，区别在于 JsUnit 不会定义测试函数的调用顺序；而在 JUnit 中，源文件中的方法顺序定义了调用的顺序。

另外，尽管 JUnit 创建了一个新的测试对象实例来调用每个方法，JsUnit 却不使用同样的操作，如重新加载页面等，这意味着 JsUnit 会在调用测试函数时保持页面的变量值。

13.4.4 编写 JsUnit 测试集

与 JUnit 一样，你可以将 JsUnit 测试用例分为各个组。代码 13.6 将我们前面的页面测试用例封装为一个测试集。

代码 13.6 jsUnitTestSuite.html

```
<!DOCTYPE HTML PUBLIC "-//W3C//DTD HTML 4.01 Transitional//EN"
    "http://www.w3.org/TR/html4/loose.dtd">
<html>
<head>
    <meta http-equiv="Content-Type" content="text/html; charset=UTF-8">
    <title>JsUnit Test Suite - Chapter 13</title>
    <link rel="stylesheet" type="text/css"
        href="../../../jsunit/css/jsUnitStyle.css">
    <script type="text/javascript"
        src="../../../jsunit/app/jsUnitCore.js"></script>
    <script type="text/javascript">
        function suite() {                                          <-❶
            var newsuite = new JsUnitTestSuite();
            newsuite.addTestPage(                                   <-❷
              "../src/test/webapp/jsFactorialTests.html");
            return newsuite;
        }
    </script>
</head>
<body>
   <h1>JsUnit Test Suite for Chapter 13</h1>
   <p>This page contains a suite of tests for testing JsUnit.</p>
   <p>To see the tests, view the source for this page.</p>
</body>
</html>
```

为了定义一个测试集，需要创建一个名为 suite❶的函数，它会返回一个 JsUnitTestSuite 对象。然后通过加入测试页面或者其他 suite 对象的方式来建立 suite 对象。在我们的示例中，我们添加了一个页面❷，该页面是在前面通过调用 addTestPage

函数来定义的。该 HTML 页面中余下的代码与前面一节的示例相似，区别在于我们不必再用代码来指向 JavaScript 阶乘函数库了。

JsUnit addTestPage 提示

addTestPage 参数是一个位置参数，对应于我们使用的测试运行页面。在我们的示例中使用了测试运行器 `jsunit/testRunner.html`。

若要将测试集添加到另一个测试集中，需要创建一个新的 `JsUnitTestSuite` 对象，并调用其 `addTestSuite` API。这允许你像在 JUnit 一样组织自己的测试用例。代码 13.7 定义并向主测试集添加了两个测试集。

代码 13.7 构建 JsUnit 测试集

```
function featureASuite() {
    var result = new JsUnitTestSuite();
    result.addTestPage("../tests/featureA/Test1.html");
    result.addTestPage("../tests/featureA/Test2.html");
    return result;
}
function featureBSuite() {
    var result = new JsUnitTestSuite();
    result.addTestPage("../tests/featureB/Test1.html");
    result.addTestPage("../tests/featureB/Test2.html");
    return result;
}

function suite() {
    var newsuite = new JsUnitTestSuite();
    newsuite.addTestSuite(featureASuite());
    newsuite.addTestSuite(featureASuite());
    return newsuite;
}
```

下面我们将介绍如何在开发期间手动运行测试用例，然后再通过 Ant 搭建自动化测试。

13.4.5 手动运行 JsUnit 测试用例

为了手动运行测试用例，需要打开 Web 浏览器并加载 jsunit/testRunner.html，并在文件输入域中输入 URL（file://或 http://），或者测试用例或测试集所对应的 HTML 测试页面文件引用（c:\path\to\a\file），然后单击“Run”按钮。图 13.4 我们使用绿色进度条展示了测试集的运行结果。

你也可以通过运行测试集 jsunit/tests/JsUnitTestSuite.html 来对 JsUnit 进行自测。测试结果将在绿色进度条中显示 90 个成功的测试用例。

JsUnit 提示：Aborted 状态或测试超时

JsUnit 在运行错误时不会为你提供太多的反馈信息。如果你在 JsUnit Status 域发现了 Aborted 状态，那么需要从检查 link href 路径和 script src 路径开始，然后检查 addTestPage。

图 13.4 JsUnit 测试运行器

现在我们已掌握了手动测试方法，下面我们将介绍如何使用 Ant 进行自动化测试。

13.4.6 使用 Ant 自动运行 JsUnit 测试用例

JsUnit 包括文件 jsunit/build.xml，它可以用作从 Ant 中调用 JsUnit 测试用例的模板。Ant 编译文件会对 Web 浏览器进行管理、调用测试用例以及建立报表。

> **JsUnit 提示：需要 Java 6 运行环境**
>
> 这里被测的 JsUnit 版本为 2.2，它只能在 Java 6 或更新版本上运行。如果你使用的是更早期的 Java，那么启动时会发现错误 `java.lang.UnsupportedClassVersionError: Bad version number in .class file`。

代码 13.8 展示了 build.xml 文件中所摘录的调用测试集部分代码

```
<?xml version="1.0" encoding="utf-8"?>
<project name="JsUnit" default="standalone_test" basedir=".">
   <property name="jsunit.dir" value="jsunit"/>                    <-①

   <property name="browserFileNames"                                     <-②
      value="c:\program files\internet explorer\iexplore.exe"/>
```

```
<property id="logsDirectory" name="logsDirectory" value="logs"/>   ❸

<property id="timeoutSeconds" name="timeoutSeconds" value="60"/>   ❹ ❺

<property id="url" name="url"
value="http://localhost:8080/jsunit/jsunit/testRunner.html?testPage=http://
    localhost:8080/jsunit/src/test/webapp/jsUnitTestSuite.html"/>

 <property name="bin" location="${jsunit.dir}/java/bin"/>
 <property name="lib" location="${jsunit.dir}/java/lib"/>
 <property name="loggingPropertiesFile" location="logging.properties"/>

 <path id="classpath">                                                 ❻
     <fileset dir="${lib}">
         <include name="*.jar"/>
         <include name="*/*.jar"/>
     </fileset>
     <fileset dir="${bin}">
         <include name="jsunit.jar"/>
     </fileset>
 </path>

 <target name="standalone_test"                                        ❼
     description="Runs tests on the local machine">
     <junit showoutput="true" haltonerror="true" haltonfailure="true">
         <formatter type="plain" usefile="false"/>
         <classpath refid="classpath"/>
         <sysproperty key="java.util.logging.config.file"
             value="${loggingPropertiesFile}"/>
         <sysproperty key="browserFileNames"
             value="${browserFileNames}"/>
         <sysproperty key="description" value="${description}"/>
         <sysproperty key="closeBrowsersAfterTestRuns"
             value="${closeBrowsersAfterTestRuns}"/>
         <sysproperty key="logsDirectory" value="${logsDirectory}"/>
         <sysproperty key="port" value="${port}"/>
         <sysproperty key="resourceBase" value="${resourceBase}"/>
         <sysproperty key="timeoutSeconds" value="${timeoutSeconds}"/>
         <sysproperty key="url" value="${url}"/>
         <test name="net.jsunit.StandaloneTest"/>
     </junit>
 </target>
 <target name="jsunit_self_test"                                       ❽
     description="Runs JsUnit self-tests on the local machine">
     <junit showoutput="true" haltonerror="true" haltonfailure="true">
         <formatter type="plain" usefile="false"/>
         <classpath refid="classpath"/>
         <sysproperty key="java.util.logging.config.file"
             value="${loggingPropertiesFile}"/>
         <sysproperty key="browserFileNames"
             value="${browserFileNames}"/>
         <sysproperty key="description" value="${description}"/>
         <sysproperty key="closeBrowsersAfterTestRuns"
             value="${closeBrowsersAfterTestRuns}"/>
         <sysproperty key="logsDirectory" value="${logsDirectory}"/>
         <sysproperty key="port" value="${port}"/>
         <sysproperty key="resourceBase" value="${resourceBase}"/>
         <sysproperty key="timeoutSeconds" value="${timeoutSeconds}"/>
         <sysproperty key="url"
             value="http://localhost:8080/jsunit/jsunit/
```

```
                testRunner.html?testPage=http://localhost:8080/jsunit/
                jsunit/tests/jsUnitTestSuite.html"/>
            <test name="net.jsunit.StandaloneTest"/>
        </junit>
    </target>
</project>
```

build.xml 文件起始定义了 JsUnit 安装路径❶；在本例中，它是包含示例 build.xml 文件目录的子目录。然后我们为 JsUnit 定义了 Web 浏览器，用以测试带有 `browserFileNames` 属性的代码❷。该属性是一个用逗号分开、可由浏览器运行的路径。接下来我们定义了 `logsDirectory`❸来保存路径信息以用于 XML 报表文件。属性 `timeoutSeconds`❹是以秒为单位的超时值，用于等待测试完毕；如果不输入该值，那么默认值为 60 秒。`url` 属性❺定义了使用的测试运行器，以及被调用的测试用例或测试集。我们需要将该 URL 拆分成各个小的组成部分。这里的示例 URL 是 http://localhost:8080/jsunit/jsunit/testRunner.html?testPage=http://localhost:8080/jsunit/src/test/webapp/jsUnitTestSuite.html。

URL 以 http://localhost:8080 开始，因为我们是在本地运行测试用例。下一个段落 jsunit 指定了 jsunit servlet 和 JsUnit 存储测试运行器的地点，它与 build.xml 靠近，具体为 jsunit/testRunner.html。所有这些段落组成了 URL 的第一部分：http://localhost:8080/jsunit/jsunit/testRunner.html。testPage 的 URL 参数指出了将要运行的测试压面或套件页面。它也已同样的本地服务器开始，并加上 jsunit servlet 前缀并跟随测试集页面的路径。将这些段落全部合并起来便得到了我们完整的 URL。

下面我们将在 Ant 中指出运行 JsUnit 所需要的全部 JAR 文件❻，然后我们将可以设置测试运行目标 `standalone_test`❼了，我们将在 build.xml 对应的路径下以命令行方式调用该目标，调用方式很简单，在控制台输入如下命令：

```
ant standalone_test
```

Ant 启动后，你会发现 Web 浏览器已被打开，并在测试页面运行测试用例，然后 Ant 会关闭浏览器。你还会发现控制台有两个输出界面分别对应于 Ant 和 JsUnit 的测试日志，由于日志内容太多，这里不再演示。我们可以找到倒数第二行的 Ant 输出，并能发现熟悉的 `BUILD SUCCESSFUL` 信息。

你甚至还可以将 JsUnit 自测试用例添加进来以进行完整性检查，方法是向 Ant 调用中添加目标 `jsunit_self_test`❽。

```
ant jsunit_self_test standalone_test
```

对于编译脚本中的自测任务来说，要确认 `jsunit_self_test` 目标已指向 JsUnit 测试集，其定位地址为 jsunit/tests/JsUnitTestSuite.html，正如我们的示例 build.xml 所做的那样。

对于本节，我们总结如下：更高级的测试配置都可以在 JsUnit 中实现，因为它提供了对 JsUnit 服务器的驱动支持。JsUnit 服务器允许从 Ant 运行测试；它的功能涵盖了示例中有关本地或远程 Web 浏览器驱动，同时还能创建结果日志。

> **JsUnit 的火狐浏览器提示：permission denied 错误提示**
>
> 如果你在火狐浏览器中发现“permission denied”错误，那么请将 security.fileuri.strict_origin_policy 选项设置为 false。

13.5 RhinoUnit 与 JsUnit

我们到底需要使用 RhinoUnit 还是 JsUnit 呢？答案与前面章节中 HtmlUnit 和 Selenium 之间的对比很相似。它们之间的相似性在于两者都是免费和开源的。

两者之间最主要的区别在于，RhinoUnit 会对 Web 浏览器进行仿真，而 JsUnit 则负责驱动真正的 Web 浏览器进程。使用 JsUnit 时，浏览器本身会提供对 JavaScript 的支持。对于 RhinoUnit 来说，Java 6 或者加入 Mozilla Rhino[1]引擎的 Apache BSF 则能够提供对 JavaScript 的支持。

RhinoUnit 的支持者认为它是 100%的 Java 解决方案，并能很容易集成到编译进程中。JsUnit 的支持者认为它能驱动本地浏览器，并能管理 JsUnit 测试服务器。

> **何时使用 RhinoUnit**
>
> 当应用程序不依赖于操作系统的功能以及 JavaScript、DOM、CSS 等特定的浏览器实现时，推荐使用 RhinoUnit。
>
> **何时使用 JsUnit**
>
> 当你需要验证特定的浏览器或者操作系统时，尤其是当应用程序充分利用或依赖于某个浏览器的特定实现（如 JavaScript、DOM、CSS 等）时，推荐使用 JsUnit。

13.6 使用 JSLint 检验最佳实践

现在我们将转向使用 JSLint[2]检验最佳实践代码。正如在单元测试脚本中所做的那样，我们使用脚本并通过 Ant 来定义和运行 JSLint：

```
<scriptdef name="JSLintant" src="${JSLint.src}/JSLintant.js"     <-- ❶
    language="javascript">
    <attribute name="options" />
    <attribute name="JSLintpath" />
    <element name="fileset" type="fileset" />
```

[1] http://www.mozilla.org/rhino/。

[2] JSLint：http://www.JSLint.com/。

```
</scriptdef>

<target name="run-js-lint">
    <JSLintant options="{eqeqeq : true, white: true, plusplus : false,      ❷
bitwise : true, evil: true, passfail: false}"
JSLintpath="${JSLint.src}/fullJSLint.js">
        <fileset dir="${src.dir}" />
    </JSLintant>
</target>
```

JSLint 使用提示

当你调用 Ant 脚本 JSLintant 时，需要确认将 JSLintpath 参数指向整个 JSLint.js 文件位置，例如：

```
JSLintpath="${JSLint.src}/fullJSLint.js"
```

我们在起始端为 JSLint❶定义了一个 Ant 脚本，然后调用脚本❷并向之传入 JavaScript 程序库的源路径。

若要运行该示例测试脚本，可以在本章示例路径 ch13-ajax-rhinounit 下的命令行中键入 ant 运行，运行结果如代码 13.9 所示。

代码 13.9 Ant 编译结果

```
Buildfile: build.xml

run-unit-tests:
[rhinounit] Testsuite: test-all-valid.js
[rhinounit] Tests run: 17, Failures: 0, Errors: 0
[rhinounit]
[rhinounit] Testsuite: test-example.js
[rhinounit] Tests run: 2, Failures: 0, Errors: 0
[rhinounit]

run-js-lint:
[JSLintant] Attribute options = {eqeqeq : true, white: true, plusplus :
false, bitwise : true, evil: true, passfail: false}
[JSLintant] JSLint: No problems found in ch13-
rhinounit\src\main\webapp\factorial.js

run-all-tests:

BUILD SUCCESSFUL
Total time: 0 seconds
```

JSLint 的输出比较繁琐，但很容易理解；具体输出细节请参考 JSLint 站点[1]。

我们以从客户端角度查看功能测试作为开端。接下来，我们将深入测试 Ajax 应用程序的底层构建模块之一：使用 RhinoUnit 和 JsUnit 的客户端脚本。我们还将检验这些脚本的最佳 JSLint 实践。接下来，我们将转到服务器端和另一个构建模块：使用 HttpClient 的服务器端服务。

---

1 http://www.JSLint.com/。

13.7 使用 HttpClient 测试服务

在应用程序服务层进行分别测试的目标是要独立地确认每类服务，如 HTML、JavaScript、DOM 以及应用程序的数据处理方式。应用程序通过 `XMLHttpRequest` 对象从 JavaScript 中调用服务。这里我们使用 `XMLHttpRequest` 来指向标准的 JavaScript `XMLHttpRequest` 对象，以及 Microsoft 的 ActiveX XMLHTTP 对象：Microsoft.XMLHTTP 和 `Msxml2.XMLHTTP`。我们的目标是通过将 HTTP 作为传输机制，以及将 XML 和 JSON 作为示例数据格式来模拟 `XMLHttpRequest` 对象。我们使用 Apache Commons HttpClient 来提供 HTTP 支持，使用 Java 内置的 XML 支持，以及使用 jslint4java 来检查 JSON 文档是否为合式的。

13.7.1 调用 XML 服务

为了简化示例，我们将本章示例中的 webapp 目录作为 IIS 虚拟目录使用，这样我们就能在本地使用 Ant 进行单元测试了。在单元测试调用期间，Ant 编译脚本会启动或停止诸如 Jetty 等 Web 容器。在代码 13.10 中，我们的首个 XML 服务测试用例会确认是否已从服务器取回期望的 XML 文档。第二个测试用例则会对这个文档进行确认。

代码 13.10 XML 服务测试

```
@Test
public void testGetXmlBasicCheck() throws IOException {
    HttpClient httpClient = new HttpClient();                    ❶
    GetMethod get = new GetMethod(                                  ❷
       "http://localhost/ch13personal/personal.xml");
    String responseString;
    try {
        httpClient.executeMethod(get);                          ❸
        InputStream input = get.getResponseBodyAsStream();
        responseString = IOUtils.toString(input, "UTF-8");          ❹
    } finally {
        get.releaseConnection();                                      ❺
    }
    Assert.assertTrue(responseString, responseString.startsWith(    ❻
       "<?xml version=\"1.0\" encoding=\"UTF-8\"?>"));
    // more...
}
```

测试用例在起始处创建了一个 Apache Commons `HttpClient`❶，并定义了带有一个对应于固定 XML 文档 URL 的 HTTP `GET` 方法❷。`GetMethod` 类初始化方法中指定的 URL 是特定于应用程序的，它必须针对测试用例包含恰当的参数。然后测试用例会执行 HTTP `GET` 方法❸并从服务器读取数据备份。需要注意的是，Apache Commons IO API ：IOUtils.toString 使用一行❹来读取响应数据流的。与标准的 Ajax 应用程序所不同的是，程序代码的执行是进行了同步的。然后我们在 finally 模块❺中调用 releaseConnection 方法来确保释放 HttpClient 资源。这时我们就可以检验这些从服务器端获取的数据是否为预期数据了。对于第一个测试用例来说，我们要做的仅仅是对文档起始的简单字符串❻做个对比。你也可以使用 Java 正则表达式来完成更多的基于字符串的 XML 比较；下面我们将用到一项重要的 XML 功能：XML 验证。

13.7.2 验证 XML 响应

如果能对 XML 进行解析，那么你就知道该文档是**结构良好的**（well formed），意思是对应的 XML 语法是符合规范的，仅此而已。XML 提供了一个称之为 XML 模式的标准，你可以用它来定义 XML 词汇表（vocabulary），从而能指定由哪些元素和属性来组成**有效的**（valid）文档。在我们接下来的示例中，XML 模式保存在名为 personal.xsd 的文件中。代码 13.11 使用标准的 Java XML API 来确认从服务器返回的 XML 文档是否符合预先定义的 XML 模式。

代码 13.11 XML 服务测试验证

```
@Test
public void testGetXmlAndValidateXmlSchema() throws
  IOException, ParserConfigurationException, SAXException {
    HttpClient httpClient = new HttpClient();
    GetMethod get = new GetMethod(
       "http://localhost/ch13personal/personal.xml");
    Document document;
    try {
        httpClient.executeMethod(get);
        InputStream input = get.getResponseBodyAsStream();
        // Parse the XML document into a DOM tree
        DocumentBuilder parser = DocumentBuilderFactory
           .newInstance().newDocumentBuilder();                ❶
        document = parser.parse(input);
    } finally {
        get.releaseConnection();
    }

    // Create a SchemaFactory capable of understanding XSD schemas
    SchemaFactory factory = SchemaFactory.newInstance(          ❷
       XMLConstants.W3C_XML_SCHEMA_NS_URI);

    // Load the XSD schema in a Schema instance
    Source schemaFile = new StreamSource(new File(
       "src/main/webapp/personal.xsd"));                        ❸
    Schema schema = factory.newSchema(schemaFile);

    // Create a Validator, which we use to validate the document
    Validator validator = schema.newValidator();                ❹
    validator.validate(new DOMSource(document));
}
```

该示例的初始操作与前一示例一致，但在测试用例执行完 HTTP GET 方法后，则直接使用 XML 解析器❶来读取服务器响应了。如果 DOM 文档解析成功，那么我们就能知道该文档是合式的，这是一个不错的完整性检查。如果我们未能从服务器获取有效的 XML 文档，那么就可能在响应中收到服务器错误信息，或者是由服务器端 XML 文档生成过程中的程序缺陷导致的。现在我们转向测试用例的主体，即 XML 验证。在本例中，我们为使用的语法创建了一个模式工厂，即 XML 模式❷，并在 Schema 实例❸中加载了 XSD 模式文件。最后，我们为自定义的模式创建了一个 XML 验证器，用来验证 DOM 文档❹。至此，我们就能知晓文档是否有效并且是合式的。

下一步将是检查应用程序数据是否与预期相符。DOM 文档 API 的使用较为困难，此时你有几种选择。JDOM[1] API 为 XML 提供了一个比 DOM 更为友好的接口。你可以使用 Java 的 XPath[2]支持来验证文档内容。你还可以使用 Sun 的 JAXB[3]框架将 XML 转换成 POJO，但这个操作代价较大。

接下来我们考虑将 JSON 作为数据格式使用。

13.7.3 验证 JSON 响应

JSON[4]（JavaScript Object Notation）是一种基于 JavaScript Programming Language 子集的数据交换语言，标准 ECMA-262 第 3 版[5]，1999 年 12 月制定。应用程序使用 JSON 而不是 XML 作为其数据格式的原因是基于其数据文本，它很容易被人和计算机读取和理解。在我们的首个示例代码 13.12 中，我们将展示一种检查 JSON 文档的简单方法。

代码 13.12 JSON 服务测试

```
private static final String URL_FIXTURE =
   "http://localhost/ch13personal/glossary.json";

@Test
public void testGetJsonBasicCheck() throws IOException {
    HttpClient httpClient = new HttpClient();
    GetMethod get = new GetMethod(URL_FIXTURE);
    String responseString;
    try {
        httpClient.executeMethod(get);
        InputStream input = get.getResponseBodyAsStream();
        responseString = IOUtils.toString(input, "UTF-8");        ❶
    } finally {
        get.releaseConnection();
    }
    String responseNoWs =
       StringUtils.deleteWhitespace(responseString);
    String response1Line = "{ \"glossary\": { \"title\":
    ➥\"example glossary\", \"GlossDiv\": { \"title\": \"S\",
```

1 http://www.jdom.org/。
2 http://java.sun.com/j2se/1.5.0/docs/api/javax/xml/xpath/package-summary.html。
3 https://jaxb.dev.java.net/。
4 http://www.json.org/。
5 http://www.ecma-international.org/publications/files/ecma-st/ECMA-262.pdf。

```
➥\"GlossList\": { \"GlossEntry\": { \"ID\": \"SGML\", \"SortAs\":
➥\"SGML\", \"GlossTerm\": \"Standard Generalized Markup Language\",
➥\"Acronym\": \"SGML\", \"Abbrev\": \"ISO 8879:1986\", \"GlossDef\": {
➥\"para\": \"A meta-markup language, used to create markup languages
➥such as DocBook.\", \"GlossSeeAlso\": [\"GML\", \"XML\"] },
➥\"GlossSee\": \"markup\" } } } } }";
    String response1LineNoWs =
       StringUtils.deleteWhitespace(response1Line);
    Assert.assertTrue(responseString,
       responseNoWs.equals(response1LineNoWs));          ❷
}
```

在该测试用例中，我们实施了与首个 XML 示例相同的步骤：我们创建了一个 `HttpClient`、一个用于执行的 HTTP `GET` 方法，然后从服务器读取结果数据并将之转换成字符串❶。与 XML 不同的是，JSON 没有提供支持结构良好的文档和有效文档的 API。我们将 JSON 文档和服务器响应数据中的空格去除，然后对两者进行比较❷。尽管这种检验方式比较强大，但我们还是使用了一种简单的不存在格式问题的检验方式。Apache Commons Lang API 中的 `StringUtils.deleteWhitespace` 能够去除空格。

接下来我们就可以通过解析文档来完成合式文档检验了。尽管 www.json.org 列出了很多程序库，包括用于解析 JSON 的 Java 程序库，但我们还是使用了由 JSLint 封装的 jslit4java[1]来实现更好的合式文档检查。正如你在前面有关 RhinoUnit 的小节中所看到的那样，JSLint 为 JavaScript 提供了 lint-style 风格的报表。在代码 13.13 中，我们通过 jslit4java 来调用 JSLint，并进行结果检验。

代码 13.13 使用 JSLint 进行 JSON 服务测试

```
@Test
public void testGetJsonAndValidate() throws IOException,
    ParserConfigurationException, SAXException {
    HttpClient httpClient = new HttpClient();
    GetMethod get = new GetMethod(URL_FIXTURE);
    String responseString;
    try {
        httpClient.executeMethod(get);
        InputStream input = get.getResponseBodyAsStream();
        responseString = IOUtils.toString(input, "UTF-8");
    } finally {
        get.releaseConnection();
    }                                                        ❶
    JSLint JSLint = new JSLint();
    List<Issue> issues = JSLint.lint(URL_FIXTURE, responseString);   ❷
    StringBuilder builder = new StringBuilder();
    String eol = System.getProperty("line.separator");
    for (Issue issue : issues) {                             ❸
        builder.append(issue.toString());
        builder.append(eol);
    }
    Assert.assertEquals(builder.toString(), 0, issues.size());   ❹
}
```

1 jslint4java 网站：http://code.google.com/p/jslint4java/。

测试起始照常进行，我们使用了一个 JSLint 对象❶来对结果进行检查。本例我们没有提供选线，但 JSLint 类提供了一个 addOption 方法来支持底层的 JSLint 选项。测试用例在调用 lint 方法是指定了两个参数：其中一个字符串参数用于描述数据源位置，另一个用于描述实施检查的 JavaScript 代码，在本例中它是一个 JSON 文档❷。测试用例使用 lint 结果来创建信息串❸，将之用于 Assert 调用中。如果测试过程中出现问题，测试用例提供了 assertEquals 调用❹，能够对所有 JSLint 发现的问题进行完整描述。

你会注意到 jslint4java 在功能和修正方面通常出现在 JSLint 之后。这是因为 jslint4java 将 JSLint（fullJSLint.js）内嵌至其 JAR 文件中了。如果你需要使用 jslit4java 中新版本或不同版本的 JSLint，那么需要下载 jslint4java，然后将所需版本的 JSLint（fullJSLint.js）置入其中，然后重新编译 jslit4jiava。

本节我们已介绍了如何对服务器端服务进行验证，该服务独立于页面和使用该页面的代码之外参与了 Ajax 应用程序运行。我们已使用 Apache commons HttpClient 作为我们的 HTTP 通信库，并使用了 Java XML API 和通过 jslint4java 运行的 JSLint。

到目前为止，我们已对完整的 Ajax 应用程序栈进行了测试。接下来我们将介绍另一个使用 Google Web 工具箱进行编译、运行和测试 Ajax 应用程序的方法。

13.8 测试 Google Web 工具箱应用程序

Google Web 工具箱（GWT）[1]是免费和开源的框架，用于创建 Web 应用程序的 JavaScript 前端。然而 GWT 应用程序的开发是间接进行的：应用程序的开发语言为 Java，为此 Google 为 Eclipse 开发环境提供了对应插件；因此开发时你需要使用 Java，而当应用程序开发完毕并准备部署时，GWT 会将 Java 代码转换成 JavaScript。GWT 允许你用**托管模式**（hosted mode）运行和测试应用程序，这时你的应用程序将被转换成 JavaScript 并随后在浏览器中运行。

13.8.1 为 GWT 应用程序选择测试框架

GWT 使用 GWTTestCase 类和 GWTTestSuite 类支持 JUnit，这两个类都是 JUnit 中 TestCase 的子类。GWT 一般会集成 JUnit 3.8.2，而运行时是选用 4.6 版本。GWT 包含 junitCreator，它被用于在指定 GWT 模块中生成空的 GWT 测试用例。作为回报，GWT 还可以对应用程序进行检测。由于 Java 和 JavaScript 并不相同，你需要对托管模式和 Web 模式都进行测试。

重要的是理解 GWTTestCase 并不负责对应用程序的用户界面进行测试。使用 GWTTestCase 所测试的是应用程序受用户操作而触发的异步运行部分。这意味着你必须

[1] http://code.google.com/webtoolkit/。

针对应用程序和测试用例分解出这一部分。测试用例不能依靠任何用户界面元素来驱动应用程序。对于 GUI 的测试需要使用一些本章和前面章节所介绍的技术；你可以使用 Selenium 或 HtmlUnit 来创建 GUI 功能测试用例。

GWTTestCase 提示

`GWTTestCase` 被用来测试 Web 客户端的应用程序逻辑，而不是用户界面。尽管这似乎是一个测试障碍，然而这使得你必须将 GWT 应用程序明确地分解为用户界面代码和应用程序逻辑代码两个部分。这是你必须遵从的最佳设计实践。

在介绍如何使用 junitCreator 之前，我们首先看看如何手动创建一个 `GWTTestCase`。本节我们用到的示例改编自 GWT StockWatcher 示例[1]，并用 RPC 进行了扩展。图 13.5 展示了应用程序在托管模式下的运行状况。

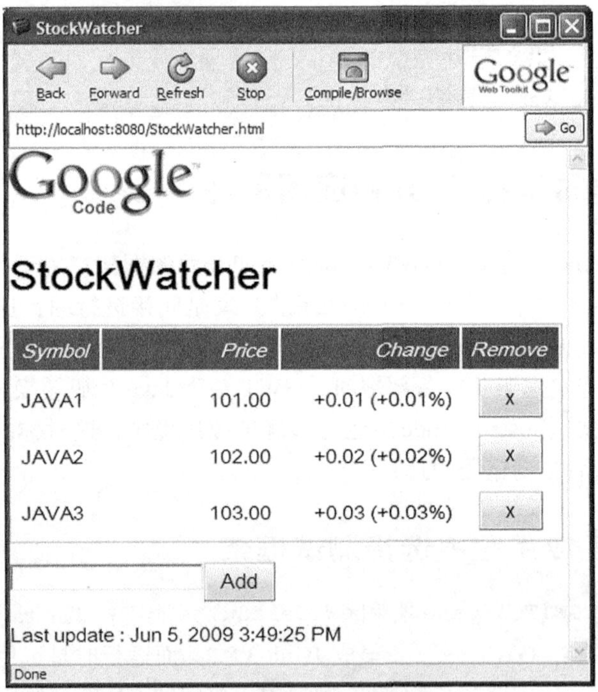

图 13.5 在托管模式下运行 StockWatcher

我们的示例负责对 StockWatcher 的远程过程调用（Remote Procedure Call，RPC）进行测试，该调用会针对股票代码数组来获取对应的股价信息。我们的讨论重点在 RPC，因为它是 GWT JUnit 测试的核心内容。

[1] http://code.google.com/webtoolkit/。

13.8.2 手动创建 GWTTestCase

在代码 13.14 中，我们在常见的 GWT 领域介绍异步 GWT RPC 示例，这里的 refreshWatchList 方法实现了一个标准的 GWT RPC 调用。

代码 13.14 异步 RPC 调用

```
void refreshWatchList() {
    // Initialize the service proxy.
    if (this.stockPriceSvc == null) {
        this.stockPriceSvc = GWT.create(StockPriceService.class);           ❶
    }

    // Set up the callback object.
    AsyncCallback<StockPrice[]> callback =
        new AsyncCallback<StockPrice[]>() {
        public void onFailure(Throwable caught) {
            StockWatcher.this.setLastRefreshThrowable(caught);              ❷
        }

        public void onSuccess(StockPrice[] result) {
            StockWatcher.this.updateTable(result);                          ❸
        }
    };

    // Make the call to the stock price service.
    this.stockPriceSvc.getPrices(                                           ❹
        this.getStocks().toArray(new String[0]), callback);
}
```

refreshWatchList 方法在实现上遵循了 GWT RPC 标准模式；该方法创建了一个新的 StockPriceService 实例❶，并定义了回调服务。回调定义了两个方法：onFailure 方法❷用于存储出现的异常；onSuccess 方法❸被定义为我们的应用程序模型类型（StockPrice[]），用于更新应用程序。接下来，我们调用服务的 getPrices 方法❹，并传入输入数据和回调对象。要记住的关键点就是，getPrices 方法的调用是异步的，因此 refreshWatchList 方法的调用也是异步的。接下来我们对这个方法进行单元测试。

为了创建 GWT 测试用例，起始阶段需要创建一个 GWTTestCase 子类，如代码 13.15 所示。

代码 13.15 StockWatcherTest.java——测试 GWT RPC

```
[...]
public class StockWatcherTest extends GWTTestCase {                         ❶

@Override
public String getModuleName() {                                             ❷
    return "com.google.gwt.sample.stockwatcher.StockWatcher";
}

public void testStockPrices() {
    final StockWatcher stockWatcher = new StockWatcher();
    final ArrayList<String> stocks = stockWatcher.getStocks();
```

```
        stocks.add("S1");
        stocks.add("S2");                                                  ❸
        stocks.add("S3");
        stockWatcher.refreshWatchList();                                   ❹
        Timer timer = new Timer() {
            private void assertStockPrice(FlexTable stocksFlexTable,
                int row, String price, String change) {                   ❺
                assertEquals(price, stocksFlexTable.getText(row, 1));
                assertEquals(change, stocksFlexTable.getText(row, 2));
            }

            @Override
            public void run() {
                Throwable lastRefreshThrowable =
                    stockWatcher.getLastRefreshThrowable();
                if (lastRefreshThrowable != null) {                       ❻
                    this.throwUnchekedException(lastRefreshThrowable);
                }
                FlexTable stocksFlexTable = stockWatcher.getStocksFlexTable();
                assertEquals("Symbol", stocksFlexTable.getText(0, 0));
                assertEquals("Price", stocksFlexTable.getText(0, 1));     ❼
                assertEquals("Change", stocksFlexTable.getText(0, 2));
                this.assertStockPrice(stocksFlexTable, 1,
                    "101.00", "+0.01 (+0.01%)");
                this.assertStockPrice(stocksFlexTable, 2,                 ❽
                    "102.00", "+0.02 (+0.02%)");
                this.assertStockPrice(stocksFlexTable, 3,
                    "103.00", "+0.03 (+0.03%)");
                StockWatcherTest.this.finishTest();                      ❾
            }

            private void throwUnchekedException(
                Throwable lastRefreshThrowable) {
                String msg = lastRefreshThrowable.toString();
                if (lastRefreshThrowable instanceof StatusCodeException) {
                    msg = "HTTP status code " + ((StatusCodeException)
                        lastRefreshThrowable).getStatusCode() + ": " + msg;
                }
                throw new IllegalStateException(msg, lastRefreshThrowable);
            }
        };
        this.delayTestFinish(5000);                                        ❿
        timer.schedule(100);                                               ⓫
    }
}
```

GWT 测试用例必须继承 GWT 的 `GWTTestCase` 类❶，并且必须实现 `public String getModuleName()` 方法，并返回被测模块的名称❷。我们在启动模块测试时实例化了模型类，并用输入数据对它进行初始化❸，输入数据为 3 支股票代码“`S1`”、“`S2`”和“`S3`”。接下来我们调用了代码 13.14 中的 `refreshWatchList` 方法，它负责提供异步 RPC❹。

需要等待测试方法运行完毕时再运行断言。为了做到这点，我们使用了一个 GWT `Timer`❺来预定断言运行的时间表。该 `Timer` 的 run 方法启动时会检查 stock watcher RPC 是否是最先运行的。通过这样操作我们可以检查异步的回调操作是否会引起异常❻。若要判断测试搭建是否正确，特别是当它与类路径和模块文件（详见有关测试运行章节的相关提示）相关时，使用上述安排方式是很有用处的。如果在此期间没有出现程序异常，那么针对 StockWatcher 对象的有效性检查就能通过。我们检查到表头仍然存在❼，然后再对表内容进行检查❽，具体是对服务器预期返回值进行检查。在本轮测试中，我们修改了股票 GWT 示例，目的是返回可预测的值，而不是返回随机生成的值。如果在等待周期内调用 GWTTestCase 的 finishTest 方法❾，那么这就表示测试通过。

现在已有了 Timer 对象，我们调用 delayTestFinish 方法以告知 GWT 在异步模式下运行该测试❿。你需要向该方法传入一个以毫秒为单位的等待周期，该周期值需要比预期的测试搭建时间长得多，然后运行 RPC，再运行断言。当测试方法正常退出时，GWT 不会对此进行结束标识，而是启动等待周期。在该周期内，GWT 会检查如下内容：

1. 如果测试在等待周期内调用了 GWTTestCase 的 finishTest 方法，那么测试通过；
2. 如果程序向 GWT 抛出异常，那么测试失败，程序会显示该异常；
3. 如果等待周期结束，并且上述两个条件都不为 true 的话，那么测试失败，并抛出 TimeoutException 异常；
4. 测试中最后一个任务是获取调用 Timer 的 schedule 方法⓫。传入的参数为毫秒单位的时延值，在时延结束后将结果返回给调用者。

至此我们已对 GWT 异步测试进行了剖析；接下来我们将介绍如何使用 junitCreator 来创建初始级别的测试用例，以及如何运行这些测试用例。

13.8.3　使用 junitCreator 创建 GWTTestCase

junitCreator 工具允许你创建一个模块化的 GWTTestCase，然后可以将该模块添加到自己的测试方法中。junitCreator 很适合于初学者创建自己的第一个 GWT 测试用例。而对于后续的测试用例，你可能更倾向于复制模板类，或者重新编写测试用例类。junitCreator 还能针对托管模式和 Web 模式创建 Eclipse 启动配置选项以及命令行脚本。为了让命令行处理器找到 junitCreator 和其他 GWT 程序，记住要将 GWT 添加到类路径环境变量中。下面是一个示例调用：

```
junitCreator -junit /java/junit4.6/junit-4.6.jar -module
com.google.gwt.sample.stockwatcher.StockWatcher -eclipse ch13-gwt-
StockWatcher com.google.gwt.sample.stockwatcher.client.StockWatcherTest
```

（简化后的）控制台输出如下：

```
Created file
   test\com\google\gwt\sample\stockwatcher\client\StockWatcherTest.java
Created file StockWatcherTest-hosted.launch
Created file StockWatcherTest-web.launch
Created file StockWatcherTest-hosted.cmd
Created file StockWatcherTest-web.cmd
```

.launch 文件是 Eclipse 的启动配置文件，而.cmd 文件则是命令行脚本。使用这些文件就能调用以 Web 模式或托管模式生成的测试用例。具体使用时可能需要针对 JUnit 和

GWT 的.jar 文件来调整这些脚本。

13.8.4　运行测试用例

在使用 Eclipse 的情况下，运行测试是很简单的。你只需要用鼠标右键单击测试用例类并选择 Run As 或 Debug As 选项，然后选择 GWT JUnit Test 来运行托管模式下的测试用例，或者选择 GWT JUnit Test（Web Mode）来运行 Web 模式下的测试用例即可，如图 13.6 所示。

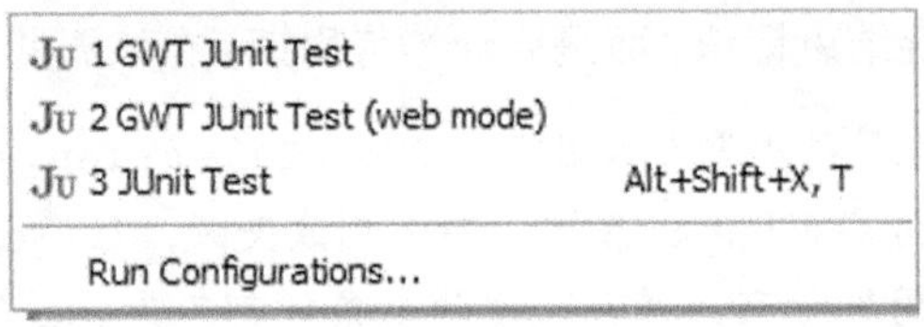

图 13.6　运行测试用例

若要使用 Ant，你需要确认将编译文件指向 GWT SDK。具体可以用一个 GWT 示例编译文件作为模板，修改其 gwt.sdk 属性以指向 GWT 路径即可。

13.8.5　安装和拆卸测试

`GWTTestCase` 子类可以覆盖 JUnit 的 `setUp` 和 `tearDown` 方法，但有如下限制：

- 不能调用 GWT 的 JavaScript Native Interface（JSNI）方法；
- 不能调用依赖于延迟绑定的代码，这些代码包括大多数 UI 库。

GWT 1.5 对这些限制做了修正，加入了两个能覆盖的方法：

- `gwtSetUp` 方法在各个测试用例方法运行之前运行；
- `gwtTearDown` 方法在各个测试用例方法运行之后运行。

13.8.6　创建测试集

使用 GWT 测试集的效果要比将相关测试用例集中起来运行好。使用 GWT 测试集可以获得更好的运行性能。GWT 通过 `getModuleName` 所返回的模块名将测试用例分类到对应的套件中，这会使得具有相同模块名的所有测试用例相继运行。

为了创建测试集，你可以使用 Eclipse JUnit Test Suite Wizard 向导。举例来说，若要创建一个将所有测试用例都包含在一个程序包内的测试集，先来到 Packages 视图，右键单击一个程序包，并选择 New，然后选择 Other。在 New 对话框中，打开 JUnit 节点并选择 JUnit Test Suite。代码 13.16 展示了生成的代码，其中两个变化我们将在稍后解释。

代码 13.16 GWT 测试集

```
public class AllTests extends GWTTestSuite {        ❶

    public static Test suite() {
        TestSuite suite = new TestSuite(
          "com.google.gwt.sample.stockwatcher.client.AllTests");     ❷
        // $JUnit-BEGIN$
        suite.addTestSuite(StockPriceTest.class);
        suite.addTestSuite(StockWatcherTest.class);
        // $JUnit-END$
        return suite;
    }

}
```

这里的测试用例类继承了 `GWTTestSuite` 类❶，使之成为一个 GWT 测试集。我们还替换了 `TestSuite` 初始化方法中的 `String` 类名参数，将它改为生成的类名❷。这使得我们能够在 JUnit 视图中双击类名，并转到对应的测试集编辑器中。余下代码为标准的 JUnit 代码；我们在调用 `addTestSuite` 方法时传入了一个对象，从而将这个对象所对应的测试用例添加到测试集中。

13.8.7 运行测试集

除了运行 GWT 测试用例的必要条件之外，你还必须为 GWT 测试集配置上比默认分配容量更多的内存空间。运行测试的 Java VM 需要至少 256MB 内存。对于 Sun JVM 来说，可以使用选项`-Xmx256M` 进行配置。同时你还必须将应用程序和测试代码的源路径添加至类路径中。

完成 GWT 测试后，可以再次调用该 GWT 测试用例以检验应用程序的异步特性，而不是用户界面。为了测试 GUI，可以使用 Selenium 或 HtmlUnit 等功能测试用例。

我们已结束了有关 GWT 测试的简要介绍，但值得注意的是，GWT 包含的 Speed Tracer 工具能够帮助你定位和修正一些性能问题，它能够从浏览器获取数据并进行可视化展现。

13.9 小结

本章内容建立在第 12 章有关应用程序表现层的测试上，特别是因为它涉及 Ajax 应用程序。

我们介绍了 Ajax 应用程序在广泛层次上使用的多种技术：HTML 和 JavaScript 用户客户端；HTTP、XML 和 JSON 提供通信和数据服务；而服务器端则被视为一个能在 Internet 上通过 HTTP 访问其服务的黑盒。

我们将测试策略分为几个相似的模式。我们使用 HtmlUnit 和 Selenium 驱动和测试应用程序，这是一种针对整个应用程序栈的功能测试方案。我们将 JavaScript 独立放置在程序库中，并使用 RhinoUnit 和 JsUnit 对这些程序库进行独立测试。我们使用 Apache Commons HttpClient、JSLint 和 jslit4java 来验证服务器端的 XML 和 JSON 服务。

在应用程序不依赖于操作系统的特性和 JavaScript、DOM、CSS 等特定的浏览器实现时，推荐使用 RhinoUnit 进行测试。当对特定的浏览器和操作系统进行验证，特别是当应用程序充分利用或者依赖于某个浏览器的特定实现（如 JavaScript、DOM、CSS 等）时，推荐使用 JsUnit 进行测试。

最后，我们介绍了 GWT 所带来的独特挑战，GWT 框架会将 Java 转换成 JavaScript 后再运行。

本章完成了对用户界面测试的研究，下一章我们将转向服务器端，并使用 Cactus 进行测试。

第 14 章　使用 Cactus 进行服务器端的 Java 测试

Good design at good times. Make it run, make it run right.

在恰当的时候进行优秀的设计，让程序要么不能运行，要么一旦运行起来就是正确运行。

——Kent Beck, *Test Driven Development: By Example*

本章重点

- mock objects 的缺点
- 使用 Cactus 进行容器内测试
- Cactus 的工作原理
- Cactus 与其他项目的集成，包括 Ant 和 Maven

在本书的第 2 部分，我们介绍了什么是 mock objects 以及如何从使用 mock objects 中获益。我们也描述了用于单元测试服务器端代码的不同技术，我们甚至对这些技术进行了相互比较。现在你应该认识到一件事：没有绝对的真理——所使用的最好技术取决于你当前所处的环境。

例如，在多数情况下你会发现使用 mocks 和 stub 足以应付服务器端的测试，但是你也看到了，这种技术也存在着一些明显的缺陷。这就是为什么我们在本书中更深入地介绍容器内测试方法的原因。此外，本章通过最流行的容器内测试框架 Cactus 来重点介绍容器内测试方法。我们首先介绍 Cactus 框架，然后展示一些关于如何使用 Cactus 的真实示例。

我们首先介绍了 Cactus 的特别之处以及 Cactus 测试的执行顺序。然后我们构建一个使用 Java EE 规范组件的示例应用程序，并且我们在 Cactus 的帮助下编写了针对这些组件的测试。接下来将执行这些测试；我们给出了 Cactus 与某些最流行的构建工具（Ant 和 Maven）集成的示例。不过，我们还可以更近一步：我们展示了 Cactus 与其他项目之间的紧密集成，如 Cargo 和 Jetty。让我们开始吧！

14.1 什么是 Cactus？

Cactus 是一个开源框架（http://jakarta.apache.org/cactus/），用来对服务器端的 Java 代码（主要是 Cactus 当前版本中的 Java EE 组件）进行容器内测试。Cactus 是 JUnit 的扩展，JUnit 由 Vincent Massol 于 1998 年创建。在我们继续讨论之前，我想澄清一下刚才提到的概念。当我们说 Cactus 是一个**框架**时，其含义是说它提供了一个 API，如果要使用它你就必须扩展它。

同样地，in-container 意思是（正如你随后在本章中看到的）测试在容器的虚拟机内被执行。最后，说 Cactus 是 JUnit 的**扩展**有两个理由：第一，它通过给 JUnit 提供新功能（Cactus 使得 JUnit 测试可以在容器内执行，否则就无法实现）来扩展 JUnit。第二，Cactus 的 API 扩展了 JUnit 的 API。用低层次的软件工程术语来说，就是它扩展了一些 JUnit 的类，覆写了一些 JUnit 的方法。让我们来看看 Cactus 的实际应用。在后面的章节中，我们会详细解释 Cactus 是如何工作的。

14.2 使用 Cactus 进行测试

本节的内容有些偏理论化。你需要在动手实践之前了解这些知识，因为 Cactus 与一般的单元测试框架有所不同。Cactus 在容器内执行测试，这种方法本身也引发了很多问题，所以在这里我们会尝试回答所有的问题。

14.2.1 你可以使用 Cactus 测试的 Java 组件

我们在之前的章节中已经提到，Cactus 项目用于测试核心的 Java EE 组件（JSP、标签库、servlet、filter 以及 EJB）。值得一提的是，这是 Cactus 项目唯一的重点。它不测试任何特定的框架（如果你的应用程序是基于特定框架的，可以参考下一章的内容），因为它并不打算这样做。大量来自于 Cactus 邮件列表的邮件都提到一个问题：是否可以使用 Cactus 来测试一个基于特定框架（如 Struts、JSF 或 Spring）的应用程序。有相当多的专门用来进行此类测试的工具，并且我们也会在后面的章节中介绍其中的一些工具。这些工具中的大多数都是基于 Cactus 的并且需要 Cactus 在它们的 classpath 中，不过再次强调 Cactus 是为了对 Java EE 规范组件进行容器内测试而设计的。

14.2.2 一般原则

因为 Cactus 是 JUnit 的一种扩展，每个 Cactus 测试本身就是一个 JUnit 测试。反之却不成立；只能说大多数 JUnit 测试是 Cactus 测试。因此，Cactus 测试与 JUnit 测试的区别在哪里呢？为了使用 Cactus，你需要坚持几个原则。

我们已经在第 8 章中讨论过容器内测试意味着什么。再回顾一下，我们有一个使用 servlets 的 Web 应用程序。我们想对来自于 `SampleServlet servlet` 的代码 14.1 中的 `isAuthenticated` 方法进行单元测试。

代码 14.1 要单元测试的 servlet 方法的示例

```
[...]
import javax.servlet.http.HttpServlet;
import javax.servlet.http.HttpServletRequest;
import javax.servlet.http.HttpSession;
public class SampleServlet extends HttpServlet {
   public boolean isAuthenticated(HttpServletRequest request) {
      HttpSession session = request.getSession(false);
      if (session == null) {
         return false;
      }
      String authenticationAttribute =
               (String) session.getAttribute("authenticated");

      return Boolean.valueOf(authenticationAttribute).booleanValue();
   }
}
```

为了能够测试该方法，我们需要得到一个有效的 `HttpServletRequest` 对象。不幸的是，想要调用新的 `HttpServletRequest` 来创建一个可用的请求是不可能的。`HttpServletRequest` 的生命周期由容器管理。仅仅靠 JUnit 来编写一个针对 `isAuthenticated` 方法的测试是不够的。所以为了获得一个有效的 `HttpServlet Request` 我们必须做些什么呢？如果我们的测试用例中已经有一个被实例化的 `HttpServletRequest` 对象，那岂不是很完美吗？那么我们如何才能做到这一点呢？如果我们总是不得不扩展某一个负责为我们提供服务器端对象的类，而这些服务器端对象却由容器来管理（比如 `HttpServletRequest`），那又会怎么样呢？代码 14.2 显示了一个相应的 Cactus 测试——测试指定的 servlet。

代码 14.2 使用 Cactus 来单元测试 SampleServlet

```
[...]
import org.apache.cactus.ServletTestCase;
import org.apache.cactus.WebRequest;

public class TestSampleServletIntegration extends ServletTestCase {
   private SampleServlet servlet;
```

```
    protected void setUp() {
        servlet = new SampleServlet();
    }

    public void testIsAuthenticatedAuthenticated() {
        session.setAttribute("authenticated", "true");              ❶
        assertTrue(servlet.isAuthenticated(request));
    }

    public void testIsAuthenticatedNotAuthenticated() {
        assertFalse(servlet.isAuthenticated(request));
    }

    public void beginIsAuthenticatedNoSession(WebRequest request) {
        request.setAutomaticSession(false);                            ❷
    }

    public void testIsAuthenticatedNoSession() {
        assertFalse(servlet.isAuthenticated(request));
    }
}
```

现在你很有可能会问，“`session`❶和 `request`❷对象在什么地方被定义和初始化呢？”答案很简单——它们来自于基础类 `ServletTestCase`，而 `ServletTestCase` 是 Cactus API 的一部分。

正如你看到的，Cactus 测试用例满足了我们所有的需求。它让我们能够访问位于 JUnit 测试用例内部的容器对象。你可以在之前的代码中发现的，编写一个 Cactus 测试用例涉及以下几个关键点。

- 根据你将要测试的组件的类型，Cactus 测试用例必须扩展以下之一：`ServletTestCase`、`JSPTestCase` 或 `FilterTestCase`。这是一个规则：因为 Cactus 扩展了 JUnit 的 3.8.x 版本，所以你的测试用例就不得不扩展后面的类之一。
- Cactus 框架把容器对象（在本例中是 `HttpServletRequest` 和 `HttpSession` 对象）提供给你的测试，这样就使得编写单元测试更简单快捷。
- 你有机会实现两个新方法：`begin`*`XXX`* 和 `end`*`XXX`*。这两个新方法在客户端上执行，你可以使用它们在请求对象中设置特定值或者从响应对象中获得特定值。
- 为了让 Cactus 暴露容器对象，Cactus 就需要从容器对象所在的 JVM 中获取它们，并且由于容器是这些对象的生命周期的唯一管理者，所以 Cactus 测试需要与容器进行直接交互。这使得我们可以得出一个结论：Cactus 测试必须配置在容器内。

最后一点告诉我们，Cactus 测试存在于容器 JVM 中。这就引出了我们的下一个问题：如果 Cactus 测试存在于容器 JVM 中，那么它们是如何执行的呢？我们又如何看到它们的执行结果呢？

14.2.3　Cactus 如何工作

在我们一头扎进细节之前，你还需要多了解一点 Cactus 的工作原理。Cactus 测试的生命周期如图 14.1 所示。

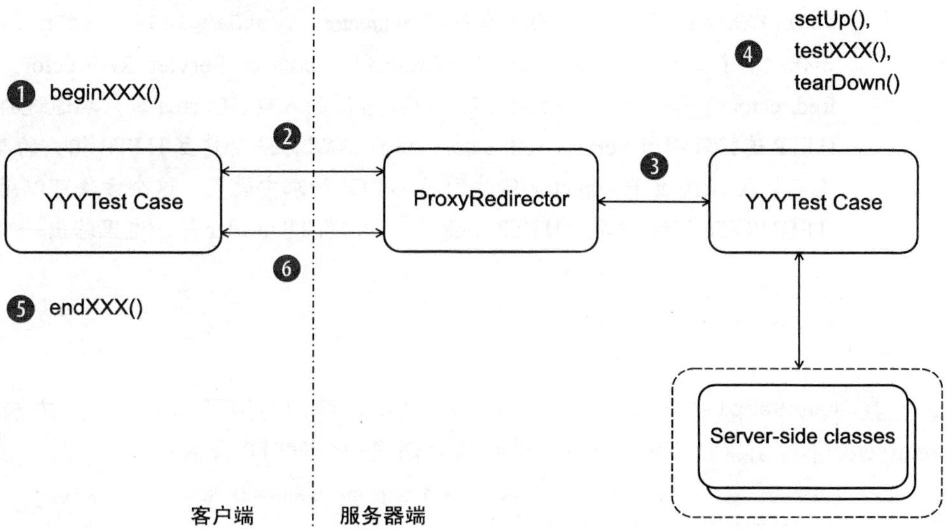

图 14.1　Cactus 测试的生命周期

我们将以代码 14.2 所示的 `TestSampleServletIntegration` Cactus 测试为例来描述这些不同的步骤。现在我们有一个待测试的 servlet 示例，也有一个针对特定 servlet 的测试。现在我们需要做的就是将 servlet 和测试以及必要的 Cactus 库打包，并且在服务器中配置该程序包。一旦我们启动了服务器，我们就在容器内和客户端的工作区内都配置了测试和 servlet。你可以向 JUnit 的 test runner 提交客户端 Cactus 测试，并由该 runner 启动测试。

执行客户端和服务器端的步骤

生命周期包含了在客户端执行的步骤以及在服务器端（在容器 JVM 内部）执行的其他步骤。**客户端**指的是你启动 JUnit test runner 的 JVM。

在客户端，Cactus 逻辑实现于在你的测试所继承的 *`YYYTestCase`* 类中（此处 *YYY* 可以是 Servlet、JSP 或 Filter）。更确切地说，*`YYYTestCase`* 覆写了 JUnit 的 `TestCase.runBare`，它是 JUnit 的 test runner 执行测试所调用的方法。通过覆写 `runBare`，Cactus 可以实现自己的测试逻辑，稍后会提到。

在服务器端，Cactus 逻辑实现于 Proxy Redirector（代理重定向，或简写为 Redirector）中。

一步步执行调试

对于每个测试（*YYY*TestCase 类中的 test*XXX* 方法），都会执行如图 14.2 所示的 6 个步骤。让我们依次来看这 6 个步骤。

1 执行 begin*XXX*。如果存在一个 begin*XXX* 方法，那么 Cactus 就会执行它。这个 begin*XXX* 方法会允许你把信息传递给 redirector。TestSampleServletIntegration 示例继承了 ServletTestCase，并且连接到 Cactus 的 Servlet Redirector。Servlet Redirector 作为一个 Servlet 被实现；这是容器的入口。Cactus 客户端通过打开一个 HTTP 连接来调用 Servlet Redirector。begin*XXX* 方法会建立 HTTP 相关的参数。这些参数在 Servlet Redirector 所收到的 HTTP 请求中设置。这个方法可以用来定义 HTTP POST/GET 参数、HTTP cookies 以及 HTTP header 等。这里给出一个例子：

```
public void beginXXX(WebRequest request) {
    request.addParameter("param1", "value1");
    request.addCookie("cookie1", "value1");
    [...]
}
```

在 TestSampleServletIntegration 类中，我们使用了 begin*XXX* 方法来告诉 redirector 不要创建 HTTP 会话（默认行为会创建一个 HTTP 会话）：

```
public void beginIsAuthenticatedNoSession(WebRequest request) {
    request.setAutomaticSession(false);
}
```

2 打开 Redirector 连接。*YYY*TestCase 打开一个到它的 Redirector 的连接。在这个示例中，ServletTestCase 代码打开了一个到 Servlet Redirector（它本身也是个 Servlet）的 HTTP 连接。

3 创建服务器端的 TestCase 实例。Redirector 会创建一个 *YYY*TestCase 类的实例。注意这是 Cactus 创建的第二个实例；第一个实例是在客户端创建（通过 JUnit 的 TestRunner）的。然后 Redirector 获得容器对象，并且通过设置类变量将它们赋给 *YYY*TestCase 实例。

在 Servlet 的例子中，Servlet Redirector 创建了 TestSampleServletIntegration 的实例，并把 HttpServletRequest、HttpServletResponse、HttpSession 和其他对象通过设置为类变量赋给它。Servlet Redirector 之所以做到这些事情，是因为它本身就是一个 Servlet。当它被 Cactus 客户端调用时，会获得一个合法的 HttpServletRequest、HttpServletResponse、HttpSession 以及其他来自容器的对象，并把它们传递给 *YYY*TestCase 实例。它的行为就像是代理服务器（Proxy）或者重定向器（Redirector），并因此而得名。

然后，Redirector 启动测试（参见第 4 步）。在测试返回后，它就会把测试结果连同测试中可能会被抛出的任何异常一起保存在 Servlet 对象 ServletConfig 中，这样稍后就可以获取测试结果。Redirector 需要一个地方来临时保存测试结果，这是因为只有当 `endXXX` 方法执行完毕（参见第 5 步）后 Cactus 测试才算彻底执行完。

4 在服务器端调用 `setUp`、`testXXX` 和 `tearDown`。Redirector 调用 `YYYTestCase` 的 JUnit `setUp` 方法，如果这个方法存在的话。然后，它会调用 `testXXX` 方法。`testXXX` 方法会调用被测试的类/方法。最后，Redirector 会调用 `TestCase` 的 JUnit `tearDown` 方法，如果这个方法存在的话。

5 在客户端执行 `endXXX`。一旦客户端从到 Redirector 的连接获得响应，它就会调用 `endXXX` 方法（如果这个方法存在的话）。使用这个方法是为了让你的测试可以对被测代码的结果做一些断言。例如，如果你正在使用 `ServletTestCase`、`FilterTestCase` 或者 `JspTestCase` 类，你就可以对 HTTP cookies、HTTP header 或者 HTTP response 的内容做出断言：

```
public void endXXX(WebResponse response) {
    assertEquals("value", response.getCookie("cookiename").getValue());
    assertEquals("...", response.getText());
    [...]
}
```

6 收集测试结果。在第 3 步中，Redirector 把测试结果保存在一个变量中，而这个变量有存储在 `ServletConfig` 对象中。现在 Cactus 客户端需要获取测试结果并告诉 JUnit test runner 测试是否成功，以便可以在 test runner 的 GUI（图形用户界面）或命令行控制台上显示结果。要做到这一点，`YYYTestCase` 会打开另一个到 Redirector 的连接，并要求获得测试结果。

这个过程一眼看起来可能会觉得复杂，不过这就是它能够进入容器内部并在容器内部执行测试的重要条件。幸运的是，作为 Cactus 的用户，我们不必关心这些复杂性，因为 Cactus 框架把这一切都包装起来了。你可以使用所提供的 Cactus 前端来启动和建立测试。

现在你已经明白了什么是 Cactus 测试，以及它们是如何工作的。接着，让我们来看一看更多特定组件的测试吧。

14.3 测试 servlet 和 filters

正如你已经看到的，Cactus 是被设计用来测试 Java EE 规范的核心组件的。然而，这类测试具有一些特定组件的特征。在本节中，我们将探讨这些特征。

当你对 servlet 和 filter 代码进行单元测试时，你不仅要测试这些对象，而且还要测试任何调用 Servlet/Filter API、JNDI API 或者任何后端服务的 Java 类。从本节开始，我们会构建一个现实工作中的示例应用程序，它将有助于展示如何对构成完整 Web 应用程序的不同种类的组件进行单元测试。本节重点讨论了如何对应用程序的 servlet 和 filter 部分进行单元测试。而在后面的章节中，我们会介绍如何测试另外一些常用组件（如 JSP 和 EJB）。

14.3.1 介绍管理应用程序

这个示例管理应用程序的目的就是要让管理员在关系数据库上执行数据库查询。假定这个应用程序的管理员已经存在。管理员可以执行以下查询，比如，列出在一个给定的时间间隔内发生的所有事务，列出所有缺乏服务等级协议（Service Level Agreement，SLA）的事务，等等。我们建立了一个典型的 Web 应用构架（如图 14.2 所示）来展示如何对各种类型的组件（filter、servlet、JSP 和 EJB）进行单元测试。

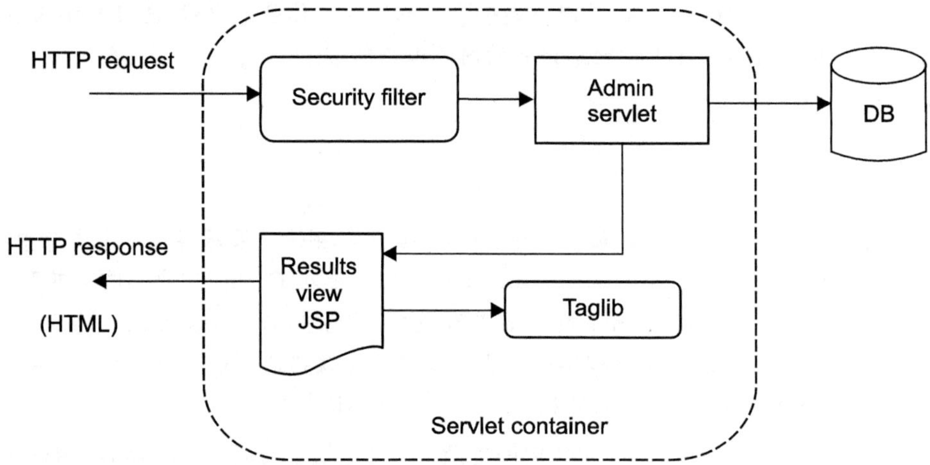

图 14.2 管理程序示例。本章将以这个示例为基本，介绍如何对 servlet、filter、JSP、taglib 以及数据库应用程序进行单元测试

该应用程序首先会从用户那里接收了一个包含执行 SQL 查询的 HTTP 请求。该请求被一个安全 filter 捕获，而这个安全 filter 用来检查 SQL 查询是否是 `SELECT` 查询（以防止修改数据库）。如果不是，用户将被重定向到一个错误页面。如果查询是一个 `SELECT` 语句，那么就将调用 `AdminServlet` 这个 servlet。该 servlet 执行请求的数据库查询并将结果传送到一个显示结果的 JSP 页面。这种页面使用 JSP 标签来重复返回的结果并在 HTML 表格中显示这些结果。JSP 标签被所有的表示逻辑代码所使用。JSP 只包含布局/类型标签（在脚本片段里没有 Java 代码）。我们从对 `AdminServlet` servlet 进行单元测试开始。然后，在接下来的几个章节中，我们将测试该管理应用程序的其他组件。

14.3.2 使用 Cactus 编写 servlet 测试

在这一小节中，我们重点讨论使用 Cactus 对管理应用程序中的 `AdminServlet` servlet

执行单元测试，如图 14.2 所示。

在编写 servlet 代码之前就编写测试程序来对 AdminServlet 进行测试。这个策略叫做测试驱动开发（TDD）策略或者测试先行策略。这种策略对于设计可扩展且灵活的代码是非常有效的，而且能确保单元测试套件可以尽可能的完善（参见第 4 章对 TDD 的介绍）。

在我们开始编写测试之前，让我们先来回顾一下 AdminServlet 的需求。这个 servlet 从 HTTP 请求中提取包括了将要执行的命令的需用参数（在本例中是要执行的 SQL 命令）。然后它将使用提取的命令来获取数据。最后，它将控制权交给 JSP 页面来显示传过来的数据。我们把对应于这些行为的方法分别称为 getCommand、executeCommand 和 callView。

设计第一个测试

代码 14.3 给出了对 getCommand 方法的单元测试。记住，我们还没有编写待测代码。AdminServlet 类还不存在，并且我们的代码还没有编译。

代码 14.3 设计并测试 getCommand 方法

```
[...]
import javax.servlet.ServletException;
import org.apache.cactus.ServletTestCase;
import org.apache.cactus.WebRequest;

public class TestAdminServlet extends ServletTestCase {                  <-❶

   public void beginGetCommandOk(WebRequest request) {
      request.addParameter("command", "SELECT...");                      <-❷
   }

   public void testGetCommandOk() throws Exception {
      AdminServlet servlet = new AdminServlet();
      String command = servlet.getCommand(request);
      assertEquals("SELECT...", command);                                <-❸
   }

   public void testGetCommandNotDefined {
      AdminServlet servlet = new AdminServlet();
      try {
         servlet.getCommand(request);
         fail("Command should not have existed");
      } catch (ServletException expected) {
         assertTrue(true);
      }
   }
}
```

这是一个典型的 Cactus 测试用例。我们继承了 ServletTestCase❶，因为我们想要测试的组件是一个 servlet。我们也在 begin*XXX* 方法中设置了一个请求参数❷，并且我们断言 begin*XXX* 方法会出现在 test*XXX* 方法❸中。

一旦我们编写了测试用例，我们就可以继续，实现使项目成功编译的最简代码。我们需要实现一个带有 getCommand 方法的 servlet 示例。代码 14.4 给出了详细的代码。

代码 14.4　能使 TestAdminServlet 编译通过的最简代码

```
[...]
public class AdminServlet extends HttpServlet {

   public String getCommand(HttpServletRequest request)
                 throws ServletException {
      return null;
   }
}
```

这是让 TestAdminServlet 成功编译所需的最少代码了。代码编译通过，但是还有一件事情我们不得不考虑。你可能会注意到这一点，如果这个测试被执行那么它将失败，这是因为我们返回了 null 对象。测试就是用来防止我们犯错误的。也就是说，我们必须始终确保，如果提供的数据有误，那么测试一定会失败，就像之前的例子一样。当然在这一点上，我们需要确保失败能够成功地被报告。在这之后，当我们实现了测试中的代码时，测试就会成功，并且我们也将会知道我们已经完成一些事情。因此，确保当代码失败时测试也失败，这是一个很好的做法。

JUnit 最佳实践：记得检验测试在应当失败的时候失败

总是记得检验你编写的测试能否正常工作，这是一个良好的习惯。确保当你预期测试失败时它会失败。如果你正在使用测试驱动开发（TDD）方法，那么失败理所当然地会发生。在你编写测试程序之后，为测试中的类编写一个 Skeleton（带有一个返回 null 或抛出运行时异常的方法的类）。如果你设法运行一个 Skeleton 类的测试程序，那么这个测试就会失败。如果它没有失败，修改测试以使它失败（很有讽刺意味）！即使在 Skeleton 类里添加了代码后，你也可以通过改变断言，修改测试程序来查找引起失败的非法值。

让我们回到测试中。代码 14.5 给出了 getCommand 方法的代码。它是能通过测试的一个最小的实现。

代码 14.5　使得测试通过的 getCommand 的实现

```
[...]
public String getCommand(HttpServletRequest request)
                 throws ServletException {

   String command = request.getParameter(COMMAND_PARAM);

   if (command == null) {
      throw new ServletException("Missing parameter ["
                 + COMMAND_PARAM + "]");
   }
   return command;
}
[...]
```

以上代码只是一个简单的实现，但却满足了我们的需要。我们希望我们的代码不仅能够编译而且还能够通过测试。

JUnit 最佳实践：使用 TDD 来实现可以运作的最简设计

可以运作的最简设计（*The Simplest Thing That Could Possibly Work*）是极限编程（XP）的一项原则，指的是应该避免过多的设计，因为你永远不知道什么东西将会得到有效利用。XP 建议设计和实现最小的解决方案，然后再无情地重构。这与提倡在开始开发之前就全面设计解决方案的**巨型方法学**（*monumental methodologies*）有所不同。当你使用 TDD 方法进行开发时，首先需要编写测试——你只要实现最小限度的测试代码使测试能够通过，从而完成一个完整的代码功能块。因为需求和测试一样能完全地表达出来，所以当你编写功能时就能引用测试代码。

完成 Cactus servlet 测试

在之前小节的一开始，我们就提到需要编写 3 个方法：getCommand、executeCommand 和 callView。我们已经在代码 14.5 中实现了 getCommand 方法。而 executeCommand 方法负责从数据库获取数据。我们将会在 14.5 小节“测试 EJB”中介绍它的实现。

这样就剩下 callView 方法和 servlet 的 doGet 方法。doGet 方法通过调用我们不同的方法将所有事物联系在一起。设计这个应用程序的一个方法就是将 executeCommand 方法的结果存储在 HTTP servlet 请求中。请求通过 callView 方法（经由 servlet 转发）传给 JSP。

然后 JSP 可以从请求（很有可能使用一个 useBean 标签）中获取数据并将其显示。这就是很多应用和框架使用的典型 MVC Model 2 模式。我们仍然需要定义 executeCommand 方法将返回什么对象。在 Apache Commons（http://commons.apache. org/beanutils/）中的 BeanUtils 程序包包括一个能暴露公有属性的 DynaBean 类，就像一个普通的 JavaBean，但是我们不需要硬编码来获取和设置属性。在一个 Java 类中，我们可以使用类似映射存取器的方法来访问 dyna 的属性之一：

```
DynaBean employee = ...
String firstName = (String) employee.get("firstName");
employee.set("firstName", "Petar");
```

BeanUtils 框架对于目前的使用情形很合适，因为我们将会从数据库中获取任何数据。我们可以构造动态的 JavaBeans（或者 DynaBeans）并用它来支持数据库数据的。从一个数据库到 DynaBeans 的映射将会在最后一节中详细介绍。

测试 callView 方法

现在我们可以为 callView 编写测试了，如代码 14.6 所示。为了让测试的可读性更好，我们创建了一个 createCommandResult 私有方法。这个实用方法可以创建任意的

DynaBean 对象，这些对象就像那些由 executeCommand 返回的对象一样。在 testCallView 中，我们可以将 DynaBeans 放置在 JSP 能够找到的 HTTP 请求中。

代码 14.6 callView 的单元测试

```
[...]
public class TestAdminServlet extends ServletTestCase {
[...]
  private Collection createCommandResult() throws Exception {
    List results = new ArrayList();

    DynaProperty[] props = new DynaProperty[] {
      new DynaProperty("id", String.class),
      new DynaProperty("responsetime", Long.class)
    };
    BasicDynaClass dynaClass = new BasicDynaClass("requesttime",
                                                      null, props);

    DynaBean request1 = dynaClass.newInstance();
    request1.set("id", "12345");
    request1.set("responsetime", new Long(500));
    results.add(request1);
    DynaBean request2 = dynaClass.newInstance();
    request1.set("id", "56789");
    request1.set("responsetime", new Long(430));
    results.add(request2);

    return results;
  }

  public void testCallView() throws Exception {
    AdminServlet servlet = new AdminServlet();
    // Set the result of the execution of the command in the
    // HTTP request so that the JSP page can get the data to
    // display
    request.setAttribute("result", createCommandResult());
    servlet.callView(request);
  }
}
```

因为我们在 testCallView 中验证不了什么，所以我们在这里不执行任何断言。对 callView 的调用转发到 JSP。但是 Cactus 支持断言 JSP 页面的执行结果。因此，我们可以使用 Cactus 来验证 JSP 可以显示我们在 createCommandResult 中创建的数据。因为这是 JSP 测试部分的内容，所以我们将会在 14.4 小节（“测试 JSP”）中介绍它如何工作的。

代码 14.7 展示了 callView 方法，我们使用它将执行结果转发给 JSP 以显示出来。

代码 14.7 使得测试通过的 callView 实现

```
[...]
public class AdminServlet extends HttpServlet {
[...]
  public void callView(HttpServletRequest request) {
    request.getRequestDispatcher("/results.jsp")
                                    .forward(request, response);
  }
}
```

我们仍然没有对返回的结果进行测试，因此像这样不返回任何结果就可以了。但是当我们要对 JSP 进行测试时，那就要改变了。

测试 doGet 方法

现在让我们为 AdminServlet 的 doGet 方法设计单元测试。首先，我们需要验证测试结果是被作为一个属性放置在 servlet 请求中。这里给出了具体的实现代码：

```
Collection results = (Collection) request.getAttribute("result");
assertNotNull("Failed to get execution results from the request",
results);
assertEquals(2, results.size());
```

这段代码的作用是将命令执行结果保存在 doGet 方法中。但是我们从哪里获得结果呢？最终还是要从 executeCommand 的执行中获得——但是它目前还没有实现。对于这种死锁问题的典型解决方案就是在 AdminServlet 中定义一个什么也不做的 executeCommand。然后，在测试中，我们就可以实现 executeCommand 来返回我们想要返回的任何东西：

```
AdminServlet servlet = new AdminServlet() {
   public Collection executeCommand(String command) throws Exception {
      return createCommandResult();
   }
};
```

现在我们可以将测试的执行结果存储在 doGet 方法中：

```
public void doGet(HttpServletRequest request,
                  HttpServletResponse response) throws ServletException {
   try {
      Collection results = executeCommand(getCommand(request));
      request.setAttribute("result", results);
   } catch (Exception e) {
      throw new ServletException("Failed to execute command", e);
   }
}
```

注意我们必须有一个 catch 块，因为 servlet 规范中说明 doGet 必须抛出一个 ServletException 异常。因为 executeCommand 可以抛出一个异常，所以我们需要将它封装到 ServletException 中。

如果你运行这段代码，你就会发现，你已经忘记设置将要在 HTTP 请求中作为一个参数执行的命令。因此，你还需要一个 beginDoGet 方法来处理这些，如下所示：

```
public void beginDoGet(WebRequest request) {
   request.addParameter("command", "SELECT...");
}
```

有了这个方法，我们就可以完成测试了。代码 14.8 给出了 doGet 的具体代码。

代码 14.8 使得测试通过的 doGet 实现

```
[...]
public class AdminServlet extends HttpServlet {
[...]
   public Collection executeCommand(String command) throws Exception {
      throw new RuntimeException("not implemented");              ❶
   }

   public void doGet(HttpServletRequest request,
                 HttpServletResponse response) throws ServletException {
         try {
            Collection results = executeCommand(getCommand(request));
            request.setAttribute("result", results);

         } catch (Exception e) {
            throw new ServletException("Failed to execute command", e);
         }
      }
   }
```

有两点需要注意。第一，对 `callView` 的调用并未在 `doGet` 中出现；测试也没有要求（直到我们为 JSP 编写单元测试时才会有这样的要求）。第二，如果 `executeCommand`❶被调用时，我们抛出一个 `RuntimeException` 对象。当然我们也可以返回 `null`，但是抛出异常是一个比较好的做法。异常明确地说明了我们还没有实现方法。如果方法被错误地调用，你也就不会觉得有任何的奇怪。

> **JUnit 最佳实践：为尚未实现的方法抛出异常**
>
> 当你编写代码时，你经常会想在没有实现所有方法之前去执行代码。例如，如果你正在为一个接口编写 mock objects 并且你要测试的代码只使用了一个方法，那么你就不需要模拟所有的方法。一个良好的习惯是抛出异常而不是返回 `null` 值（或者因为方法没有返回值而不返回任何东西）。有两个好的原因：这样可以让任何阅读代码的人都清楚地知道该方法还没有实现，并且可以确保如果方法被调用，它将会抛出异常，从而避免将骨架行为误认为是真正的行为。

到目前为止，我们已经讨论了管理应用程序并且展示了如何测试该应用程序的 servlet 部分。接下来我们将重点讨论可能是应用程序中最难以测试的部分：前端。

14.4 测试 JSP

在本节中，我们继续讨论之前引入的管理应用程序。这里我们把重点放在测试视图组件——也就是 JavaServer Pages（JSPs）。

14.4.1 回顾管理应用程序

我们通过给 `AdminServlet` 发送一个 HTTP 请求（从浏览器发送）来调用应用程序，

如图 14.2 所示。我们传递一个 SQL 查询作为 HTTP 参数来运行，而 AdminServlet 会获得该参数。安全过滤器拦截了 HTTP 请求并验证 SQL 查询是无害的（即是一个 SELECT 查询）。然后，servlet 会在数据库上执行此查询，将结果对象存储于 HTTP Request 对象中，并且调用结果视图页面。JSP 从 Request 中获取结果并使用来自标签库中的自定义 JSP 标签将其格式化后，再显示结果。

14.4.2 什么是 JSP 单元测试?

首先，让我们排除任何疑问：我们所说的对 JSP 进行**单元测试**并不是对由编译 JSP 时所产生的 servlet 进行单元测试。我们还假设 JSP 已被设计好，也就是说它里面不包含任何 Java 代码。如果页面必须处理任何表示逻辑，那么该逻辑就要被封装在一个 JavaBean 或者一个标签库中。我们可以使用两种方法来对 JSP 进行单元测试：单独测试 JSP 页面本身和/或测试 JSP 的标签库。

我们可以将 JSP 从后端孤立出来，方法是通过模拟 JSP 使用的 JavaBean，然后验证返回的页面包含了预期的数据。我们将使用 Cactus 来演示这类测试。因为 mock objects（参见第 7 章）只能处理 Java 代码，所以我们无法使用纯 mock objects 的方法来单独地对 JSP 进行单元测试。我们也可以使用诸如 HttpUnit 这样的框架来为 JSP 编写功能测试。但是，这样做就意味着必须同应用程序（也可能是数据库）的后端保持完全一致。而使用 Cactus 与 mock objects 相结合的方法，我们就可以不必调用后端并把注意力集中在对 JSP 进行单元测试上。我们也可以对在 JSP 中使用的自定义标签进行单元测试。

14.4.3 单独使用 Cactus 对 JSP 进行单元测试

单独使用 Cactus 对 JSP 进行单元测试的策略如图 14.3 所示。这里会发生什么呢，Cactus 的测试用例类必须继承 ServletTestCase 类（或者 JspTestCase 类）：

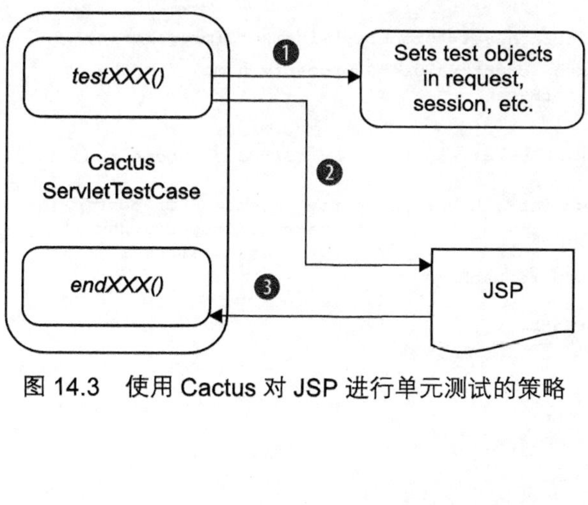

图 14.3 使用 Cactus 对 JSP 进行单元测试的策略

1 在方法 testXXX（由 Cactus 从容器内调用）中，我们创建了将要在 JSP 中使用的 mock objects。JSP 通过容器中固有的对象（HttpServletRequest、HttpServletResponse 或者 ServletConfig）或者从 taglib 中获得动态的信息。

2 还是在 testXXX 中，我们执行一个 forward 命令来调用要测试的 JSP。JSP 执行后获得在步骤 1 中生成的模拟数据。

3 Cactus 调用 endXXX，并将 JSP 的输出结果传递给它。这就使得我们可以对输出结果的内容执行断言，并验证我们设置的数据在 JSP 页面中的正确位置输出。

14.4.4 利用 SQL 结果数据执行 JSP

让我们来看看管理应用程序的一些行为。在介绍 servlet 的部分（“测试 servlet 和 filter”）中，我们已经定义了：执行 SQL 查询的结果应当以 DynaBean 对象的形式存储于 HttpServletRequest 对象中，然后传递给 JSP。多亏了 DynaBean 对象的动态属性，我们可以轻松地编写一个通用 JSP，而该 JSP 用来显示包含在 DynaBean 对象中的各种数据。DynaBean 对象为它们包含的数据提供元数据。我们可以创建一个通用的表格，表中的每一列对应于 DynaBean 对象的一个数据域，如代码 14.9 所示。

代码 14.9 Re 结果视图 JSP（results.jsp）

```
<%@ page contentType="text/html;charset=UTF-8" language="java" %>
<%@ taglib prefix="c" uri="http://jakarta.apache.org/taglibs/core" %>
<%@ taglib prefix="d" uri="/dynabeans" %>

<html>
   <head>
      <title>Results Page</title>
   </head>
   <body bgcolor="white">
      <table border="1">
         <d:properties var="properties"
            item="${requestScope.results[0]}"/>

         <tr>
            <c:forEach var="property" items="${properties}">
               <th><c:out value="${property.name}"/></th>
            </c:forEach>
         </tr>

         <c:forEach var="result" items="${requestScope.results}">
            <tr>
               <c:forEach var="property" items="${properties}">
                  <td><d:getProperty name="${property.name}"
                                          item="${result}"/></td>
               </c:forEach>
           </tr>
         </c:forEach>
      </table>
   </body>
</html>
```

我们使用 JSTL 标签和自定义标签库来编写 JSP。JSTL 标签库是一个通用的常用标签标准集。它可以分为几类（core、XML、formatting 和 SQL）。这里使用的是 core 类型，它提供输出、变量管理、条件逻辑、循环、文本导入和 URL 操作。我们也编写了两个自定义标签`<d:properties>`和`<d:getProperty>`来提取 DynaBean 中的信息。其中`<d:properties>`用来从 DynaBean 中提取各个属性的名称，而`<d:getProperty>`用来提取一个指定 DynaBean 属性的值。

编写这些自定义标签有两个原因。主要原因是，如果没有在 JSP 中嵌入 Java 代码，就不可能从 DynaBean 中提取信息（至少在目前的 JSTL 标签和 DynaBean 包的实现中是不行的）。第二个原因是，它为我们提供了机会——编写我们自己的自定义标签库并对其进行单元测试。

编写 Cactus 测试

现在让我们来为 JSP 编写一个 Cactus ServletTestCase。AdminServlet 类中的 callView 方法将控制权转给结果视图 JSP，如代码 14.10 所示。代码 14.10 是对 callView 的单元测试，它在 Request 中建立 DynaBean 对象的，调用了 callView，然后再验证 JSP 的输出就是我们所预期的数据。

代码 14.10　TestAdminServlet.java：　results.jsp 的单元测试

```
[...]
public class TestAdminServlet extends ServletTestCase {
  private Collection createCommandResult() throws Exception {        ❶
    List results = new ArrayList();

    DynaProperty[] props = new DynaProperty[] {
      new DynaProperty("id", String.class),
      new DynaProperty("responsetime", Long.class)
    };
    BasicDynaClass dynaClass = new
                      BasicDynaClass("requesttime",null,props);

    DynaBean request1 = dynaClass.newInstance();
    request1.set("id", "12345");
    request1.set("responsetime", new Long(500));                     ❷
    results.add(request1);

    DynaBean request2 = dynaClass.newInstance();
    request2.set("id", "56789");
    request2.set("responsetime", new Long(430));
    results.add(request2);

    return results;
  }

  public void testCallView() throws Exception {                      ❸
    AdminServlet servlet = new AdminServlet();                       ❹
    request.setAttribute("results", createCommandResult());          ❺
    servlet.callView(request, response);
  }
```

```
    public void endCallView(com.meterware.httpunit.WebResponse response)
                                           throws Exception {      ❻
        assertTrue(response.isHTML());
[...]
        assertEquals("12345",
            response.getTables()[0].getCellAsText(1, 0));
        assertEquals("500",                                         ❼
            response.getTables()[0].getCellAsText(1, 1));
        assertEquals("56789",
            response.getTables()[0].getCellAsText(2, 0));
        assertEquals("430",
            response.getTables()[0].getCellAsText(2, 1));
    }
}
```

我们首先定义了 `createCommand` 方法❶，它在请求中放置几个 DynaBean 对象❷。然后在 `testCallView` 方法❸中（记住它执行于服务器端）我们实例化将要测试的 servlet❹，同时在请求中设置 DynaBean 对象❹，并调用 JSP 来显示结果❺。而在客户端执行的 `endCallView`❻有一个参数 `com.meterware.httpunit.WebResponse`，保存来自服务器的响应。我们在❼处根据服务器的响应执行不同的断言语句，就是为了验证 `JSP` 能够正确地显示结果。

我们利用在 `endCallView` 方法中的 Cactus HttpUnit 集成来断言返回的 HTML 页面。当 Cactus 需要执行方法 end*XXX* 时，首先寻找 end*XXX*(org.apache.cactus.WebResponse) 的定义。如果找到了定义，Cactus 就调用它；如果没有找到，则 Cactus 继续寻找 end*XXX*(com.meterware.httpunit.WebResponse) 的定义。使用 `org.apache.cactus.WebResponse` 对象，我们可以对 HTTP 的响应内容执行断言，例如验证返回的 cookies、返回的 HTTP 头或者 HTTP 内容。Cactus 的 `org.apache.cactus.WebResponse` 对象是一个简单的 API。

HttpUnit 的 Web 响应 API（`com.meterware.httpunit.WebResponse`）包含的内容要复杂得多。利用 HttpUnit，你可以将返回的 XML 或 HTML 页面当作 DOM 对象来看待。在代码 14.10 中，我们就利用了所提供的 HTML DOM 来验证返回的 Web 页面包含了所预期的 HTML 表。

在这一小节中，我们描述了如何测试管理应用程序的前端。但我们现在仍然缺少一些为我们揭示如何对 `AdministratorBean` EJB 进行单元测试的内容，而 `AdministratorBean` EJB 用来在数据库中执行查询。EJB 测试的秘密将会在下一节中揭示。

14.5 测试 EJB

测试 EJB 一直被认为是一项艰巨的任务。其中的一个主要原因是 EJB 是运行于容器之内的组件。因此，你要么用自己的代码来抽象出容器的服务，要么就执行容器内的单元测试。在这一节中，我们展示了几种可以帮助你编写 EJB 单元测试的技术。我们也继续管理应用程序的开发，同时为你演示了执行 SQL 查询的模块。

管理应用程序的基本架构如下：待执行的命令经过 filter，由 filter 决定它是否是一个 SELECT 查询。然后，AdminServlet 最终接收到了该命令或查询。执行流程从 AdminServlet 的 doGet 方法开始。它收到 HTTP 请求并调用 getCommand 方法来从中提取 SQL 查询。然后它调用 executeCommand 来执行数据库调用（使用提取出的 SQL 查询）并作为 Collection 返回结果。该结果随后被放在 HTTP 请求中（作为请求属性），最后 doGet 调用 callView 来激活向用户展示结果的 JSP 页面。到目前为止，我们还没有给出 executeCommand 方法的实现。其背后的原理是调用一个指定的 EJB，而它将在指定的数据库中执行查询。executeCommand 方法的一个简单实现如下：

```
public Collection executeCommand(String command) throws Exception {
   Context context = new InitialContext();
   IAdministratorLocal administrator = (IAdministratorLocal)
                                       context.lookup("AdministratorBean");
   return administrator.execute(command);
}
```

EJB 本身如代码 14.11 所示。

代码 14.11 AdministratorEJB

```
[...]

@Stateless
public class AdministratorBean implements IAdministratorLocal {

    public Collection execute(String sql) throws Exception {
            Connection connection = getConnection();
            // For simplicity, we'll assume the SQL is a SELECT query
            ResultSet resultSet =
                   connection.createStatement().executeQuery(sql);      ❶
            RowSetDynaClass rsdc = new RowSetDynaClass(resultSet);      ❷

            resultSet.close();
            connection.close();
            return rsdc.getRows();                                      ❸
    }

    private Connection getConnection()
                          throws NamingException, SQLException {
        //RETURN SOME DATABASE CONNECTION
    }
}
```

我们从带有指定查询的 servlet 中调用方法 execute；在这里我们尝试获得一个有效的连接并执行查询❶。在我们从 ResultSet❷中创建一个 RowSetDynaClass 对象后，我们返回它的行❸。

为了使用 Cactus 来测试 EJB，我们不得不实例化它并且根据执行的结果进行断言。我们可以再次使用 mock objects 来模拟 JNDI 查找，但是这个方法却会带来不必要的复杂，所以我们在这里就不做详细介绍了。让我们来看看如代码 14.12 所示的 EJB 测试用例，然后我们将对其进行具体分析和讨论。

代码 14.12　AdministratorEJB 的测试用例

```
[...]
public class TestAdministratorEJB extends ServletTestCase {
    private IAdministratorLocal administrator;
    public void setUp() throws Exception {
        Properties properties = new Properties();                    ❶
        properties.put("java.naming.factory.initial",
            "org.jnp.interfaces.NamingContextFactory");
        properties.put("java.naming.factory.url.pkgs",
            "org.jboss.naming rg.jnp.interfaces");
        InitialContext ctx = new InitialContext(properties);
        administrator = (IAdministratorLocal) ctx.lookup(
                "ch14-cactus-ear-cactified/"
                +AdministratorBean.class.getSimpleName()
                +"/local");                                          ❷
    }
    public void testExecute() throws Exception {
        String sql = "SELECT * FROM CUSTOMER";
        Collection result = administrator.execute(sql);
        Iterator beans = result.iterator();
        assertTrue(beans.hasNext());                                 ❸
        DynaBean bean1 = (DynaBean) beans.next();
        assertEquals(bean1.get("Id"), new Integer(1));
        assertEquals(bean1.get("name"), "John Doe");
        assertTrue(!beans.hasNext());
    }
}
```

在❶处，我们首先初始化 setUp 方法中的上下文（记住该方法在每个测试方法之前被调用），并且从 JNDI 获得一个合法的 IadministratorBeanLocal 实例❷。然后在每个测试方法中，我们以不同的参数调用 EJB 的多个方法并断言结果的合法性❸。

到目前为止，我们已经介绍了编写 Cactus 测试用例所要涉及的内容。在我们进入讨论 Cactus 测试执行的内容之前，你非常有必要先熟悉一下一个称为 Cargo 的项目。Cargo 和 Cactus 的紧密集成是一项有助于运行测试的新功能。

14.6　什么是 Cargo?

到目前为止我们已经看到了相当多的关于如何编写 Cactus 测试用例的内容。在本章的开头，我们提到了 Cactus 测试用例执行于容器内。在本节和下一节中我们着重介绍如何将 Cactus 测试的执行集成在你的构建生命周期中。为了遵循极限编程的原则，你需要在每次进行构建时都执行测试。这就需要 Cactus 与构建系统 Ant 或 Maven 之间有一个紧密的集成。但是在我们深入讨论集成之前，你需要熟悉以上两者共同依赖的一个项目：Cargo。Cargo（http://cargo.codehaus.org/）是一个开源项目，它由 Vincent Massol 于 2004

年启动。这个项目的目的是以一个通用的方式使容器管理实现自动化，从而使得我们可以采用相同的机制来对 Tomcat、WebLogic 以及几乎任何其他应用程序服务器启动和部署一个 WAR 文件。它为绝大多数的 Java EE 容器提供了一个 API 来管理这些容器（启动、终止和部署）。但是 Cargo 不仅仅是一个 API，这也恰恰是它的优势所在。它提供了 Ant 任务和 Maven（1.x 和 2.x）插件来提升对那些容器的管理。

在简要介绍了 Cargo 的秘密之后，你很有可能会问自己，Cargo 与 Cactus 之间的联系是什么呢？Cactus 团队认识到，虽然项目背后的想法很出色，但是对于执行测试的流程，它看起来好像是一个沉重的负担。一旦测试编写完毕，它就需要被打包在一个 WAR 或 EAR 文件中，然后应用程序描述符需要添加适当的重定向器。在此之后，在开始执行前，打包文件需要**部署**在一个已**启动的容器**中。你可能已经注意到了前一个句子中的**黑体**字，并且你可能也已经猜到了 Cactus 开发团队的主要想法是通过 Cargo 对容器的管理隐藏所有的复杂性。

这为我们提供了完全的自动化。如果我们使用 Cargo 的 Ant 任务（或是 Maven 插件）来启动容器，然后在容器中部署 WAR/EAR，随后再停止我们已经实现了**持续集成**（continuous integration）的极限编程原则的容器。那么我们的构建就是完全自动化的，对不对？的确没错，但是由测试自动部署文件并没有什么神奇的——我们还需要找出一种方法以便在部署文件时触发测试执行。此外，我们还需要找到一种方法来准备用于部署的文件。这就是 Cactus 与不同构建系统之间紧密集成的所有内容。我们将会在后面的章节中讨论这种集成。

14.7 使用 Ant 执行 Cactus 测试

我们将要展示的执行 Cactus 测试的第一种方式，是最常见的一种执行方式。使用 Ant 是非常容易和简单的。如果你是第一次使用 Ant，那么我们推荐你阅读《Ant in Action》，由 Steve Loughran 和 Erik Hatcher 编写的一本非常出色的书。同时，在你阅读本节之前，请确保你已经阅读过本书的第 8 章。

14.7.1 用来准备文件的 Cactus

Cactus 通常会与两种 Ant 任务捆绑：一种是在准备文件（WAR 或 EAR）方面帮助你获得测试用例；另一种是激活测试。我们会逐个讨论这两种任务，告诉你如何使用它们。

准备执行测试的文件的流程被称为“Cactus 化（cactification)”。这个术语由 Cactus 团队引入。设想一下，你在某些时候有一个存档文件（WAR 或 EAR 文件），它就是你要部署的应用程序。Cactus 化的流程包括向存档文件的 lib 文件夹中添加需要的 JAR 文件，以及向 web.xml 中添加必要的 Cactus 重定向器等。

根据你要 Cactus 化的文档类型，你可能会用到两种不同的任务：cactifywar 和 cactifyear。在我们开始描述这两个任务前，让我们先花一点时间在 build.xml 骨架文件上，因为我们会使用它来实现表示目标（参见代码 14.13）。

代码 14.13 要执行 Cactus 测试的 build.xml 骨架文件

```
<project name="Cactus sample tests" basedir="."
                          xmlns:ivy="antlib:org.apache.ivy.ant">

<target name="init" depends="">
   [...]
        <property name="target.dir" location="${basedir}/target"/>           ❶
        <property name="classes.dir" location="${target.dir}/classes"/>
        [...]

        <ivy:configure file="ivysettings.xml" />                     ❷
        <ivy:retrieve  file="ivy.xml" sync="true"/>

           <path id="compile.cp">
              <fileset dir="${lib.dir}">
                 <include name="*.*"/>                 <-❸
              </fileset>
           </path>
     </target>

     <target name="prepare" depends="init">
        <mkdir dir="${target.dir}"/>                   <-┐
        [...]                                            ❹
        <mkdir dir="${lib.dir}"/>                      <-┘
     </target>

     <target name="load.tasks" depends="init, prepare">
        <taskdef resource="cactus.tasks" classpathref="compile.cp"/>      <-❺
     </target>

     <target name="compile" depends="init,prepare">
        <javac srcdir="${src.dir}" destdir="${classes.dir}"
                                 classpathref="compile.cp"/>     <-❻
     </target>

     <target name="prepareJar" depends="init,prepare">
           <jar jarfile="${target.dir}/ch14.ejb3">                  <-❼
           <fileset dir="${classes.dir}"/>
        </jar>
     </target>

     <target name="prepareWar" depends="init,prepare">
        <war destfile="${target.dir}/ch14.war"
                    webxml="${basedir}/src/webapp/WEB-INF/web.xml">      <-❽
           <classes dir="${classes.dir}"/>
        </war>
     </target>

     <target name="packageEar" depends="init,compile, prepareJar,
prepareWar">
         <ear destfile="${target.dir}/ch14.ear"
                          appxml="${app.dir}/application.xml">      <-❾
            <fileset dir="${target.dir}" includes="*.jar,*.war"/>
         </ear>
```

```
    </target>
[...]
</project>
```

Ant 描述符相当简单。就像你看到的，首先要做的一件事是在 init 目标❶中定义一些属性。我们会在随后的脚本中使用这些属性。在这个目标中，我们也解决了与 Ivy 的外部依赖关系❷并创建了一个 classpath refid❸。目标 prepare 为构建准备文件夹结构❹，然后我们使用 taskdef 任务❺来定义外部任务（记住任务 cactify*XXX* 和 cargo 是随着 Cactus/Cargo 而产生的外部任务，它们不是正式 Ant 任务的一部分）。然后我们编译代码❻，要么生成一个包含 EJB 的 JAR 文件❼，要么生成一个包含 servlet 的 WAR 文件❽（这取决于我们测试哪一部分代码）。我们也可能利用一个独立的目标来生成我们需要的 EAR 文件❾。

既然你已经熟悉了 build.xml 的基本结构，那么就让我们来关注一下 Cactus 提供的第一组任务吧。

CACTIFYWAR 任务

当你的应用程序为 WAR 文件并且你想要 Cactus 化它时，就要使用该任务。任务 cactifywar 扩展了内嵌的 Ant 任务 war，因此它也支持任务 war 支持的所有属性和嵌套的要素。没有比通过示例来说明更好的解释方法，所以就让我们从本章开始使用 Ant 来启动测试用例吧。我们来看一下代码 14.14 中的 build.xml 并对其进行讨论。

代码 14.14 表示 cactifywar 任务的 Build.xml

```
<target name="cactifywar" depends="init,load.tasks, prepareWar">
    <cactifywar srcfile="${target.dir}/ch14.war"
                destfile="${target.dir}/ch14-cactified.war"/>
</target>
```

在 cactifywar 目标中，我们调用了 cactifywar 任务，我们已在前面的步骤中将该任务导入（在 load.tasks 目标中）。正如你看到的，cactifywar 任务采用了如下参数：srcfile、destfile 以及我们想定义的一系列重定向器。还有一堆非必须的参数，所有的这些参数都被详细完美地记录在 Cactus 的网站（http://jakarta.apache.org/cactus）上，而且在那里你还能找到一些其他帮助。此外，因为 cactifywar 任务扩展了 war 任务，你可以将 war 任务的所有参数都传递给 cactifywar——它们都是合法的。

在 srcfile 属性中，你指定了你想要 Cactus 化的应用程序的存档文件。这里需要注意的重点是，你可能不仅需要指定文件的名称还要指定访问该文件的路径。在 destfile 参数中，你指定了将要生成的 Cactus 化文件的名称。你可能也会想在 cactifywar 任务中描述一组重定向器。这组重定向器描述了几种 URL 模式，分别将 Cactus 测试重定向器映射到内嵌元素 filterredirector、jspredirector 和 servletredirector。如果你没有指定这些元素，那么测试重定向器将被映射到缺省的 URL 模式。在使用命令

ant cactifywar 执行目标后，我们就会得到想要的、可以测试的 Cactus 化文档。

CACTIFYEAR 任务

Cactifyear 任务类似于 cactifywar 任务，但它是被用来 Cactus 化 EAR 应用程序的。与 cactifywar 不同的是，在多数情况下，EAR 应用程序包含了一个需要被 Cactus 化的 WAR 文档。cactifyear 任务是一个来自 Cactus 团队并扩展了 Ant 的 ear 任务的外部任务。通过这种方式，它接收了所有对于 ear 任务合法的参数。

现在让我们从一个 EAR 文档中执行测试（如代码 14.15 所示），然后我们深入这个示例应用程序并讨论它的方方面面。

代码 14.15 表示 cactifyear 任务的 Build.xml

```
<cactifyear srcfile="${target.dir}/ch14.ear"
            destfile="${target.dir}/ch14-cactified.ear">      <-❶
    <cactuswar srcfile="${target.dir}/ch14.war"
               mergewebxml="${src.webapp.dir}/WEB-INF/web.xml"
               context="/">
       <classes dir="${classes.dir}">
          <include name="Test*.class"/>
       </classes>
       <fileset dir="${src.webapp.dir}">
          <include name="*.jsp"/>
       </fileset>
       <lib dir="${lib.dir}">
          <include name="commons-beanutils*.jar"/>      <-❷
       </lib>
   </cactuswar>
</cactifyear>
```

我们再一次用到代码 14.13 中的 build.xml 骨架，并且在这里我们列出了负责已打包 EAR 文件 Cactus 化的目标。正如你看到的，cactifyear 任务再一次接收参数 srcfile 和 destfile❶。此处它们的含义与 cactifywar 任务完全相同。这里的新组件是一个 cactuswar 嵌套元素。该元素拥有 cactifywar 任务的除参数 destfile 之外的所有参数。Web 应用程序将一直被命名为 cactus.war，并且放置在 EAR 的根目录下。我们也给 Web 应用程序添加了 commons-beanutils.jar 文件❷，因为我们的 servlet 和 filter 测试用例需要它。一旦我们执行命令 ant cactifyear，我们就会得到可以测试的 Cactus 化文档。

Cactus 任务

因为与 Cactus 有关的其他任务都是扩展了一些内部 Ant 任务的外部 Ant 任务，所以这个概念对于 cactus 任务也是合法的。cactus 任务用于执行 Cactus 测试而且因为每个 Cactus 测试是个纯的 JUnit 测试，你很可能已经明白 cactus 任务扩展了哪个任务。没错，cactus 任务扩展了 junit 任务。通过这种方式，junit 任务接受的所有参数对于 cactus 任务都是有效的。

代码 14.16 使用了 cactus 任务扩展了代码 14.13，其中 cactus 任务执行了来自 EAR 文件的测试。

代码 14.16 演示 cactus 任务的测试目标

```
[...]
    <target name="test" depends="init,cactifyear">
        <cactus earfile="${target.dir}/ch14-cactified.ear"          <-❶
             printsummary="yes">
             <classpath>
                 <path refid="compile.cp"/>
                 <pathelement location="${classes.dir}"/>
                 <pathelement location="${test.classes.dir}"/>
             </classpath>                                              ❷
             <containerset>                                         <-┘
                 <cargo containerId="${jboss.container.id}"            <-❸
                      output="${logs.dir}/output.log"
                      log="${logs.dir}/cargo.log" home="${jboss.home}">
                     <configuration>
                         <property name="cargo.servlet.port" value="8080"/>
                         <property name="cargo.logging" value="low"/>
                         <deployable type="ear" file="${target.dir}/ch14-
cactified.ear"/>
                     </configuration>
                 </cargo>
             </containerset>

             <formatter type="plain"/>
             <batchtest todir="${reports.dir}">
                 <fileset dir="${src.dir}/cactus/">
                     <include name="**/Test*.java"/>
                 </fileset>
             </batchtest>
        </cactus>
    </target>
[...]
```

你可以看到，cactus 任务的使用与 cargo 任务有关（这就是为什么我们之前要介绍 Cargo 的原因）。通过代码中的一个定义，我们定义了启动、执行测试和终止容器的所有必要信息。

warfile/earfile 参数❶用于指定将要配置的文件的名字。这毫无疑问是我们 Cactus 化 WAR/EAR 文件的名字，该 WAR/EAR 文件既包含了我们的测试用例也包含了将要测试的类（它是对应的恶 cactify 任务的结果）。同时，必须添加一个 containerset 嵌套元素❷。在这个嵌套元素中，我们指定了一些 cargo 任务❸，而这些任务将定义执行测试的容器。当我们说我们指定了 cargo 任务时，其含义是它们是纯的 cargo 任务，并且它们能够获得一个正常 cargo 任务可能获得的任何参数：代理服务器、超时、服务器端口等。在一个给定的 cargo 任务中，我们必须指定容器的 ID、容器的配置以及可配置的内容（Cactus 化文档包含了我们的测试用例）。Cargo 任务可以与容器已安装的本地实例或远程实例一起工作。你只需要指定容器的主目录即可。但是，此外这些任务也会让你指定所谓的 ZipURLInstaller。在这个安装程序中，你会为一个给定的容器文件指定一个 URL，同时 Cargo 会从这个 URL 下载给定的容器、从文件中提取容器、启动容器并部署可以部署的内容。然后 Cactus 将在容器内执行测试，并且 Cargo 将终止容器。这就是一个完整的自动化周期，Cactus 项目附带了一些使用该自动化功能的示例应用程序。

我们的应用程序完成了；不仅如此，而且还使用了 Cactus 对它进行了良好的测试。你已经了解到如何使用 Ant 执行你的测试，因此现在是时候介绍最后一种执行指定测试的方法了，这一次我们使用另一个构建工具：Maven。

14.8 使用 Maven2x 执行 Cactus 测试

另一种执行 Cactus 测试的常见方法是将它们包含在 Maven[1]构建中。许多人使用 Maven 作为他们的构建系统，但在 Cactus 1.8.1 版本之前，使用 Maven 执行 Cactus 测试的唯一方法就是为 Maven 调用 Ant 插件并通过 Ant 执行测试。然而，Cactus 的最新版本包含了一个 cactus-maven2 插件，该插件能够在很大程度上改进 Cactus 化流程。Cactus 的 Maven 插件包含两个可以用来对 WAR 或 EAR 进行 Cactus 化的 MOJO（Maven POJO 或者 plain old Java object）。

让我们来看一看以下这些示例，讨论一下如何使用它们。

14.8.1 Maven2 cactifywar MOJO

代码 14.17 展示了一个我们随后会改进的 pom.xml 公共文件。

代码 14.17 用于运行 Cactus 测试的示例文件 pom.xml

```
<project>
    <modelVersion>4.0.0</modelVersion>
    <groupId>com.manning.junitbook2</groupId>
    <artifactId>ch14-cactus</artifactId>
    <packaging>jar</packaging>
    <version>2.0-SNAPSHOT</version>
</project>
```

这是一个基本的 pom.xml，我们可以用它实现我们所有的目的：编译源代码，并将应用程序打包到一个 WAR 文件中。这里并没有什么特别，我们只是使用了相应的 Maven 插件。在使用 mvn package 命令执行了构建之后，我们可以看到结果文件并检查它的准确性。现在我们可以添加 Cactus 插件来为部署准备文件。

Cactus 插件只不过就是以正确的顺序定义了其他几个插件。现在我们介绍如何定义这些插件。以下 3 段代码（代码 14.18、代码 14.19 和代码 14.20）可以看作是一大段完

---

[1] 从现在开始，无论何时我们讨论到术语 Maven，我们都是指 Maven2 项目，因为本书的作者认为 Maven1 是一个已经淘汰的技术。

整的代码，但是为了便于阅读和理解，我们把它们拆分成了 3 段代码。

代码 14.18 使得测试执行的 pom.xml 的构建部分

```
<build>
    <plugins>
      <plugin>
        <groupId>org.apache.cactus</groupId>
        <artifactId>ca            ctus.integration.maven2</artifactId>   ❶
        <version>1.8.1</version>
     <configuration>
       <srcFile>${project.build.directory}/${pom.artifactId}-
                                            ${pom.version}.war</srcFile>   ❷
       <destFile>${project.build.directory}/${pom.artifactId}-
                                              cactified.war</destFile>
       <testClasses>
         <directory>target/test-classes</directory>   ❸
         <includes>
            <include>**/**Test*.class</include>
         </includes>
       </testClasses>
       <libDependencies>
          <dependency>
                <groupId>commons-beanutils</groupId>   ❹
                <artifactId>commons-beanutils</artifactId>
             </dependency>
          </libDependencies>
     </configuration>
     <executions>
       <execution>
         <id>cactus-cactifywar</id>
         <phase>pre-integration-test</phase>   ❺
         <goals>
           <goal>cactifywar</goal>
         </goals>
       </execution>
     </executions>
   </plugin>
<!-- Continue with listing 14.19 here -->
```

我们已经提到，我们所做的就是以正确的顺序逐个定义三个插件。第一个插件是 `cactus.integration.maven2`❶。我们用它来 Cactus 化从之前的代码中得到的 WAR 文件。由于在 `cactifywar` 任务中，我们指定了参数 `srcfile` 和 `destfile`❷。我们也指定了包含哪些测试类❸以及在 WEB-INF/lib 文件夹中包含哪些库❹。在本例中，我们只需要 commons-beanutils，因为我们的测试要用到它。

指定插件的执行顺序非常重要。在 Maven 中，我们通过将每个插件的目标（goal）添加到单独的阶段（phase）中来指定执行顺序。例如，在代码中我们将插件的 `cactifywar` 目标添加到 pre-integration-test 阶段中❺。就像其名字所暗示的那样，pre-integration-test 阶段在集成测试（integrationtest）阶段（即在该阶段中将执行测试）之前由 Maven 执行。这样安排非常完美，因为我们希望在执行测试前 Cactus 化我们的程序包。

代码 14.19 展示了第二个插件。

代码 14.19　继续代码 14.18 中的插件定义

```
<!--We continue from listing 14.18 -->
  <plugin>
    <groupId>org.codehaus.cargo</groupId>
    <artifactId>cargo-maven2-plugin</artifactId>                ⑥
  <version>1.0-beta-2</version>
  <executions>
    <execution>
      <id>start-container</id>
      <phase>pre-integration-test</phase>                ⑦
      <goals>
        <goal>start</goal>
      </goals>
    </execution>
    <execution>
      <id>stop-container</id>
      <phase>post-integration-test</phase>                ⑧
      <goals>
        <goal>stop</goal>
      </goals>
    </execution>
  </executions>
  <configuration>
    <wait>false</wait>
    <timeout>20000</timeout>
    <container>
      <containerId>tomcat5x</containerId>
      <zipUrlInstaller>
        <url>http://apache.speedbone.de/tomcat/
           tomcat-5/v5.5.25/bin/apache-tomcat-5.5.27.zip</url>
        <installDir>${basedir}/install</installDir>
      </zipUrlInstaller>
    </container>
    <configuration>
       <deployables>
        <deployable>
           <location>cactifiedByMaven2.war</location>
           <pingURL>http://localhost:8080/test/</pingURL>
           <properties>
              <context>/test</context>
           </properties>
        </deployable>
      </deployables>
    </configuration>
  </configuration>
</plugin>
<!--Continue with listing 14.20 here -->
```

接下来定义的插件是 cargo-maven2-plugin，我们使用这个插件来定义执行容器内测试的容器❻。你可以看到，我们将该插件的 start 目标添加到 pre-integration-test 阶段中，以便在执行测试前启动容器❼。但是请等一等，我们刚才不是已经将 cactifywar 目标添加到了同一个阶段中了吗？那么此时的执行顺序会是什么样的呢？在本例中，我们需要将两种不同的目标添加到同一阶段中，这是因为我们在 Maven 的集成阶段之前要做好几件事。在这种情况下，cactus 插件会首先执行，因为它在恰好定义在 cargo 插件之前。并且在这里你可以看到为什么我们坚持认为在<build>部分中插件定义的**顺序**是如此重要。这样，我们首先准备用于部署的 Cactus 化文件，然后我们使用它作为一个可部署的文件来启动容器。我们也将该插件的 stop 目标添加到 post-integration-test 阶段中❽。这种做法很正常；一旦测试被执行，我们就需要停止容器。

代码 14.20 给出了第三个插件 maven-surefire-plugin 的详细情况。

代码 14.20 继续代码 14.19 中的插件定义

```
    <!—We continue from listing 14.19-->
    <plugin>
      <groupId>org.apache.maven.plugins</groupId>
      <artifactId>maven-surefire-plugin</artifactId>          <—❾
      <configuration>
        <skip>true</skip>                                 <—❿
      </configuration>
      <executions>
        <execution>
          <id>surefire-it</id>
          <phase>integration-test</phase>          <—⓫
          <goals>
            <goal>test</goal>
          </goals>
          <configuration>
            <skip>false</skip>                     <—⓬
            <systemProperties>
              <property>
                <name>cactus.contextURL</name>               <—⓭
                <value>http://localhost:8080/test/</value>
              </property>
            </systemProperties>
          </configuration>
        </execution>
      </executions>
    </plugin>
  </plugins>
</build>
```

最后一个定义的插件是 maven-surefire-plugin❾。你已经在第 10 章中看到，Maven 插件负责执行 JUnit 测试。因为每个 Cactus 测试也是一个 JUnit 测试，我们可以使用这个插件来执行我们的 Cactus 测试。在定义这个插件的过程中需要注意几点。你可以看到，我们声明 skip 参数的值为 true❿。那是因为 Surefire 插件会默认被添加到测试阶段中。但我们确实不想让它添加到这个阶段中，因此我们声明 skip 参数的值为 true，这样就会使得该插件跳过执行。接下来，我们将 test 目标添加到 integration-test 阶段（我们希望它是）中⓫，同时我们声明 skip 参数的值为 false⓬。这样将使得插件会执行 integration-test 阶段中的测试，就像我们希望发生的那样。此外，还有一件事需要牢记：无论何时执行 Cactus 测试，你必须指定 cactus.contextURL⓭。Cactus 的 Ant 任务可以为你指定，但是 Surefire 插件却不会，所以这就是我们在最后要做的工作。

14.8.2　Maven2 cactifyear MOJO

为了从 EAR 文件执行 Cactus 测试，我们就不得不采用与从 WAR 文件执行 Cactus 测试一样的流程，除了 Cactus 化文档以外。这就是为什么我们要在本节中讨论 Cactus 的 cactifyear 插件的原因。

代码 14.21Cactus 化了我们的示例 EAR 程序包。

代码 14.21　定义 Cactus 的 cactifyear 插件

```
<plugin>
        <groupId>org.apache.cactus</groupId>
        <artifactId>cactus.integration.maven2</artifactId>
        <version>1.8.1</version>
        <configuration>
          <srcFile>target/${pom.artifactId}-${pom.version}.ear</srcFile>     ❶
          <destFile>${project.build.directory}/${pom.artifactId}-
                           cactified.ear</destFile>

          <cactusWar>                                                        ❷
             <context>/</context>                                            ❸
             <testClasses>
                <directory>target/test-classes</directory>
                <includes>
                   <include>**/*Test*.*</include>                            ❹
                </includes>
             </testClasses>
             <version>2.3</version>                                          ❺
          </cactusWar>
        </configuration>
        <executions>
          <execution>
            <id>cactus-cactifyear</id>
            <phase>pre-integration-test</phase>                              ❻
            <goals>
              <goal>cactifyear</goal>
            </goals>
          </execution>
        </executions>
</plugin>
```

这个定义看上去十分简单。这里所有我们需要做的就是提供 srcfile 和 destfile 参数❶。在<cactusWar>部分❷中，我们描述了与 EAR 文件内的 WAR 应用程序有关的参数，例如应用程序的上下文❸、包含哪些测试类❹以及将要使用哪个版本的 web.xml❺。在❻处，我们将插件添加到 Maven 的 pre-integration 阶段。pom.xml 文件的剩余部分与前一节中所介绍的一样，因此我们不再讨论它。

现在我们继续深入，向你展示另一种执行 Cactus 测试的方式。这一次我们使用 Jetty 作为一个嵌入式的容器。Jetty 不仅是一个 servlet 容器，它还为你提供了一个操作容器的 API。Cactus 使用该 API 为你启动容器、执行测试并随后停止容器——所有这些仅通过一条命令完成。

14.9 从浏览器执行 Cactus 测试

现在我们掌握了几种不同的执行 JUnit 测试的方法。我们通过 JUnit 自己的 test runner、Ant 和 Maven 的 test runner，以及通过 Jetty 来查看执行情况。你已经知道，Cactus 测试也是 JUnit 测试，所以会产生“在 Cactus 中，什么相当于 JUnit 的文本 test runner 呢？”这样的问题看起来也合情合理。JUnit 的 test runner 直接与 JVM 通信，测试在 JVM 中执行并从那里获得结果。由于 Cactus 测试在服务器 JVM 中执行，所以我们需要找到一种与服务器通信的方式（告诉服务器激活测试并得到测试结果）。

与服务器通信的最简单的方式就是通过浏览器。要做到这一点，我们需要考虑一些事情。

首先，我们需要在应用程序的 web.xml 文件中定义 `ServletTestRunner` servlet。该定义具体如代码 14.22 所示。

代码 14.22 定义 ServletTestRunner

```
[...]
<servlet>
    <servlet-name>ServletTestRunner</servlet-name>
    <servlet-class>
        org.apache.cactus.server.runner.ServletTestRunner
    </servlet-class>
</servlet>
[...]
<servlet-mapping>
    <servlet-name>ServletTestRunner</servlet-name>
    <url-pattern>/ServletTestRunner</url-pattern>
</servlet-mapping>
[...]
```

一旦定义了它，我们就可以通过浏览器中的 URL 来使用这个 servlet 通知服务器激活测试了。我们需要在浏览器中使用以下请求来调用服务器：

```
http://server:port/mywebapp/ServletTestRunner?suite=mytestcase
```

在这里你需要将你自己的服务器地址、端口号、上下文以及包含 `suite()`方法的 `TestCase` 类的全称（即包含程序包）来替换以上 URL 中的 `server`、`port`、`mywebapp` 和 `mytestcase`。

在浏览器中执行给定的 URL 之后，服务器的响应结果如图 14.4 所示。

如果你看到一个空白页，则单击浏览器的“View Source（查看源文件）”选项。这意味着你的浏览器不知道如何显示 XML 数据。OK，不要紧，但是如果你想用 HTML 代替 XML 那会怎么样呢？别担心，有一个办法可以做到。抓取 Cactus 自带的 XSLT 样式表（cactus-report.xsl，基于 Ant 的<junitreport>任务所使用的样式表），并将其放入你的 Web 应用程序中（例如，根目录下）。然后打开一个浏览器并键入以下信息：

```
http://server:port/mywebapp/ServletTestRunner?suite=
➥mytestcase&xsl=cactus-report.xsl.
```

```
<?xml version="1.0" encoding="UTF-8" ?>
- <testsuites>
  - <testsuite name="org.apache.cactus.sample.TestSampleServlet" tests="13" failures="0" errors="0" time="0.871">
      <testcase name="testReadServletOutputStream" time="0.16" />
      <testcase name="testPostMethod" time="0.03" />
      <testcase name="testGetMethod" time="0.02" />
      <testcase name="testSetAttribute" time="0.04" />
      <testcase name="testSetRequestAttribute" time="0.03" />
      <testcase name="testSendParams" time="0.03" />
      <testcase name="testSendHeader" time="0.03" />
      <testcase name="testSendCookie" time="0.231" />
      <testcase name="testSendMultipleCookies" time="0.02" />
      <testcase name="testReceiveHeader" time="0.02" />
      <testcase name="testReceiveCookie" time="0.05" />
      <testcase name="testRequestDispatcherForward" time="0.13" />
      <testcase name="testRequestDispatcherInclude" time="0.02" />
    </testsuite>
  </testsuites>
```

图 14.4 浏览器中的 Cactus 测试的 XML 结果

.xsl 样式表将生成你熟悉的 HTML 报告，因此你可以使用你的浏览器来查看它。

14.10 小结

当涉及对容器应用程序进行单元测试时，纯的 JUnit 单元测试就有些力不从心了。虽然可以使用 mock object 方法（参见第 7 章），并且它也能工作得很好，但是它缺少了一定数量的测试——特别是集成测试，集成测试用来验证组件之间能否通信、在容器内运行时组件是否工作以及组件与容器之间能否正常地交互。为了执行这些测试，就需要一个容器内测试策略。

在 Java EE 组件领域内，容器内单元测试的真实标准框架是 Jakarta Cactus。在本章中，我们使用 Cactus 执行一些简单的测试示例，以便掌握它是如何处理的。我们也讨论了 Cactus 是如何工作的，因此我们已经准备好对 Java EE 的应用进行容器内测试。

对 Java EE 规范组件进行测试是很好的，但这不是全部。我们的应用程序中的大多数都是在很大的程度上依赖于框架的。在下一章中，我们会探讨应用最广泛的 MVC 框架之一：JSF。我们也会介绍 JSFUnit 项目，它将允许你在容器内测试你的 JSF 应用。

第 15 章　测试 JSF 应用程序

The first 90% of the code accounts for the first 10% of the development time. The remaining 10% of the code accounts for the other 90% of the development time.

开发一个程序前 90%的代码只占总开发时间的 10%，而剩余 10%的代码开发却要占总开发时间的 90%。最初 90%的代码只占据项目 10%的开发时间，而剩下 10%的代码将占据剩下 90%的开发时间。

——Tom Cargill

本章重点

- 测试 JSF 应用程序的问题
- 解决问题的 Mock 方案
- 使用 JSFUnit 进行 JSF 单元/集成测试
- 使用 JSFUnit 进行 JSF 性能测试

我们在第 14 章中介绍的 Cactus 框架非常适于测试大多数的 Java EE 规范。大多数 Java 开发者每天都在编写 Java EE 应用程序，而所有这些应用程序都是基于 Java EE 规范的。

在本章中我们来进一步了解 Java EE 规范的最新成员——JavaServer Faces（JSF）技术。它是由 Java Community Process（JCP）开发的一种标准规范，用来构建基于 Web 的 Java 用户接口。

我们首先介绍什么是 JSF、测试 JSF 应用程序所存在的问题以及如何利用 JSFUnit

项目来解决这些问题。然后我们实现了一个简单的 MusicStore 示例应用程序，并展示一下 JSFUnit 的强大功能。

15.1 引入 JSF

除了我们提到的规范之外，人们还引入了 JSF[1]来作为这个规范的实现：一个服务器端、用户接口、基于 Java 技术的应用程序组件框架。这意味着不同的组织都可以实现规范并生成与规范兼容的不同框架。其中最流行的实现就包括 Apache 的 MyFaces (http://myfaces.apache.org/) 和 Sun 的 Mojarra JSF 参考实现。

在本书中，我们使用 Apache 的 MyFaces 实现是因为我们认为它是最强壮的。

图 15.1 展示了一个示例 JSF 应用程序的构架概览。JSF 框架的目的在于简化 Web 应用程序的开发。出于这个原因，JSF 框架被设计用来让开发者专注于组件、可管理的 Bean、页面导航等方面，而不是考虑技术细节方面，比如请求、响应、会话等。

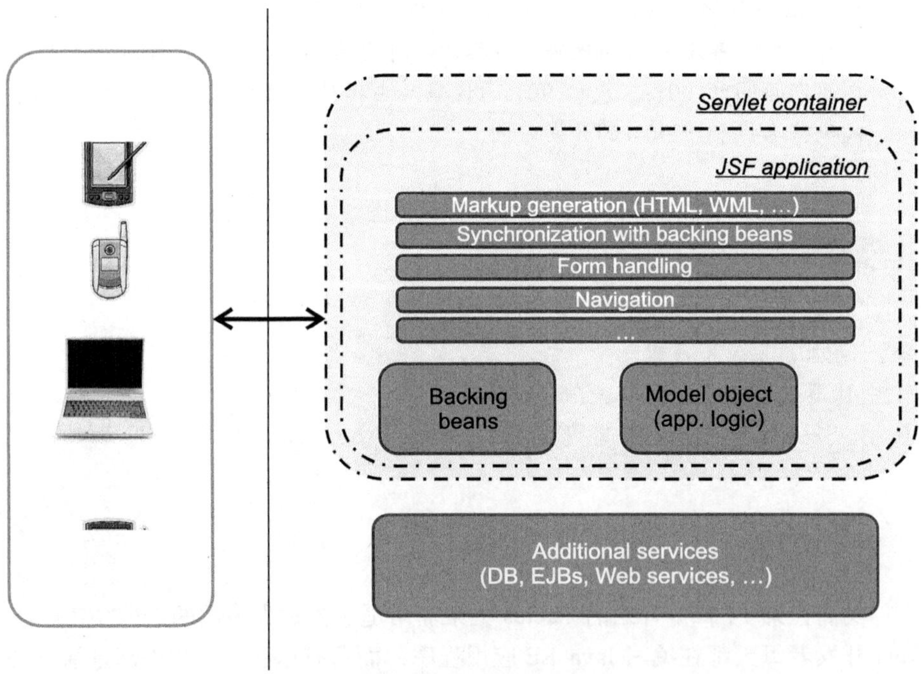

图 15.1 JSF 应用程序构架概览

JSF 能够处理在 Web 应用开发中你可能遇到的大多数复杂情况。JSF 也可以处理用

[1] 如果你对 JavaServer Faces 技术还不熟悉，我们强烈推荐你阅读 Kito Mann 编写的《*JavaServer Faces in Action*》。

户单击一个 Web 浏览器按钮和发送一个请求给服务器。但是，这个请求需要以一种你的应用程序能够理解的方式被翻译。JSF 框架也负责翻译来自应用程序的响应，并以一种浏览器能够显示的方式可视化它们。JSF 框架提供了大量的标签库，这使得开发者能够使用这些标签库来直观地显示任何东西。接下来，我们会介绍一个示例 JSF 应用程序。在其实现的过程中，我们会解释该应用程序的不同部分，然后在后面的章节中我们还会测试我们的示例应用程序。

15.2 介绍示例应用程序

在之前的章节中，我们描述了一个典型 JSF 应用程序的各个部分。现在我们就介绍一个真实的应用程序，MusicStore 应用程序。我们会在本章中不断地完善它并对其进行测试。MusicStore 是一个简单的 JSF 应用程序，它展示了不同类型的音乐专辑，用户可以浏览并购买这些音乐专辑。我们先从一个简单的 POJO（普通的 Java 对象）开始实现，这个 POJO 代表了一个 Album。代码 15.1 给出了具体的实现过程。

代码 15.1 Album.java POJO 对象

```
[...]
public class Album {                                    ❶
   private String name = null;
   private String author = null;
   private double price = 0;
   private int year = 0;
   private String style = null;
   private String imageURL = null;

      public Album(String name,                         ❷
              String author,
              double price,
              int year,
              String style,
              String imageURL) {
        this.name = name;
        this.author = author;
        this.price = price;
        this.year = year;
        this.style = style;
        this.imageURL = imageURL;
   }

//Getters and setter go here...
}
```

你可以发现，实现过程很简单。Album 是一个简单的 POJO，它包含了几个属性❶：专辑名字、专辑作者等。我们也为这些属性添加了 getter 和 setter 以及一个构造函数❷来初始化不同的专辑。

代码 15.2 显示了一个用于管理专辑的管理类。

代码 15.2 AlbumManager 对 Album 执行不同的操作

```
[...]
public class AlbumManager {
    final static List<Album> albums = new ArrayList<Album>();
    static {
        albums.add( new Album( ... ) );
        albums.add( new Album( ... ) );
        albums.add( new Album( ... ) );        ❶
        albums.add( new Album( ... ) );
        albums.add( new Album( ... ) );
    }

    public static List<Album> getAvailableAlbums() {          <-❷
        return albums;
    }

    public static Album getAlbumByTitle(String title) {       <-❸
        for (Album album : albums) {
            if (album.getName().equals(title)) {
                return album;
            }
        }
        return null;
    }
}
```

MusicStore 应用程序的重点只在于 JSF。因此我们就避免了额外的层，比如与数据库交互等。这就是为什么我们的实现首先从定义和初始化 5 个硬编码的 Album 开始❶。通常我们激活一个数据库层来获得这些专辑，但是出于简化的目的，我们这里采用硬编码的值。为了保持代码简单易读，我们删除了 Album 的定义。接下来，我们实现了一些方法：一个用来检索所有可用的专辑❷，另一个用来根据标题来查找专辑❸。

代码 15.3 实现了与前端通信的 bean。

代码 15.3 ListAvailableAlbumsBean 的实现

```
[...]
public class ListAvailableAlbumsBean {

    private List<Album> albums = new ArrayList<Album>();        <-❶

    public List<Album> getAlbums()  {                           <-❷
        this.albums = AlbumManager.getAvailableAlbums();

        return albums;
    }

    public void setAlbums( List<Album> albums ) {               <-❸
        this.albums = albums;
    }
}
```

代码 15.4 给出了用于我们应用程序的 bean。为了每个我们想要在前端显示的属性，我们指定了 bean 的一个相应属性❶。根据你的属性是否只读或者可读写，每个属性需要有一个 getter 方法❷和 setter 方法❸。JSP 与这个 bean 交互，并且 bean 本身还与

AlbumManager 交互。在这个 bean 可以把它自己暴露给 JSP 之前，我们需要在一个名为 faces-config.xml 的配置文件中配置 bean。

代码 15.4 用于配置 bean 的 faces-config.xml

```
<faces-config>
[...]
    <application>                                          ❶
        <view-handler>
                com.sun.facelets.FaceletViewHandler
            </view-handler>
    </application>
    <managed-bean>                                                 ❷
        <managed-bean-name>
            listAlbumsBean                                         ❸
        </managed-bean-name>
        <managed-bean-class>
            com.manning.junitbook.ch15.beans.ListAvailableAlbumsBean
        </managed-bean-class>
        <managed-bean-scope>request</managed-bean-scope>
    </managed-bean>
[...]
</faces-config>
```

我们先从一个应用程序的声明开始❶，它包含了一些面向整个应用程序的全局信息（如视图处理者、局部参数等）。managed-bean 声明❷用于将我们的 bean 暴露给 JSP。注意 managed-bean-name 的声明❸，这个名字将用在 JSP 中来引用包含了在 managed-bean-class 声明中定义的类的 bean。为了完成 MusicStore 应用程序，我们唯一缺少的就是可以显示所有可用专辑的页面。我们在代码 15.5 中给出这个页面。

代码 15.5 显示所有可用专辑的 JSP 页面

```
<html xmlns="http://www.w3.org/1999/xhtml"
    xmlns:h="http://java.sun.com/jsf/html"                 ❶
    xmlns:f="http://java.sun.com/jsf/core"
    xmlns:c="http://java.sun.com/jstl/core">
    <body>
       <h:form id="list_albums">

       [...]

      <table border='1'>
         <th>Name</th>
         <th>Author</th>
         <th>Year</th>
         <th>Price</th>
            <c:forEach var="album" items="#{listAlbumsBean.albums}">    ❷
            <tr>
                <td>
                  <h:commandLink
                      action="#{albumDetailsBean.showAlbumDetails}">   ❸

                     <h:outputText value="${album.name}" />
                     <f:param name="albumName" value="#{album.name}" />
                  </h:commandLink></td>
```

```
                <td>${album.author}</td>
                <td>${album.year}</td>
                <td>$ ${album.price}</td>
            </tr>
        </c:forEach>
    </table>
  </h:form>
 </body>
</html>
```

我们需要导入在这个 JSP 页面中将要使用的标签库❶。我们的 JSP 所做的就是遍历所有的专辑❷并为每个我们想要的专辑显示信息。这里我们使用标准的 JSTL 标签库❷，以及核心的 JSF 标签库❸。

JSP 包含了一个我们还尚未定义的管理 bean 的链接。

```
<h:commandLink action="#{albumDetailsBean.showAlbumDetails}">
    [...]
</h:commandLink>
```

我们想要实现以下过程：list_albums.jsp 显示了提供给用户的所有专辑，并且一单击某个专辑名就会重定向到一个显示该专辑详细信息的新页面。该新页面允许你购买专辑或返回到之前的列表页。

代码 15.6 给出了显示被选专辑详细信息的 bean 的代码。

代码 15.6　AlbumDetailsBean 的实现

```
[...]
public class AlbumDetailsBean {

    private String status = null;

    private HttpServletRequest request = null;          ❶

    private Album album = null;                           ❷

    public String showAlbumDetails() {                      ❸
        HttpServletRequest request = getRequest();

        String name = request.getParameter( "albumName" );      ❹

        if ( name == null ) {
            return "";
        }

        setAlbum( AlbumManager.getAlbumByTitle( name ) );       ❺

        return "showAlbumDetails";
    }

    protected HttpServletRequest getRequest() {
        if ( this.request == null ) {
            return (HttpServletRequest)
                    FacesContext.getCurrentInstance()
                            .getExternalContext().getRequest();     ❻
        } else {
            return this.request;
        }
    }
```

```
    public String cancel() {
        return "cancel";
    }

    public void purchase() throws InterruptedException  {    ❼
        Thread.sleep( 1500 );
        // empty implementation
        System.out.println( "Here we must implement the purchase logic." );
    }

    //Additional getters and setters follow.
}
```

bean 跟踪请求❶和用户已选择的专辑❷。当用户单击给定专辑名时，showAlbumDetails 方法将被调用❸。在这个方法中，我们获得请求并提取出一个名为“albumName”的参数❹。然后我们使用 AlbumManager 来提取 Album 对象❺。注意我们提取请求的方式❻；如果 bean 的属性为 null，那么我们从 FacesContext 对象中获得它。在下一节中，我们模拟 request 对象并把它设置为 bean 的一个属性。最后的一个方法是 purchase 方法❼；当用户想购买一个给定专辑时，我们就调用这个方法。为了方便起见，我们提供一个空的实现。请注意，这里我们完全停止了执行 1.5 秒钟，因为我们想模拟出该方法是耗时的效果，当我们在本章的最后一节中编写性能测试时，我们将会详细解释这一点。

现在让我们继续来看为 bean 提供详细信息的 JSP 页面（如代码 15.7 所示）。

代码 15.7 album_details.jsp 显示给定产品的详细信息

```
<html xmlns="http://www.w3.org/1999/xhtml"
      xmlns:h="http://java.sun.com/jsf/html"
      xmlns:f="http://java.sun.com/jsf/core"
      xmlns:rich="http://RichFaces.org/rich"
      xmlns:a4j="http://RichFaces.org/a4j"
      xmlns:c="http://java.sun.com/jstl/core">

<head>
<title>Album details</title>
</head>
<body>
<h:form id="view_details">
   <b>Details for album '#{albumDetailsBean.album.name}':</b>
   <table border='1'>
      <tr><td>
         <table>
            <tr><td>Title: #{albumDetailsBean.album.name}</td></tr>
            <tr><td>Year: #{albumDetailsBean.album.year}</td></tr>
            <tr><td>Style: #{albumDetailsBean.album.style}</td></tr>       ❶
            <tr><td>Author: #{albumDetailsBean.album.author}</td></tr>
            <tr><td>Price: $ #{albumDetailsBean.album.price}</td></tr>
            <tr><td>
               <rich:panel bodyClass="rich-laguna-panel-no-header">
```

```
            <a4j:commandButton id="PurchaseButton"
               value="Purchase" reRender="rep"
               action="#{albumDetailsBean.purchase}">
                                                                    ❷
               <a4j:actionparam id="status" name="status"
                  value="Successfully purchased:
                    #{albumDetailsBean.album.name}"
                    assignTo="#{albumDetailsBean.status}"/>
            </a4j:commandButton>
            <rich:spacer width="20" />
            <a4j:commandButton value="Cancel" reRender="rep"          ❸
                          action="#{albumDetailsBean.cancel}"/>
          </rich:panel>
          <rich:spacer height="1" />
          <rich:panel bodyClass="rich-laguna-panel-no-header">
             <h:outputText id="rep" name="rep"
                value="#{albumDetailsBean.status}" />                 ❹
          </rich:panel>
         </td></tr>
       </table>
     </td>
     <td><img src="#{albumDetailsBean.album.imageURL}"/></td></tr>
   </table>
  </h:form>
</body>
</html>
```

这个 JSP 页面通过使用 RichFaces 标签库来实现。这个 JSP 页面列出了被选专辑的所有详细信息❶。我们定义了两个按钮：Purchase（购买）按钮❷和 Cancel（取消）按钮❸。这里我们使用 RichFaces 组件来定义这两个按钮并实现 Ajax 行为。注意定义中的 `reRender` 属性：这个属性包含了另一个组件的 ID，而这个组件在我们从服务器获得响应时需要被重新提交。在我们的例子中，被重新提交的组件是一个文本组件，它用来显示了购买的状态❹。

现在 `MusicStore` 应用程序已经完成了。为了能够看到它的运行，你就必须在线获得本书的源代码。我们提供一个已配置 Jetty 插件的 Maven 脚本；你所要做的就是进入命令行，找到包含项目 pom.xml 文件的文件夹，并启用 Jetty 插件：

```
> mvn jetty:run -Pjetty
```

Jetty servlet 容器将启动，并且如果你访问链接 http://localhost:8080/ch15-jsfunit/，你就可以看到应用程序已在运行（如图 15.2 所示）。左侧的图显示了所有可用的专辑，如果你单击了任何一个列出的专辑，你就会看到右侧的图，你可以在此查看专辑的详细信息并购买它。在下一节中我们将介绍如何测试这个应用程序的不同部分。

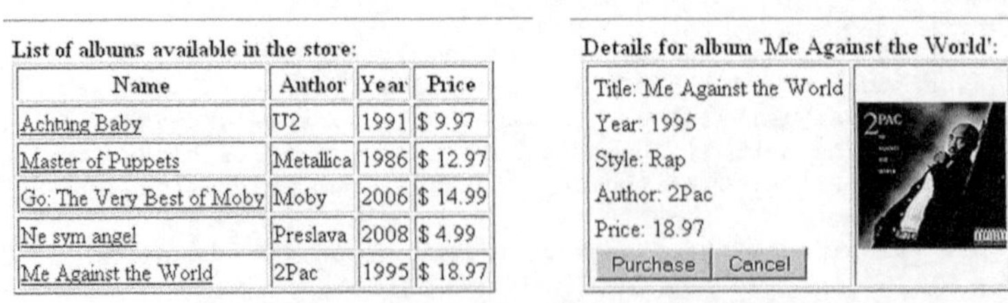

图 15.2 MusicStore 应用程序的两个截屏

15.3 测试 JSF 应用程序时的典型问题

到目前为止，正如你所看到的，JSF 应用程序通常包括了 POJO（称为 managed bean，又称托管 bean）和一些前端 JSP 页面。由于在这里我们的托管 bean 非常简单，因而易于单元测试。那么为什么 JSF 应用程序却难于测试呢？

事实上，对托管 bean 进行单元测试是很容易的，不过当你想把与容器的交互也包含在测试中时，困难就来了。通常情况下，测试为你带来了安全，但你也因此需要毫不留情地重构你的应用程序。测试同样也为你提供了信心，确保你没有在系统中引入一个新 bug。那么有什么可能破坏一个正常的 JSF 应用程序呢？这里列出了一些可能会发生在 JSF 应用程序中的典型问题：

- 托管 bean 的问题；
- 托管 bean 方法的问题；
- faces-config.xml 的拼写错误；
- 不当的接口实现；
- 缺少 getter/setter 方法；
- 重复的托管 bean 声明；
- 各种 JSF 标签的问题；
- 错误导航的问题。

JSFUnit 的静态分析可以解决以上的所有问题，如代码 15.8 所示。

代码 15.8 对你的 your faces-config.xml 进行静态分析

```
[...]
public class FacesConfigTestCase extends AbstractFacesConfigTestCase {   ❶

  private static Set<String> paths = new HashSet<String>()            ❷
  {
      {
          add( "src/main/webapp/WEB-INF/faces-config.xml" );
      }
  };

  public FacesConfigTestCase()
  {
      super( paths );          ❸
  }
}
```

首先，我们继承 JSFUnit 的类 `AbstractFacesConfigTestCase`❶，然后创建一个 `String` 的 `Set` 来保存获取 faces-config.xml 文件的路径❷并使用这个 `Set` 来调用基类的构造函数❸。JSFUnit 将分析我们指定的配置文件，同时它将检查以下内容：

- 所有的会话和应用程序范围内的 bean 都可序列化；

- 所有我们的托管 bean 都在有效范围内；
- 我们是否遗漏了托管 bean；
- 我们是否正在使用正确的 `faces.config` 类继承；
- 对于丢失的 setter 方法以及对于重复的托管 bean 进行检查。

接下来，我们创建测试。

15.4 测试 JSF 应用程序的策略

对于开发 JSF 应用程序时可能发生的问题，我们可以采用不同的方法来解决解决它们。让我们试着用不同的方法来测试一个 JSF 应用程序。

15.4.1 黑盒方法

这可能是最直接的方法[1]。对于 JSF 应用程序来说，黑盒测试的一种形式就是打开一个 Web 浏览器并开始点击页面来验证应用程序可以按照预期的那样正常运行。一种自动执行黑盒测试的方法是使用诸如 Selenium、HttpUnit 或 HtmlUnit（参见第 12 章和 13 章）之类的工具。

重点是，在大多数情况下，使用普通的 Selenium 或 HtmlUnit 来测试你的 JSF 应用程序，会在多个方面有所欠缺。验证预期的 HTML 页面（尤其使用 Ajax 时可能会比较复杂）会很困难，并且一旦你成功了，你的测试可能会因为一些细微的 HTML 变化而失败。

15.4.2 Mock object 援救

为了测试 `MusicStore` 应用程序，另一种你可以采取的方法是白盒方法。在这种情况下，你只需测试服务器端的使用 mock 的类[2]，而无须在容器内运行整个应用程序。

托管 bean 是如此简单，以至于在测试它们时你不需要进行任何类型的模拟。但是，当你想涉及诸如 `FacesContext`（通常情况下你没有访问权）之类的对象时，问题就出现了。你可以模拟这些对象，例如 `HttpServletRequest`、`HttpServletResponse` 以及其他使用第 7 章介绍的技术的对象。

例如，让我们来测试一下使用了 JMock 库的代码 15.6 中的 `AlbumDetailsBean` 的 `showAlbumDetails` 方法。这个方法从请求中提取一个参数，因此我们需要模拟请求并给参数传递不同的值，如代码 15.9 所示。

---

[1] 在继续阅读本节内容前，我们强烈推荐你阅读第 5 章。

[2] 你会在第 7 章中看到 mock object 的更多内容。

代码 15.9 测试使用了 JMock 的 AlbumDetailsBean

```
[...]
public class TestAlbumDetailsBeanMock {

   private Mockery context = new JUnit4Mockery();                    // ❶

   private HttpServletRequest mockRequest;                           // ❷

   @Before
   public void setUp() {
     mockRequest = context.mock( HttpServletRequest.class );         // ❸
   }

   @Test
   public void testShowAlbumDetailsRealAlbum() {
     context.checking( new Expectations() {
         {
           oneOf( mockRequest ).getParameter( "albumName" );         // ❹
           will( returnValue( "Achtung Baby" ) );
         }
     } );

     AlbumDetailsBean albumDetailsBean = new AlbumDetailsBean();     // ❺
     albumDetailsBean.setRequest( mockRequest );                     // ❻

     String forwardString = albumDetailsBean.showAlbumDetails();    // ❼

     assertEquals( "The return string must match 'showAlbumDetails'",
                           forwardString, "showAlbumDetails" );

     assertNotNull( "The album must not be null",                    // ❽
                              albumDetailsBean.getAlbum() );
     assertEquals( "The author must be U2",
                 albumDetailsBean.getAlbum().getAuthor(), "U2" );
     assertEquals( "The year of the album must be 1991",
                   albumDetailsBean.getAlbum().getYear(), 1991 );
   }

   @Test
   public void testShowAlbumDetailsNoParameterAlbum() {
     context.checking( new Expectations() {
         {
           oneOf( mockRequest ).getParameter( "albumName" );
           will( returnValue( null ) );
         }
     } );

     AlbumDetailsBean albumDetailsBean = new AlbumDetailsBean();
     albumDetailsBean.setRequest( mockRequest );

     String forwardString = albumDetailsBean.showAlbumDetails();
     assertEquals( forwardString, "" );
     assertNull( "The album must be null",
                              albumDetailsBean.getAlbum() );
   }

   @Test
   public void testShowAlbumDetailsNoRealAlbum() {
     context.checking( new Expectations() {
         {
           oneOf( mockRequest ).getParameter( "albumName" );
           will( returnValue( "No-real-album" ) );
         }
```

```
        } );

        AlbumDetailsBean albumDetailsBean = new AlbumDetailsBean();
        albumDetailsBean.setRequest( mockRequest );

        String forwardString = albumDetailsBean.showAlbumDetails();
        assertEquals( "The return string must match 'showAlbumDetails'",
                                    forwardString, "showAlbumDetails" );
        assertNull( "The album must be null", albumDetailsBean.getAlbum() );
    }
}
```

如果你已经阅读过第 7 章，那么这个测试是非常简单的。我们首先定义 Mockery context❶和我们想模拟的对象❷。然后，在@Before 方法中我们初始化了请求对象以便为后面的使用做好准备❸。接下来定义几个测试方法，每个方法都通过在请求中指定一个不同的参数来测试 showAlbumDetails 方法。针对每一个我们定义了预期的方法❹，初始化 AlbumDetailsBean❺，设置 bean 的 mock 请求❻，并执行待测方法❼。最后的测试是执行我们想要的断言❽。

尽管这类测试很简单，但其缺点是只有服务器端的逻辑可以被测试。这些测试并没有测试与 HTML 页面的交互。接下来，当你想在容器中执行你的测试并测试所有层时，我们来看一个不同寻常的例子。

15.5 使用 JSUnit 测试示例应用程序

JSFUnit 框架基于 Cactus[1]，我们已在前面的章节中讨论过 Cactus，因此示例测试的生命周期也是相同的。JSFUnit 提供一个 API 来获得测试中与 JSF 相关的所有对象。让我们从一个简单的 JSFUnit 测试用例开始吧，如代码 15.10 所示。

代码 15.10 第一个 JSFUnit 测试

```
public class TestListAvailableAlbumsBean
   extends org.apache.cactus.ServletTestCase {      <-❶

   public void testInitialPage()
         throws IOException, SAXException {                <-❷
      JSFSession jsfSession = new JSFSession( "/" );           <-❸

      JSFServerSession server = jsfSession.getJSFServerSession();   <-❹

      assertEquals( "/list_albums.jsp", server.getCurrentViewID() );   <-❺

      UIComponent label = server.findComponent( "list_albums_label" );
      assertEquals( label.getParent().getId(), "list_albums" );

      assertEquals( 5, ((List<Album>)
                        server.getManagedBeanValue(
                        "#{listAlbumsBean.albums}" )).size());     <-❻
   }
}
```

[1] 如果你之前跳过了第 14 章的话，我们强烈建议你阅读第 14 章后再回来阅读本章。

就像使用 Cactus 一样，我们通过继承 Cactus 的 `ServletTestCase` 类❶创建了一个测试用例。由于 Cactus 扩展了 JUnit3，所以我们的测试用例类需要包含一个或多个 `testX`（这里 *X* 是用户定义的）方法❷。在这些测试方法中，我们使用 JSFUnit 的 API 执行测试。在这个示例中，我们创建一个指向应用程序根目录的 `JSFSession` 对象❸。从 `JSFSession` 对象中，我们获得了两个重要的对象：`JSFServerSession`❹和 `JSFClientSession`。我们使用 `JSFClientSession` 来模拟浏览器并测试 HTML 页面；而 `JSFServerSession` 用来获得 JSF 的状态并激活对托管 bean 的操作。我们检查到 `viewID` 是正确的❺以及托管 bean 总是返回一列数量为 5 的专辑❻。

虽然使用 JSFUnit 测试 JSF 看起来很像使用 Cactus 来测试，但却是调用 API 来测试 JSF 组件。因为 JSFUnit 基于 Cactus，所以我们拥有与 Cactus 相同的功能（包括已经在第 14 章介绍的 `beginX` 和 `endX` 方法）。执行 JSFUnit 测试的方式与执行 Cactus 测试相同。JSFUnit 需要 JDK1.5+和以下 JSF 实现之一：MyFaces（1.1.x 或 1.2.x）或 Sun JSF RI（2.0.0-PR、1.2.x 或 1.1.x.）。

要执行测试，你可以使用 Ant 或 Maven（参见第 14 章），或者你也可以从浏览器中执行你的测试。

15.5.1 从浏览器执行一个 JSFUnit 测试

为了从浏览器中执行测试，就需要将 Cactus 分发包中的 cactus-report.xsl 文件放置在你的 Web 应用程序的根目录下。在你打包应用程序之后，将它部署到一个 servlet 容器中并使用以下链接：http://localhost:8080/ch15-jfsfunit/ServletTestRunner?suite=com.manning.junitbook.ch15.beans.TestListAvailableAlbumsBean&xsl=cactus-report.xsl。

你将看到测试执行的结果，如图 15.3 所示。

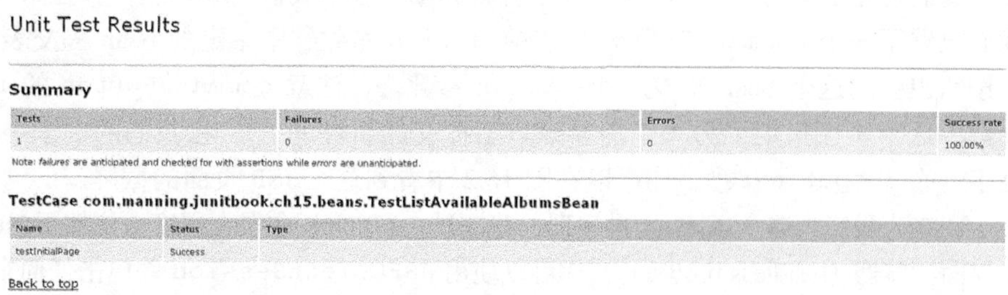

图 15.3 在浏览器中执行 JSFUnit 测试的结果

现在让我们来谈一谈 Ajax。

15.5.2 使用 JSFUnit 测试 Ajax

对于大多数开发人员来说，测试一个应用程序的 Ajax 元素是非常恐怖的。但是，正如你在第 13 章中所看到的，要测试 Ajax 并不是那么难。在本小节中我们会重点介绍如何测试应用程序的 Ajax 层，这次我们使用 JSFUnit。

代码 15.11 展示了 MusicStore 应用程序的 album_details.jsp 页面，它允许我们购买一个给定的专辑。

代码 15.11 album_details.jsp

```
...
<td>
    <rich:panel bodyClass="rich-laguna-panel-no-header">          ❶
       <a4j:commandButton id="PurchaseButton"                      ❷
                          value="Purchase" reRender="rep"
                          action="#{albumDetailsBean.purchase}">
          <a4j:actionparam id="status" name="status"                ❸
                           value="Successfully purchased:
                                   #{albumDetailsBean.album.name}"
                           assignTo="#{albumDetailsBean.status}"/>
       </a4j:commandButton>
       <rich:spacer width="20" />
       <a4j:commandButton value="Cancel" reRender="rep"
                           action="#{albumDetailsBean.cancel}"/>
    </rich:panel>
    <rich:spacer height="1" />
    <rich:panel bodyClass="rich-laguna-panel-no-header">        ❹
       <h:outputText id="rep" name="rep"
                          value="#{albumDetailsBean.status}" />   ❺
    </rich:panel>
</td>
...
```

尽管我们已经在代码 15.7 中涵盖了这个页面，不过还是让我们一起简单地回顾一下吧。在我们的 JSP 页面中，我们使用了 RichFaces 和 Ajax4jsf 标签库来实现预期的 Ajax 行为。

我们首先定义两个 rich:panel 组件❶和❹来容纳我们的其他组件。在第一面板中，我们放置了一个 commandButton 来向在 action 参数❷中指定的 bean 提交表格。该命令按钮也会向这个 bean 提交一个 status 参数❸。注意 commandButton 的 reRender 参数。这个属性指定了另一个需要被重新提交的组件的 ID。在我们的例子中，我们指定了一个 outputText❺。你可以在图 15.2 中看到这个 JSP 页面的截屏。

现在让我们为这个 Ajax 场景实现一些测试。JSFUnit 在很大程度上依赖于 HtmlUnit 的无界面浏览器（headless browser）。你可以使用 JSFClientSession 并单击任何东西，而无须考虑对 bean 的请求将通过 JavaScript 提交的事实。这些测试的具体代码如代码 15.12 所示。

代码 15.12 测试 album_details.jsp 中的 Ajax 组件

```
[...]
public class TestPurchaseAlbum extends ServletTestCase {          ❶
   public static Test suite() {
      return new TestSuite( TestPurchaseAlbum.class );
```

```
    }
    public void testCommandButton() throws IOException, SAXException {    <-❷
        JSFSession jsfSession = new JSFSession( "/album_details.jsp" );   <-┐
                                                                            ❸
        JSFServerSession server = jsfSession.getJSFServerSession();
        JSFClientSession client = jsfSession.getJSFClientSession();      ─┘

        client.click( "PurchaseButton" );                              <-❹

        Object userBeanValue = server.getManagedBeanValue(
                               "#{albumDetailsBean.status}");          <-❺

        assertEquals( "Successfully purchased: ", userBeanValue );     <-❻

        String spanContent =((HtmlPage) client.getContentPage())       <-❼
         .getElementsByTagName( "span" ).item( 0 ).getTextContent();

        assertEquals(spanContent, "Successfully purchased:");          <-❽
    }
}
```

和之前一样，我们首先通过继承 `Servlet-TestCase`❶来声明一个测试用例。在测试方法❷中，我们获得一个 `JSFServerSession` 对象并提取 `JSFServerSession/JSFClientSession`❸。然后我们单击“`PurchaseButton`”RichFaces 按钮❹。在❺处，我们提取了托管 bean 状态参数的值并断言了它的值❻。在客户端，我们也得到了页面上的 `span` 元素的值❼并断言了它的内容❽。

JSFUnit 项目提供了与 RichFaces 项目的紧密集成；如果你发现这种处理方式很简洁，你就可以使用 JSFUnit 的 `RichFacesClient` 类了。`RichFacesClient` 提供了用于测试拖放行为、滑动块、日历和其他 JSF 部件的各种方法。

15.6 使用 HtmlUnit 与 JSFUnit

在这一小节中，我们展示了 JSFUnit 和 HtmlUnit 如何一起工作。第 12 章中介绍了如何获得 HtmlUnit 的 `HtmlPage` 来开始测试一个页面，例如：

```
WebClient webClient = new WebClient();
   webClient.setThrowExceptionOnScriptError(false);
   HtmlPage searchPage = (HtmlPage)
webClient.getPage("http://www.google.com");
```

代码 15.13 展示了如何在一个 JSFUnit 测试中使用 HtmlUnit：

代码 15.13 在一个 JSFUnit 测试中使用 HtmlUnit

```
[...]
public class TestListAvailableAlbumsWithHTMLUnit
                                   extends ServletTestCase {          <-❶

   public void testIntialPage() throws IOException {                 <-❷
       JSFSession jsfSession = new JSFSession("/");                     ❸
       JSFClientSession client = jsfSession.getJSFClientSession();

       HtmlPage page = (HtmlPage)client.getContentPage();
```

```
        HtmlTable table = (HtmlTable)
                      page.getFirstByXPath("/html/body/form/table"); <-
                                                                      ❹
        assertNotNull("table should not be null",table);
        assertEquals( 6, table.getRowCount() );

        HtmlAnchor link = table.getRow(1).getCell(0)
                                       .getFirstByXPath( "a" ); <-❺

        assertNotNull("link should not be null", link);       <-❻

        HtmlPage newPage = link.click();                      <-❼

        assertEquals(newPage.getTitleText(), "Album details"); <-❽
    }
}
```

我们再次通过继承 Cactus 的 `ServletTestCase` 类开始我们的测试用例❶。在我们的测试中❷，我们创建了一个新的 `JSFSession` 对象，它包含了我们想要调用的请求 URL。从 `jsfSession` 对象中，我们获得了 `JSFClientSession`❸。从 `client` 对象，我们获得了 `HtmlTable`，它使用 XPath 表达式来反映文档的 DOM 树结构❹。我们断言表不为 `null` 且行数为 6（我们有 5 行用于硬编码的专辑，而剩下 1 行为表头）。从表中我们获取了第二行的第一个单元格中的 `HTMLAnchor`❺。我们再次断言 `link` 不为 `null`❻，并且我们单击它❼。最后的断言❽与单击 `link` 对象后打开的页面标题进行比较；这时我们想确定我们已经打开了新页面。

15.7 JSF 应用程序的性能测试

JSFUnit 提供了测试应用程序性能的选项。回到我们的 `MusicStore` 应用程序中，我们想确保 `AlbumDetailsBeam` 的购买方法总是在 1.5 秒内被执行。尽管 JUnit 4.5 为`@Test` 注释提供了 `timeout` 参数，但是当测试 Web 应用程序时，这个参数是不够用的。在大多数情况下，我们想要记录应用程序的不同阶段的执行时间。JSFUnit 提供 `JSFTimer` 类来记录应用程序某个指定阶段的执行时间，如代码 15.14 和代码 15.15 所示。

代码 15.14 为我们的应用程序启用 JSFTimer

```
//web.xml
<context-param>
  <param-name>javax.faces.CONFIG_FILES</param-name>
  <param-value>/WEB-INF/timer-config.xml</param-value>
</context-param>

//timer-config.xml
<?xml version='1.0' encoding='UTF-8'?>
<!DOCTYPE faces-config PUBLIC
  "-//Sun Microsystems, Inc.//DTD JavaServer Faces Config 1.1//EN"
  "http://java.sun.com/dtd/web-facesconfig_1_1.dtd">

<faces-config>
  <lifecycle>
    <phase-listener>
```

```
      org.jboss.jsfunit.framework.JSFTimerPhaseListener
    </phase-listener>
  </lifecycle>
</faces-config>
```

我们声明了一个新的 context 参数并将该参数的值设为指向 timer-config.xml 文件，而 timer-config.xml 文件中保存了定时器的声明。代码 15.15 给出了如何使用定时器。

代码 15.15 购买专辑的性能测试

```
[...]
public class TestPerformanceOfPurchaseBean extends ServletTestCase {     ❶

    public void testPerformance() throws IOException {                 ❷
        JSFSession jsfSession = new JSFSession( "/album_details.jsp" );  ❸

        JSFClientSession client = jsfSession.getJSFClientSession();     ❹

        client.click( "PurchaseButton" );                              ❺

        JSFTimer timer = JSFTimer.getTimer();                          ❻
        assertTrue( "Total time to get the response should not be      ❼
                    more than 1600 ms.", timer.getTotalTime() < 1600 );

        PhaseId appPhase = PhaseId.INVOKE_APPLICATION;                 ❽
        assertTrue( "Execution should not be more than 1600 ms.",
                    timer.getPhaseTime( appPhase ) < 1600 );
    }
}
```

我们首先创建了一个新的测试用例❶和一个测试方法❷。然后我们获得了一个合法的 JSFSession❸并得到它的 JSFClientSession❹。接下来，我们单击 PurchaseButton 发起一个对托管 bean 的请求❺。我们创建一个 JSFTimer 来测定执行时间❻，并且我们断言执行的 totalTime 将小于 1600 毫秒❼。

我们也可以对一些特定的 Phase 测量执行时间❽。JSFUnit API 为测定任意标准 JSF 阶段的执行时间间隔提供了以下：

- RESTORE_VIEW;
- APPLY_REQUEST_VALUES;
- PROCESS_VALIDATIONS;
- UPDATE_MODEL_VALUES;
- INVOKE_APPLICATION;
- RENDER_RESPONSE。

正如我们在第 3 章和第 4 章中所解释的那样，测试用例的主要好处是它们相当于一种保护。一旦你编写好了测试用例，你就可以继续前进并毫不留情地重构你的应用程序，并且你确信只要测试通过，状态条变成绿色，一切就 OK 了。从这个意义上来说，性能测试是非常重要的。你可以编写你的测试，并断言指定方法的执行时间总是小于给定的时间限制。现在你可以任意改进这个方法背后的逻辑，同时你也将确信调用指定的 URL

不会超过允许的时间限制。

15.8 小结

测试 JSF 应用程序需要好好准备。黑盒测试很脆弱、有局限性，并且还难于执行。而白盒方法（模拟方法）也有它的不足之处。mock 测试是细粒度测试，这就意味着在不同组件之间的交互无法得到充分的测试。此外，一旦测试被编写好，当应用程序发生了微小的变化时，测试也需要重新编写。另一方面，JSFUnit 基于 Cactus 项目，并采用容器内测试策略。JSFUni 提供了静态分析和性能分析机制来全面检查我们的应用程序。在这一章中，我们也展示了如何测试 RichFaces Ajax 组件。

从第 12 章开始，我们讨论了测试一个简单的 Java EE 应用程序的前端层时所遇到的各种挑战。而在下一章中，我们将讨论 Java 领域里目前迅速最发展的技术之一，OSGi，以及它提供的模块化。

第 16 章　测试 OSGi 组件

Theory is when you know something, but it doesn't work. Practice is when something works, but you don't know why. Programmers combine theory and practice: Nothing works and they don't know why.

理论是当你知道某件事时，但它却不起作用。实践是当某件事起作用时，你却不知道为什么。程序员将理论与实践结合起来的时候：什么事都不起作用并且他们还不知道原因。

——匿名者

本章重点

- OSGi 动态模块系统
- 模块的 mock 测试
- 模块的容器内测试

到目前为止，我们一直在测试 Java EE 规范中的各项内容。我们之前讨论的所有 Java EE 组件（JSP、标签库、servlet、filter、EJB 等）都已经实现很长一段时间了。而在这一章中，我们将讨论一种目前正日益流行的技术：OSGi[1]。

在这一章中，我们首先介绍了 OSGi ，然后介绍了 OSGi 的基本概念，并通过第 1 章中的计算器应用程序给出了一些容易掌握的示例。在本章的后半部分，我们会通过引入 JUnit4OSGi 框架来展示如何测试 OSGi 计算器 bundle。

[1] OSGi 是 OSGi 联盟的注册商标。

16.1 OSGi 简介

术语 OSGi[1]通常有两个含义：一是指 OSGi 联盟（http://osgi.org/），另一是指 OSGi 服务平台。

OSGi 联盟是一个由多家公司组成的组织，创建于 1999 年 3 月下旬。最初参与该联盟的公司包括 Sun、Ericsson、IBM 等。当时的想法是想创建一个为基于 Java 的服务平台（这个平台也可以远程管理）制订规范的标准化组织。这个平台包含了多个 bundle（aka 模块），它们可以被远程动态地安装、启动、停止、更新和卸载。这些操作可以在运行时执行，而无须重新启动应用程序。

该联盟制订的规范就是 OSGi 服务平台，它定义了一个组件和服务模型。OSGi 框架的所有实现都需要提供运行应用程序的环境。应用程序包括一些更小的称为 bundle 的组件。bundle 是 OSGi 中最小的组织单位——类、资源和配置文件（bundle 在其中声明它的依赖关系）的集合。bundle 的关键任务就是声明和使用服务。OSGi 服务平台提供了注册所有正在运行的服务的上下文。这个 bundle 上下文会在每个 bundle 启动时被注入到 bundle 中。

一个指定 OSGi 服务的生命周期如图 16.1 所示。

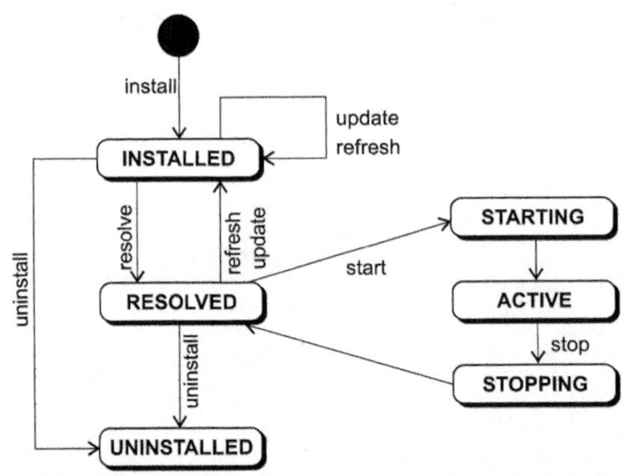

图 16.1 一个 OSGi bundle 的生命周期阶段

正如我们所提到的，bundle 可以有多种不同的状态。生命周期层定义了以下 6 种状态。

- `INSTALLED`：bundle 被安装在 OSGi 容器内。
- `RESOLVED`：所有要求都已经得到了满足，可以启动 bundle 了。
- `STARTING`：bundle 正在被启动。

[1] 要全面了解 OSGi，我们推荐阅读由 Richard S. Hall、Karl Pauls、Stuart McCulloch 和 David Savage 编写的《OSGi in Action》（Manning Publications, 2010）。

- ACTIVE：bundle 被成功启动并且在运行。
- STOPPING：bundle 正在被停止。之后，bundle 将进入 RESOLVED 状态。
- UNINSTALLED：OSGi 已经从容器中删除了 bundle。

也许你现在似乎有点困惑，但是下面提供的示例将会解开你心中的疑团。那么我们就动手实现我们的第一个 OSGi 服务吧。

16.2 第一个 OSGi 服务

在本书的第 1 章中，我们实现了一个简单的计算器应用程序。该应用程序非常简单地阐述了单元测试的基本概念。而在这一章中，我们采用了相同的方法。我们将计算器应用程序作为一个 OSGi 服务来实现。我们也为这项服务实现一个示例客户端，并为这个客户端实现了一个测试 bundle。最后，我们在 Apache Felix 环境下安装这 3 个 bundle。

Apache Felix——服务平台的开源实现

OSGi 联盟对 OSGi 服务平台定义了很多规范。任何人都可以实现这些规范。在这一章中，我们使用了 Apache 软件基金会实现的 Apache Felix（http://felix.apache.org/）。Felix 项目的安装非常简单。首先下载最新版本的安装包，解压缩文档并创建一个指向 Felix 文件夹的环境变量 FELIX_HOME。Felix 文件夹会包含以下文件夹。

- bin——此文件夹只包含一个 JAR 文件，叫做 felix.jar。这个 JAR 文件用来实例化 Felix 控制台，以远程操作不同的服务。
- bundle——此文件夹包含了不同的 Felix bundle。
- conf——此文件夹包含了 Felix 的配置文件。
- doc——此文件夹包含了文档。

计算器服务的实现从如代码 16.1 所示的接口开始。每一个 OSGi 服务通过一个接口来定义。

代码 16.1 CalculatorService 接口

```
[...]
public interface CalculatorService {

   public double[] parseUserInput(String str)
                                    throws NumberFormatException;   ❶

   public double add(double... numbers);                        ❷

   public double multiply(double... numbers);                    ❸

   public void printResult(double result);                        ❹
}
```

接口定义了 4 个我们想要在我们的服务中实现的方法。第一方法❶解析了一行用户输入。用户应该输入几个以空格分隔的数字，同时这个方法把输入解析成数字。add 方法❷累加了所有给出的数字并返回了结果。这里还有一个 multiply 方法❸，它对数字做乘法运算并返回结果。printResult 方法❹输出一个给定的结果数字。

我们已经讨论过，每个 OSGi 服务会为其他服务暴露（expose）某个接口。因此，你的服务**必须**提供一个接口并实现它。

代码 16.2 包含了代码 16.1 中的接口实现。

代码 16.2　CalculatorService 接口的实现

```
[...]
public class CalculatorImpl implements CalculatorService {

public double add(double... numbers) {
    double result = 0;
    for (double number:numbers)
       result+=number;
    return result;
}

public double multiply(double... numbers) {
    double result = 1;
    for (double number:numbers)
        result*=number;
    return result;
}

public double[] parseUserInput(String str)
                                    throws NumberFormatException {
    String[] numbers = str.split(" ");
    double[] result = new double[numbers.length];
    for (int i=0;i<numbers.length;i++) {
       result[i] = Double.parseDouble(numbers[i]);
    }
    return result;
}
public void printResult(double result) {
    System.out.println("The result is: " + result);
}
}
```

这段代码声明了一个类，而这个类实现了代码 16.1 中的接口。由于实现的细节与 OSGi 无关，所以这里我们略过它。测试 OSGi 服务与测试 POJO 并没有很大的区别。正如本书第 3 部分所介绍的那样，你可以重用第 1 章中的测试并把它包含在一个构建中。这一章并没有单独介绍单元测试；而是介绍了 OSGi 服务的集成测试。在对我们刚实现的服务进行集成测试之前，我们先创建一个 bundle 来保存我们的服务，并使用 Apache Felix 安装该服务，Apache Felix 是 OSGi R4 服务平台的一个开源实现。

为了创建 bundle，我们需要实现 BundleActivator 接口来注册和注销服务，如代码 16.3 所示。

代码 16.3 CalculatorBundleActivator

```
[...]
import org.osgi.framework.BundleActivator;                                        ❶
import org.osgi.framework.BundleContext;

public class CalculatorBundleActivator implements BundleActivator {              ❷

   public void start(BundleContext bundleContext) throws Exception {              ❸
      System.out.println("Starting calculator service ...");
      bundleContext.registerService(                                              ❹
         CalculatorService.class.getName(), new CalculatorImpl(), null);
   }

   public void stop(BundleContext bundleContext) throws Exception {               ❺
      System.out.println("Stopping calculator service ...");

   }
}
```

我们先导入需要的类❶，这些类来自于 FELIX_HOME bin/directory 目录下的 felix.jar 文件。接下来，我们声明了类来实现接口 `BundleActivator`❷。在❸和❺处，我们实现了所需的 `start` 和 `stop` 方法，它们定义了一旦 `bundle` 被启动或终止，它将有何表现。在 `start` 方法中，我们是用指定的 `BundleContext`❹注册了 `CalculatorService` 接口。通过这样做，我们便通知了服务的框架，并且下一步就是将接口暴露给其他服务。

`stop` 方法❺不需要做任何事，因为当服务停止时，Felix 会自动注销该服务。为了暴露我们的计算器服务，以便其他服务可以使用它，我们需要将它包含在一个 bundle 内：一个包含了我们所有的类和 MANIFEST.MF 文件的 JAR 文件。MANIFEST.MF 文件如代码 16.4 所示。

代码 16.4 计算器 bundle 的 Manifest 文件

```
Bundle-Name: Calculator
Bundle-Description: A sample calculator bundle that registers the
calculator service                                                              ❶
Bundle-Vendor: Apache Felix
Bundle-Version: 1.0.0
Bundle-Activator: com.manning.junitbook.ch16.CalculatorBundleActivator          ❷
Export-Package: com.manning.junitbook.ch16.service                              ❸
Import-Package: org.osgi.framework                                              ❹
```

每个 OSGi bundle 都是一个 JAR 文件，而且能够区分作为 OSGi bundle 的 JAR 文件的是 MANIFEST.MF 文件。在 MANIFEST.MF 文件中，我们为 bundle 指定了不同种类的元数据。前几行提供 bundle 的名字、说明、厂商和版本❶。`Bundle-Activator`❷指定了 `Activator` 类(即实现 `BundleActivator` 的类)的全称。我们已经提过，一个 bundle 可以导出多个服务。而导出哪一个程序包是由 `Export-Package` 语句决定的❸。bundle 也可以使用和请求服务；我们通过最后一条语句来指定使用哪些服务。这里定义了我们的服务所需要的程序包❹。你可以通过逗号隔开来指定多个值。

最后一步就是编译源代码并生成 bundle（JAR 文件）。打开一个 shell，进入 ch16-osgi\calculator-service 文件夹，使用 Maven 输入以下命令：

```
mvn clean install
```

或者使用 Ant 输入以下命令：

```
ant
```

结果应该是相同的：在 META-INF 文件夹下，有一个包含了类和 MANIFEST.MF 文件的 JAR 文件。现在我们拥有了包含服务的 JAR 文件，我们使用 Felix 控制台并安装 bundle。进入 FELIX_HOME 目录，执行以下命令：

```
java -jar bin/felix.jar
```

你将看到以下内容：

```
Welcome to Felix.
=================

->
```

Felix 控制台启动并运行，现在你就可以管理你的服务了。你可以做的第一件事就是列出所有已安装的服务。输入以下命令：

```
-> ps
```

要完整地列出所有可用的命令，可以输入 `help` 命令：

```
-> help
```

现在安装我们自己的 bundle `calculator-service`。首先将 JAR 文件复制到 FELIX_HOME/bundle 文件夹下。然后使用 `install` 命令：

```
-> install file:bundle/calculator-service.jar
```

一个 `BundleID` 将被分配给我们的 bundle。我们使用这个 `BundleID` 来管理我们的 bundle。通过以下命令来启动服务：

```
-> start [BundleID]
```

其中，`[BundleID]` 是你的 bundle ID 的占位符。我们已经安装了 bundle 并启动了它。现在 bundle 正在运行并作为一个 API 导出服务。接下来，我们为 `CalculatorService` 创建了一个客户端应用程序示例。

16.2.1 示例应用程序

客户端应用程序背后的想法就是阐述如何使得另一个 bundle 来使用我们的第一个 bundle，即 `CalculatorService`。我们首先通过实现 `BundleActivator` 来覆写启动和停止的行为，如代码 16.5 所示。

代码 16.5 ClientBundleActivator 的实现

```
[...]
import com.manning.junitbook.ch16.service.CalculatorService;        ❶

public class ClientBundleActivator implements BundleActivator {      ❷
  public void start(BundleContext context) throws Exception {        ❸

    ServiceReference reference = context.getServiceReference(
                        CalculatorService.class.getName());          ❹

    if ( reference != null ) {
      CalculatorService calculator = (CalculatorService)
                          context.getService(reference);             ❺

      BufferedReader in = new BufferedReader(
                        new InputStreamReader(System.in));

      System.out.println("Enter operation (add or multiply):");
      String operation = in.readLine();                              ❻

      System.out.println("Enter several numbers
                              separated with a space:");
      String line = in.readLine();

      double[] numbers = calculator.parseUserInput(line);            ❼

      if (operation.equals("add")) {
        calculator.printResult(calculator.add(numbers));             ❽
      } else if (operation.equals("multiply")) {
        calculator.printResult(calculator.multiply(numbers));        ❾
      } else {
        throw new UnsupportedOperationException(
                        "Unknown command: " + operation);            ❿
      }
      context.ungetService(reference);                               ⓫
    }
    else {
      System.out.println("Calculator service is
                          not installed or not started ...");
    }
  }

  public void stop( BundleContext context ) {}                       ⓬
}
```

这个客户端应用程序读取了几行用户输入。第一行必须包含用户想要执行的操作，第二行应该是一系列以空格隔开的数字。客户端应用程序首先激活 parseUserInput 方法，然后根据结果调用已安装服务相应的 add/multiply 和 print 方法，并将执行结果输出到屏幕上。

然后客户端应用程序导入必要的类❶。注意，这次我们也导入了前面代码中的服务。当说到在 MANIFEST 文件中描述服务时就要记得这一点。我们在❷中实现了接口 BundleActivator 及它的两个方法❸和⓬。在❹处，我们从使用服务的类名称的上下文中获得了 ServiceReference。如果这个引用不是 null，那么我们通过为已有的服务提供引用，从❺处的上下文中获得 CalculatorService 接口。在❻处，我们从命令行中读取用户输入的两行。第一行包含了我们想要执行的操作（相加或相乘），第二行包含了一组由空格隔开的数字。在❼处，我们调用了 parseUserInput 方法，并且根据不同的操作，我们要么调用 add 方法❽要么调用 multiply 方法❾，或者如果命令是未知的，我们就抛出一个 UnsupportedOperation Exception 异常❿。最后一步就是在⓫处“未获 得”服务。

让我们一起来看一看这个客户端应用程序的运行情况。我们需要将其打包在一个具有相应 MANIFEST 文件的 bundle 中。代码 16.6 包含了客户端应用程序的 MANIFEST.MF 文件。

代码 16.6 客户端应用程序的 MANIFEST.MF 文件

```
Bundle-Name: Calculator client
Bundle-Description: A bundle that uses the calculator service if it finds
it at startup
Bundle-Vendor: Apache Felix
Bundle-Version: 1.0.0
Bundle-Activator: com.manning.junitbook.ch16.client.ClientBundleActivator
Import-Package: junit.framework, org.osgi.framework,
com.manning.junitbook.ch16.service
```

与之前 MANIFEST 文件唯一不同的是 bundle 的名称和 activator 类。注意我们在 Import-Package 指令中也指定了一些程序包：

- junit.framework——我们需要这个程序包，是因为我们有一些测试要在 Felix 服务平台上执行。更多信息会在后面的章节中介绍。
- com.manning.junitbook.ch16.service——由于我们使用已安装的服务，所以我们需要在这里指定它的程序包。

剩下的一件事就是在命令行环境下进入本书源代码中的 ch16-osgi/calculator-client 文件夹，并调用适当的 Ant 或 Maven 脚本。请完全按照我们给出的方法操作——无论你使用什么脚本，结果应该是一样的。

获取从构建中生成的 JAR 文件，并将其复制到 FELIX_HOME/bundle 文件夹下。通过 Felix 命令行工具，调用以下两行命令来安装和启动 bundle。

```
-> install file:bundle/calculator-client.jar
-> start [BundleID]
```

重申一遍，你要记住指派给这个 bundle 的 BundleID，并且在启动 bundle 时指定它。如果你忘记了 BundleID，那么就使用命令 ps 找到它。一旦 bundle 被启动，你会被要求输入一个操作和一系列以空格隔开的数字。

我们的客户端应用程序的实现是如此的简单，以至于我们省略了数据验证和异常处理。如果我们输入一个空行或一个随机字符串，那么会发生什么情况呢？一个异常将会出现，但这是我们不想看到的。

那么我们如何测试客户端应用程序的行为是否与我们预期的一致呢？这时我们就需要有某种可以在服务平台**内部**执行的集成测试（就像第 14 章中我们在 servlet 容器内执行 Cactus 测试一样）。这就是我们接下来要做的事情。在下一小节中，我们介绍了一个叫做 JUnit4OSGi 的 OSGi 测试框架；我们也使用这个框架编写了一些测试，并将它们包含在一个孤立的测试 bundle 中。

16.3 测试 OSGi 服务

当提到测试 OSGi 服务时，我们可以采用本书第 2 部分所定义的同一分类。你已经知道如何编写正常的 JUnit 测试，它们将会自行运行你的每一个服务。我们的注意力主要集中在用于测试不同服务之间相互作用的集成测试上。因此，要实现集成测试你可以采用多种不同的方法；我们已经在本书的第 2 部分中介绍了这些不同的方法了，它们包括了黑盒测试、使用 mock objects 和容器内测试。

至于黑盒测试，你没有太多可做的。一种黑盒测试的形式是将获得一个 OSGi 容器，并在其中安装你的服务，然后把它交给他人开始使用并在“在完全不考虑其内部结构的情况下”测试它。

我们在接下来的章节中，来看一看另外两种方法。

16.3.1 Mock objects

现在我们已经编写了自己的服务，让我们来检查一下它们。计算器服务暴露了一个 API，`CalculatorClient` 服务使用该 API 来计算一些加法运算或乘法运算。另一方面，`CalculatorClient` 服务从命令行中读取一些数据输入。这意味着，如果我们为这个服务编写测试并激活了它，那么我们就必须在命令行中输入一些数据，并且因为这里对可输入的数据没有进行限制，就没有办法指定我们的断言。由于在测试执行时，我们总是不得不要求某人在命令行中输入数据，因此也就没有办法使得这些测试自动执行。解决这个问题的办法很简单：重构。

我们需要以一种使得它更易于测试的方式来重构 `ClientBundleActivator`。代码 16.7 显示了重构后的类，其中被修改的代码已用粗体标示。

代码 16.7 重构 ClientBundleActivator，使其更易于测试

```
[...]
public class ClientBundleActivator implements BundleActivator {

    private String operation = null;                              ❶
    private String userNumberInput = null;
    private double result = 0;                                    ❷

    public void start(BundleContext context) throws Exception {
```

```
        if (operation==null || userNumberInput==null) {            ❸
           initUserInput();
        }
        ServiceReference reference = context.getServiceReference(
                                CalculatorService.class.getName());
        if (reference != null) {
           CalculatorService calculator = (CalculatorService)
                                     context.getService(reference);
           double[] numbers = calculator.parseUserInput(
                                          getUserNumberInput());   ❹
           if (getOperation().equals("add")) {
               result = calculator.add(numbers);
           } else if (getOperation().equals("multiply")) {        ❺
               result = calculator.multiply(numbers);
           } else {
               throw new UnsupportedOperationException(
                             "Unknown command: " + getOperation());
           }
           calculator.printResult(result);
           context.ungetService(reference);
        } else {
           System.out.println("Calculator service
                                is not installed or not started ...");
        }
    }
    public void initUserInput() {                  ❻
        BufferedReader in = null;
        try {
          in = new BufferedReader(new InputStreamReader(System.in));
          System.out.println("Enter operation (add or multiply):");   ❼
          operation = in.readLine();
          System.out.println("Enter several
                                numbers separated with a space:");    ❽
           userNumberInput = in.readLine();
        } catch (IOException ex) {
           System.err.println("Error reading from the reader.");
           ex.printStackTrace();
        }
        finally
        {
           try {
               in.close();
           } catch (IOException e) {
               System.err.println("Error closing the reader.");
               e.printStackTrace();
           }
        }
    }
    // Getters and setters...
}
```

我们首先提取用户在命令行中正常输入（operation 与 numbers 以空格隔开）的所有数据作为类的实例变量❶。我们从计算结果中提取 result 作为局部变量❷，同时我们为❶和❷提供了 getter 和 setter。这就给了我们机会在启动 ClientBundleActivator 并断言预期的 result 之前来设置那些参数。接下来，在 start 方法中，我们添加了一个检查来确认用户数据是否已经构建❸，并且万一用户数据尚未构建，我们就调用 initUserInput 方法❻。正如你在❹处所见，在代码中的任何想要使用用户数据的地方，我们都使用了类的 getter 方法。在这一点上，我们确信这些数据将被构建，要么通过 setter 方法构建，要么通过 initUserInput 方法构建，其中 initUserInput 方法从命令行中读取数据。在❺处，我们检查了想要发出的命令，并在 CalculatorService 中调用相应的方法。注意，结果就是保存在局部变量中的这个时间，我们通过 getter 方法访问这个局部变量。

当我们没有通过 setter 方法定义的用户数据时，initUserInput 方法❻就会被调用。这个方法负责读取我们想要发出的操作❼以及我们想要发出的命令行中的数字❽。现在我们已经重构了 ClientBundleActivator 类，我们就可以测试它了。这个类包含了一个叫做 start 的 entry-point 方法，我们想要对它进行单元测试。为了实现这一点，我们必须获得一个合法的 BundleContext 对象，因为方法将其定义为一个参数。Bundle ontext 本身是一个接口，所以我们没有办法实例化。

第 7 章介绍了 mock objects，并且我们也看到了 mock objects 的框架能够生成可在测试中使用的接口的虚拟实例。这正是我们将要进行的，如代码 16.8 所示。

代码 16.8 CalculatorService 的 mock 测试

```
[...]
public class TestClientCalculatorServiceMock {                           ❶

  private Mockery context = new JUnit4Mockery();                          ❷

  private BundleContext mockBundleContext;                                ❸

  private ServiceReference mockServiceReference;

  @Before
  public void setUp() {
      mockBundleContext = context.mock( BundleContext.class );            ❹
      mockServiceReference = context.mock( ServiceReference.class );
      final CalculatorImpl service = new CalculatorImpl();

      context.checking( new Expectations()
      {
         {
           oneOf(mockBundleContext).getServiceReference(
                              CalculatorService.class.getName());
           will(returnValue(mockServiceReference));                       ❺

           oneOf(mockBundleContext).getService(mockServiceReference);
           will(returnValue(service));

           oneOf(mockBundleContext).ungetService(mockServiceReference);
         }
      } );
  }

  @Test                                                                   ❻
  public void testAddMethod() throws Exception {                          ❼
      ClientBundleActivator activator = new ClientBundleActivator();
```

```
        activator.setOperation( "add" );                                  ❽
        activator.setUserNumberInput( "1 2 3 4 5 6 7 8 9" );
        activator.start( mockBundleContext );                              ❾
        assertEquals( "The result is not the same as expected",
                                    activator.getResult(), 45, 0 );
    }

    @Test
    public void testMultiplyMethod() throws Exception {                    ❿
        ClientBundleActivator activator = new ClientBundleActivator();
        activator.setOperation( "multiply" );
        activator.setUserNumberInput( "1 2 3 4 5 6 7 8 9" );
        activator.start( mockBundleContext );
        assertEquals( "The result is not the same as expected",
                                activator.getResult(), 362880, 0 );
    }
}
```

我们先创建一个新的 JUnit 测试用例❶，它将执行我们的 CalculatorService。正如我们在第 6 章所做的那样，我们定义了 Mockery context❷以及我们想要模拟的对象❸。@Before 方法在每个 test 方法之前执行，所以这正是我们创建 mock objects❹的地方。在❺处，我们定义了 mock objects 的预期。我们很幸运——这些预期原来对于两个测试都是相同的，这就是为什么我们把它们提取到@Before 方法的原因。首先，我们调用了 mockBundleContext 上的 getServiceReference，然后，我们调用了在同一对象上的 getService，来传递我们已经有的 ServiceReference。最后，我们调用了 mockBundleContext 上的 ungetService 方法。

我们有两个测试：一个用来测试服务的 add 方法❻，另一个用来测试 multiply 方法❿。这些测试都有相同的结构：首先获得 ClientBundleActivator 类❼的一个新实例，然后使用类上的 setter 方法设置参数。最后一步就是使用我们的虚拟对象❾来调用 start 方法并断言预期的结果是良好的。

正如你所见，使用 mock objects 来测试我们的服务需要大量的准备工作。我们需要考虑 mock objects 的适当实例化和相应配置。在下一节中，我们将介绍 JUnit4OSGi 项目，它对测试 CalculatorClient 服务实现了一种容器内策略。

16.4 引入 JUnit4OSGi

JUnit4OSGi 框架是一个简单的 OSGi 测试框架，它源自于 Apache Felix 项目的 iPOJO 子组件。你可以从项目的网站上下载 JAR 文件，或者如果你正在使用 Maven，那么你可以在你的 Maven 项目中声明它们为依赖关系。

为了使用框架，你将需要几个 JAR 文件。你至少需要以下几个文件：

- org.apache.felix.ipojo-1.4.0.jar
- org.apache.felix.ipojo.handler.extender-1.4.0.jar

- org.apache.felix.ipojo.junit4osgi-1.0.0.jar
- org.apache.felix.ipojo.junit4osgi.felix-command-1.0.0.jar

将这些文件置于 FELIX_HOME/bundles/junit4osgi 示例文件夹中。然后使用 Felix 命令行工具逐个安装它们。一旦它们被安装并启动，你就有机会在命令行中使用一条额外的命令：

```
-> junit [BundleID]
```

这条命令将激活在指定`[BundleID]`的 bundle 中的所有 JUnit 和 JUnit4OSGi 测试，而且这些测试也会在 MANIFEST 描述符中被列出。

让我们一起来实现我们的第一个测试用例吧。代码 16.9 显示了用于测试`Calculator Service`应用程序的 JUnit4OSGi 测试用例。

代码 16.9 CalculatorService 应用程序的 JUnit4OSGi 测试

```
[...]
import org.apache.felix.ipojo.junit4osgi.OSGiTestCase;
import org.osgi.framework.ServiceReference;
import com.manning.junitbook.ch16.service.CalculatorService;
public class TestClientActivator extends OSGiTestCase {
   public void testServiceAvailability() {
      ServiceReference ref =
         context.getServiceReference(CalculatorService.class.getName());
      assertNotNull("Assert Service Availability", ref);
   }
   public void testParseUserCorrectInput() {
      ServiceReference ref =
         context.getServiceReference(CalculatorService.class.getName());
      assertNotNull("Assert Availability", ref);
      CalculatorService cs = (CalculatorService)
                                       context.getService(ref);
      double[] result = cs.parseUserInput("11.5 12.2 13.7");
      assertNotNull("Result must not be null", result);
      assertEquals("Result must be 11.5", 11.5, result[0]);
      assertEquals("Result must be 12.2", 12.2, result[1]);
      assertEquals("Result must be 13.7", 13.7, result[2]);
   }
   public void testParseUserIncorrectInput() {
      ServiceReference ref =
         context.getServiceReference(CalculatorService.class.getName());
      assertNotNull("Assert Availability", ref);
      CalculatorService cs = (CalculatorService)
                                       context.getService(ref);
      try {
         double[] result = cs.parseUserInput("THIS IS A RANDOM STRING TO
                                       TEST EXCEPTION HANDLING");
         fail("A NumberFormatException was
                              supposed to be thrown but was not");
      } catch (NumberFormatException nex) {
         assertTrue(true); //this is the normal execution flow
```

```
        }
    }

    public void testAddMethod() {
        assertTrue("Check availability of the service",
                   isServiceAvailable(CalculatorService.class.getName()));
        CalculatorService cs = (CalculatorService)
                getServiceObject(CalculatorService.class.getName(), null);
        double[] numbers = cs.parseUserInput("1.2 2.4");
        assertNotNull("Result from parseUserInput must not be null",
                      numbers);
        double result = cs.add(numbers);
        assertNotNull("Result from add must not be null", result);
        assertEquals("Result must be 3.6", 3.6, result);
    }
}
```

以上代码首先导入了必要的类❶。记住，每个你使用的外部程序包都需要在 bundle 的 MANIFEST.MF 文件中声明。每个 JUnit4OSGi 测试用例都需要从 `OSGiTestCase` 类扩展而来❷。JUnit4OSGi 框架是一个 JUnit 3.x 的扩展，因此你在编写测试用例时需要遵循 JUnit 3.x 的规则。

在❸处，我们开始了我们的第一个测试方法，并获得了我们所编写和部署的服务❹的一个 `ServiceReference`。我们从 JUnit4OSGi 提供给我们的 `context` 对象中获得 `ServiceReference`。该框架使得我们可以通过 `BundleContext` 来检查给定服务的状态，类似于我们在❺处所做的那样。通过断言 `ServiceReference` 不是 `null`，我们确信服务已被安装并正确地启动。

下面的 test 方法测试了 `service` 方法；通过对服务进行引用，我们可以获得服务本身（在❻处），并调用不同的方法（在❼处）来确保它按照预期的方式工作❽。我们也通过提供随机字符串（在❾处）来测试异常情况，并且遇到了我们预期会发生的 `NumberFormat Exception` 异常❿。

将你所有的 `junit-osgi` 测试分隔在单独的 bundle 中是最佳的做法，这也正是我们将要做的。进入本书源代码的 calculator-test 文件夹下，使用 Maven 或 Ant 来打包 bundle，该 bundle 包含来自以上代码中的测试。完成上述步骤之后，复制生成的 JAR 文件并把它粘贴到 FELIX_HOME/bundle 文件夹下，以便安装。下一步就是以我们在本章开篇时所描述的方式，来安装和启动 bundle 中的服务。

最后一步就是调用容器内的测试。

```
-> junit [BundleId]
```

用分配给你的模块的数字来替换 `BundleId`。如果你使用了本书的源代码且没有出现任何错误，那么结果应该如下所示：

```
Executing [Client activator tests]
....1
Time: 0

OK (4 tests)
```

我们已经提到，`junit` 命令目前仅对 OSGi 的 Apache Felix 实现是可用的。因此，如果我们使用 OSGi 的任何其他实现时，我们该如何运行测试呢？在这种情况下，我们将不得不使用 JUnit4OSGi 项目附带的 GUI runner。

为了使用 GUI runner，你需要安装和启动 org.apache.felix.ipojo.junit4osgi.swing-gui.jar 这个 bundle。在这个 bundle 被启动后，你会看到一个 Java 弹出窗口，该窗口会让你选择包含 JUnit 测试的 bundle。你可以尽可能多地选择你想要的 bundle，并且在单击"Execute（执行）"按钮之后，你会看到以下结果：一个显示测试通过的绿色条和一个显示测试失败的红色条，如图 16.2 所示。

这个通过 GUI runner 执行单元测试的示例，总结了我们本章对 JUnit4OSGi 和 OSGi 的讨论。

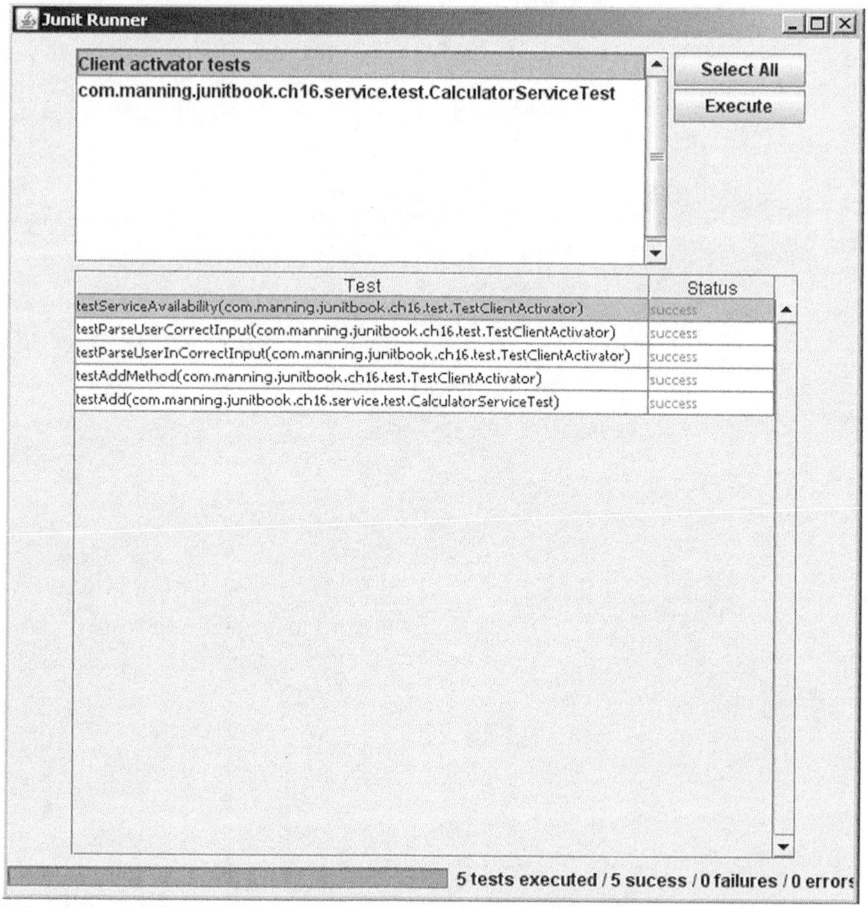

图 16.2 使用 GUI runner 执行 JUnit 测试

16.5 小结

在这一章中，我们讨论了测试 OSGi bundle，一种日益流行的技术。我们介绍了这种技术以及它的重要概念——bundle 和服务。你应该也能够使用 JUnit4OSGi 来测试你所有的 OSGi bundle，同时采用不同的技术来测试你的 bundle，如使用 mock objects 测试、集成测试等。

在接下来的一章中，我们开始学习应用程序的后端。剩下的几章都与数据库交互有关。我们会为你介绍用于测试 Hibernate 和 JPA 的不同技术，以及对数据访问层的集成测试。

第 17 章　测试数据库访问

Dependency is the key problem in software development at all scales.... Eliminating duplication in programs eliminates dependency.

无论软件开发规模，依赖关系都是软件开发的关键问题……消除程序中的重复部分也就消除了依赖性。

——Kent Beck，*Test-Driven Development: By Example*

本章重点

- 数据库测试的挑战
- DbUnit 简介
- 高级 DbUnit 技术
- DbUnit 的最佳实践

数据持久层（或者，粗略地来说，数据库访问代码）毫无疑问是任何企业项目中最重要的部分之一。尽管它如此重要，但数据持久层却很难进行单元测试，主要是因为如下一些因素：

- 单元测试必须执行隔离的代码；而持久层需要和外部实体（如数据库）进行交互。
- 单元测试必须易于编写和运行；而访问数据库的代码可能会比较复杂。
- 单元测试必须快速运行；而数据库访问却相对较慢。

我们把这些问题称为数据库单元测试的“阻抗不匹配”，与对象相关的阻抗不匹配（它描述了使用面向对象的语言编写应用程序时，使用关系数据库保存数据的各种困难）。

数据库测试的不匹配问题可以通过使用专用工具来最小化，DbUnit 就是这些专用工具中的一种。在本章中，我们将展示如何使用 DbUnit 来测试数据库代码，并且我们不仅详细描述了它的基本概念，还展示了使其使用更加高效和生成更易维护的代码的各种技术。

17.1 数据库单元测试的阻抗不匹配

下面让我们来深入研究一下造成数据库单元测试阻抗不匹配的 3 个问题。

17.1.1 单元测试必须执行隔离的代码

从纯粹的角度来说，执行数据库访问代码的测试不能被当作是单元测试，因为它们依赖于外部实体，即万能的数据库。那它们应该被称为什么呢？集成测试？功能测试？非单元的单元测试？答案就是，根本没有秘密公式！换句话说，数据库测试根据不同的上下文，可以划分成许多不同的类别。

实事求是地说，数据库访问代码既可以进行单元测试也可以集成测试。

- 单元测试用于测试与数据库直接交互的类，如 DAO。这样的测试确保了这些类能够执行正确的 SQL 语句、组装正确的对象等。尽管这些测试依赖于外部实体（如数据库或持久化框架），但是它们执行那些在更大的应用程序中构建块的类（因此属于单元）。
- 类似地，可以编写单元测试来测试上层（如 façade），而无需访问数据库。在这些测试中，数据持久层可以由 mock objects 或 stub 模拟。
- 即使撇开两个层（持久层和上层）的单元测试不谈，编写访问数据库的集成测试依然是很有必要的，因为有些情况只会出现在端到端的场景下（例如，可怕的延迟初始化异常经常会出现在 JPA 应用程序中）[1]。

尽管我们在讨论问题的理论层面，但这里还是有一个实际问题：数据库中的数据不会妨碍测试吗?

是的，它会妨碍。所以在运行测试前，你必须保证数据库处于一个已知的状态。幸运的是，有大量的工具可以完成此任务，在本章中我们将分析其中的一种工具，DbUnit。

17.1.2 单元测试必须易于编写和运行

公司、项目经理或技术主管有多么称赞单元测试，这并不重要；如果单元测试不易

---

[1] 如果你不知道我们在说什么，请不要惊慌！JPA 测试及它的问题将会在下一章中详细说明。

编写和运行，那么开发者就会抵制编写它们。

此外，编写访问数据库的代码并不是最吸引人的任务。你不得不编写 SQL 语句，混合使用不同层次的 try-catch-finally 代码，在 SQL 类型与 Java 之间来回转换，等等。因此，为了让数据库单元测试蓬勃发展，就有必要减轻数据库开发者的负担。幸运的是，现在已经有许多工具可以实现这个任务，DbUnit 就是其中之一。

17.1.3　单元测试必须运行快速

假设你已经解决了前两个问题，并且有了一个良好的运行环境，其中有数百个单元测试涉及了访问数据库的对象，而且开发人员可以很容易地添加新的单元测试。所有这些似乎很不错，但是当开发人员运行构建时（并且他们每天都要重复该动作很多次，至少在更新他们的工作空间之后以及提交对源码控制系统的修改之前），要花费 10 分钟才能完成构建，而其中 9 分钟都花费在数据库测试上。那么你应该怎么做呢？

这是最困难的问题，因为它不一定能够被解决。通常情况下，时延是由数据库访问本身所导致的，因为数据库有可能是一台远程服务器，并同时被大量用户访问。一种可能的解决办法就是把数据库搬到离开发人员更近的地方，通过使用嵌入式数据库（如果应用程序使用标准 SQL 语句打开数据库开关的话）或者在本地安装数据库的轻量级版本。

DEFINITION　嵌入式数据库——嵌入式数据库是一种绑定在应用程序中而无须再由外部服务器管理（这是典型的场景）的数据库。各种嵌入式数据库广泛应用于 Java 应用程序中。它们中的大多数都是基于开源项目的，比如 HSQLDB(http://hsqldb.org)、H2（ http://h2database.com ）、Derby（ http://db.apache.org/derby ）和 Java DB（ http://developers.sun.com/javadb ）。

请注意，嵌入式数据库的基本特点是，它由应用程序管理，而不是编写它所用的程序语言。例如，HSQLDB 和 Derby 都支持客户端/服务器模式（除了嵌入式选项以外），尽管 SQLite（一款基于 C 语言的产品）也可以被嵌入在 Java 应用程序中。

在接下来的章节中，我们会展示如何使用 DbUnit 来解决数据库单元测试阻抗不匹配的问题。

17.2　DbUnit 介绍

DbUnit（http://www.dbunit.org）是 JUnit 的一个扩展[1]，由 Manuel LaFlamme 于 2002 年创建，而当时 Java 单元测试仍处于起步阶段，也没有专门针对数据库测试的框架。大

[1] 尽管它可以在没有 JUnit 时被使用。

概就在同一时期，Richard Dallaway 撰写了一篇名为“Unit testing database code（单元测试数据库代码）”的在线文章，从而促进了 DbUnit 的面世。

从那时起，DbUnit 就成为针对数据库测试的事实上的 Java 框架，而它的发展也经历了起起浮浮。随着大量的代码库被创建，DbUnit 经历了一个高度活跃时期，随后又进入了一个较长的停滞期。不过，幸运的是，就在创作本书之际，由于新的开发者的加入，DbUnit 的几个新版本已被取消，并提供了许多改进并修正了错误。

虽然 DbUnit 包括了数百个类和接口，但是 DbUnit 主要还是用于从数据库中读写数据，并且这些数据通过数据集来表示（更具体地说，实现了 `IdataSet` 接口的类）。

在下面的章节中，我们将研究数据集和一些其他 `DbUnit` 构件的基本使用。

17.2.1 示例应用程序

在本章中，我们使用 DbUnit 来对 Java 应用程序的数据持久层进行单元测试。为了简化起见，这一层只包含如代码 17.1 所定义的接口。

代码 17.1 示例中所使用的 DAO 接口

```
public interface UserDao {
  long addUser(User user) throws SQLException;
  User getUserById(long id) throws SQLException;
}
```

此处并未展示 DAO 的实现（使用简单的 JDBC），但是读者可以到本书的网站上下载它。`User` 对象是一个简单的 POJO[1]，如代码 17.2 所示。

代码 17.2 示例中所使用的域模型

```
public class User {
  private long id;
  private String username;
  private String firstName;
  private String lastName;
  // getters and setters omitted
}
```

`User` 对象将通过 users 表被映射到数据库中，而 users 表可以由 SQL 语句创建，如代码 17.3 所示。

代码 17.3 创建 users 表的 SQL 脚本

```
CREATE TABLE users (
  id INTEGER GENERATED BY DEFAULT AS IDENTITY(START WITH 1),
  username VARCHAR(10),
  first_name VARCHAR(10),
  last_name VARCHAR(10) )
```

[1] 普通的旧式 Java 对象。

最后，该示例将使用 HSQLDB 作为数据库，因为它是基于 Java 的，且无须进行任何配置。HSQLDB 也是很灵活的：它可以以客户端/服务器模式或者嵌入式数据库运行，使用硬盘或内存。最简单最快速的模式就是作为内存中的嵌入式数据库，并且这就是该示例中所采用的模式。

17.2.2 设置 DbUnit 并运行示例应用程序

DbUnit 本身只包含一个 JAR 文件（dbunit.jar），唯一需要依赖外部的是一个日志框架 SLF4J （Simple Logging Façade for Java）。SLF4J 需要两个 JAR 文件：slf4j-api.jar（只包含框架接口）和一个实现文件，如 slf4j-nop.jar（不记录任何内容；我们随后会对日志进行更多的讨论）。当然，因为 DbUnit 会连接数据库，所以有必要将 JDBC 驱动添加到 classpath 中；在本示例应用程序中，它就是 hsqldb.jar 文件。

本示例应用程序有两种选择：Maven 和 Ant。要在 Maven 上运行测试，可以输入“mvn clean test”。相应地，如果要使用 Ant，则可以输入 “ant clean test”。该应用程序也可以看作是两个 Eclipse 项目，一个包含了所需要的库（在 lib 目录下），另一个包含了项目本身。

17.3 使用数据集来填充数据库

让我们先从为 getUserById() 方法编写单元测试开始。首先，我们需要分析这个方法能做什么：它从关系数据库中获取数据，创建一个 Java 对象，将获取的数据赋予这个对象，然后返回该对象。因此，我们的测试用例必须准备包含正确数据的数据库，运行待测代码，并验证返回的对象包含了预期的数据。后面两个步骤可以通过普通的 Java 代码来实现，而前面一个步骤则需要与数据库进行交互——这正是使用 DbUnit 的地方。

在 DbUnit 中的数据是通过一个数据集（接口 org.dbunit.dataset.IDataSet）来表示的，并且 DbUnit 提供几十种不同的 IDataSet 实现，最常见的是 XmlDataSet 和 FlatXmlDataset。在我们的示例中，我们需要在 users 表中插入一行数据（id=1，username=ElDuderino，firstName=Jeffrey，lastName=Lebowsky）。让我们来看一看，这行数据如何能够使用两种不同的数据集实现来表示。先来看 XmlDataSet 格式，如代码 17.4 所示。

代码 17.4 users 表的 XmlDataSet 表示

```
<?xml version="1.0"?>
<!DOCTYPE dataset SYSTEM "dataset.dtd">
<dataset>
  <table name="users">
    <column>id</column>
    <column>username</column>
    <column>first_name</column>
    <column>last_name</column>
    <row>
```

```
      <value>1</value>
      <value>ElDuderino</value>
      <value>Jeffrey</value>
      <value>Lebowsky</value>
    </row>
  </table>
</dataset>
```

XmlDataSet 格式是自描述的，但它有两个问题。第一问题，它比较冗长。正如你在之前的示例中看到的，向表中插入简单的一行数据需要使用 16 行 XML 代码。这种格式的优点在于，它遵循定义明确的 DTD（在 DbUnit 的 JAR 文件中），可以避免由糟糕的 XML 语法所导致的问题。但是，它也会带来第二个问题：DbUnit 不验证 DTD（DOCTYPE 行可以被删除，或者甚至被改为任意无用信息，且结果是一样的）。

尽管缺少 XML 验证是 DbUnit 的一个 bug，但是，格式的冗长也是一种设计选择。更简单的选择是使用 FlatXmlDataSet，这个数据集中的每一行代码都描述了数据库中的一行数据。代码 17.5 中展示了使用扁平 XML 格式的数据集。

代码 17.5 users 表的 FlatXmlDataSet 表示（user.xml）

```
<?xml version="1.0"?>
<dataset>
  <users id="1" username="ElDuderino"
              first_name="Jeffrey" last_name="Lebowsky" />
</dataset>
```

FlatXmlDataSet 格式更清晰，并且更易于维护[1]，因此我们在示例中使用它。代码 17.6 展示了我们的第一个测试用例。

代码 17.6 UserDaoJdbcImpl 的第一个测试用例（UserDaoJdbcImplTest）

```
[...]
public class UserDaoJdbcImplTest {                                    ❶

  private static UserDaoJdbcImpl dao = new UserDaoJdbcImpl();
  private static Connection connection;
  private static HsqldbConnection dbunitConnection;
  @BeforeClass                                                         ❷
  public static void setupDatabase() throws Exception {
    Class.forName("org.hsqldb.jdbcDriver");
    connection = DriverManager.getConnection(
      "jdbc:hsqldb:mem:my-project-test;shutdown=true");
    dbunitConnection = new HsqldbConnection(connection,null);        ❸
    dao.setConnection(connection);
    dao.createTables();
  }

  @AfterClass                                                        ❹
  public static void closeDatabase() throws Exception {
    if ( connection != null ) {
      connection.close();
```

[1] 这种格式也有它自己的问题，我们将在后面的章节中详细讨论。

```
      connection = null;
    }
    if ( dbunitConnection != null ) {
      dbunitConnection.close();
      dbunitConnection = null;
    }
  }

  protected IDataSet getDataSet(String name) throws Exception {         <-❺
    InputStream inputStream = getClass().getResourceAsStream(name);
    assertNotNull("file"+name+" not found in classpath", inputStream);   <-❻
    Reader reader = new InputStreamReader(inputStream);
    FlatXmlDataSet dataset = new FlatXmlDataSet(reader);
    return dataset;
  }

  @Test
  public void testGetUserById() throws Exception {
    IDataSet setupDataSet = getDataSet("/user.xml");
    DatabaseOperation.CLEAN_INSERT.execute(dbunitConnection,
      setupDataSet);                                                     <-❼
    User user = dao.getUserById(1);
    assertNotNull(user);
    assertEquals("Jeffrey", user.getFirstName());
    assertEquals("Lebowsky", user.getLastName());
    assertEquals("ElDuderino", user.getUsername());
  }
}
```

我们的测试用例❶不需要继承任何 DbUnit 或 JUnit 类。尽管这听起来没什么大不了的，但是在真实的工作中，被迫继承超类可能是一个很大的限制。尤其是当你使用不同的测试框架时，比如 TestNG[1]。

记住，这些测试方法（如❷和❹）仍然是代码，因此"真实代码"的最佳实践也应该适用于它们。特别是，由于打开数据库连接可能是一个代价高昂的操作（就时间和并发连接数而言），所以在开始测试时打开它和结束测试时关闭它，是一种很好的做法。另外，如果使用连接池，那么这些方法可以分别被定义在@Before/@After 处。

在❸处，虽然 connection 只是一个普通的 JDBC 连接（java.sql.Connection），但是 dbunitConnection 是一个 DbUnit 的 IdatabaseConnection 实例。DbUnit 使用 Idatabase Connection 来封装对数据库的访问，并且它提供了最常见数据库的各种实现。使用专门的 IdatabaseConnection 实现（在本例中是 HsqldbDatabaseConnection）而不是通用的实现（DatabaseConnection）的好处是，它可以处理特定于该数据库的细节问题，比如在非标准 SQL 类型与 Java 类之间的转换。

注意在这个示例中，connection 和 dbunitConnection 都是使用固定值来创建的；在真实的项目中，更好的做法是从外部定义这些设置，如在一个属性文件中定义。这就使得相同的测试可以在不同的环境中运行，例如，使用备用数据库或者从合并数据源中

[1] 这样的测试框架独立性是一个 DbUnit 2.2+的功能；在这个版本之前，所有的类都不得不继承 DatabaseTestCase，这就使得同时使用 TestNG 和 DbUnit 变得很困难。

获得连接。从 XML 文件中通过正确的方法❺来获得一个 IdataSet 是很常见的。把这些 XML 文件作为 classpath 中的源加载，而不是作为操作系统中的物理文件加载，这也是一个很好的做法。如果在 classpath 下没有找到该文件（当你写测试用例时，这是很常见的情况——你可能会忘记创建文件或拼错了文件名），get-ResourcesAsStream()会返回 null（而不是抛出一个资源未找到的异常），这反过来会在调用方法中引起 NullPointerException 异常。

因为 NullPointerException 注定会带来许多麻烦，所以添加一个带有有意义的消息的 assertNotNull()❻是个可以节省时间、解决问题的办法。最后，DbUnit 的工作被有效地执行了❼。我们有一个数据集（setupData-Set），该数据集包含了我们想要插入的数据，我们还有一个数据库连接（dbunit-Connection）。剩下的就是负责做这项肮脏工作的类，它就是 DatabaseOperation，或者更准确地说，是它的子类之一。在这个用例中，我们使用了 CLEAN_INSERT，它首先删除了数据集中定义的所有表的所有行，然后再插入新的行。关于 DatabaseOperation 及其实现的更多细节，可以参见下一小节。

最后关于事务需要说明的是：为了保持这个示例简单，我们根本没有处理事务，并且每项数据库操作都是在一个事务中完成的（使用 JDBC 的自动提交功能）。虽然这种简化在此处是不错的好，但是在通常情况下，测试用例必须认识到事务的语义。例如，一个事务可以在测试开始前启动（使用@Before 方法），随后被提交（使用@After 方法），测试用例可以显式地设置自动提交属性（尤其是在从连接池中获得连接的情况下）等。确切的方法取决于许多因素，如被编写的测试类型（单元测试或集成测试）和待测代码中所使用的基本技术（如纯 JDBC 或 ORM 框架）[1]。

最佳方法：为你的数据库测试定义超类

在代码 17.6 中的 UserDaoJdbcImplTest 类定义了 4 个方法，但实际上只有一个是测试用例——其他 3 个都是在测试基本设施中所使用的辅助方法。当你添加更多的测试用例时，这一比例会趋于恢复，尽管添加更多的辅助方法也是很常见的。这些辅助方法通常可以被其他测试类所重复使用。

因此，创建一个超类，这个超类只定义一些基本的方法，然后再让真正的测试类继承这个超类，这是一个很好的做法。这个最佳实践不仅适用于基于 DbUnit 的测试，也同样适用于一般的测试。

在代码 17.6 示例中的类可以被重构成两个类，一个是 AbstractDbUnitTestCase 超类（包含了 setupDatabase()、closeDatabase()和 getDataSet()方法），另一个确切地说是 UserDaoJdbcImplTest（现在只包含了 testGetUserById()）。下一个示例将会使用这个技术。

现在让我们来详细地讨论一下 DatabaseOperation。

[1] 关于基于 JPA 的测试用例中的事务，第 18 章提供了更详细的内容。

17.3.1 剖析 DatabaseOperation

DatabaseOperation 是用于向数据库发送数据集的类。尽管 DbUnit 充分利用了接口和实现，但 DatabaseOperation 还是少数没有通过接口定义的概念之一。相反，它被定义为一个具有抽象方法（execute()，它把数据集和数据库连接看作参数）的抽象类。这种不同设计的原因就是为了方便其使用，因为该抽象类也为它的实现定义了常量（当没有本地枚举时，DbUnit 会基于 Java 1.3/1.4 被创建），因此，这些操作可以仅通过一行代码被执行，就像我们在第一个示例中所看到的那样。

由作为静态域的 DatabaseOperation 提供的各种实现如下所示。

- UPDATE —— 以数据集内容更新数据库。它假设数据集中的行已经存在于数据库中（也就是说，数据库包含了与数据集行中相同关键字的行）；如果它们不存在，那么 DbUnit 就会抛出异常。
- INSERT —— 在数据库中插入数据集行。类似于 UPDATE，如果有任何行已经存在，那么 DbUnit 就会抛出异常。因为插入行是以在数据集中的顺序进行的。当表有外部关键字时，必须小心：行必须定义在使用了正确的插入顺序的数据集中。
- REFRESH —— 是 INSERT 和 UPDATE 的混合操作：存在于数据集中但不在数据库中的行被插入，而存在于这两者中的行会被更新。
- DELETE —— 从数据库中以倒序（根据它们在数据集中出现的顺序）的方式删除只存在于数据集中的行。
- DELETE_ALL —— 从数据库中删除出现在数据集中的所有行。尽管在很多情况下这是一个很冒险的方法（比如数据库由很多开发者共享或包含了不应被删除的数据）。最简单的办法就是保证数据库的状态（因为有时候数据库可能会包含应该由 DELETE 删除而未删除的数据，从而干扰测试结果）。
- TRUNCATE —— 与 DELETE_ALL 的功能相同，但是处理速度更快。因为它使用了 SQL 的 TRUNCATE TABLE。唯一的不足就是，不是所有的数据库都支持这种 SQL 操作。
- CLEAN_INSERT —— 复合操作，首先调用 DELETE_ALL，然后使用相同的数据集再调用 INSERT。
- TRANSACTION(operation) —— 不完全是一个域，而是一个方法。它创建了一个 DatabaseOperation，而 DatabaseOperation 将另一个操作封装在一个数据库事务中。在表具有循环依赖且行不能插入到有延期约束的事务外部的情况下，它特别有用。
- CLOSE_CONNECTION(operation) —— 另一种封装操作，它执行操作并自动关闭连接。这在 tearDown 方法中非常有用。
- NONE —— 不做任何事的空操作。

现在，我们已经编写了我们的第一个 DbUnit 测试用例，并且为后面的大部分测试打好了基础。

17.4 用数据集断言数据库状态

数据集的另一个常见用处是，断言数据库在插入或更新操作后保持正确的数据。回顾我们的 DAO 示例：我们需要一个针对 `addUser()`方法的测试用例，并且这个测试的工作流程与 `getUserById()`的测试相反。

这里我们首先创建一个 `User` 对象，要求我们的 DAO 示例将它持久化，然后使用一个 DbUnit 数据集来断言数据已被正确地插入。如代码 17.7 所示的代码段是我们对此类测试用例的首次尝试。

代码 17.7　addUser()方法的测试用例

```
[...]
import org.dbunit.Assertion;
[...]
public class UserDaoJdbcImplTest extends AbstractDbUnitTestCase {      ❶
  [...]
  @Test
  public void testAddUser() throws Exception {
    User user = new User();
    user.setFirstName("Jeffrey");
    user.setLastName("Lebowsky");
    user.setUsername("ElDuderino");                          ❷
    long id = dao.addUser(user);
    assertTrue(id>0);                                        ❸
    assertEquals(id, user.getId());
    IDataSet expectedDataSet = getDataSet("/user.xml");          ❹
    IDataSet actualDataSet = dbunitConnection.createDataSet();      ❺
    Assertion.assertEquals( expectedDataSet, actualDataSet );        ❻
  }
}
```

我们从继承 DbUnit 的 `AbstractDbUnitTestCase` 类❶开始吧。`@Test` 的 `testAddUser()`方法先创建一个 User 对象并为它添加数据❷。接着，我们要求 DAO 持久化 User 对象，并检查它是否生成了一个合法的 ID❸（在本例中是一个正值）以及返回的 ID 是否与对象匹配。这样的检查在调用者需要使用新的 ID 的情况下（例如，在生成一个链接来编辑新建对象的网页中）是非常重要的。在这个测试用例中，这可能会显得繁琐又多余，但是当你知道在大多数复杂的情况下 ID 被错误设置的频率时，你一定会很吃惊（比如，由 Spring 管理事务的多层应用程序和被用作持久层的 Hibernate）。

在❹处，我们使用了与前一个示例相同的数据集（user.xml）和方法（`getDataSet()`）——重用代码和测试工件是一种很好的做法。在❺处，`IDatabaseConnection.createData Set()`返回了一个包含数据库中所有表（包含所有行）的数据集。最后在❻处，

Assertion. assertEquals()比较了两个数据集，如果发现有差异，它就会失败并给出正确的消息。注意，我们没有静态导入这个方法。因为 JUnit 的 Assert 和 DbUnit 的 Assertion 都有 assert Equals()方法，如果你静态导入这两者，那么当调用 assertEquals()时，就有可能引用错误的方法。

最佳实践：使用辅助类来创建和断言对象实例

在前面的示例中，testGetUserById()从数据库获取一个对象并断言它的属性，但是 testAddUser()做了相反的动作（初始化一个新的对象，赋予它的属性，然后将其插入数据库中）。随着你的测试用例的不断增加，越来越多的测试会需要做相同的事情。为了避免 DRY（不要重复自己）综合症，最好是为了这些任务创建一个包含方法和常量的辅助类。这样做可以提高 Java 类的重用率，并有利于维护数据集文件。如果你使用 Java 5 和静态导入，访问辅助类中的成员是非常简单的。代码 17.8 中展示了使用此做法的 testAddUser()的修改版。

代码 17.8 testAddUser()的修改版，使用了一个辅助类

```
[...]
import static EntitiesHelper.*;                                    ❶
[...]
public class UserDaoJdbcImplTest extends AbstractDbUnitTestCase {
  [...]
  @Test
  public void testAddUser() throws Exception {
    User user = newUser();                                  ❷
    long id = dao.addUser(user);
    [...]
  }
}
[...]
public final class EntitiesHelper {                                ❸
  public static final String USER_FIRST_NAME = "Jeffrey";           ❹
  public static final String USER_LAST_NAME = "Lebowsky";
  public static final String USER_USERNAME = "ElDuderino";
  public static User newUser() {                                     ❺
    User user = new User();
    user.setFirstName(USER_FIRST_NAME);
    user.setLastName(USER_LAST_NAME);
    user.setUsername(USER_USERNAME);
    return user;
  }
  public static void assertUser(User user) {                       ❻
    assertNotNull(user);
    assertEquals(USER_FIRST_NAME, user.getFirstName());
    assertEquals(USER_LAST_NAME, user.getLastName());
    assertEquals(USER_USERNAME, user.getUsername());
  }
```

newUser()方法被静态导入❶，并在辅助类❺中被调用❷。辅助类本身❸提供了一个 assertUser()方法❻（由 testGetUserById()使用）；它用常量❹来定义 User 的属性。

17.4.1 过滤数据集

IDatatabaseConnection.createDataSet()方法返回了一个代表整个数据库的数据集。这在我们的示例中还好，因为数据库只有一个表，并且数据库的访问很快（因为它是嵌入式数据库）。不过，在大多数其他情况下，这种做法是过犹不及的——要么由于测试返回我们不感兴趣的表而导致测试失败，要么使得测试运行缓慢。

减少域的最简单办法就是，通过传递一个包含了将要返回的表的名称的数组，来过滤由 createDataSet()返回的表。对之前的示例进行上述修改，我们就会得到以下：

```
IDataSet actualDataSet = dbunitConnection.createDataSet(
  new String[] { "users" } );
```

一个类似的方法是使用 FilteredDataSet 来封装包含整个数据库的数据集：

```
IDataSet actualDataSet = dbunitConnection.createDataSet();
FilteredDataSet filteredDataSet = new FilteredDataSet(
  new String[] {"users"}, actualDataSet );
```

FilteredDataSet 装饰（decorate）了一个使用 ItableFilter 的指定数据集，而 ITableFilter 又是一个 DbUnit 接口，定义了哪些表格属于某个数据集以及它们将以什么顺序被检索。在前面的示例中，构造函数隐式地创建了一个 SequenceTableFilter，它将按照作为参数被传递的数组所定义的顺序来返回表格。

最后，第三个选择是使用 QueryDataSet，在其中你可以明确地指定哪个表应包含在数据集中。下一个示例返回了一个数据集，该数据集拥有与前面示例完全相同的内容：

```
QueryDataSet actualDataSet = new QueryDataSet(dbunitConnection);
actualDataSet.addTable("users");
```

对比上述 3 种选择，在这种情况下，重载的 createDataSet()明显更简单。但是，其他选择在不同的场景下也有它们各自的用途。

- QueryDataSet 更加灵活，因为你还可以提供能够用于填充数据集的查询（如果你没有提供查询，那么它就会假设 SELECT * FROM table_name）。使用查询，你可以只选择与测试用例有关的行，以减少更多的域。当数据库包含了大量数据时，这就非常有用。例如：

```
QueryDataSet actualDataSet = new QueryDataSet(dbunitConnection);
actualDataSet.addTable("users",
  "select * from users where id = " + id);
```

- FilteredDataSet 可以和任何 ItableFilter 一起使用，例如，以正确的外键依赖顺序返回表的过滤器（将在 17.6 小节中介绍）。

17.4.2 忽略数据列

如果你单独运行之前的测试方法，测试会通过。但是，如果你将它添加到已有的

UserDaoJdbcImplTest 类中并运行整个类，那么测试就会失败：

```
junit.framework.AssertionFailedError: row count (table=users) expected:<1>
➥but was:<2>
    at junit.framework.Assert.fail(Assert.java:47)
```

这是一个在使用 DbUnit 时很常见的问题——也是最令人讨厌的事情之一。当测试用例单独运行时它可以通过，但作为测试集的一部分运行时却失败了。在这个特殊的示例中，我们的数据集 user.xml 只有一行，并且这就是在我们插入 User 对象后我们假设数据库应该包含的内容。当许多测试被执行时，由于数据库包含了别的内容，所以它失败了。那么这多出来的行到底是从哪儿来的呢？从前面的测试（testGetUserById()）执行中可以知道，因为这个方法也插入了一行。所以我们可以说，罪魁祸首就是之前的测试，它没有清理自身[1]。而在测试运行之前，确保数据库处于已知状态是测试用例的责任。这可以通过使用相同的数据集和一个 DELETE_ALL 操作来实现：

```
IDataSet setupDataSet = getDataSet("/user.xml");
DatabaseOperation.DELETE_ALL.execute(dbunitConnection, setupDataSet);
```

如果我们添加这段代码并再次运行整个测试，测试会失败：

```
junit.framework.AssertionFailedError: value (table=users, row=0, col=id):
➥expected:<1> but was:<2>
    at junit.framework.Assert.fail(Assert.java:47)
    at org.dbunit.Assertion.assertEquals(Assertion.java:147)
    at org.dbunit.Assertion.assertEquals(Assertion.java:80)
```

现在行数是正确的（因为我们在运行测试之前从 users 表中删除了所有的行），但是插入行的 ID 与我们所预期的不匹配。这是另一个常见问题，并且这种情况在数据库生成 ID 时经常发生。尽管我们已经清理了这些行，但我们没有重置主键的生成，所以插入的下一行有一个为 2 的 ID，而不是我们所预期的 1。

对于这个问题有很多解决办法，从简单的（如在对比时忽略 ID 列）到复杂的（如控制 ID 是如何产生的——我们会在下一章中介绍这个方法）。从现在开始，让我们忽略 ID 列，使用 Assertion.assertEqualsIgnoreCols()方法来替代 Assertion.assertEquals()：

```
Assertion.assertEqualsIgnoreCols( expectedDataSet, actualDataSet, "users",
  new String[] { "id" } );
```

代码 17.9 展示了针对我们新的测试用例的完整方法。

代码 17.9 testAddUser()的第二种方法

```
[...]
public class UserDaoJdbcImplTest extends AbstractDbUnitTestCase {
```

[1] DbUnit 文档表示：“好的构建无需清理”并且你“不用担心测试后会留下痕迹”。这不一定是正确的，就像你将在 17.8 小节中所看到的那样。

```
  @Test
  public void testAddUserIgnoringIds() throws Exception {
    IDataSet setupDataSet = getDataSet("/user.xml");
    DatabaseOperation.DELETE_ALL.execute(dbunitConnection, setupDataSet);
    User user = newUser();
    long id = dao.addUser(user);
    assertTrue(id>0);
    IDataSet expectedDataSet = getDataSet("/user.xml");
    IDataSet actualDataSet = dbunitConnection.createDataSet();
    Assertion.assertEqualsIgnoreCols( expectedDataSet, actualDataSet,
      "users", new String[] { "id" } );
  }
}
```

尽管忽略列是解决此问题的最简单方法（在这个意义上它不需要任何高级技术），但是它引入了一个维护 bug：现在就有必要保持数据集文件（user.xml）与 Java 类（引用了 users 表和 ID 列）同步。在下一小节中，我们将会介绍一种更好的（尽管还不是优化的）方法，在这种方法中数据库信息（表和列的名称）只包含在数据集文件中。

17.5 使用 ReplacementDataSet 转换数据

DbUnit 提供了一种简单却强大的 `IdataSet` 实现，叫做 `Replacement-DataSet`。在接下来的章节中，我们将来探讨如何使用它来解决一些常见的问题。

17.5.1 使用 ReplacementDataSet 处理不同的 ID 问题

让我们来试试一种不同的方法，来解决“相同数据集，不同 ID”的问题。除了忽略 ID 列，难道我们不能在测试用例使用 ID 之前动态地修改数据集的值吗?

修改数据集内部的数据将是非常复杂的。不过，幸运的是，DbUnit 提供了 `ReplacementDataSet` 类，它可以根据用户的需求装饰一个已有的数据集来动态替换令牌。

回到我们的问题：首先，我们需要用一个令牌（本例中，我们用`[ID]`，但是它可以是任何内容，只要该字符串不会出现在数据集的其他地方）来替换固定的 ID，从而改变数据集 XML 文件。代码 17.10 展示了新的 XML 文件。

代码 17.10 user-token.xml，为了 ID 使用了令牌的数据集

```
<?xml version="1.0"?>
<dataset>
  <users id="[ID]" username="ElDuderino"
                 first_name="Jeffrey" last_name="Lebowsky" />
</dataset>
```

接下来，我们修改测试用例类，修改的（和新添的）方法如代码 17.11 所示。

代码 17.11　修改 UserDaoJdbcImplTest 来处理动态 ID

```
[...]
public class AbstractDbUnitTestCase {
[...]
  protected IDataSet getReplacedDataSet(IDataSet originalDataSet, int id)
    throws Exception {
    ReplacementDataSet replacementDataSet =
      new ReplacementDataSet(originalDataSet);                          ❶
    replacementDataSet.addReplacementObject("[ID]", id);                ❷
    return replacementDataSet;
  }

  protected IDataSet getReplacedDataSet(String name, int id)
    throws Exception{
    IDataSet originalDataSet = getDataSet(name);                        ❸
    return getReplacedDataSet(originalDataSet, id);                     ❹
  }
}
[...]
public class UserDaoJdbcImplTest extends AbstractDbUnitTestCase {
  [...]
  @Test
  public void testGetUserByIdReplacingIds() throws Exception {
    long id = 42;                                                       ❺
    IDataSet setupDataset = getReplacedDataSet("/user-token.xml", id);  ❻
    DatabaseOperation.INSERT.execute(dbunitConnection, setupDataset);
    User user = dao.getUserById(id);
    assertUser(user);
  }
  @Test
  public void testAddUserReplacingIds() throws Exception {
    IDataSet setupDataSet = getDataSet("/user-token.xml");
    DatabaseOperation.DELETE_ALL.execute(dbunitConnection,
      setupDataSet);                                                    ❼
    User user = newUser();
    long id = dao.addUser(user);
    assertTrue(id>0);
    IDataSet expectedDataSet = getReplacedDataSet(setupDataSet, id);    ❽
    IDataSet actualDataSet = dbunitConnection.createDataSet();
    Assertion.assertEquals(expectedDataSet, actualDataSet);
  }
}
```

在第一个 `getReplacedDataSet()` 工具方法中，`ReplacementDataSet` 构造函数❶把它正在装饰的数据集当作参数。注意，最初的数据集保持原封不动，并且该方法返回了一个新的数据集。接下来，我们使用 `addReplacementObject()`（API 也提供一个 `addReplacement Substring()` 方法，但是 `addReplacementObject()` 是最常见的选择）定义了必须被替换的内容❷。第二个 `getReplacedDataSet()` 工具方法获得了一个数据集❸，并且调用了我们定义的第一个 `getReplacedDataSet()` 方法❹。

在第一个测试中，ID 值❺不是问题，只要两个地方（`getReplacedDataSet()` 和 `getUser ById()`）使用的值相同即可。接着，我们调用了❻新方法，该方法读取了原始的 XML 文件并返回一个带有动态替换 `[ID]` 的数据集。在第二个测试中，我们使用

DELETE_ ALL❼来整理数据库；注意所有的 ID 是不相关的。但是，如果我们使用另一个 Database Operation（如 DELETE），那么我们在这里就需要使用一个被装饰的数据集。为了测试的下一个部分❽，我们需要在断言中使用被装饰的数据集；同时我们使用 DAO 本身返回的 ID。如果由于错误的 ID 测试依然失败的话，那么 DAO 类一定出了问题。接着，让我们来看一看 DbUnit 是如何处理 NULL 值的。

最佳实践：不要硬编码值

这个示例在调用方法中使用了硬编码的 1s：

```
IDataSet setupDataset =
  getReplacedDataSet("/user-token.xml", 1);
DatabaseOperation.INSERT.execute(dbunitConnection,
  setupDataset);
User user = dao.getUserById(1);
```

如果你没有编写这段代码（或者即使你在很久以前编写了它），以下问题就可能会在你的脑海中蹦出来：第一行中的 1 代表什么意思？那个方法只替换一行？是不是听起来这个 1 与第三行中的 1 直接有关？现在回过头来看一看之前代码中的 testGetUserById() 方法。你有没有相同的疑问？这个示例充分说明了一个细小的修改（这只是耗费了开发者几秒钟时间）就可以使得代码更易于理解（结果也更易于维护）。所以，应该在适当的时候创建变量或常量，即使这个变量只使用一次。

17.5.2 处理 NULL 值

另一种 ReplacementDataSet 很有用的情况是，在数据集中表示 Null 值（是 SQL 的 NULL，而不是 Java 的 null）。DbUnit 在 FlatXmlDataSet 文件中处理 NULL 的方式有点复杂，这里要说明一下：

1. 如果一列存在于数据集中，但是在 XML 行中又没有看到，那么这一列的值（对于数据集中的行）被假定为 NULL。
2. 但是这仅适用于当列显示在 XML 的第一行中时。DbUnit 使用第一行来定义一个表是由哪些列组成的。
3. 这是正确的，**除非**数据库的列被定义在 DTD 中！

花费数小时来试图搞清楚你的测试用例为什么失败，最后却意识到你只是被 DbUnit 的一种特性绊住了[1]，这非常令人沮丧。让我们试着使用一个简单的示例来解释得更清楚些，在这个示例中我们有两个具有相同的行但出现顺序不同的 XML 文件（如代码 17.12

[1] 这种情况在 DbUnit 的最新版本中已经得到改进。尽管该特性依然存在，但至少现在 DbUnit 认识到了它可能引起的问题，并且每当它在与第一个具有不同列的 XML 文件中找到一行时，就 会记录一个警告消息。

和代码 17.13 所示）。

代码 17.12 user-ok.xml，其中第一行包含了所有的列

```
<?xml version="1.0"?>
<dataset>
  <users id="1" username="ElDuderino"
               first_name="Jeffrey" last_name="Lebowsky" />
  <users id="2" username="TheStranger"/>
</dataset>
```

代码 17.13 user-reverted.xml，其中第一行是不完整的

```
<?xml version="1.0"?>
<dataset>
  <users id="2" username="TheStranger"/>
  <users id="1" username="ElDuderino"
               first_name="Jeffrey" last_name="Lebowsky" />
</dataset>
```

现在让我们编写一个实现以下功能的测试用例，如代码 17.14 所示。

1　它使用第一个数据集(user-ok.xml)来填充数据库。因为第 2 行没有 first_name 和 last_name 属性，所以 DbUnit 会在对应的数据库列中插入 NULL。

2　然后，它会将数据库内容与两个数据集的内容进行对比(user-ok.xml 和 user-reverted.xml)。

因为数据集都包含相同的行（但顺序不同），两个测试都会通过，但是 userreverted.xml 断言会失败，其原因是数据集预期两列，而数据库却包含 4 列：

```
junit.framework.ComparisonFailure: column count
➥(table=users, expectedColCount=2, actualColCount=4) expected:
➥<[[id, username]]> but was:<[[FIRST_NAME, ID, LAST_NAME, USERNAME]]>
    at org.dbunit.Assertion.assertEquals(Assertion.java:244)
    at org.dbunit.Assertion.assertEquals(Assertion.java:204)
    at org.dbunit.Assertion.assertEquals(Assertion.java:186)
```

这样失败的原因是第二条：DbUnit 使用第一行的内容来定义后面它所期望的列数。

代码 17.14 论证了缺少列问题的测试用例

```
[...]
public class NULLTest extends AbstractDbUnitTestCase {
  @Test
  public void testNULL() throws Exception {
    IDataSet okDataset = getDataSet("/user-ok.xml");
    DatabaseOperation.CLEAN_INSERT.execute(dbunitConnection, okDataset);
    IDataSet actualDataSet = dbunitConnection.createDataSet();
    assertEquals(okDataset, actualDataSet);
    IDataSet revertedDataSet = getDataSet("/user-reverted.xml");
    Assertion.assertEquals(revertedDataSet, actualDataSet);
  }
}
```

有许多方法可以解决这个问题。最常见的两个方法是：

- 使用 ReplacementDataSet；
- 使用 DTD。

下面我们详细讨论一下这两个方法。

使用 ReplacementDataSet

我们已经使用了一个 ReplacementDataSet 来代替[ID]令牌；我们也可以重用相同的数据集来替换 NULL 值。我们需要做的就是定义一个新的令牌（即[NULL]），并添加另一个替换的角色：

```
replacementDataSet.addReplacementObject("[NULL]", null);
```

代码 17.15 展示了所有的相关变化及注释。

代码 17.15 解决缺少列问题的 ReplacementDataSet 方法

```
[...]
public class AbstractDbUnitTestCase {
[...]
  protected IDataSet getReplacedDataSet(IDataSet originalDataSet, long id)
    throws Exception {
   ReplacementDataSet replacementDataSet = new
     ReplacementDataSet(originalDataSet);
   replacementDataSet.addReplacementObject("[ID]", id);
   replacementDataSet.addReplacementObject("[NULL]", null);        ❶
   return replacementDataSet;
  }
}

[...]
public class NULLTest extends AbstractDbUnitTestCase {
  @Test
  public void testNULLReplacementDataset() throws Exception {
    IDataSet okDataSet = getDataSet("/user-ok.xml");
    DatabaseOperation.CLEAN_INSERT.execute(dbunitConnection, okDataSet);
    IDataSet actualDataSet = dbunitConnection.createDataSet();
    Assertion.assertEquals(okDataSet, actualDataSet);
    IDataSet revertedDataSet = getReplacedDataSet("/user-replacement.xml",
      -1);                                                          ❷
    IDataSet sortedDataSet = new SortedDataSet(revertedDataSet);   ❸
    Assertion.assertEquals(sortedDataSet, actualDataSet);         ❹
  }
}
```

这是我们之前使用过的同一方法；我们只是在这里添加了一个新的替换角色❶。在❷处，为了简化，我们使用方法来预期一个 ID 并传递一个假值（-1），因为它无论如何都不会被替代（由于数据集没有任何[ID]令牌）。不过，在理想情况下，应该重载 getReplacedDataSet()来处理 ID 不是必需的情况。更妙的是，要替换的令牌不应被当作参数传递（我们随后会在 17.7.3 小节中讨论如何做到这一点）。

如果在❹中，我们对比了 actualDataSet 和 revertedDataSet（它是原始 XML 文件，带有被替换的正确[NULL]令牌），那么断言将仍会失败。尽管这一次，列的数量是对的，但是顺序却是反的；数据库查询会返回第一行和第二行，然而数据集定义的顺序是第二行和第一行。为了在不改变数据集中的顺序（其顺序错误就是本例的目的）的前提下解决这个问题，我们将数据集封装在 `SortedDataSet`❸中。`SortedDataSet` 返回了一个新的数据集，这个数据集中的表按照数据库中定义列的顺序排序。在这个示例中，它首先按照 ID 排序，ID 是 `CREATE TABLE` 语句中的第一列。如果任意两行或多行具有相同的 ID（此处不是这种情况，因为 ID 是主键），那么它们将会按照 username（第二列）和 first_name（第三列）等再进行排序。

使用 DTD

你可以在 DTD 中显式地定义数据库结构（而不是在 DbUnit 读取 XML 文件的第一行时，由它隐式地“猜测”数据库结构），并将此 DTD 添加到数据集头中，如代码 17.16 和代码 17.17 所示。

代码 17.16 新版 user-reverted.xml，带有 DTD 声明

```
<?xml version="1.0"?>
<!DOCTYPE dataset SYSTEM "target/test-classes/user.dtd">
<dataset>
  <users id="2" username="TheStranger"/>
  <users id="1" username="ElDuderino"
              first_name="Jeffrey" last_name="Lebowsky" />
</dataset>
```

代码 17.17 user.dtd

```
<!ELEMENT dataset (users*)>
<!ATTLIST users
    id CDATA #REQUIRED
    username CDATA #REQUIRED
    first_name CDATA #REQUIRED
    last_name CDATA #REQUIRED
>
```

注意 user.dtd 文件所在的奇特位置（target/test-classes/）；这就是编译我们的测试工件的相对路径。不幸的是，DbUnit 只支持物理位置，所以 DTD 路径必须与项目的根目录或文件系统中的绝对路径有关。理想情况下，DbUnit 应该支持在 classpath 中查询 DTD。一旦 user-reverted.xml 被修改，`testNULL()`方法就可以再一次运行（无需任何修改）并运行成功。两种方法都有各自的优点和缺点。使用 DTD 为数据集添加更多的验证（这可以防止其他错误），是以更复杂的初始构建为代价的（创建 DTD，确保它处于正确的位置，等等）。

另一方面，使用`[NULL]`使得数据集更为清晰，因为它的存在明确表明了一个值为 `NULL`。当然，它同样也有构建成本，但是如果你已经使用了 `ReplacementDataSet`，那么这个成本就微乎其微了（只需多加一行代码）。因此，决策更多地依赖于项目的上下文和个人喜好，而不是方法本身的技术优点。

日志

我们之前提到过，DbUnit 会在 XML 中缺少列时发出警告，但如果你运行 `testNULL()` 方法时，它没有任何预兆地失败。如果出现了这种情况，这就意味着 DbUnit 日志可能由于某种原因被禁用了。

不存在能够显式启动日志功能的 API 或 DbUnit 配置文件。相反，你必须在你的项目中配置 SLF4J。解释 SLF4J 如何工作或 DbUnit 为什么要选择这个工具（DbUnit 在版本 2.2 之前，根本没有使用日志框架），这并不是本书的目的。简单来说，你需要将一个包含了真实的 SL4J 实现的 JAR 文件添加到项目的 classpath 中。在我们的示例中，由于项目的 Ant 脚本显式使用了 sl4j-nop.jar，而 sl4j-nop.jar 不记录任何内容（如果你只将 DbUnit 作为一个项目依赖添加的话，那么这也是在你的 Maven 项目中包含的默认实现），所以我们没有看到任何日志。

如果你的项目已经使用了日志框架（如 log4j 或 Java 的 `java.util.logging`），很可能这里已有了一个针对该框架的 SLF4J 提供程序（provider），这样你就可以只在 classpath 中包含它的 JAR（如 sl4j-log4j12.jar）。如果你不使用任何日志框架，最简单的解决方法（不需要额外的配置）就是添加 sl4j-simple.jar。这个提供器将信息消息发送给 `System.out`，将警告和错误信息发送给 `System.err`，并忽略所有其他的日志级别（如调试和跟踪）。

将 sl4j-simple.jar 添加到 classpath 中，并再次运行测试用例，我们就会得到了上述警告：

```
474 [main] WARN org.dbunit.dataset.xml.FlatXmlProducer - Extra columns on
➥line 2.  Those columns will be ignored.
474 [main] WARN org.dbunit.dataset.xml.FlatXmlProducer - Please add the
➥extra columns to line 1, or use a DTD to make sure the value of those
➥columns are populated or specify 'columnSensing=true' for your
➥FlatXmlProducer.
474 [main] WARN org.dbunit.dataset.xml.FlatXmlProducer - See FAQ for more
➥details.
```

每当你遇到类似 DbUnit 的 bug 或使用问题时，试着启用更低的日志级别[1]，如调试或跟踪。DbUnit 将输出大量的调试信息，希望这些信息将有助于你解决问题。

17.6 从已有的数据库数据中创建数据集

到目前为止，在所有的示例中，我们都采用了自下而上的方法，从零开始创建数据集 XML 文件。当你在做纯粹的 TDD 时，这是一种理想的情况，但你往往需要从数据库中已有的数据中创建这些文件。

例如，你可能正在做一个大项目，在这个项目中，数据库的开发由一个单独的 DBA 团队完成，而 QA 团队负责维护一个存储了测试数据的数据库实例。通常在这些情况下，

[1] 注意，你需要一个比本示例中的 sl4j-simple 更好的 SL4J 实现。

你的 Java 代码（以及测试用例）将不得不处理一些复杂的场景，比如，具有很多列和许多外键关系的表。于是从零开始创建数据集，这将是不切实际和容易出错的，因此，你可以充分利用已有的数据来创建初始文件，然后再删除测试用例所不需要的数据。

即使你的项目比较简单，并且你可以在典型的开发周期内从头开始创建 XML 文件，你还是可能会在测试用例中遇到很难重现的 bug。比如，用户访问一个 Web 应用程序，执行了几个插入和更新操作，然后页面显示了一个不正确的数据表。在这种情况下，你可以只手动地重现这些步骤，而不是试着通过测试用例中的代码来重现所有的步骤，然后将相关的数据库内容导出到一个数据集，并只重现测试用例中出错的方法调用。

在它最简单的形式中，导出数据集是一项简单的任务：你需要做的就是创建一个数据集对象，而该数据集对象包含了你想要导出的数据（例如，使用 DatabaseConnection.createDataset() 导出整个数据库或者 QueryDataSet 来减少数据），然后再从数据集的格式类（如 FlatXmlDataSet）中调用一个静态方法：

```
IDataSet fullDataSet = dbunitConnection.createDataSet();
FileOutputStream xmlStream = new FileOutputStream("full-database.xml");
FlatXmlDataSet.write(fullDataSet, xmlStream);
```

同样，你也可以生成数据集的 DTD：

```
FileOutputStream dtdStream = new FileOutputStream("full-database.dtd");
FlatDtdDataSet.write(fullDataSet, dtdStream);
```

多数情况下，这个简单的办法都很管用，不过它也有一个缺点：数据集中的表不能以特定的顺序被创建。因此，如果一个表与另一个表有外键约束，并且它们以错误的顺序被生成，那么尝试在数据库中插入数据集就很有可能会失败（因为违反了约束）。

幸运的是，解决这个问题的方法也非常简单，所需要做的就是把数据集封装在一个使用了 DatabaseSequenceFilter 的 FilteredDataSet 中，而 DatabaseSequenceFilter 可以以正确的顺序返回表：

```
IDataSet fullDataSet = dbunitConnection.createDataSet();
ITableFilter filter = new DatabaseSequenceFilter(dbunitConnection);
FilteredDataSet filteredDatSet = new FilteredDataSet(filter, fullDataSet);
FileOutputStream xmlStream = new FileOutputStream("full-database.xml")
FlatXmlDataSet.write(fullDataSet, xmlStream);
```

17.7 高级技术

在这一小节中，我们将分析使 DbUnit 的使用更易于理解和维护的各种技术。这些技术没有采用任何特殊的 DbUnit 功能，仅仅采用了高级 Java 技术和 JUnit 的 API。

17.7.1 DbUnit 与模板设计模式

如果你从更高的层次回顾之前的示例，你就可能意识到它们都遵循着相同的工作流程：

1 准备数据库，使用一个数据集 XML 文件。

2 为测试开发一些 Java 代码。

3 （可选的）对比数据库与另一个数据集文件的状态。

再进一步，只有步骤 2 对于每个测试是不同的；而步骤 1 和步骤 3 对所有的测试都是一样的（除了 XML 文件所在的位置以外）。在迄今为止的各个示例中，我们通过将步骤 1 中的部分工作委托给辅助方法（如 getDataSet()和 get-ReplacedDataSet()），获得了一定的重用，但是如果我们使用模板设计模式（Template Design Pattern），就可以更显著地提高重用。

设计模式实战：模板方法

模板（或模板方法）是一种在经典的 GoF[1]图书中描述的行为设计模式。在这种模式中，超类定义了算法的整体骨架（即，模板），但是却留下了一些细节由子类来定义。

回到我们的示例中：模板就是我们刚才描述的工作流程，其中超类定义了骨架，负责完成步骤 1 和步骤 3，而子类负责完成步骤 2。

在 Java 中实现模板模式的最常见和比较简单的方法是通过一个抽象的超类，该超类实现了模板并为子类必须实现的步骤定义了抽象方法。在我们的例子中，这不是一个好方法，因为它允许每个子类只能有一个测试方法，而在典型的项目中，测试方法往往需要几十甚至几百个测试类。

第二个方法是创建一个接口，该接口定义了无须模板方法负责的步骤，并把该接口的实现（通常是一个匿名类）作为参数接收。这就是 Spring 框架在它的模板中所使用的方法（如 Jdbc 模板和 Hibernate 模板），也是代码 17.18 中所使用的方法。

代码 17.18 使用了模板设计模式的 UserDaoJdbcImplTest

```
[...]
public class UserDaoJdbcImplTemplatePatternTest extends
     AbstractDbUnitTestCase {
  protected interface TemplateWorker {                          ❶
    long getId();
    void doIt() throws Exception;
    String getSetupDataSet();
    String getAssertDataSet();
  }
  protected void runTemplateTest(TemplateWorker worker)
                                                throws Exception {   ❷
    IDataSet setupDataSet = getReplacedDataSet(worker.getSetupDataSet(),
      worker.getId() );
    DatabaseOperation.CLEAN_INSERT
                             .execute(dbunitConnection, setupDataSet);  ❸
    worker.doIt();                                                       ❹
    String comparisonDataSetName = worker.getAssertDataSet();
```

1 更多详细内容可以参阅由 Eric Gamma et al (the Gang of Four)撰写的。《Design Patterns: Elements of Reusable Object-Oriented Software》

```
    if ( comparisonDataSetName != null ) {
      IDataSet expectedDataSet = getReplacedDataSet(comparisonDataSetName,
        worker.getId());                                                    ❺
      IDataSet actualDataSet = dbunitConnection.createDataSet();
      Assertion.assertEquals( expectedDataSet, actualDataSet );
    }
  }

  @Test
  public void testGetUserById() throws Exception {
    final long id = 42; // value here does not matter
    TemplateWorker worker = new TemplateWorker() {
      public void doIt() throws Exception {
        User user = dao.getUserById(id);
        assertUser( user );
      }
      public String getSetupDataSet() { return "/user-token.xml"; }
      public String getAssertDataSet() { return null; }              ❻
      public long getId() { return id; }
    };
    runTemplateTest(worker);
  }

  @Test
  public void testAddUser() throws Exception {
    TemplateWorker worker = new TemplateWorker() {
      private long id = -1;
      public void doIt() throws Exception {
        User user = newUser();
        id = dao.addUser(user);
        assertTrue(id>0);
      }
      public String getSetupDataSet() { return "/empty.xml"; }       ❼
      public String getAssertDataSet() { return "/user-token.xml"; }
      public long getId() { return id; }
    };
    runTemplateTest(worker);
  }
}
```

我们从定义 TemplateWorker 接口❶开始，该接口将作为内部类由使用了模板方法的测试用例来实现。在 runTemplateTest 模板方法❷中，注意❸、❹和❺与之前描述的工作流程的 3 个步骤呼应。

在第一个测试方法 testGetUserById()中，由于运行这个测试用例之后无须检查数据库的状态，所以返回了 null❻。在第二个测试方法 testAddUser()中，我们使用了 CLEAN_INSERT 来准备数据库；在这个测试用例中，我们选择使用“/empty.xml”做一次彻底的清理❼，empty.xml 是一个数据集，包含了测试用例使用的所有表（如代码 17.19 所示的内容）。

代码 17.19　empty.xml，用于清理数据库的数据集

```
<?xml version="1.0"?>
<dataset>
  <users/>
</dataset>
```

这个方法的问题在于，它太繁琐、太不自然了，因为我们不得不基于每个测试方法来创建一个内部类，并在类的内部（而不是在方法内部）进行以上处理。在下一小节中我们会展示一种比较不常见的方法。

17.7.2 通过自定义注释提高重用

从引入 Java 语言开始，注释就变得非常流行，并被很多开发工具所采用，比如，JUnit 本身（纵观全书，我们一直在使用 JUnit 注释，比如@Test）。不过，大多数开发人员都没有意识到的是，他们并不需要限制自己使用第三方的注释；他们可以创建自己的、项目特定的注释。尽管 Joshua Bloch 在《Effective Java Second Edition》一书中持相反的观点[1]，但是，我们相信自定义注释能够提高项目的效率，特别是在测试用例的领域中。

话虽如此，现在让我们使用自定义注释作为第三种实现模板模式的方法。这样做是为了清除测试方法中的“噪声”，并将它的注意力集中在步骤 2 上。我们使用注释来传递必要的信息，以便完成步骤 1 和步骤 3。代码 17.20 展示了自定义注释，而代码 17.21 展示了新的测试方法。

代码 17.20 自定义注释@DataSets

```
@Retention(RetentionPolicy.RUNTIME)
@Target(ElementType.METHOD)
public @interface DataSets {

  String setUpDataSet() default "/empty.xml";     ❶
  String assertDataSet() default "";               ❷
}
```

代码 17.21 使用了自定义注释的 UserDaoJdbcImplTest

```
[...]
public class UserDaoJdbcImplAnnotationTest extends
  AbstractDbUnitTemplateTestCase {
  @Test
  @DataSets(setUpDataSet="/user-token.xml")
  public void testGetUserById() throws Exception {
    User user = dao.getUserById(id);
    assertUser(user);
  }
  @Test
  @DataSets(assertDataSet="/user-token.xml")
  public void testAddUser() throws Exception {
    User user = newUser();
    id = dao.addUser(user);
    assertTrue(id>0);
  }
}
```

这段代码定义了一个叫做 DataSets 的注释。注释属性 setUpDataSet❶定义了用

[1] 第 175 页，第 35 项：“大多数程序员无需定义注释类型。”

于准备数据库的数据集。如果没有特别指定，其缺省值为“/empty.xml”，它将清理整个数据库。

同样，assertDataSet()定义了用于测试执行后检查数据库状态的数据集。因为并不是所有的测试用例都必须检查数据库状态（通常，针对加载数据的方法的测试用例不用检查），缺省值为“” ❷，这在我们的用例中意味着没有数据集（注意，一个注释值的意义与使用注释的类有关。因为使用 null 是不可能的，所以我们使用空字符串来表示没有数据集）。

将这个新的测试类与之前的示例进行比较（如代码 17.19 所示）。你几乎没有注意到使用了模板模式。神奇之处在于 AbstractDbUnitTemplateTestCase，它继承了 AbstractDbUnitTestCase 并使用了自定义的 TestRunner；这个 TestRunner 截取了测试方法[1]并扮演模板的角色。代码 17.22 展示了这个新的超类。

代码 17.22　新的超类 AbstractDbUnitTemplateTestCase

```
[...]
@RunWith(AbstractDbUnitTemplateTestCase.DataSetsTemplateRunner.class)   ❶
public abstract class AbstractDbUnitTemplateTestCase extends
    AbstractDbUnitTestCase {

  protected static long id;                                              ❷

  public static class DataSetsTemplateRunner extends JUnit4ClassRunner {

    public DataSetsTemplateRunner(Class<?> klass) throws
                                                  InitializationError {
      super(klass);
    }

    @Override
    protected void invokeTestMethod(Method method,
                                    RunNotifier notifier) {            ❸
      setupDataSet(method);
      super.invokeTestMethod(method, notifier);
      assertDataSet(method);
    }

    private void setupDataSet(Method method) {
      DataSets dataSetAnnotation = method.getAnnotation(DataSets.class);
      if ( dataSetAnnotation == null ) {
        return;
      }
      String dataSetName = dataSetAnnotation.setUpDataSet();
      if ( ! dataSetName.equals("") ) {
        try {
          IDataSet dataSet = getReplacedDataSet(dataSetName, id);
          DatabaseOperation.CLEAN_INSERT.execute(dbunitConnection,
            dataSet);                                                    ❹
        } catch (Exception e) {
          throw new RuntimeException( "exception inserting dataset " +
            dataSetName, e );
        }
```

[1] 这个技术会在本书的附录 B 中详细介绍。

```
      }
    }

    private void assertDataSet(Method method) {
      DataSets dataSetAnnotation =
        method.getAnnotation(DataSets.class);                    ◁
      if ( dataSetAnnotation == null ) {
        return;
      }
      String dataSetName = dataSetAnnotation.assertDataSet();
      if ( ! dataSetName.equals("") ) {                              ◁ ❺
        try {
          IDataSet expectedDataSet = getReplacedDataSet(dataSetName, id );
          IDataSet actualDataSet = dbunitConnection.createDataSet();
          Assertion.assertEquals( expectedDataSet, actualDataSet );
        } catch (Exception e) {
          throw new RuntimeException( "exception asserting dataset " +
            dataSetName, e );
        }
      }
    }
  }
}
```

“肮脏工作”都由一个静态的内部类 DataSetsTemplateRunner❶来完成。AbstractDb UnitTemplateTestCase 它自己除了使用@RunWith 驱动测试，其他几乎什么也不干。id 变量❷无法在注释中传递，因为它可能有动态的值（比如在 testAdd User()中），并且注释只能接收文字（因为它们在编译时就被定义了），所以它必须在测试用例中被共享。这样的一个办法可能会惹恼一些纯粹主义者，但是在测试中保持状态不仅在一些测试用例中是可接受的，而且还往往是针对给定问题的最佳办法。而在这个测试用例中，状态（id）被传递，只是为了解决由测试执行方式所引起的问题。

invokeTestMethod()模板方法❸定义了前面描述的工作流程中的 3 个步骤。首先，读取注释❹，并且只有注释值为非空字符串❺，数据集才被使用。

17.7.3 在数据集中使用表达式语言

我们的 getReplacedDataSet()方法有两个问题：它需要把将要被替换的令牌（如 id）作为参数传递，然后为每个令牌显式地调用 addReplacementObject()。

如果我们稍后创建一个测试用例，其中需要替换两个 id，并且我们知道它们会按照顺序产生，那么方法就是：

```
IDataSet dataSet = getReplacedDataSet(dataSetName, id, id+1);
```

方法变为：

```
public static IDataSet getReplacedDataSet(IDataSet originalDataSet,
                                          long id, long id2) {
  [...]
  replacementDataSet.addReplacementObject("[ID2]", id2);
  [...]
}
```

而且数据集 XML 会有[ID]和[ID2]：

```
<dataset>
  <users id="[ID]" ... />
  <users id="[ID2]" ... />
</dataset>
```

这看上去像个丑陋的黑客，就更不用说 DataSetsTemplateRunner 的变化了。更清楚一些的办法就是动态地找出令牌，具体包括以下过程：

- 将要被替换的值并没有被参数传递，但被添加到上下文中；
- 对令牌进行计算，以便上下文中的值被动态替换。如果语法允许基本操作，如 [ID+1]，那就再好不过了。

幸运的是，有一种标准的 Java 技术可以完美地符合这个描述，即表达式语言（EL）。EL 出现在 Java 中已经很多年了，它已经取得了稳步的发展，逐渐成为 Java 平台的一个组成部分：首先它可以作为 JSTL 1.0 和 JSF 1.0 的 JSP 标签属性中的一部分，其次它可以用在 JSP 2.0 页面内部的任何地方，最后它还可以作为一个独立的 Java API（javax.el）。除了标准的 Java EL 以外，许多开源项目提供了其他可替代的 EL 库，比如 OGNL（http://ognl.org）和 Marmalade（http://marmalade.codehaus.org）。使用 EL，相同的数据集可以被表示为：

```
<dataset>
  <users id="${id}" ... />
  <users id="${id+1}" ... />
  </dataset>
```

而且 getReplacedDataSet()不再需要参数 id 了；而 id 会绑定到 EL 的上下文中：

```
getContext().bind( "id", id );
IDataSet dataSet = getReplacedDataSet(dataSetName);
```

代码 17.23 展示了支持 EL 的必要变化。注意，尽管 EL 是一个标准的 API，但它依然需要创建一个 ELContext 实现（在本例中为 ELContextImpl），并且这并不是一项简单的任务（因为缺少文档）。解释这个类是如何实现的（尽管相关代码的下载已提供），超出了本书的讨论范畴，但是读者可以在作者的博客（http://weblogs.java.net/blog/felipeal/）中找到相关的解释。

代码 17.23 支持 EL 的新 AbstractDbUnitELTemplateTestCase

```
[...]
public abstract class AbstractDbUnitELTemplateTestCase [...] {
[...]
  private static ELContextImpl context;
  @Override
  protected void invokeTestMethod(Method method, RunNotifier notifier) {   ❶
    context = new ELContextImpl();
    context.bind("id", id);                                  ❷
    setupDataSet(method);
    super.invokeTestMethod(method, notifier);
    context.bind("id", id);                                  ❸
    assertDataSet(method);
```

```
  }
  protected static ELContextImpl getContext() {          // ❹
    return context;
  }
  public static IDataSet getReplacedDataSet(String name) throws Exception {
    [...]
    final FlatXmlDataSet dataSet = new ELAwareFlatXmlDataSet( reader );   // ❺
    [...]
  }

  private static class ELAwareFlatXmlDataSet extends FlatXmlDataSet {
    [...]
    @Override
    public void row(Object[] values) throws DataSetException {     // ❻
      final ELContextImpl context = getContext();                 // ❼
      if ( context != null ) {
        ExpressionFactory factory = context.getFactory();
        int i  = 0;
        for ( Object value : values ) {
          String stringValue = ""+value;
          Object newValue;
          if ( stringValue.startsWith("${") &&                  // ❽
               stringValue.endsWith("}") ) {
            ValueExpression converted = factory.createValueExpression(
                                context, stringValue, Object.class );   // ❾
            newValue = converted.getValue(context);
          } else {
            newValue = value;
          }
        values[i++] = newValue;
      }
    } else {
      throw new IllegalStateException( "No context on thread" );
    }
    super.row(values);
  }
}
```

我们首先在每个测试前创建一个新的 EL 上下文对象❶，并使它在 getContext() 方法❹中可用，所以测试用例可以根据需要将更多的对象与上下文绑定。使用 EL 上下文时，id 在读取构建数据集之前被绑定❷，并在读取断言数据集之前被再次绑定❸。这是很有必要的，因为测试用例可能已经改变了 id（如在 testAddUser() 中），并且 id 是以原始类型表示的（如果它是一个可变对象，那么就没必要进行第二次绑定了）。

在 getReplacedDataSet() 方法❺中，唯一有关的变化（除了没有参数 id 以外）就是，现在它使用了一个自定义数据集（ELAwareFlatXmlDataSet）。

在 ELAwareFlatXmlDataSet 类❻中，我们重写了方法 row()，这样它就会将每个数据集的值传递给 EL 引擎进行求值。❼处的代码显示了一个小技巧：通过调用 getContext() 来访问 EL 上下文，而不是将 EL 上下文作为参数传递给 ELAwareFlatXmlDataSet 构造函数。这是必要的，因为 row() 在 XML 解析时被使用，并且 FlatXmlDataSet 解析了构造函数中的 XML。就 DbUnit 部分而言，这是一种糟糕的做法——构造函数不应该调用能够被子类重写的方法。

我们注意到❽处的优化：如果值没有括在`${}`之中，就没有必要计算它。

最后，我们根据绑定在上下文中的值，完成了 EL 引擎计算表达式的任务❾。代码 17.24 给出了新的测试用例。注意，与之前版本（代码 17.20）唯一不同的是超类和使用的数据集（如代码 17.25 所示）。

代码 17.24 使用自定义注释的 UserDaoJdbcImplELTest

```
[...]
public class UserDaoJdbcImplAnnotationTest extends
    AbstractDbUnitELTemplateTestCase {
  @Test
  @DataSets(setUpDataSet="/user-EL.xml")
  public void testGetUserById() throws Exception {
    User user = dao.getUserById(id);
    assertUser(user);
  }
  @Test
  @DataSets(assertDataSet="/user-EL.xml")
  public void testAddUser() throws Exception {
    User user = newUser();
    id = dao.addUser(user);
    assertTrue(id>0);
  }
}
```

代码 17.25 user-EL.xml，为了令牌使用 EL 语法的数据集

```
<?xml version="1.0"?>
<dataset>
  <users id="${id}" username="ElDuderino"
                   first_name="Jeffrey" last_name="Lebowsky" />
</dataset>
```

现在我们已经介绍了一些可以与 DbUnit 协同使用的高级技术，接下来我们来看一看针对数据库访问测试的最佳做法。

17.8 数据库访问测试的最佳做法

纵观整章，我们已经详细地描述了应用于我们示例中的各种最佳做法。在本章的最后一小节中，我们将展示一些其他的最佳做法。

17.8.1 每个开发者使用一个数据库

当你运行一个数据库测试用例时，测试可能会使数据库处于一种未知的状态。而且，其他用户的行为也会影响测试的结果。一种解决这个问题的办法是，让每个开发者和构建机器使用他们自己的数据库。如果你足够幸运，正在开发一款可以运行在不同的数据库产品上的应用程序（例如，如果该应用程序只使用标准 SQL 语句，或者如果 SQL 是由一个 ORM 工具所管理的)，那么最好的办法就是使用嵌入式数据库。不仅每个开发者会拥有他们自己的实例，而且数据库的访问也会更快。

如果嵌入式数据库的方法不可行，那么你应该尝试在每位开发人员的机器中安装一个相应的数据库（许多数据库供应商，如 Oracle，提供了他们的数据库产品的简化版，对于这个办法是个不错的选择）。

如果嵌入式数据库或简化版数据库都不可行，那么尝试在数据库服务器上为每位开发人员分配一个数据库实例。最糟糕的情况下，即使这一点都可能无法做到（太多的实例可能会在资源或许可费用方面带来成本增加）时，则可以为测试用例分配一些待用的实例，而为常规开发分配另一些实例。

17.8.2　确保目标数据库被测试

如果你能采用嵌入式数据库的方式，但是最终的应用程序将被部署在另一个数据库产品上，则要确保你的应用程序已经针对目标数据库进行了测试。一种合理的做法是，开发人员可以使用嵌入式数据库，但要让每天或持续的构建使用目标数据库。不要错误地认为数据库可以被随意替代；即使你使用 ORM 工具，不兼容的问题总是存在的。你越早发现这些问题越好。

17.8.3　为加载和存储数据创建互补测试

有句老话说得好，“所有一切，上去还得下来”。如果你编写了一个测试用例，用来验证对象能够正确地存储在数据库中，那么你可能还应该编写测试来断言它被正确地加载。并且如果你记住这一点，当你编写其中的一个测试时，就可以使得编写另一个测试更为容易，你就能够重用相同的数据集，甚至编写特别的基础设施来处理这两个测试。

17.8.4　编写加载测试用例时，应涵盖所有基本场景

在本章中使用的 `testGetUserById()`的所有版本，仅仅涵盖了一种情况：数据库包含了一行带有被测 ID 的数据，且仅此一行。这对于描述技术的目的来说是足够了，但在真正的项目中，你应该测试其他多种情况，比如测试数据库中不存在的 ID、测试空数据库、测试存在多行数据时的情况，以及测试存在多行数据时的连接。

最后一种情况值得特别注意，因为当你使用了 ORM 工具时，以及当你正在测试一个使用了复杂查询（该复杂查询使用 join 语句选择了一个或多个表）的方法时，它都是一个很常见的问题。假设 `User` 对象有一个 `List<Telephone>`关系，`Telephone` 类被映射到一个 telephones 表，telephones 表具有一个连接到 users 表的外键，如果你在持久层使用 JPA，那么 `getUserById()`就必须通过 join fetch 来获得唯一查询中的所有 telephones

数据（如果你对这些概念不熟悉，没关系，我们会在第 18 章中进行更详细的介绍）。你只编写一个测试用例，其中数据集只包含了 users 行和 telephones 行中的一行，并且你使用类似“from User user left join fetch user.telephones where user.id = ?”的语句，实现了 JPA 查询。于是你的测试用例通过了，因此你提交了你的代码。

一旦该应用程序投入实际使用，并且某位用户碰巧有多个电话号码，那么你的查询代码就会返回两位用户。在经过了半天的调试后，你发现了问题，并把查询代码改为“select distinct(user) from User user left join fetch user.telephones where user.id = ?”。如果你使得最初的测试用例不仅只涵盖了典型的场景，那么你就不会再遇到这样的 bug 了。这个特殊的问题是很常见的。

17.8.5 计划数据集的使用

随着你的应用程序的发展，你编写了更多的数据库测试用例，你的数据集也会变得难以管理。如果你有 20 个数据集 XML 文件，而这些数据集文件都包含了一个特定的表，一旦这个表发生了变化，你就不得不修改这 20 个 XML 文件。这可能是 DbUnit 最大的缺点，不幸的是，这个问题现在还没有明确的解决办法。

这里的“最佳实践”就是认识到这个问题并提前计划。考虑到这一点，可以采用以下技巧来解决上述问题：

- 使用相同的数据集来加载/存储对象。
- 保持数据集比较小，限制表和列的比较。
- 如果你总是针对相同的对象使用相同的值（就像在“最佳实践：使用辅助类创建和断言对象实例”所描述的那样），那么至少你可以只使用一条“搜索-替换”命令实现这些变化。或者，采用更为复杂的方法，你可以为对象组保持较小的 XML 文件，然后使用 XMLinclude 或 CompositeDataSet 来连接它们。

不过，值得注意的是，上述技巧中的任意一个都会使得测试用例更加复杂，并且相比一条好维护的、熟悉的搜索-替换命令，你很可能会最终面临难以维护的代码。

17.8.6 测试清理

在迄今为止的所有示例中，虽然测试用例会构建数据库，但并不影响测试完成后的数据库清理。这通常是一个不错的做法，并且实际上也是 DbUnit 认可的最佳做法之一。

但是，注意我们这里强调了“**通常**”。测试完成后不清理数据库带来的问题是，如果测试用例插入的数据难以清理干净（比如具有外键的行），那么该测试用例就可能使得其他的测试失败。回到 users/telephones 表的示例中，假设测试用例为每个表添加了一行，telephones 行有一个连到 users 表的外键，并且这个测试用例在测试完后没有清理这些行。于是，第二个测试用例会继续使用相同的 users 行，但它不关心 telephones 表。如果这个测试在构建时尝试删除 users 行，那么它将会由于外键冲突而失败。

因此，长话短说，尽管通常好的构建无须清除，但是它不会危害清除工作，尤其是当测试用例插入了具有外键约束的行后。

17.9 小结

毫无疑问，数据持久层是任何企业级应用程序最重要的部分之一，尽管测试它可能非常具有挑战性：测试用例必须是灵活的，但数据库的特征又使得它们很复杂繁琐。尽管 JUnit 本身对此问题没有好的办法，但是有很多工具可以做到这一点。在本章中，我们使用了 DbUnit 来测试应用程序的数据库访问。

DbUnit 是一个稳定又成熟的项目，由几十个接口、实现和辅助类组成。尽管 DbUnit 有这么多数量的类，但它的使用还是相对简单，因为它包括了在测试运行前构建数据库，以及在测试后比较数据库状态。

尽管 DbUnit 是一个强大的工具，但它是个低级别的库，仅为数据库测试提供了基本的模块。为了有效地使用它，用户就必须在充分利用 DbUnit 的优势以及在整个项目中提高重用的同时，定义基础设施类和方法。有了创意、经验和计划，就有可能以一种有效和愉快的方式编写出 DbUnit 测试。

在这一章中，我们通过了不断改进的示例展示了如何使用 DbUnit 在测试前填充数据库、如何在测试后断言数据库内容、如何从已有的数据库中创建数据集以及如何利用高级 API 使得测试的编写和维护更加简单。在下一章中，我们将会讨论如何这些技术扩展到基于 JPA 的应用程序中，而且在第 19 章中，我们还会介绍一些增强 JUnit 的工具，包括 Unitils，它直接提供了一些本章所使用的技术。

第 18 章　测试基于 JPA 的应用程序

Unfortunately we need to deal with the object relational impedance mismatch, and to do so you need to understand two things: the process of mapping objects to relational databases and how to implement those mappings.

不幸的是，我们需要处理对象关系（O/R）抗阻失配的问题。为此你需要理解两点：把对象映射到关系数据库的过程以及如何去实现这些映射。

——*Scott W.Amber, Mapping Objects to Relational Databases: O/R Mapping In Detail*

（将对象映射到关系数据库：对象关系映射详解）

本章重点

- 多层应用程序的测试
- 使用 DbUnit 测试 JPA 应用程序
- JPA 映射测试
- 测试基于 JPA 的 DAO
- 验证 JPA 生成的模式

大多数 Java 应用程序需要在持久化存储中保存数据，并且通常这种存储是关系数据库。从执行低层次的 SQL 语句到将任务委托给第三方工具的更复杂的模块，有很多方法可以用来保存数据。

尽管讨论不同的方法几乎可以算是一个个人信仰问题，但我们认为将数据持久化抽象为专门的类（比如 DAO）是个很好的做法。DAO 本身可以通过许多方式来实现：

- 编写强有力的 SQL 语句（比如第 17 章中的 `UserDaoJdbcImpl` 示例）；
- 使用第三方工具（如 Apache iBATIS 或 Spring JDBC 模板）辅助 JDBC 编程；
- 将整个数据库访问委托给映射对象到 SQL 的工具（反之亦然）。

在过去的几年里，通过 ORM（对象关系映射）工具的使用，比如 Hibernate 和 Oracle TopLink，第三种方法已被广泛使用。由于 ORM 越来越流行，促使 JCP（Java Community Process，负责定义 Java 标准的组织）创建了一个规范[1]，JPA（Java Persistence API）。顾名思义，JPA 只是一个 API；为了使用它，你就需要一个实现。幸运的是，大多数现有的工具都坚持了此标准，因此，如果你已经使用了 ORM 工具（如 Hibernate），那么你就可以在 JPA 模式下使用它，即使用 Java Persistence API，而不是专有的 API。

本章包含两部分。首先，我们介绍如何在多层应用程序中测试使用 DAO 的层。然后，我们解释了如何利用 DbUnit[2]测试基于 JPA 的 DAO（Data Access Object）实现。尽管本章的重点是 JPA 和 Hibernate，但是这里所体现的思路也适用于其他 ORM 工具。

18.1 测试多层应用程序

多层（multilayered 或 multitiered）应用程序是指它的结构分为很多层，每一层负责应用程序的一个方面。典型的例子是一个包含表示层、业务层和持久层的三层 Web 应用程序。

理想情况下，所有的这些层都应该被测试，无论是隔离测试（通过单元测试）还是把这些层归到一起测试（通过集成测试）。在这一小节中，我们展示了如何对业务层进行单元测试，而不依赖于它的下一层，即持久层。不过，我们先来看一个示例应用程序。

18.1.1 示例应用程序

在这一章中的示例测试了一个企业应用程序的业务层和持久层（表示层测试已经在第 11 章中介绍过）。持久层包括一个 `User` 对象和一个 `UserDao` 接口，与在第 17 章中定义的类似。但也略有不同，即一个在 `UserDao` 接口上的方法 `removeUser()`。现在 `User` 对象与 `Telephone` 对象有了一对多的关系，同时这些类以 JPA 注释标记，如代码 18.1 所示。

---

1 某些人可能会争辩，在 JPA 之前已经有两个标准了：EJB 实体和 JDO。其实，EJB 实体太复杂，而 JDO 从未使用过。

2 从这个方面来说，本章是第 17 章的扩展；如果你不熟悉 DbUnit，那么我们建议你先阅读第 17 章。

代码 18.1 User 和 Telephone 类的定义

```
@Entity
@Table(name="users")
public class User {

  @Id @GeneratedValue(strategy=GenerationType.AUTO)
  private long id;

  private String username;

  @Column(name="first_name")
  private String firstName;

  @Column(name="last_name")
  private String lastName;

  @OneToMany(cascade=CascadeType.ALL)
  @JoinColumn(name="user_id")
  @ForeignKey(name="fk_telephones_users")
  private List<Telephone> telephones = new ArrayList<Telephone>();

  // getters and setters omitted
}

@Entity
@Table(name="phones")
public class Telephone {

  public static enum Type {
    HOME, OFFICE, MOBILE;
  }

  @Id @GeneratedValue(strategy=GenerationType.AUTO)
  private long id;
  private String number;
  private Type type;
  // getters and setters omitted

}
```

本章的示例也包含一个业务层接口（UserFacade，在代码 18.2 中定义）。它处理非持久层对象 DTO（data transfer object，数据传输对象）。因此，我们需要一个 UserDto 类（在代码 18.2 中定义）。

代码 18.2 业务层接口（UserFacade）和传输对象（UserDto）

```
public interface UserFacade {
  UserDto getUserById(long id);
}
public class UserDto {
  private long id;
  private String username;
  private String firstName;
  private String lastName;
  // getters and setters omitted
}
```

最后，因为持久层由 JPA 开发实现，所以一个新的实现（`UserDaoJpaImpl`）是必须的，它的初始版本如代码 18.3 所示[1]。

代码 18.3 UserDao 使用 JPA 的初始实现

```
public class UserDaoJpaImpl implements UserDao {

  private EntityManager entityManager; // getters and setters omitted

  public void addUser(User user) {
    entityManager.persist(user);
  }

  public User getUserById(long id) {
    return entityManager.find(User.class, id);
  }

  public void deleteUser(long id) {
    String jql = "delete User where id = ?";
    Query query = entityManager.createQuery(jql);
    query.setParameter(1, id);
    query.executeUpdate();
  }

}
```

本示例应用程序有两种选择：Maven 和 Ant。要在 Maven 上运行测试，可以输入“mvn clean test”。相应地，如果要使用 Ant，则可以输入“ant clean test”。该应用程序也可以看作是两个 Eclipse 项目，一个包含了所需要的库（在 lib 目录下），另一个包含了项目本身。

18.1.2 多层、多种测试策略

由于应用程序的每一层都有不同的特点和依赖关系，所以这些层需要采用不同的测试策略。如果你的应用程序已经被设计为使用接口和实现，那么就有可能通过使用 mocks 或 stub 来实现其他层的接口，从而独立地测试每一层。

在我们的示例中，将使用 EasyMock 作为 DAO 接口的实现来测试业务层 façade（如代码 18.4 所示），如代码 18.5 所示。

代码 18.4 Façade 实现（UserFacadeImpl）

```
[...]
public class UserFacadeImpl implements UserFacade {

  private static final String TELEPHONE_STRING_FORMAT = "%s (%s)";
  private UserDao userDao; // getters and setters omitted

  public UserDto getUserById(long id) {
    User user = userDao.getUserById(id);
    UserDto dto = new UserDto();
    dto.setFirstName(user.getFirstName());
    dto.setLastName(user.getLastName());
```

[1] 聪明的读者可能会问我们为什么会在本章列出了 UserDaoJpaImpl 却在第 17 章忽略了 UserDaoJdbcImpl。原因就是 JPA 的实现更简单，短短几行代码即可。

```
    dto.setUsername(user.getUsername());
    List<String> telephoneDtos = dto.getTelephones();
    for ( Telephone telephone : user.getTelephones() ) {
      String telephoneDto =
        String.format(TELEPHONE_STRING_FORMAT,
        telephone.getNumber(), telephone.getType());
      telephoneDtos.add(telephoneDto);
    }
    return dto;
  }
}
```

代码 18.5 UserFacadeImpl 的单元测试

```
[...]
import static org.easymock.EasyMock.*;
import static EntitiesHelper.*;

public class UserFacadeImplTest {

  private UserFacadeImpl facade;
  private UserDao dao;

  @Before                                         ❶
  public void setFixtures() {
    facade = new UserFacadeImpl();                ❷
    dao = createMock(UserDao.class);              ❸
    facade.setUserDao(dao);
  }
  @Test
  public void testGetUserById() {
    int id = 666;
    User user = newUserWithTelephones();          ❹
    expect(dao.getUserById(id)).andReturn(user);  ❺
    replay(dao);
    UserDto dto = facade.getUserById(id);         ❻
    assertUser(dto);                              ❼
  }
}
```

在测试运行之前，我们准备了将要使用在测试方法中的 fixture❶、待测对象❷和一个 mock❸。即使你现在只有一个测试方法（就像这个示例中的情况），最终也会增加很多方法，因此从一开始就有一个 setup 方法是很有意义的。然后，在这个测试用例中，我们创建了一个 `User` 对象❹并设置了 mock 预期❺来在被请求时返回它（关于更多 mock 预期的内容可以参见第 6 章）。注意，newUser()属于 `EntitiesHelper`，`EntitiesHelper` 提供了各种方法来创建新的实体（如 User）和断言已有实体的属性（在第 17 章中已介绍过了 `EntitiesHelper`，本章中添加了一些新方法；完整的代码此处并未列出但可供下载）。最后，在❻处的方法被调用，结果在❼处（它是另一个定义在 `EntitiesHelper` 中的方法）被检查。

这个测试用例似乎非常完整，它几乎算是，除了它只能在最好的情况下运行以外。但是，如果当 DAO 没有找到请求用户时，会出现什么情况呢？为了满足完整性，该测试用例还需要在各种不利的情况下运行。我们试着添加一个新的测试用例来模拟 DAO 方法返回 null[1]：

```
@Test
public void testGetUserByIdUnknownId() {
  int id = 666;
  expect(dao.getUserById(id)).andReturn(null);
  replay(dao);
  UserDto dto = facade.getUserById(id);
  assertNull(dto);
}
```

由于运行这个测试，我们得到了可怕的 NPE（NullPointerException）：

```
java.lang.NullPointerException
    at com.manning.junitbook.ch18.business.UserFacadeImpl.getUserById
    ➥(UserFacade Impl.java:49)
    at com.manning.junitbook.ch18.business.UserFacadeImplTest.testGetUserById
    ➥UnkownId(UserFacadeImplTest.java:51)
```

这是有原因的，因为 Facade 方法没有检查由 DAO 返回的对象是否为 null。在用户从 DAO 被检索之后，添加以下几行代码可以解决上述问题：

```
if ( user == null ) {
  return null;
}
```

一旦添加了这个测试用例，并且方法也得到了修正，那么 Facade 方法就完整了并可以被全面测试，而不再需要一个 DAO 实现。这种接口功能和实现功能的分离极大地方便了多层应用程序的开发，因为应用程序的每一层可以由不同的团队并行开发。采用这种方法，整个业务层的开发和单元测试都可以不依赖持久层，业务层的开发者也不再需要为数据库而担心。虽然将所有的代码归到一起进行测试仍然是有必要的，但是这已经可以通过集成测试完成了。一个好的折中办法就是编写许多小的（且运行快）单元测试，主要用来测试单个组件，然后编写一些（且运行较慢）集成测试，涵盖大部分的重要场景。

类似地，我们可以针对 JPA 接口使用 mocks 来测试持久层。但是我们并不推荐这种方法，因为 mocks 只能模拟 API 调用，出于种种原因，这并不够用。首先，API 是基于 JPA 的开发的一部分；它仍然需要注释类和提供配置文件；其次，即使正确配置了 JPA 部分，依然会有一些第三方被引入：JPA 厂商（如 Hibernate）、用于数据库的厂商驱动（如 HibernateDialect 实现），更不用说数据库本身了。很多事都会在运行时出错（如厂商或驱动错误、针对给定的数据库使用的表名称不合法、事务问题等），而通过使用 mock 进行测试，这种错误是无法检测出来的。

---

1 在这个例子中我们是如何知道DAO返回了null？并且谁定义了Facade应该返回什么？在这些特定情况下发生什么应该被记录在 DAO 和 Facade 方法的 Javadoc 中，并且这些测试用例应该遵守这个约定。在我们的示例中，我们故意没有记录这一点，以展示缺失文档的严重性。无论如何，我们在两个例子中都返回了 null，但另一种方法可能是抛出一个 ObjectNotFound Exception 异常。

谁让事务出局？

在基于 JPA 的应用程序中，启动和提交事务是极为重要的，所有使用 `EntityManager` 的方法都有两种选择：要么它们自行处理事务，要么依赖于负责该“肮脏工作”的上层来处理。通常情况下，第二个选择更为适合些，因为它为调用者提供了一种选择：可以在同一事务中调用多个 DAO 方法。来看我们的示例，`UserDaoJpaImpl` 沿用了这种方法，因为它不涉及事务管理。但是，如果你查看它的调用者 `UserFacadeImpl`，它也没有处理事务！那么，在我们的应用程序示例中，谁来负责事务管理呢？

答案是容器。在我们的示例中，我们只展示了应用程序的几个代码段。但在真实的项目中，这些代码段将由一个容器组装，如 Java EE 应用程序服务器或 Spring，同时这个容器将负责把所有的 Facade 方法封装在一个 JPA 事务中并把它传递给 DAO 对象。在我们的 DAO 测试用例中，我们扮演了容器的角色，显式地管理了事务。

对于持久层，测试实时的数据库访问是很重要的，我们将在下一节中讨论这个问题。

18.2 JPA 测试的方方面面

当你在应用程序中使用 JPA（或其他 ORM 软件）时，你就是把持久化对象的任务委托给数据库或者从数据库委托给外部工具。但最终，结果都是相同的，就好像你自己编写了持久化代码一样。因此，就其本质而言，JPA 测试与测试普通的数据库访问代码没有太大的不同，所以第 17 章中所介绍的大多数技术在这里同样适用。不过，还是有一些不同和注意事项需要特别提一下，我们将会在下一小节中详细讨论它们。现在让我们先来看一看 JPA 测试的某些方面。

什么应该被测试？

JPA 编程可以被分为两部分：实体映射和 API 调用。最初，你要定义对象将如何被映射到数据库表，通常通过使用 Java 注释来实现。然后你使用 `EntityManager` 对象来将这些对象发送到数据库或从数据库中提取这些对象：你可以创建对象、删除对象、使用 JPA 查询获取对象等。因此，分别测试这两方面是一个不错的做法。对于每个持久化对象，你可以编写一些测试用例来验证它们是否被正确地映射（关于 JPA 映射有许多需要注意的地方，尤其是当处理集合时）。然后你再为持久化代码本身（如 DAO 对象）编写独立的单元测试。我们在后面的章节中会针对两种测试给出实际的例子。

嵌入式数据库的好处

正如我们在 17.1.3 小节中所提及的那样，单元测试必须运行快速，而数据库访问通常比较慢。一种改善访问时间的方法是使用内存嵌入式数据库，但缺点是这种数据库可能与应用程序所使用的数据库完全不兼容。但是，当你使用 JPA 时，数据库的兼容性就不是一个问题了——情况恰恰相反。JPA 厂商负责 SQL 代码的生成[1]，并且厂商们通常支持所有的数据库（除了极罕见的数据库以外）。使用快速的嵌入式数据库（如 HSQLDB 或它的后续产品 H2）进行单元测试，这完全合情合理。更妙的是，项目应该被设置成默认使用嵌入式数据库，而且数据库可以很容易地被切换。这是一件两全其美的事：开发者使用快速模式，而正式的构建（如夜间构建和发布构建）会切换到生产数据库（确保应用程序可以在真实的场景下正常运行）。

提交级别

JPA 操作应该发生在一个事务内部，事务通常也会转换为特定厂商的会话（session）。大量的 JPA 功能和性能取决于事务/会话的生命周期管理：缓存对象、按需发出新的 SQL 命令以读取延迟关联关系、更新命令刷新了数据库等。另一方面，提交事务不仅是一个代价高昂的操作，而且它使得数据库发生了永久的变化。正因为如此，测试用例趋向于在 teardown 上回滚事务，并且许多框架（如 Spring TextContext）都采用了这个方法。所以，什么是更好的方法，提交还是不提交？同样，这里没有什么放之四海皆准的标准答案，每种方法都有自己的优势。我们特别喜欢提交这个选项，是因为以下几个方面。

- 如果你使用嵌入式数据库，速度不是问题。你甚至可以在每个测试用例之前重新创建数据库。
- 就像我们在 18.8.5 小节中提到的那样，测试用例在必要时可以在 teardown 上做清理工作。而且，当使用嵌入式数据库时，清理是一个代价很低的操作。
- 如果你回滚了事务，JPA 厂商可能就不会发送真实的 SQL 给数据库（例如，Hibernate 只在提交或 `session.flush()` 被显式调用时才发出 SQL）。也可能存在这种情况，你的测试用例通过了，但当代码在真实环境下执行时却失败了。
- 在一些情况下，你会想显式地测试一旦持久化对象在 JPA 事务/会话之外，它们将会如何表现。由于这些原因，在这一章中的测试用例会手动处理事务的生命周期。

现在，事不宜迟，让我们开始测试它吧。

18.3 准备基础设施

好吧，我们撒了谎：在我们的第一个测试之前，我们还需要花些时间做点准备。更确切地说，我们需要定义各种基础设施类，而真正的测试用例将会扩展它们（记住 17.3 小节中的

[1] 这是个理想场景；由于 JPA 的 bug 或性能要求，一些应用程序可能依然需要手动发出一些 SQL 命令。尽管这些情况很少见，但它们可以在测试用例中被分别处理。

最佳实践：为你的数据库测试定义超类)。图 18.1 给出了这种基础设施的类图 (class diagram)。

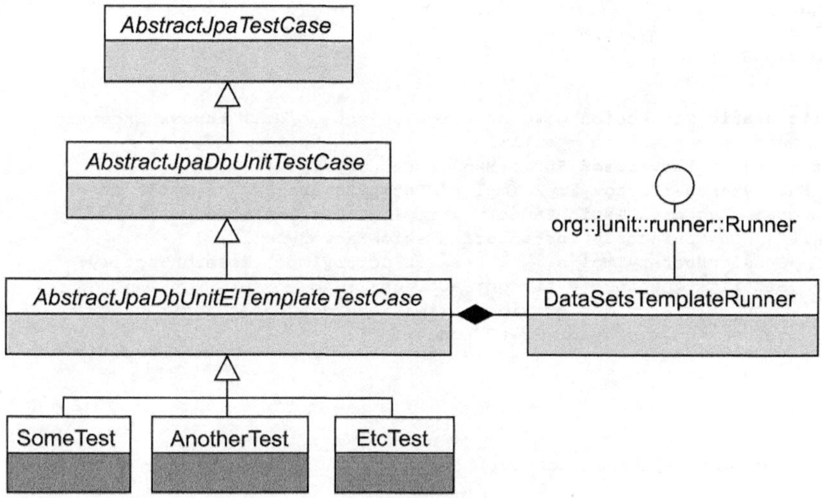

图 18.1　测试基础设施的类图

如图 18.1 所示的基础设施类的层次结构与第 17 章中所使用的类的层次结构颇为相似。唯一的区别就是根类 `AbstractJpaTestCase`，如代码 18.6 所示。

代码 18.6　测试基础设施的根类 AbstractJpaTestCase

```
[...]

public abstract class AbstractJpaTestCase {

  private static EntityManagerFactory entityManagerFactory;
  protected static Connection connection;
  protected EntityManager em;

  @BeforeClass
  public static void setupDatabase() throws Exception {
    entityManagerFactory =                                           ❶
      Persistence.createEntityManagerFactory("chapter-18");
    connection = getConnection(entityManagerFactory);                ❷
  }

  @AfterClass
  public static void closeDatabase() throws Exception {              ❸
    if ( connection != null ) {
      connection.close();
      connection = null;
    }
    if ( entityManagerFactory != null ) {
      entityManagerFactory.close();
    }
  }

  @Before
  public void setEntityManager() {                                   ❹
```

```
    em = entityManagerFactory.createEntityManager();
  }

  @After
  public void closeEntityManager() {                    <-5
    em.close();
  }

  public static Connection getConnection(Object object) throws Exception {
    Connection connection = null;
    if ( object instanceof EntityManagerFactoryImpl ) {                 <-
      EntityManagerFactoryImpl impl = (EntityManagerFactoryImpl) object;  |
      SessionFactory sessionFactory = impl.getSessionFactory();          6
      if ( sessionFactory instanceof SessionFactoryImpl ) {
        SessionFactoryImpl sfi = (SessionFactoryImpl) sessionFactory;
        Settings settings = sfi.getSettings();
        ConnectionProvider provider = settings.getConnectionProvider();
        connection = provider.getConnection();
      }
    }
    return connection;
  }
  protected void beginTransaction() {                   <-7

    em.getTransaction().begin();
  }
  protected void commitTransaction() {                  <-8
    em.getTransaction().commit();
  }
  protected void commitTransaction(boolean clearContext) {        <-9
    commitTransaction();
    if ( clearContext ) {
      em.clear();
    }
  }
}
```

❶ 第一步是使用@Before 注释创建一个 EntityManagerFactory，由于这是一个代价高昂的操作，所以只做一次。注意，这个初始化没有包含任何关于在测试用例中所使用的 JPA 提供程序（Hibernate）或数据库（HSQLDB）的信息。这些信息定义在 persistence.xml 和 hibernate.properties 文件中（分别如代码 18.7 和代码 18.8 所示）。

❷ 尽管当你使用 JPA 时，你不需要直接处理低端的 JDBC 接口，但是 DbUnit 需要一个数据库连接。你可以在属性文件中为这个连接定义 JDBC 设置，但这会带来冗余；最好是从 JPA 的实体管理器中提取 JDBC 连接。还要注意到，这种重用就是为什么本章的 AbstractJpaDbUnitTestCase（虽然此处并未展示，但与第 17 章中的 AbstractDbUnitTest Case 是相同的）可以继承 AbstractJpaTest Case，而反之却不行的原因。如果@BeforeClass 方法不必是静态的，那么这种逆转就不是必要的：AbstractJpaDbUnit TestCase 可以定义一个受保护的 getConnection()方法，而 getConnection()又会被 AbstractJpa TestCase 重写。

❸ 你在@Before 处打开的任何事，要记得在@After 处关闭！

❹、❺ 被测试用例有效地使用的对象 EntityManager，它在每个测试方法之前被创建并在随后被关闭。这就是 JPA 应有的使用方式，并且这种对象创建的代价很低。

❻ 不幸的是，从 JPA 的 EntityManagerFactory 中提取 JDBC 的 Connection 没有标准的方法，因此从被选择的 JPA 厂商中挑选专有的 API 使用是很有必要的。

❼、❽ 因为我们的测试用例将手动管理事务，所以为这项任务创建辅助方法是非常方便的。

❾ 同样，一些测试用例会测试对象在 JPA 上下文外部的表现，因此我们定义了一个重载的 commitTransaction()，它也可以用来清理上下文。JPA 的配置非常简单：persistence.xml（代码 18.7）只定义了一个持久化单元的名称，而厂商特定的配置定义在 hibernate. properties（代码 18.8）文件中。这样的划分是一个很好的做法，因为如果测试用例必须更改任何配置（稍后你就会看到），那么我们就可以在测试目录下创建一个新的 hibernate.properties 文件，而不会影响生产代码所使用的工件。还要注意到，我们将属性 hibernate.hbm2ddl.auto 设置为 update，这样，测试用例就不需要创建数据库表了，Hibernate 会根据需要自动创建或更新数据库模式（database schema）。

代码 18.7　JPA 的配置（persistence.xml）

```
<persistence xmlns="http://java.sun.com/xml/ns/persistence"
  xmlns:xsi="http://www.w3.org/2001/XMLSchema-instance"
  xsi:schemaLocation=
    "http://java.sun.com/xml/ns/persistence persistence_1_0.xsd"
  version="1.0">
  <persistence-unit name="chapter-18">
    <!-- properties are loaded from a separate file, and classes are
         scanned through annotations -->
  </persistence-unit>
</persistence>
```

代码 18.8　Hibernate 特定的配置（hibernate.properties）

```
hibernate.hbm2ddl.auto=update
hibernate.show_sql=false
hibernate.dialect=org.hibernate.dialect.HSQLDialect
hibernate.connection.driver_class=org.hsqldb.jdbcDriver
hibernate.connection.url=jdbc:hsqldb:mem:my-project-test;shutdown=true
```

最后要注意的是，一些框架——比如 Spring 和 Unitils（我们会在下一章中介绍 Unitils）——已经提供了类似的设置。因而，即使这个基础设施基于真正的项目（本书示例并未涉及），提供了灵活性（可以适合你项目的需求），并且非常简单（只有一些类），你也会更加乐意（或者它可能更加适合你的项目）使用这样的框架。

现在，基础设施已经搭建好了，让我们继续我们的测试，下面先从 JPA 实体映射测试开始吧。

18.4 测试 JPA 实体映射

JPA 开发的第一步是把对象映射到表。虽然 JPA 做了一项出色的工作，为大多数映射提供了缺省值，但仍然有必要进行适当的调整，通常是通过使用 Java 注释来实现的。而且当你注释持久类时，你想确保它们都被正确地映射，所以你编写了一些只执行映射的测试用例（不用担心最终的代码是如何调用 JPA API 的）。

你可能想知道这些测试是否都是必要的。可能是什么问题呢？不幸的是，尽管事实上 JPA 是一个强大而有用的工具，但是很多事情都可能在映射中出错，所以你越早发现错误越好，例如：

- 一些表或列的名称（如用户、角色或组）可能在被选数据库中是一个保留字。
- 如果你没有正确地设置关系注释（如@OneToMany），那么 JPA 就会创建很多莫名其妙的映射，有时候甚至是不需要的表。
- 当依赖对象必须被自动持久化时，验证正确的级联选项是否已被设置是非常重要的。

更何况你编写单元测试的根本原因是：你需要以某种方式验证 JPA 正在持久化/存储你的对象！如果没有实体映射测试，你就不得不依赖 IDE，或者使用一些 hacky 类的 main()方法来手动地测试它。为了避免这些问题，为系统中每个主要的持久化实体编写几个（至少两个：一个用来加载，另一个用来保存）单元测试是一种很好的做法。但是，你不必为所有的实体编写测试。一些实体非常简单或者可以被间接测试（比如在示例中的 Telephone 实体）。

此外，因为加载和保存测试是不相关的，所以它们应该尽可能地使用相同的数据集，以便维护；代码 18.9 中给出了在用户实体映射测试中所使用的数据集（如代码 18.10 所示）。

代码 18.9 User 和 Telephone 测试的数据集文件，user-with-telephone.xml

```
<?xml version="1.0"?>
<dataset>
  <users id="${id}" username="ElDuderino"
                    first_name="Jeffrey" last_name="Lebowsky" />
  <phones id="${phoneId}" user_id="${id}" type="0" number="481 516-2342"/>
  <phones id="${phoneId+1}" user_id="${id}" type="2"
                    number="108 555-6666"/>
</dataset>
```

注意 ID 是使用 EL 表达式动态定义的，所以这些测试用例会成功，无论它们以什么顺序执行。

代码 18.10 User 和 Telephone 类的实体映射单元测试

```
[...]
public class EntitiesMappingTest extends AbstractJpaDbUnitELTemplateTestCase
    {

  @Test
  @DataSets(setUpDataSet="/user-with-telephone.xml")
  public void testLoadUserWithTelephone() {
    beginTransaction();                                    ❶
    User user = em.find(User.class, id);                   ❷
    commitTransaction();                                   ❸
    assertUserWithTelephone(user);                         ❹
    id++; phoneId+=2;                                      ❺
  }

  @Test
  @DataSets(assertDataSet="/user-with-telephone.xml")
public void testSaveUserWithTelephone() throws Exception {     ❻
  User user = newUserWithTelephone();
  beginTransaction();
  em.persist(user);
  commitTransaction();
}
```

❶、❸ 就像之前所说的，我们选择手动事务控制，这样测试用例就会显式地启动和结束事务。

❷ 因为我们正在测试实体映射，而不是真正的持久层代码（例如 DAO 实现），所以我们直接处理持久化管理器（persistence manager）。

❹ 一旦对象从数据库中被读出，我们就断言它通过使用我们的老朋友 `EntitiesHelper`❺获得了预期值；`id` 和 `phoneId`（它们在超类中被定义，初始值为 1）会被更新，以反射从数据库中被加载的对象。如果它们没有被更新，那么下一个测试用例就会失败（如果它保存了对象，这就是我们示例中的情况）。

❻ 用于保存实体的测试用例与加载实体的测试用例完全不相关；这没什么新鲜的。尽管这些测试运行良好并运行通过，但是，处理 ID（`id` 和 `phoneId`）的方式并不完美并且还有很多瑕疵。例如，如果测试用例失败，那么 ID 就不会更新，然后在它之后运行的其他测试也同样会失败。当然，一个 `try/finally` 程序块可以解决这个特殊的问题，但这可能会使得测试更加难看和繁琐。另一个问题是 `testSaveUserWithTelephone()` 没有更新 ID（因为它的数据集断言会失败），所以第三个测试用例可能会失败。

为了解决这些 ID 问题，我们应该做什么呢？好了，千万别扔掉书，解决这个问题的办法如下所示。

18.4.1 使用 JPA ID 生成器集成测试用例

在 JPA 中，每个持久化实体都需要一个 ID，也就是相当于一个主键。当一个新实体被持久化时，JPA 引擎必须为它设置一个 ID，并且如何确定它的值要取决于映射。例如，User 类有以下映射：

```
@Id @GeneratedValue(strategy=GenerationType.AUTO)
private long id;
```

@Id 注释表示这个属性相当于实体的主键，且当实体被持久化时，@GeneratedValue 定义了它的值是如何获得的。本例中的 AUTO 意味着我们把决定权留给 JPA 厂商，它会根据目标数据库支持什么来挑选出最佳的策略。其他值还有 IDENTITY（用于支持自动生成主键的数据库）、SEQUENCE（使用数据库序列，在被支持的情况下）和 TABLES（仅仅为了生成主键的目的使用一个或多个表）。第 5 个选项是省略@GeneratedValue，这意味着用户（而不是 JPA 引擎）负责设置 ID。在大多数情况下，AUTO 是最佳的选择；它也是@GeneratedValue 注释的默认选项。

回到我们的测试用例中，数据集文件包含了对 ID 列（既作为用户表中的主键，也是电话表上的外键）的引用，并且由于我们使用相同的数据集来加载和保存，所以 ID 的值必须在测试运行时动态定义。如果我们使用不同的数据集，那么 ID 不会对加载测试有影响（因为 JPA 将不会持久化实体，只会加载它们），而对于保存测试，我们可以忽略它们。这个选项带来的问题是，它会使得编写和维护测试变得更加困难。它需要两个数据集，并且为了忽略 ID 列也要修改 DataSetsTemplateRunner.assertDataSet() 方法。由于我们的目标始终是便于长期维护，所以我们选择使用相同的数据集，于是我们就需要解决 ID 同步的问题。

代码 18.10 试图以最简单的方式解决这个问题，即由测试用例更新 ID，但此方法还存在很多问题。更好的方法是把数据集 ID 的维护与 JPA 的实体 ID 的生成集成起来，这里有两种方式可以实现这种集成：控制 ID 的生成，或者获知生成的 ID。

为了持久化对象而生成 ID 并不是一项简单的任务，因为有许多复杂的方面需要被考虑，比如在不同的事务中并发的 ID 生成。除此之外，当你使用这个方法时，你的测试用例将不能反映真正的应用场景（因此它们可能隐藏了潜在的问题）。

基于上述理由，我们选择第二种方法：获知生成的 ID。使用纯 JPA，可以为实体生命周期事件（比如对象的创建、更新和删除）定义监听器。但是这种方法在我们的示例中不太奏效，因为这些事件并没有提供一种明确的方式来获得保存对象的 ID。更好的解决办法是使用厂商特定的扩展。

Hibernate 为生命周期事件提供了它自己的 API，以及许多前期和后期事件的监听器。尤其是，它提供了一个带有 onPostInsert(PostInsertEvent event)方法的 PostInsertEventListener 接口，并且事件本身包含了对插入实体和生成 ID 的引用。

PostInsertEventListener API 解决了我们的部分问题：现在我们的测试用例可以知道为每个对象生成的 ID 了。不错，但是现在怎么办？好了，答案取决于我们的老朋友 EL（Expression Language，详细的介绍可以参考 17.7.3 小节）。到目前为止，我们已经在我们的数据集上使用了简单的变量解析（如`${id}`）。不过 EL 也支持函数解析，所以我们可以有一个函数来为给定的类返回 ID，然后再使用 `PostInsertEventListener` 来设置该函数返回的值。下面我们从新的数据集开始，如代码 18.11 所示。

代码 18.11 新版 user-with-telephone.xml 数据集（使用了 EL 函数）

```
<dataset>
  <users id="${db:id('User')}" username="ElDuderino"
                               first_name="Jeffrey" last_name="Lebowsky" />
  <phones id="${db:id('Telephone')}" user_id="${db:id('User')}" type="0"
                                     number="481 516-2342"/>
</dataset>
```

这个新版数据集没有为每个类使用硬编码的 ID（如`${id}`和`${phoneId}`），而使用了一个更加灵活的通用函数`${db:id('ClassName')}`。然后 `db:id()`函数为给定的类返回了各自的 ID，它要么是由 Hibernate 监听器定义的值，要么就是缺省值 1（这意味着 JPA 没有为这个类生成实体。在这种情况下，值本身并不重要，但使用缺省值 1 会让它在发生错误的时候更易于调试）。若要添加对这个函数的支持，我们首先需要修改 `ELContextImpl` 来支持函数映射，如代码 18.12 所示。

代码 18.12 修改 ELContextImpl 来支持 id 函数

```
[...]
public final class ELContextImpl extends ELContext {
[...]
  private FunctionMapper functionMapper = new ELFunctionMapperImpl();
[...]
  @Override
  public FunctionMapper getFunctionMapper() {
    return functionMapper;
  }
[...]
}
```

ID 函数本身在 ELFunctionMapperImpl 中被定义，如代码 18.13 所示。

代码 18.13 自定义的 EL 函数（ELFunctionMapperImpl）

```
[...]
public class ELFunctionMapperImpl extends FunctionMapper {

  private static final Map<String, Method> METHODS =
    new HashMap<String, Method>();
  private static final Map<String,Long> IDS = new HashMap<String, Long>();   ❶
  private static final int INITIAL_ID = 1;

  static {                                                                 ❷
    for ( Method method : ELFunctionMapperImpl.class.getDeclaredMethods() ) {
      int modifiers = method.getModifiers();
      String name = method.getName();
      if ( Modifier.isStatic(modifiers) && name.startsWith("db_")) {
```

```
        METHODS.put(name.replace('_', ':'), method);
      }
    }
  }

  @Override
  public Method resolveFunction(String prefix, String localName) {     <-3
    return METHODS.get(prefix+":"+localName);
  }

  public static long db_id(String className) {                   <-4
    long id;
    if ( IDS.containsKey(className) ) {
      id = IDS.get(className);
    } else {
      id = INITIAL_ID;
    }
    return id;
  }

  public static void setId(String className, long newId) {        <-5
    if ( ! IDS.containsKey(className) ) {
      IDS.put(className, newId);
    }
  }

  public static void resetIds() {                              <-6
    IDS.clear();
  }

  public static long getId(Class<?> clazz) {                    <-7
    return db_id(clazz.getSimpleName());
  }
}
```

❶ 当没有为给定的类设置 ID 时，这定义了由 ID 函数返回的值。

❷ 这初始化了定义 EL 函数的静态方法的映射。为了便于映射，这些方法都以 db_开头。

❸ resolveFunction()是 EL API 的一部分，用来将 EL 函数（例如 db:id）映射到 Java 方法（在本例中为 db_id()）。它返回了在❷处定义的方法。

❹ 确切地说，这是 id 函数，它要么返回最初的 ID，要么返回出现在 ID 映射中的值。

❺ 每当生成一个新实体时，我们自定义的 Hibernate 监听器就会调用这个方法，但是，只有第一个值被保存在 ID 的映射中；其他的值由数据集计算，并在必要时使用这个基准 ID（如${db:id('Telephone')+1}，如果数据集有两个电话行）。注意，这种机制假设 ID 是顺序生成的，这在多数情况下是成立的，但并不适用于所有的情况。如果这不适用于你的情况（例如，你正在使用一种基于 UUID 的生成策略），那么你就需要一个不同的（和更复杂的）方法来表示多个 ID，比如，在 id 函数中使用一个序列参数：${db:id('Telephone',1)}会返回第一个生成的 ID，而${db:id(´Telephone',2)}会返回第二个产生的 ID，依此类推。然后，你就会为每个类保留一系列生成的 ID，而不是保留映射中的单个 ID。

❻ 在每个方法之前，ID 映射必须被重置，所以加载方法总是以 `id=1` 开始（或者在❶处定义的任意值）。

❼ 这是一个被测试用例使用的辅助方法，其中测试用例需要知道给定类的基准 ID。

下一步就是 Hibernate 集成。但是，我们首先需要一个监听器，如代码 18.14 所示。

代码 18.14 自定义的 Hibernate 事件监听器（ELPostInsertEventListener）

```
import org.hibernate.event.PostInsertEvent;
import org.hibernate.event.PostInsertEventListener;

public class ELPostInsertEventListener implements PostInsertEventListener {

  public void onPostInsert(PostInsertEvent event) {
    String className = event.getEntity().getClass().getSimpleName();     ❶
    Long id = (Long) event.getId();
    ELFunctionMapperImpl.setId(className, id);
  }

}
```

为了简化数据集，只使用了类的简单名❶，而不是完整规范的全称（否则，数据集就需要类似`${db:id('com.manning.jia.chapter18.model.User')}`这样的信息）。如果你的项目有多个类具有相同的名字（但在不同的程序包中），那么你在这里就会需要做一些变通，不过，在大多数情况下保留简单的类名应该是够用的（而且无论如何，多个类使用相同的名字都不是一种好做法）。下面，我们修改 hibernate.properties 来添加一个自定义监听器，以包含以下属性：

```
hibernate.ejb.event.post-insert=
  ➥org.hibernate.ejb.event.EJB3PostInsertEventListener,
  ➥com.manning.jia.chapter18.hibernate.ELPostInsertEventListener
```

注意，当你为生存周期事件在属性中设置监听器时，你不仅仅是在添加新的监听器，而是在定义所有的监听器。因此，推荐保留默认的 Hibernate 监听器。但 Hibernate 没有明确地说明这些监听器是什么，所以你需要自己搞明白。一种可行的解决办法是修改 `setEntityManager()`，如代码 18.15 所示。

代码 18.15 修改 setEntityManager()来显示 Hibernate 监听器

```
[...]
public abstract class AbstractJpaTestCase {
[...]
  @Before
  public void setEntityManager() {
    em = entityManagerFactory.createEntityManager();
    // change if statement below to true to figure out the Hibernate
    // listeners
    if ( false ) {
      Object delegate = em.getDelegate();
      SessionImpl session = (SessionImpl) delegate;
      EventListeners listeners = session.getListeners();
      PostInsertEventListener[] postInsertListeners =
        listeners.getPostInsertEventListeners();
```

```
        for ( PostInsertEventListener listener : postInsertListeners ) {
          System.out.println("Listener: " + listener.getClass().getName() );
        }
      }
    }
}
```

最后，改变测试用例类是很必要的：首先是基础设施类（如代码 18.16 所示），然后是测试方法本身（如代码 18.17 所示）。

代码 18.16 修改 AbstractJpaDbUnitELTemplateTestCase

```
[...]
public abstract class AbstractJpaDbUnitELTemplateTestCaseJUnit
  extends AbstractJpaDbUnitTestCase {                                  ❶

    @Override
    protected void invokeTestMethod(Method method, RunNotifier notifier) {
      context = new ELContextImpl();
      ELFunctionMapperImpl.resetIds();                     ❷
      setupDataSet(method);
      super.invokeTestMethod(method, notifier);
      assertDataSet(method);
    }
}
```

❶ 尽管超类 `AbstractJpaDbUnitTestCase` 在此处并未出现，但它也发生了变化；它不再需要获知 ID，所以 `id` 和 `phoneId` 都被删除了。

❷ 现在的这个方法也比之前更加简单。它在每个测试运行之前重置了 ID 的映射，而不是在调用测试之前和之后将 `id` 变量与 EL 上下文绑定。

代码 18.17 新版 EntitiesMappingTest，使用了 JPA ID 的集成

```
[...]
public class EntitiesMappingTest extends
  AbstractJpaDbUnitELTemplateTestCase {

  @Test
  @DataSets(setUpDataSet="/user-with-telephone.xml")
  public void testLoadUserWithTelephone() {
    beginTransaction();
    long id = ELFunctionMapperImpl.getId(User.class);          ❶
    User user = em.find(User.class, id);
    commitTransaction();
    assertUser(user,true);
  }

  @Test
  @DataSets(assertDataSet="/user-with-telephone.xml")
  public void testSaveUserWithTelephone() throws Exception {        ❷
    User user = newUser(true);
    beginTransaction();
    em.persist(user);
    commitTransaction();
  }

}
```

因为超类不再跟踪 ID 了，所以就有必要要求 ELFunctionMapperImpl❶在 testLoadUser WithTelephone()中获得 ID。另一方面，测试用例 testSaveUserWith Telephone()❷没有发生变化，因为它不直接使用 ID（只在数据集中）。

18.5 测试基于 JPA 的 DAO

一旦你确保持久化实体被正确地映射，那么就可以对有效地使用了 JPA（如 DAO）的应用程序代码进行测试了。基于 JPA 的 DAO 的测试用例类似于你在前一小节中看到的实体映射测试；主要的区别（除了你使用 DAO 代码而不是直接的 JPA 调用这个事实以外）在于，你必须涵盖更多的情况，以关注一些棘手的问题。

让我们从最简单的测试用例开始，我们在第 17 章（这里使用纯 JDBC 实现 DAO）中实现的 getUserById()和 addUser()的相同测试用例，再加上一个 testRemoveUser()的测试用例。这些测试用例如代码 18.18 所示，最初的 DAO 实现已在代码 18.4 中给出。

代码 18.18 UserDaoJpaImplTest 的最初版

```
[...]
public class UserDaoJpaImplTest extends AbstractJpaDbUnitELTemplateTestCase {

  UserDaoJpaImpl dao;

  @Before
  public void prepareDao() {
    dao = new UserDaoJpaImpl();
    dao.setEntityManager(em);
  }

  @Test
  @DataSets(setUpDataSet="/user.xml")
  public void testGetUserById() throws Exception {
    beginTransaction();
    long id = ELFunctionMapperImpl.getId(User.class);
    User user = dao.getUserById(id);
    commitTransaction();
    assertUser(user);
  }

  @Test
  @DataSets(assertDataSet="/user.xml")
  public void testAddUser() throws Exception {
    beginTransaction();
    User user = newUser();
    dao.addUser(user);
    commitTransaction();
    long id = user.getId();
    assertTrue(id>0);
  }

  @Test
  @DataSets(setUpDataSet="/user.xml",assertDataSet="/empty.xml")
  public void testDeleteUser() throws Exception {
```

```
    beginTransaction();
    long id = ELFunctionMapperImpl.getId(User.class);
    dao.deleteUser(id);
    commitTransaction();
  }
}
```

将这个测试用例与第 17 章中等效测试的最新版（代码 17.24）进行比较，可以发现它们几乎相同，区别仅在于准备测试方法 `prepareDao()`（它实例化了一个 DAO 对象并设置了它的 `EntityManager`）、表示用户 ID 的局部变量（由于我们在上一小节中讨论的 Hibernate 的 ID 生成集成）和事务管理调用。

不过，现在 `User` 对象可以拥有一个电话列表了；然后就有必要添加一个类似的测试用例来处理这样的情况，如代码 18.19 所示。注意，如果 `User/Telephone` 关系是强制的（并且不是可选的），那么新的测试就会替代旧的测试（而不是被添加到测试类中）。

代码 18.19 UserDaoJpaImplTest 中的新的测试用例处理了带有电话的用户

```
[...]
public class UserDaoJpaImplTest extends AbstractJpaDbUnitELTemplateTestCase {
[...]
  @Test
  @DataSets(setUpDataSet="/user-with-telephone.xml")
  public void testGetUserByIdWithTelephone() throws Exception {
    beginTransaction();
    long id = ELFunctionMapperImpl.getId(User.class);
    User user = dao.getUserById(id);
    commitTransaction();
    assertUserWithTelephone(user);
  }

  @Test
  @DataSets(assertDataSet="/user-with-telephone.xml")
  public void testAddUserWithTelephone() throws Exception {
    beginTransaction();
    User user = newUserWithTelephone();
    dao.addUser(user);
    commitTransaction();
    long id = user.getId();
    assertTrue(id>0);
  }

  @Test
  @DataSets(setUpDataSet="/user-with-telephone.xml",
            assertDataSet="/empty.xml")
  public void testDeleteUserWithTelephone() throws Exception {
    beginTransaction();
    long id = ELFunctionMapperImpl.getId(User.class);
    dao.deleteUser(id);
    commitTransaction();
  }
}
```

运行这些测试将会暴露 DAO 实现中的第一个 bug。因为 `testDeleteUserWithTelephone()` 会由于一个约束冲突异常而失败。尽管用户行已被删除了，但是它对应的电话并没有删除。为什么呢？只有当 EntityManager 的 remove()方法被调用时，这种级联删除才会被考虑，并且我们的 DAO 使用了 JPA 查询来删除用户。代码的修改如代码 18.21 所示。

不考虑这个删除问题，到目前为止所展示的测试只涵盖了简单的情况：保存、加载和删除简单的用户（无论有还是没有一个电话号码）。虽然这是一个不错的开始，但是还远远不够；我们也需要测试一些不利的情况。

对于 addUser()方法，唯一不利的情况就是接收一个 null 引用。检查方法参数并在参数不合理时抛出一个 IllegalAccessArgumentExeption 异常，这始终是一个不错的做法。而 getUserById()方法至少有两种不利的情况：处理数据库中不存在的 ID 和从一个空数据库中加载。在我们的示例应用程序中，null 引用应该在这些测试用例中被返回（但另一个有效的选项是抛出一个异常）。removeUser()的不利情况与 getUserById()的不利情况相同，并且在我们的示例中，它们不需要被测试，因为当用户不存在时（如果会抛出异常，那么我们就应该测试这些情况）也就什么都不会发生。代码 18.20 添加了这些新的测试。

代码 18.20 针对不利情况的新测试用例

```
[...]
public class UserDaoJpaImplTest extends AbstractJpaDbUnitELTemplateTestCase {
[...]
  @Test(expected=IllegalArgumentException.class)
  public void testAddNullUser() throws Exception {
    dao.addUser(null);
  }

  @Test
  public void testGetUserByIdOnNullDatabase() throws Exception {
    getUserReturnsNullTest(0);
  }

  @Test
  @DataSets(setUpDataSet="/user.xml")
  public void testGetUserByIdUnknownId() throws Exception {
    getUserReturnsNullTest(666);
  }

  private void getUserReturnsNullTest(int deltaId) {
    beginTransaction();
    long id = ELFunctionMapperImpl.getId(User.class)+deltaId;
    User user = dao.getUserById(id);
    commitTransaction(true);
    assertNull(user);
  }
}
```

注意，getUserById()不利情况的工作流在两个场景中是相同的，所以我们在两个场景中都使用了一个私有的辅助方法（getUserReturnsNullTest()）。

那么，现在我们拥有了一个已被充分测试的 DAO 实现，是不是？嗯，不是这样的。一旦你将这些代码投入生产环境（或者把它交给 QA 团队进行功能测试），一些 bug 肯定会发生。

首先，某人第一次对至少拥有一个电话的用户调用 UserFacade.getUserById()

（而它又会调用 DAO 方法，参见代码 18.4），并且尝试调用 `user.getTelephones()`时，将会发生如下异常：

```
org.hibernate.LazyInitializationException: failed to lazily initialize
  ➥a collection of role: com.manning.jia.chapter18.model.User.telephones,
  ➥no session or session was closed
   at org.hibernate.collection.AbstractPersistentCollection.throwLazy
   ➥InitializationException(AbstractPersistentCollection.java:358)
   at org.hibernate.collection.AbstractPersistentCollection.
   ➥throwLazyInitializ ationExceptionIfNotConnected
   ➥(AbstractPersistentCollection.java:350)
   at org.hibernate.collection.AbstractPersistentCollection.
   ➥readSize(Abstract PersistentCollection.java:97)
   at org.hibernate.collection.PersistentBag.size(PersistentBag.java:225)
   at com.manning.jia.chapter18.model.EntitiesHelper.
   ➥assertUserWithTelephones(EntitiesHelper.java:39)
   at com.manning.jia.chapter18.model.EntitiesHelper.assertUserWithTelephone
   ➥(EntitiesHelper.java:29)
   at com.manning.jia.chapter18.dao.UserDaoJpaImplTest.testGetUserByIdWith
   ➥Telephone(UserDaoJpaImplTest.java:62)
```

当上述情况发生时，作为开发者，你就会咒骂 Hibernate、JPA、ORM 以及本书的作者们（尤其骂得更狠）：你听从了我们的建议，并分别为 Façade 和 DAO 类创建了单元测试，但是一旦它们在真正的应用中相互调用，就会发生 JPA 异常！不幸的是，像这样的情况十分常见。

只是因为你编写了测试用例，但这不意味着你的代码没有 bug。不过，令人高兴的一面是，因为你有了测试用例，所以重现和解决问题就会变得更加容易。在这个示例中，异常是由于 `User/Telephone` 的关系被定义为 lazy（延迟加载）而引起的，也就是说，电话号码没有被 JPA 查询所获取，但却需要在调用 `getTelephones()`时被加载。不过，如果这个方法在 JPA 上下文外部被调用，那么就会抛出一个异常。因此，为了模拟测试用例中的这个问题，我们在提交事务之后，修改了 `testGetUserByIdWithTelephone()`来清除上下文：

```
@Test
@DataSets(setUpDataSet="/user-with-telephone.xml")
public void testGetUserByIdWithTelephone() throws Exception {
  beginTransaction();
  long id = ELFunctionMapperImpl.getId(User.class);
  User user = dao.getUserById(id);
  commitTransaction(true);
  assertUserWithTelephone(user);
}
```

由于相同的异常（即我们可怜的用户在真正的应用程序中所面对的异常），即使在做了上述修改之后，运行测试还是失败了。解决办法就是修改 JPA 查询，以即时获取电话号码，如下所示：

```
public User getUserById(long id) {
  String jql = "select user from User user left join fetch " +
               "user.telephones where id = ?";
  Query query = entityManager.createQuery(jql);
  query.setParameter(1, id);
  return (User) query.getSingleResult();
}
```

这样的改变可以使 testGetUserByIdWithTelephone()通过，但是现在 testGetUserByIdOnNullDatabase()和 testGetUserByIdUnknownId()却失败了：

```
javax.persistence.NoResultException: No entity found for query
    at org.hibernate.ejb.QueryImpl.getSingleResult(QueryImpl.java:83)
    at com.manning.jia.chapter18.dao.UserDaoJpaImpl.
    ➥getUserById(UserDaoJpaImpl.java:45)
```

让我们再来修改一下方法，使用 getResultList()来代替 getSingleResult()：

```
 public User getUserById(long id) {
   String jql = "select user from User user left join fetch " +
               "user.telephones where id = ?";
Query query = entityManager.createQuery(jql);
query.setParameter(1, id);
@SuppressWarnings("unchecked")
List<User> users = query.getResultList();
// sanity check
assert users.size() <= 1 : "returned " + users.size() + " users";
return users.isEmpty() ? null : (User) users.get(0);
 }
```

尽管修改本身很简单，但这个问题也说明了负面测试（negative test）的重要性。如果我们没有这些测试，延迟初始化的修改将会引入一个回归错误！一旦这两个修改到位，应用程序就能运行良好一段时间，直到用户拥有了两个或多个电话，这会导致以下异常：

```
java.lang.AssertionError: returned 2 users
    at com.manning.jia.chapter18.dao.UserDaoJpaImpl.getUserById
    ➥(UserDaoJpaImpl.java:49)
    at com.manning.jia.chapter18.dao.UserDaoJpaImplTest.
    ➥testGetUserByIdWithTelephones(UserDaoJpaImplTest.java:114)
```

现在发生的事情是，应该返回一个用户的查询现在返回两个用户——很奇怪！不过，由于测试的基础设施已经有了，因此要重现这个问题是很容易的。我们需要做的只是添加一个新的 testGetUserByIdWithTelephones()方法[1]：

```
@Test
@DataSets(setUpDataSet="/user-with-telephones.xml")
public void testGetUserByIdWithTelephones() throws Exception {
  beginTransaction();
  long id = ELFunctionMapperImpl.getId(User.class);
  User user = dao.getUserById(id);
  commitTransaction(true);
  assertUserWithTelephones(user);
}
```

那么问题本身怎么办呢？解决办法就是在查询中使用 distinct 关键字，如下所示：

```
jql = "select distinct(user) from User user left join fetch " +
      "user.telephones where id = ?";
```

注意，拥有 testGetUserByIdWithTelephone()和 testGetUserByIdWithTelep

[1] 我们也需要添加 EntitiesHelper 的一个新方法 assertUserWithTelephones()以及一个新数据集 withtelephones.xml，但是因为它们与已有的方法和数据集非常相似，所以此处就不一一介绍了。

hones()两个方法会带来冗余，而且使得测试用例更加难以维护。一旦我们添加了 testGetUserById WithTelephones()，就可以安全地删除 testGetUserByIdWithTelephone()及其相关的辅助方法 newUserWithTelephone()和 assertUserWithTelephone()，它们将分别被 newUserWithTelephones()和 assertUserWithTelephones()替代。

代码 18.21 给出了 UserDaoJpaImpl 的最终版，解决了所有的问题。

代码 18.21 UserDaoJpaImpl 的最终（及改进）版

```
[...]
public class UserDaoJpaImpl implements UserDao {
  public void addUser(User user) {

    if ( user == null ) {
      throw new IllegalArgumentException("user cannot be null");
    }
    entityManager.persist(user);
  }
  public User getUserById(long id) {

    String jql = "select distinct(user) from User user left join fetch " +
                 "user.telephones where id = ?";
    Query query = entityManager.createQuery(jql);
    query.setParameter(1, id);
    @SuppressWarnings("unchecked")
    List<User> users = query.getResultList();
    // sanity check assertion

    assert users.size() <= 1 : "returned " + users.size() + " users";
    return users.isEmpty() ? null : (User) users.get(0);
  }

  public void deleteUser(long id) {
    User user = entityManager.find(User.class, id);
    entityManager.remove(user);
  }
}
```

18.6 测试外键名字

当 testDeleteUserWithTelephone()的第一版失败时，错误消息如下：

```
Integrity constraint violation FKC50C70C5B99FE3B2 table:
➥PHONES in statement [delete from users where id=?]
```

因为我们刚开始开发，所以很容易意识到是用户表上的电话外键引起了约束冲突。沿着这个思路想象一下，当你面对一个具有相似问题的错误报告时，你知道 FKC50C70C5B99FE3B2 代表什么约束吗？

默认情况下，Hibernate 不会为约束生成有用的名字，所以你就会得到令人费解的信息，如 FKC50C70C5B99FE3B2。幸运的是，你可以使用@ForeignKey 注释来显式地定义 FK 的名字，就像我们在 user 类中所做的那样（参见代码 18.1）。但是，随着更多的实体被添加到应用程序中，开发者就很容易忘记使用了这个注释，并且这样的问题可能会保留数月而不被发现，直到应用程序中出现了外键约束冲突错误（谁引起了约束冲突会是一个谜）。

你可以想象，有一个可以解决这个问题的办法：编写测试用例来验证所有生成的外键都具有一个有意义的名字。这个测试的骨架相对简单：你要求 Hibernate 为你的应用程序生成模式（Schema）来作为 SQL 语句，然后检查无效的外键名。最棘手的部分是如何只使用项目的 JPA 设置来在字符串中生成 SQL 代码。我们在下面的代码中展示了一种解决办法。虽然它并不完美，但是它可以完成任务[1]。无论如何，我们先来看一下这个测试用例，如代码 18.22 所示。

代码 18.22 针对 Hibernate 生成的数据库模式（SchemaTest.java）的测试用例

```
[...]
public class SchemaTest extends AbstractJpaTestCase {                    ❶

  @Test
  public void testForeignKeysNames() {                                    ❷
    SqlHandler handler = new SqlHandler() {
      public void handle(String sql) {
        assertForeignKeysDoesNotHaveFunnyNames(sql);
      }
    };
    analyzeSchema(handler);
  }

  private static final String FK_LINE_REGEXP =
    "alter table (.*) add constraint (.*) foreign key .*";               ❸
  private static final Pattern FK_LINE_PATTERN =
    Pattern.compile(FK_LINE_REGEXP);
  private static final Matcher FK_LINE_MATCHER =
    FK_LINE_PATTERN.matcher("");
  private static final String FK_REGEXP = "fk_[a-z]+_[a-z]+$";              ❹
  private static final Pattern FK_PATTERN = Pattern.compile(FK_REGEXP);
  private static final Matcher FK_MATCHER = FK_PATTERN.matcher("");

  private void assertForeignKeysDoesNotHaveFunnyNames(String sql) {
    String[] lines = sql.split("\n");                                     ❺
    StringBuilder buffer = new StringBuilder();
    for ( String line : lines ) {
      FK_LINE_MATCHER.reset(line);
      if( FK_LINE_MATCHER.find() ) {
        String table = FK_LINE_MATCHER.group(1);
        String fk = FK_LINE_MATCHER.group(2);
        if ( ! isValidFk(fk) ) {
          buffer.append(table).append("(").append(fk).append(") ");       ❻
        }
      }
    }
    String violations = buffer.toString();
    if ( violations.length() > 0 ) {                                      ❼
      fail( "One or more tables have weird FK names: " + violations );
    }
  }
```

[1] 我们可以做进一步的努力，并呈现出一个更优雅的解决方案，因为这是一本书（所以有教育的意义）。但是当你在现实生活中编写单元测试时，很多次你不得不注重实效，并针对给定的问题使用一种快速而又吃力不讨好的解决办法，所以我们决定在这里也采用这种方法。

```
  private boolean isValidFk(String fk) {                    ⑧
    FK_MATCHER.reset(fk);
    return FK_MATCHER.find();
  }
}
```

❶ 尽管我们只测试了外键名字，但是我们也可以测试生成模式的其他方面，所以我们创建了一个通用的 SchemaTest 类。

❷ 测试用例方法本身十分简单：它调用了超类的 analyzeSchema()方法（之前已经介绍过），作为参数传递给一个将要做这项工作的内部类。

❸ 这个正则表达式用于识别一行是否定义了一个外键。

❹ 这个正则表达式用于提取外键的名称。

❺ 代表模式生成的 SQL 被解析为两个层次：首先，split()被用来分行；然后，正则表达式❸检查定义了外键的行。我们可以只使用一个正则表达式来处理上述两个过程，但结果会更为复杂。

❻、❼ 一旦我们发现了一个无效的外键，就先缓存它，然后再让测试失败，并在失败信息中包含所有的冲突。尽管让测试立即失败会更为简单，但是这个方法却更有帮助，因为它只需要运行一次就可以发现所有的无效名。

❽ 一个有效外键的意义取决于项目。在我们的示例中，我们定义了外键必须以 FK_ 开头，并且有两个名字（这应该代表关系中所涉及的表），用下划线（_）隔开。

这个测试用例依赖于一个新的基础设施方法 analyzeSchema()，而这个新方法被定义在 AbstractJpaTestCase 中。代码 18.23 显示了实现它所需的所有修改。

代码 18.23 修改 AbstractJpaTestCase 来支持 analyzeSchema()

```
[...]
public abstract class AbstractJpaTestCase {
[...]
  protected void analyzeSchema( SqlHandler handler ) {              ❶
    ConfigurationCreator cfgCreator = new ConfigurationCreator();
    Configuration cfg = cfgCreator.createConfiguration();
    SchemaExport export = new SchemaExport(cfg);                      ❷

    ByteArrayOutputStream outputStream = new ByteArrayOutputStream();
    PrintStream oldOut = System.out;
    PrintStream newOut = new PrintStream(outputStream);
    System.setOut(newOut);
    try {
      export.create(true, true);                     ❸
      String sql = outputStream.toString();
      handler.handle(sql);
    } finally {
      System.setOut(oldOut);
      newOut.close();
    }
  }

  protected interface SqlHandler {
```

```
    void handle( String sql );
  }

  private class ConfigurationCreator extends JPAConfigurationTask {     <-4
    @Override
    protected Configuration createConfiguration() {
      return super.createConfiguration();
    }
}
```

❶ analyzeSchema()基于模板设计模式（Template Design Pattern，参见 17.7.1 小节）。它知道如何创建一个包含数据库模式的 Java 字符串，但却不知道用这个字符串能做什么，所以它将这个字符串传递给 SqlHandler，而 SqlHandler 是作为参数被传递的。

❷ SchemaExport 是用来输出模式的 Hibernate 类（Hibernate Tools 项目的一部分）。它需要一个 Hibernate 的 Properties 对象，不幸的是，这个对象不能从 EntityManager 或 EntityManagerFactory 中获得，即我们的测试用例所引用的对象。为了克服这一局限性，我们需要使用第一招：使用一个 Ant 任务（JPAConfigurationTask），它也是 Hibernate Tools 项目的一部分。

❸ 这就是模式被有效地生成的地方。问题是，SchemaExport 要么将它导出给系统输出，要么将它导出给一个文件。理想情况下，SchemaExport 应该允许模式被导出到一个 Writer 或 OutputStream 对象，这样我们就可以把 StringWriter 作为参数传递给这个方法了。因为情况并不是这样，所以我们需要使用第二招：在这个方法被执行并随后还原它时，替换 System.out。是的，我们知道这很难看，不过我们已经提醒你了。

❹ 使用最后一招：因为 JPAConfigurationTask 的 createConfiguration()方法是受保护的，我们的测试用例将不能访问它，所以我们创建了一个子类并重写了这个方法，使得它在同一个程序包内可以被各个类访问。

18.7 小结

使用 ORM 工具极大地简化了 Java 程序中数据库访问代码的开发。但是不管技术有多伟大或技术在多大程度上使工作自动化，为使用某种技术的代码编写测试用例依然是十分必要的。

在 Java EE 程序中最常见的做法就是在业务层和持久层（各自地）使用 Façade 和 DAO。在这一章中，我们展示了如何使用 mock 作为 DAO 实现独立地测试这些层。

我们也展示了如何利用 DbUnit 和高级技术来有效地测试基于 JPA 的持久层。准确地说，是首先测试映射实体，然后测试 DAO。我们还展示了如何在 DbUnit 数据集中使用 JPA 生成的 ID。

尽管 JPA 测试是数据库测试（第 17 章介绍过）的扩展，但它也有它自己的关注点，例如延迟初始化异常、查询中返回重复的对象、级联删除和奇怪的约束名生成等。本章中的示例分别展示了如何处理这些问题。

第 19 章　JUnit 的其他用法

Make everything as simple as possible, but not simpler.
让每件事尽可能的简单，并不容易做到。
——Albert Einstein（阿尔伯特·爱因斯坦）

本章重点

- 透明地使用 mocks
- 直接的 DbUnit 集成
- 继承的断言能力
- 通过反射绕过封装

在本书最后一部分中，我们已经分析了一些用于测试特殊技术的工具，比如 Ajax 应用程序和数据库访问。而在最后一章中，我们将评估一些不适合特殊场景但却有利于测试开发的工具，它们提供帮助方法和管道结构来简化测试开发。通过使用这些工具，开发者可以将精力集中在改善生产力的功能性上。

从功能性上来说，我们分析的工具具备以下功能：自动地使用 mock，提供大量的断言方法，使用反射（reflection）访问测试对象的私有成员，使 DbUnit 的使用更容易。因为这些工具支持一般性测试，所以不止一种工具支持这些功能。这种功能的重叠听起来有些多余（典型的 NIH[1]症候群），但是这种多样性允许你选择最适合的工具。

[1] 并不是我发明的说法。

19.1 介绍

让我们一起来看看这些工具以及如何运行本章中的例子。所有这些工具都是开放源代码的项目：一些是在使用的和成熟的，另外一些已经停止开发了。

19.1.1 工具概述

下面是本章将介绍的所有工具的描述。

1. UNITILS

Unitils（http://unitils.org）是一个针对多种测试需求提供管道结构的库，比如数据库访问、mocks 的使用和 Spring 集成。尽管它是一种较新的框架（创建于 2006 年末），但它是一个成熟的项目，并且它的设计由始至终都秉承着现代测试理念。它不针对某个特定的框架（可以与 JUnit 3.x、JUnit 4.x 或 TestNG 一起运行），它的功能由模块提供（这提供一定的扩展空间），而且它还充分利用了 Java 的注释（annotation）功能。

2. JUnit-addons

JUnit-addons 创建于 2002 年，是本章中提到的最老的工具了。正如主页（http://sourceforge.net/projects/junit-addons）所介绍的那样，"JUnit-addons 是 JUnit 帮助类的集合。"听上去非常简单，而且事实上也的确很简单。尽管它简单并早已停止了开发（最后一个版本是 2003 年发布的），它依然是个有用的工具。尤其是对基于 JUnit 3.x 的项目，因为它提供的许多功能已经可以在 JUnit 4.x 上使用了。

3. FEST

FEST（http://fest.easytesting.org）是 Fixtures for Easy Software Testing 的缩写。顾名思义，它是另一种提供有用测试基础结构的库。与 Unitils 类似，FEST 同样可以与 JUnit 或 TestNG[1]一起运行且基于模块。尽管其他工具已经实现了大多数模块提供的功能，但是它们各自却以不同的方式实现。对于习惯使用 JMock 类型声明的开发者而言，它更易于使用。对于连贯接口（fluent interface）类型，如在网页（http://martinfowler.com/bliki/FluentInterface.html）中所定义的，它更明确具体。抛开这些重复的功能，它提供了一个非常独特的模块（`FEST Swing`），因为它支持 GUI 测试。

---

1 该项目在名字 TestNG-Abbot 下被初始化。

4．Mycila 测试框架

Mycila（http://code.google.com/p/mycila）框架中包含了许多子项目，每个子项目关注一个特殊的需求，比如测试。它是通用测试库（包含了 Unitils 和 FEST）最新的衍生物。就在本章编写的时候,它依然处在发展的起步阶段。尽管在本章中我们所分析的它的所有功能都是由其他工具提供的，但这个项目仍然提供了一些独特的功能，比如作为模块来测试基于 Guice[1]的应用；如果它实现了它的宏伟目标——“为每天的需求提供强有力的方案!”，那么它将成为工具箱中另一笔宝贵的财富。

19.1.2 运行示例

此示例应用程序的测试用例可以在两种环境下运行：Maven 和 Ant。如果在 Maven 下运行测试，则可以执行命令 `mvn clean test`。同样，如果使用 Ant 运行测试，则执行 `ant clean test`。一些工具在运行时可能需要神秘的依赖关系（比如，Unitils 数据库支持使用 Spring 进行交易管理）。不过，所有这些依赖关系都在 bulid.xml 文件中进行了说明。该应用程序也可以作为两个 Eclipse 项目：一个提供需要的库文件，另一个提供项目本身。现在所有的介绍就到此为止，让我们言归正传。

19.2 透明地使用 mock

当你在测试用例中使用 mock 时[2]，测试方法的典型构造如下：

1 创建一个被测试对象的实例。
2 为依赖对象创建 mock 实例，并将其注入测试对象。
3 设置 mock 期望值。
4 调用被测试方法。
5 可选地，验证 mock 期望值。

你可以在每个测试中手工完成上述 5 个步骤（这就是迄今为止我们在第 6 和第 16 章中所采用的方法），但是正如你在第 17 章（17.7.1 小节）中所学到的，这种重复的工作流程极其有可能要通过模板设计模式（Template Design Pattern）进行重构。只有第 3 和第 4 步是与具体测试相关的，而其他步骤对于所有测试几乎都是一样的。

在本节中，我们将分析 3 种工具，它们为可以透明地使用 mock 提供了基础，并且为了

[1] Guice（http://code.google.com/p/google-guice）是一个“由 Google 提供的，针对 Java 5 及以上版本的轻量级的依赖注入框架。”换句话说，它是 Spring 基于 Google 的简化版。

[2] Mocks 在第 7 章中有更详细的解释。

使用这 3 种工具，我们需要重构已有的 UserFacadeImplTest（最初已在代码 18.5 中定义）。

19.2.1 Unitils 的 EasyMock 支持

在开始研究 Unitils 的 mock 支持之前，让我们先来看看 Unitils 是如何运行的，以便我们能够正确地配置它。

Unitils 通过标准的 Java 属性进行配置（这些属性由一对字符串以 name=value 的形式定义），并且这些属性可以定义在 3 个不同的文件中。第一个文件叫做 unitils-default. properties，它由 Unitils 的 JAR[1]提供。顾名思义，它为大多数属性提供了缺省值，因此 Unitils 无须自定义配置就可以直接使用。但是缺省的属性并不总是够用——如果够用的话，就根本不需要属性了——因此，Unitils 允许项目相关的属性在 unitils.properties 文件中被覆写，通常可以在 classpath 或用户的根目录[2]下找到 unitils.properties 文件。最后，Unitils 也允许每个开发者在一个名叫 unitils-locals.properties[3]的用户特定文件中覆写属性，该文件同样位于类路径或用户根目录下。

这种配置机制虽然带来了高度的灵活性，但同时也带来了风险。如果测试过度依赖于用户特定属性，那么它们将可能难以复制。理想情况下，整个测试套件应该只使用项目属性就可以运行，而用户属性只在一些特殊情况下才被使用，比如当每个用户都有他自己的测试数据库时。

这就是说，每个模块都有它自己的属性，甚至哪些模块可用都是由 unitils.modules 属性定义的。在缺省情况下 unitils.modules 属性包含了所有的模块。对于我们的 mock 示例（如代码 19.1 所示）来说，就无须改变任何属性，尽管 mock 的配置是非常常见的（正如你在代码 19.1 中所看到的，有两个模块被引入）。

代码 19.1 为了使用 Unitils 的 mock 支持重构 UserFacadeImpl 测试

```
[...]
import static com.manning.junitbook.ch19.model.EntitiesHelper.*;
import static org.unitils.easymock.EasyMockUnitils.replay;          ❶
import static org.easymock.EasyMock.expect;

import org.junit.Test;
import org.junit.runner.RunWith;
import org.unitils.UnitilsJUnit4TestClassRunner;
import org.unitils.easymock.annotation.Mock;
import org.unitils.inject.annotation.InjectIntoByType;
import org.unitils.inject.annotation.TestedObject;

import com.manning.junitbook.ch19.dao.UserDao;
import com.manning.junitbook.ch19.model.User;
import com.manning.junitbook.ch19.model.UserDto;
```

1 该文件的内容可以在网上找到，http://unitils.org/unitils-default.properties。
2 根目录是由 Java 的系统属性 user.home 定义的。
3 该文件名是由属性自身定义的，因此它可以是任何名字，只要在 unitils.properties 中更改名字属性即可。

```
@RunWith(UnitilsJUnit4TestClassRunner.class)          ❷
public class UserFacadeImplUnitilsTest {

  @TestedObject
  private UserFacadeImpl facade;                ─┐
                                                 ❸
  @Mock                                          │
  @InjectIntoByType                              │
  private UserDao dao;                          ─┘

  @Test
  public void testGetUserById() {               ❹
    int id = 666;
    User user = newUserWithTelephones();
    expect(dao.getUserById(id)).andReturn(user);
    replay();
    UserDto dto = facade.getUserById(id);
    assertUser(dto);
   // verify();
  }

}
```

为了使用 Unitils，测试类必须首先继承支持使用测试框架（如 `UnitilsJUnit4`）的超类，或者以适当的 JUnit runner 注释它。在本示例中，我们选择后者❷。其次，声明代表被测对象和 mocks 的域；Unitils 提供了注释，如❸所示。注意，`@Mock` 注释会创建一个 EasyMock mock；尽管 Unitils mock 支持是由模块提供的，但目前只有 EasyMock 可用。接下来就是测试方法本身❹了，测试方法的内容几乎是和以前一样的；唯一的区别就是它使用的是 Unitils 的 `replay()` 方法而不是 EasyMock 的（这就是为什么在❶中我们显式地静态导入一些方法，而不是使用通配符*）并且无须调用 `verify()`（Unitils 会在测试运行后自动调用 `verify()`，尽管这种行为也可以通过修改属性来改变）。

与第 18 章中的示例（如代码 18.5 所示）相比，虽然类（测试方法本身）的核心是相同的，但是这个新的示例需要的配置更少。对于这两个简单的示例来说，似乎没有多大的差异，但是在真实的项目中，那些具有几十甚至上百个测试用例的项目中，这些小小的局部改善就会在整体上带来显著的收益。

Unitils 在幕后使用两个模块：`inject` 和 `easymock`。因为我们没有进行任何配置，所以 Unitils 加载了所有的模块。这些模块属性的缺省值是：

```
unitils.modules=database,dbunit,hibernate,mock,easymock,inject,spring,jpa
```

如果这个属性没有被覆写，那么 Unitils 就会加载所有的模块。这意味着在每项测试前后都会有更多隐式的构建方法需要被调用。如果你不需要所有的模块，那么就设置这个属性为你需要的模块即可。在我们的示例中，这个属性的设置如下：

```
unitils.modules=easymock,inject
```

如果你忘记包含一个模块，Unitils 就不会实例化使用该模块注释的属性，并且测试用例最终将会抛出一个异常。例如，如果 `easymock` 模块没有被包含，那么引用 `dao` 就无法被设置，并且 `expect(dao.getUserById(id))` 语句会抛出一个异常 `NullPointerException`。

除了配置使用哪些模块之外，你也可以通过模块属性改变一些模块的行为。例如，通过设置 EasyMockModule.autoVerify-AfterTest.enabled 为 false，就可以使得在测试用例运行后无法调用 EasyMock 的 verify()方法。即便考虑到调用的顺序，要设置 mock 的行为模式（宽松或者严格的）也是可能的。

Unitils 另一个有趣的功能是@Dummy 概念。以@Dummy 注释的属性与那些以@Mock 注释的属性行为相似。除非你不需要设置期望值。所有的方法调用都会返回缺省值（比如对于返回整数的方法，缺省值是 0）。当你的被测对象需要有效引用另一个对象，而那个对象的行为又与用到它的测试用例无关时，@Dummy 注释就非常有用了。

19.2.2 FEST-Mocks

代码 19.2 显示了使用 FEST-Mocks 的相同示例。

代码 19.2 为了使用 FEST-Mocks 重构 UserFacadeImpl 测试

```
[...]

import static org.easymock.EasyMock.*;
import org.fest.mocks.EasyMockTemplate;

import org.junit.Before;
import org.junit.Test;

import com.manning.junitbook.ch19.dao.UserDao;
import com.manning.junitbook.ch19.model.User;
import com.manning.junitbook.ch19.model.UserDto;

public class UserFacadeImplFESTTest {                    <-❶

  private UserFacadeImpl facade;
  private UserDao dao;

  @Before
  public void setFixtures() {                   <-❷
    facade = new UserFacadeImpl();
    dao = createMock(UserDao.class);
    facade.setUserDao(dao);
  }

  @Test
  public void testGetUserById() {
    final int id = 666;
    final User user = newUserWithTelephones();
    new EasyMockTemplate(dao) {                         <-❸
      @Override
    protected void expectations() throws Throwable {
      expect(dao.getUserById(id)).andReturn(user);
    }
    @Override
    protected void codeToTest() throws Throwable {
      UserDto dto = facade.getUserById(id);
      assertUser(dto);
    }
  }.run();              <-❹
}
```

FEST-Mocks 不需要测试类❶来继承任何类或使用任何特定的运行器；不足之处在于，必须手工实例化 mocks 和测试对象❷。FEST-Mock 所能做的就是提供一个必须在每个测试用例中继承的抽象模板类❸，而每个测试用例又必须显式地设置预期并运行待测代码。然后，当方法 run()被调用时，它执行一个类似于本节开始时描述的工作流（其主要差异在于验证的步骤不是可选的，verify()始终被调用）。

总体来说，FEST-Mocks 有点让人费解，因为它虽然明确地使用模板设计模式，但却以一种复杂的方式。它的创造者声称将 mock 的预期和待测代码分开会使得测试用例更加清晰。虽然我们承认结果会清晰易读，但是开发起来就显得不自然并更加繁琐。

19.2.3 Mycila

Mycila 的 mock 支持与 Unitils 很相似，你同样需要使用注释来标记 mock 属性。然而，与 Unitils 不同之处在于，你还需要在@Before 方法中进行一些手工构建，比如创建测试对象和调用 Mycila 初始化方法。代码 19.3 显示了转换到 Mycila 的示例。

代码 19.3 为了使用 Mycila 的 EasyMock 插件重构 UserFacadeImpl 测试

```
[...]
import static com.manning.junitbook.ch19.model.EntitiesHelper.*;
import static org.easymock.EasyMock.*;

import org.junit.Before;
import org.junit.Test;

import com.manning.junitbook.ch19.dao.UserDao;
import com.manning.junitbook.ch19.model.User;
import com.manning.junitbook.ch19.model.UserDto;
import com.mycila.testing.core.TestSetup;
import com.mycila.testing.plugin.easymock.Mock;

public class UserFacadeImplMycilaEasyMockTest {         <-❶

  private UserFacadeImpl facade;

  @Mock
  private UserDao dao;                        <-❷

  @Before
  public void setFixtures() {
    facade = new UserFacadeImpl();
    TestSetup.setup(this);                    <-❸
    facade.setUserDao(dao);                   <-❹
  }

  @Test
  public void testGetUserById() {             <-❺
    int id = 666;
    User user = newUserWithTelephones();
    expect(dao.getUserById(id)).andReturn(user);
    replay(dao);
    UserDto dto = facade.getUserById(id);
    assertUser(dto);
```

```
    verify(dao);
  }
}
```

正如你在❶处所见，Mylica 不需要任何特殊继承或自定义的运行器，来强制测试用例在`@Before` 方法❸中显式地调用 `TestSetup.setup()`。`@Before` 方法会扫描测试类来寻找`@Mock` 注释并且在找到时进行适当的 EasyMock 构建，如❷所示。注意，每个需要引用这些 mocks（如在❹处定义的依赖注入）的测试用例语句都必须在 `TestSetup.setup()`调用后执行。Mock 注入是 Mylica 提供的唯一的 mock 支持；测试方法本身❺就负责在 mocks 中调用 `replay()`和 `verify()`。

Mylica 也支持其他的 mock 框架，比如 JMock（已经在第 6 章中介绍过）和 Mockito（http://mockito.org）。代码 19.4 给出了使用 JMock 插件的相同示例。

代码 19.4　为了使用 Mycila 的 JMock 插件重构 UserFacadeImpl 测试

```
[...]
import static com.manning.junitbook.ch19.model.EntitiesHelper.*;

import org.jmock.Expectations;
import org.jmock.Mockery;
import org.junit.Before;
import org.junit.Test;

import com.manning.junitbook.ch19.dao.UserDao;
import com.manning.junitbook.ch19.model.User;
import com.manning.junitbook.ch19.model.UserDto;
import com.mycila.testing.core.TestSetup;
import com.mycila.testing.plugin.jmock.Mock;                  ❶
import com.mycila.testing.plugin.jmock.MockContext;

public class UserFacadeImplMycilaJMockTest {
  private UserFacadeImpl facade;

  @MockContext                            ❷
  private Mockery context;

  @Mock                         ❸
  private UserDao dao;
  @Before
  public void setFixtures() {             ❹
    facade = new UserFacadeImpl();
    TestSetup.setup(this);
    facade.setUserDao(dao);
  }
  @Test
  public void testGetUserById() {
    final int id = 666;
    final User user = newUserWithTelephones();
    context.checking(new Expectations() {{          ❺
      one(dao).getUserById(id);
      will(returnValue(user));
    }});
    UserDto dto = facade.getUserById(id);
    assertUser(dto);
```

```
    context.assertIsSatisfied();              ⊲—❻
  }
}
```

这个新的示例与之前的示例类似；测试的构建部分❹甚至一模一样。不同之处在于，引用 dao❸时使用定义在另一个程序包中的@Mock 注释来标记❶，并需要一个 Mockery 对象❷，而且设置和验证预期的方式（❺和❻）也有所不同。

因此，考虑到这 3 个工具所提供的 mock 支持，你会在你的项目中使用哪一个呢？如果你希望透明地使用 EasyMock，那么 Unitils 无疑是最佳的选择，因为它在测试用例中不需要费太多精力（无须构建或调用来验证）并且还是高度可配置的。但是如果你需要使用 JMock 或者更倾向于明确地分离预期和测试代码，那么 Mylica 或 FEST 将分别是最适合的选择。

19.3 DbUnit 集成

在第 17 章中，我们展示了一个内部框架，它使用 Java 注释，从而使得在测试用例中使用 DbUnit 数据集更加容易。如果这样一个框架能够直接被提供，那岂不是更好？那么，你知道吗？Unitils 的 dbunit 模块恰好就可以提供此功能！

Unitils 提供了 4 个与数据库测试有关的模块：database、dbunit、hibernate 和 jpa。database 模块主要负责提供用于测试和交易管理的数据库联接，它还提供一些其他的功能，比如用于同步开发者数据库的数据库维护。然后 dbunit 模块用来扫描测试类，以便找到定义每项测试中应该使用哪些 DbUnit 数据集的注释。最后，hibernate 和 jpa 模块可以用来在测试用例中注入必须的 ORM 类（例如 Hibernate 的 Session 或者 JPA 的 Entity Manager），这也可以通过使用注释来实现。

模块 dbunit 与第 17 章中提供的基础结构类似：你使用注释（@DataSet 和/或 @Expected DataSet）标记测试方法，并且 Unitils 负责准备数据库或者使用这些注释定义的数据集来断言它的内容。主要的差异在于数据集所处的位置（在 classpath 中相对于类的包目录），以及注释能够被定义在类级或者方法级的事实（当许多方法使用相同的数据集时，类的层级是有用的；随后单个的方法又可以使用不同值的注释来重写）。在第 17 章中，我们使用 DbUnit 测试了基于 JDBC 的 DAO，而在第 18 章中，我们使用 DbUnit 测试了基于 JPA 的 DAO，这个基于 JPA 的 DAO 使用 Hibernate 作为 JPA 的实现。让我们用 Unitils 来重写这两个测试用例。先从 JDBC 版开始吧，如代码 19.5 所示。

代码 19.5 使用 Unitils 重构 UserDaoJdbcImplTest

```
[...]
import static com.manning.junitbook.ch19.model.EntitiesHelper.*;
import static org.junit.Assert.*;
```

```
import java.sql.Connection;
import java.sql.SQLException;

import javax.sql.DataSource;

import org.junit.Test;
import org.unitils.UnitilsJUnit4;
import org.unitils.database.annotations.TestDataSource;
import org.unitils.dbunit.annotation.DataSet;
import org.unitils.dbunit.annotation.ExpectedDataSet;

public class UserDaoJdbcImplTest extends UnitilsJUnit4 {          ❶

  private UserDaoJdbcImpl dao = new UserDaoJdbcImpl();

  @TestDataSource
  void setDataSource(DataSource ds) throws SQLException {          ❷
    Connection connection = ds.getConnection();
    dao.setConnection(connection);
    dao.createTables();
  }

  @Test
  @DataSet("user.xml")
  public void testGetUserById() throws Exception {
    long id = 1;
    User user = dao.getUserById(id);
    assertUser(user);                                              ❸
  }

  @Test
  @DataSet("user.xml")
  public void testGetUserByIdUnknowId() throws Exception {
    long id = 2;
    User user = dao.getUserById(id);
    assertNull(user);
  }

  @Test                                                            ❹
  @ExpectedDataSet("user.xml")
  public void testAddUser() throws Exception {
    User user = newUser();
    dao.addUser(user);
    long id = user.getId();
    assertTrue(id>0);
  }
}
```

在 mock 示例中，我们使用了一个自定义的 runner 来支持 Unitils 集成；这次我们选择继承合适的 Unitils 超类❶。下一步就是通知数据库模块测试用例需要数据源（它又将被用于配置 DAO）；它通过可用于特性或方法中的`@TestDataSource`注释来完成。在我们的测试用例中，我们在方法❷中使用它，因为传递数据库连接给 DAO 并调用 DAO 来创建数据库表[1]是必要的，否则，当模块 dbunit 尝试加载数据集时会失败。

[1] 如果我们没有使用嵌入式的数据库，而使用了一个已创建了表的开发者数据库，那么我们就可以在 DataSource 属性中使用@TestDataSource，并可以使用方法@Before 来传递连接给 DAO。

然后在❸处，我们有了从数据库加载数据的测试。因此我们使用@DataSet 注释来定义一个在测试前用于准备数据库的数据集。注意，这里的文件名“user.xml”是指一个数据集文件，它位于与测试类包具有相同目录结构的 classpath 下（在我们的示例中为 com/manning/junitbook/ch19/dao/user.xml）。文件的内容与在第 17 章的代码 17.5 中相同。最终在❹处，我们看到了这样一个测试用例：数据被插入数据库，并使用 DbUnit 来对比结果；在这个用例中我们使用了@ExpectedDataSet。

而 JPA 示例几乎与上面的示例一样，主要的不同之处在于构建 EntityManager 和 DAO 的部分代码。代码 19.6 展示了这个新的测试用例，其侧重于测试的构建，并只显示了一个测试方法。

代码 19.6 UserDaoJpaImplTest 对应的变化

```
[...]
import static com.manning.junitbook.ch19.model.EntitiesHelper.*;
import static org.junit.Assert.*;

import java.sql.Connection;
import java.sql.SQLException;

import javax.sql.DataSource;

import org.junit.Test;
import org.unitils.UnitilsJUnit4;
import org.unitils.database.annotations.TestDataSource;
import org.unitils.dbunit.annotation.DataSet;
import org.unitils.dbunit.annotation.ExpectedDataSet;

import com.manning.junitbook.ch19.model.User;

public class UserDaoJpaImplTest extends UnitilsJUnit4 {

  @JpaEntityManagerFactory(persistenceUnit="chapter-19")          ❶
  @PersistenceContext
  EntityManager em;

  private final UserDaoJpaImpl dao = new UserDaoJpaImpl();

  @Before
  public void prepareDao() {                               ❷
    dao.setEntityManager(em);
  }

  @Test
  @DataSet("user.xml")
  public void testGetUserById() throws Exception {          ❸
    long id = 1;
    User user = dao.getUserById(id);
    assertUser(user);
  }
[...]
}
```

这个测试用例中的不同之处在于，在❶处使用了两个注释来标记 EntityManager（它将在测试运行前被 Unitils 注入），随后在❷处，EntityManager 被传递给我们的 DAO。而在❸处，我们就拥有了测试方法本身；注意它与代码 19.5 中的测试方法是一样的（即便 DAO 的实现不同），而且还与第 18 章中的测试非常相似，只是在这个新的示例中不需要管理事务，因为 Unitils 自动为我们实现了这一点[1]。除了测试类本身之外，都必须在 unitils.properties 上设置数据库连接，如代码 19.7 所示。

代码 19.7 DbUnit 示例所对应的 unitils.properties 设置

```
database.driverClassName=org.hsqldb.jdbcDriver
database.url=jdbc:hsqldb:mem:my-project-test;shutdown=true    ❶
database.dialect=hsqldb
database.schemaNames=PUBLIC
unitils.modules=database,jpa,dbunit    ❷
```

数据库信息在❶处被设置，而❷列出了在这些测试中使用的模块。注意，❷可以忽略，因为 Unitils 缺省设置是使用所有的模块。

正如上述示例所显示的那样，Unitils 的 DbUnit 支持与第 17 章中开发的框架类似，虽然它们各有利弊。例如，Unitils 允许你使用合并的数据集，而内部的框架却提供 EL 支持。另一个主要的区别是 Unitils 可以自动地管理事务。从所分析的工具来看，Unitils 是当前唯一支持 DbUnit 的工具，虽然 Mylica 似乎有计划在不远的将来提供 DbUnit 插件。

19.4 使断言更简单

在测试用例开发中，拥有一个强大的现成的断言方法工具箱，是一笔非常重要的财富。为什么呢？有两个主要原因：生产率和明确性。

当你在编写测试用例时，你的注意力集中在测试用例的逻辑上；而断言只是一个附属品。例如，如果你需要断言一个变量大于某个数值，那么你第一反应就是编写一个类似 `assertTrue(x>42)` 的表达式。当条件成立时，这样的断言可以运行不错。但是当条件不成立时，你就会得到一个相当含糊的空消息 `junit.framework.AssertionFailedError: null`。第二个办法就是在断言中加入一条消息，比如 `assertTrue("X should be greater than 42, but it is "+x, x>42)`。的确，明确性提高了，但却牺牲了一部分效率：你需要创建一个包含变量（`x`）名字、操作符（`greater`）和当前值串联的长字符串。这个长字符串不仅招人讨厌，还容易出错。更好的方法就是有一个专门用于对比的断言方法，它将可以使得代码像 `assertGreaterThan(x, 42)` 一样简单。

JUnit 通过 `org.junit.Assert` 类提供了一些可以直接使用的断言，并且尽管这些功能可以涵盖基本的需求，但是在一些特定情况下它们就无能为力了，例如比较 JavaBean 中的集合或属性（更不用说上一段中的示例）。幸运的是，许多第三方库文件都提供了附加的断言，在本节中我们会介绍其中的一部分。

---

[1] Unitils 会在每项测试前启动一个事务并随后提交它，虽然它也可以配置为回滚（通过 `DatabaseModule.Transactional.value.default` 属性）。

19.4.1 JUnit-addons 断言包

JUnit-addons 在 junitx.framework 程序包中提供了一组 *XXX*Assert 类（比如 ListAssert 和 FileAssert），而且每个类都提供了针对断言特定对象的静态方法。尽管它们提供的这些断言功能现在已经在 JUnit 4.x 中实现了一部分[1]，但是还有一些功能依然不支持。例如，JUnit 的 Assert 类提供 assertTrue()、assertFalse()和 assertEquals()方法，但是却没有提供 assertNotEquals()方法。不过，JUnit-addons 的 Assert 类提供了 assertNotEquals()方法。

我们先来看看第一个示例，对一个变量和一个数字进行比较。为了达到这个目的，JUnit-addons 提供了 ComparableAssert 类，这个类提供方法来断言实现 java.lang.Comparable 的对象（数字碰巧是这些对象的一个子集）。例如，要断言变量 x 大于 42，我们可以写成：

```
ComparableAssert.assertGreater(42, x);
```

并且如果失败了，就会显示消息：

```
junit.framework.AssertionFailedError: expected greater than:<42> but was:<23>
```

下一个有趣的类是 ListAssertions。顾名思义，它提供了验证列表的方法。更具体地说，它有两个方法：assertEquals(List, List)和 assertContains(List, Object)[2]。在查看它们运行之前，我们先来定义一些 List 的 fixture：

```
List<Integer> LIST1 = Arrays.asList(4, 8, 15, 16, 23, 42);
List<Integer> LIST2 = Arrays.asList(108);
List<Integer> LIST3 = Arrays.asList(4, 8, 15, 16, 42, 23);
List<Integer> LIST4 = Arrays.asList(4, 8, 15, 16, 108, 23);
```

第一个列表（LIST1）包含 6 个随机数，它将分别与包含不同数量的数字列表（LIST2）、包含相同数字但顺序不同的列表（LIST3），以及数量相同但部分数字不同的列表（LIST4）进行对比。

如果你使用了 JUnit 的 assertEquals()方法来对比 LIST1 和 LIST4，那么消息如下：

```
java.lang.AssertionError: expected:<[4, 8, 15, 16, 23, 42]> but was:
➥<[4, 8, 15, 16, 108, 23]>
```

尽管消息包含了对列表内容的具体描述，但是要认识到它们为什么不相等却并不容易。原因就是 JUnit 的 assertEquals()方法把列表看作任何其他对象，它的消息格式由 Java 的 String 类决定。如果我们使用 JUnit-addons 替代（ListAssert.assertEquals()），那么结果如下：

```
junit.framework.AssertionFailedError: expecting <42> in
➥<4, 8, 15, 16, 108, 23>
```

---

1 比如 AssertArray 类，它的方法提供了与 Assert.assertArrayEquals()相同的功能。

2 从技术上来说，它提供了 4 种方法，因为每个断言方法都有一个包含消息的重载版本。

这是一个更易于理解的消息，尽管它并没有告诉我们两个列表在什么地方不同，只是显示了那个缺少的数字。然而，这种方法运行的机制却无法检测出 LIST1 与 LIST3 之间的不同，因为这两个列表具有相同的数字，但排列顺序却不同。这听起来似乎是个 Bug，但它是一个设计决策，就像 Javadoc 中所陈述的那样“两个列表相等的断言（与顺序无关）”[1]。如果列表的大小不同（如 LIST1 和 LIST2），那么消息就会更加让人困惑了：

```
junit.framework.AssertionFailedError: expecting <4> in <108>
```

因此，简而言之，ListAssert.assertEquals()并不比 JUnit 的 assertEquals()方法更有优势。虽然你将会看到进行列表对比的更好选择，但不要抛弃 JAR，因为它提供了有用的 assertContains()方法。例如，调用 ListAssert.assertContains(LIST1, 666)的结果如下：

```
junit.framework.AssertionFailedError: expecting <666>
➥in <4, 8, 15, 16, 23, 42>
```

JUnit-addons 提供了更多的断言类，比如 FileAssert（提供方法来对比文本内容以及二进制文件）、NamingAssert（用于 JNDI 相关的断言）、StringAssert（包含针对 String 自有方法的断言方法，如 assertStartsWith()）以及 ObjectAssert（包含 assertInstanceOf()方法等）。这些类极其简单，但却非常实用。

19.4.2 Unitlis 的 ReflectionAssert

Unitils 只有一个提供了扩展断言的类：org.unitils.reflectionassert.ReflectionAssert。这个类非常强大，是因为它知道如何对比多种类型的对象，从简单的 JavaBeans 到集合，以及使用反射的 Hibernate 代理。更具体地说，它使用反射来比较每个域的值，并提供了是严格比较还是宽松比较的选择（例如，只比较非空值或忽略日期的域）。ReflectionAssert 差不多包含了几十个方法，并且它们各自的用处还不可小觑。

一些方法的名称很相似（比如 assertLenEquals()和 assertLenientEquals()；前者已经过时了，而且可以调用后者）；许多方法把 ReflectionComparatorMode 数组（它是定义对比行为的枚举类型）看作是一个形参；并且这个数组是一个 vararg（即参数的数量不定，这也就意味着即使没有这个参数，该方法也能运行！）。话虽这么说，还是让我们先从类的主方法 assertReflectionEquals()开始吧。

这个方法的完整签名[2]是 assertReflectionEquals(Object expected, Object actual, Reflection ComparatorMode...modes)。因为 modes 参数使用了一个 vararg，它是可选项，因此如果你没有传递一个比较器模式（comparator mode），它就会在所有域中执行严格的对比。例如，有两个 User 对象（就像在代码 19.1 中所定义的），其不同之处在于 user1 的 username 域为 null，当调用 assertReflectionEquals(user1, user2)时，其结果如下：

[1] 它仍然是一个概念性的错误，这样的行为将会产生更多有意义的对比集。

[2] 此处以及在整个这一章中，我们都忽略了包含消息的最完整版，因为它与所解释的内容无关。

```
junit.framework.AssertionFailedError: Found following differences:

 username
    =>  null
    =>  "ElDuderino"
--- Difference details ---

 =>  User<id=0, username=null, firstName="Jeffrey", lastName="Lebowsky",
     telephones=[]>
 =>  User<id=0, username="ElDuderino", firstName="Jeffrey",
     lastName="Lebowsky", telephones=[]>

username =>  null
username =>  "ElDuderino"
```

它不仅找到了差异，还会针对什么地方出了错提供简要和详细的消息（而且这个类的所有断言方法都会这么做）。如果你想忽略所有为 null 的域，那么你需要把 Reflection ComparatorMode.IGNORE_DETAILS 模式作为一个参数进行传递，比如 assertReflection Equals(user1, user2, IGNORE_DETAILS)。要注意的是，这里的顺序非常重要，因为只有当预期的参数中的域值为空时，域才会被忽略。使用这些相同的 User 实例来调用 assert ReflectionEquals(user2, user1, IGNORE_DETAILS)将会失败，而 assertReflection Equals (user1, user2, IGNORE_DETAILS)则可以通过。

另外两个对比模式是 LENIENT_DATES 和 LENIENT_ORDER。LENIENT_DATES 会在对比时忽略任何是 java.util.Date 的域，而 LENIENT_ORDER 只在对比集合时才会用到。因为宽松的对比很常见，大多数 ReflectionAssert 的 assertReflection*XXX*()方法都提供了一个叫做 assertLenient*XXX*()的对应方法，assertLenient*XXX*()自动包含 IGNORE_DETAILS 和 LENIENT_ORDER，比如 assertLenientEquals(Object expect, Object actual)。这种行为背后的想法是，在多数情况下，被测试的功能不会填写一个对象的每个域，并且如果不得不对比所有的域也会带来更多的工作量。这在数据库接入测试中特别有用，例如在 getLoginAndPassword()方法中，用户的表有几十个域，但其中只有两个域被填写并参与比较。

这些方法也可以用来比较集合。比如，使用上文中定义的两个列表，并调用 assert ReflectionEquals(LIST1, LIST4)，执行结果如下：

```
junit.framework.AssertionFailedError: Found following differences:

 [4]
    =>  23
    =>  108
 [5]
    =>  42
    =>  23

--- Difference details ---

 =>  [4, 8, 15, 16, 23, 42]
 =>  [4, 8, 15, 16, 108, 23]

[4] =>  23
[4] =>  108
```

```
[5] =>  42
[5] =>  23
```

乍一看，这个消息好像含义模糊，其实却非常简单明了：它表明了在索引 4 和索引 5 上的元素是不同的（一个是 23 代替了 108，而另一个是 42 代替了 23）。如果元素的顺序不重要的话，那么你可以把 `LENIENT_ORDER` 作为一个参数进行传递或者调用 `assertLenientEquals()`。在这种情况下的消息将会稍有不同，如下所示：

```
junit.framework.AssertionFailedError: Found following differences:

 [5,4]
    =>  42
    =>  108

--- Difference details ---

 =>  [4, 8, 15, 16, 23, 42]
 =>  [4, 8, 15, 16, 108, 23]

[5,4] =>  42
[5,4] =>  108
```

由此可见，尽管这两个列表在不同的位置上有所差异（分别是索引 5 和索引 4），但列表中只有一个元素是不同的。总而言之，`ReflectionAssert` 是一个强大的类。一旦你冲破了学习曲线的障碍，你就会得到一个非常有价值的用来处理常见断言的工具。

19.4.3 FEST 流畅断言模块

FEST 流畅断言模块（也叫做 FEST-Assert）为许多类型的对象提供了自定义断言，如集合、字符串、异常、文件、`BigDecimals` 甚至 `BufferedImages`。它不仅支持各种对象，还可以用不同的语法来表达断言，虽然与 Hamcrest 的语法很相似（已在第 3 章描述过），但更易于使用，因为断言方法可以被链接起来。

断言的切入点是 `org.fest.assertions.Assertions` 类的 `assertThat(actual)` 方法。该方法被重载十几次，每一次参数 actual 都会被赋予不同类型的值，并且针对不同的类型返回相应的断言类。这听起来很令人困惑吧？其实它十分灵巧并易于使用（一旦你熟悉使用它之后），因此我们用 x > 42 的示例来清晰地描述一下。假设有一个整型变量 x，那么断言就是：

```
Assertions.assertThat(x).isGreaterThan(42);
```

并且执行结果如下：

```
java.lang.AssertionError: actual value:<23> should be greater than:<42>
```

在后台，所有的 `Assertions.assertThat()` 方法会返回一个 Assert 的子类，在这个用例中，是 `IntAssert`（因为 x 是整数），它有一些方法，如 `isGreaterThan(int)`。

而这些方法又会返回 IntAssert，允许许多调用被串联起来，如下：

```
Assertions.assertThat(x).isGreaterThan(42).isLessThan(108);
```

如果你静态导入 Assertions 并且每一行只列一个方法，那么就可以使代码更易于阅读：

```
assertThat(x).isGreaterThan(42)
             .isLessThan(108) ;
```

所有的断言都有公共方法，像 as(String description)，它可用来描述实际的对象。在之前的例子中，我们可以将它描述为“X”：

```
assertThat(x).as("X").isGreaterThan(42)
                     .isLessThan(108);
```

那么消息如下：

```
java.lang.AssertionError: [X] actual value:<23> should be greater than:<42>
```

总体来说，FEST-Assert 断言简单易用，清晰直接，尤其在使用带有自动完成功能的 IDE 时更是如此。但是为了便于对比，这里给出一些集合断言的示例，它们与我们之前展示的示例（使用其他工具）有相似之处。

- 对比集合内容 (assertThat(LIST1).isEqualTo(LIST4)):

```
java.lang.AssertionError: expected:<[4, 8, 15, 16, 108, 23]>
but was:
<[4, 8, 15, 16, 23, 42]>
```

- 检查一个列表是否含有某个指定元素 (assertThat(LIST1).contains(666)):

```
java.lang.AssertionError: collection:<[4, 8, 15, 16, 23, 42]>
does not contain element(s):
<[666]>
```

- 检查一个列表是否含有多个指定元素(assertThat(LIST1).contains(108, 666)):

```
java.lang.AssertionError: collection:<[4, 8, 15, 16, 23, 42]>
does not contain element(s):
<[108, 666]>
```

- 断言一个集合不含重复项(assertThat(Arrays.asList(42,42)).DoesNotHaveDuplicates()):

```
java.lang.AssertionError: collection:<[42,42]>
contains duplicate(s):
[42]>
```

19.4.4 Mylica 继承断言

Mylica 也提供了一个断言模块，它使用了类似于 FEST 的 Hamcrest 类型，可以参考该项目的 Wiki 主页上提供的示例（http://code.google.com/p/mycila/wiki/Extended Assertions）。但是，不幸的是，这个模块在本书编写之际还尚未广泛应用，因此我们不得不在此略过它。但它是一个值得关注的项目。

正如在本小节中你所看到的，许多工具都提供了自定义断言功能。无论你的断言需求是什么，很有可能这些工具中的某个（或多个）就可以支持它。并且通过使用这些工具，你会很容易地提升编码效率和失败消息的明确性。虽然这听起来微不足道，但是当你编写了成百上千个测试用例时，这些微不足道的改进累加起来就会带来显著的收益。

19.5　使用反射绕过封装

在理想情况下，测试用例应该对测试对象的内部状态一无所知。但真实的情况是，即使在一个完美的状态下，类被设计成具有良好的封装和可测试性，它有时仍然需要绕过封装来访问内部成员。随着**依赖注入**（DI）容器诸如 Spring 和 Java EE 5 应用程序服务器的出现，将属性定义为没有任何 getter 或 setter 但只有一个 Java 注释（如`@Resource`或`@Autowired`）的私有属性是非常常见的，其中该 Java 注释用来提示容器在运行时注入依赖。

当测试对象的域是私有的时，它们很有可能稍后由某些框架类通过反射来访问。因此，与其为了隐私顾虑而抱怨，你为什么不采用同样的游戏规则，使用反射访问测试用例中的这些域呢？

例如，代码 19.4 中所定义的 `UserFacadeImpl` 对象引用了私有的 `UserDao`，并且到目前为止，该引用仅可以通过一个公共方法 `setUserDao()`来设置。但是如果该方法不可用时，我们就可以使用反射来访问它。在这一小节中，我们会展示如何这样做，首先使用一个内部的工具类，然后再分析两个提供了这些功能的免费工具。

19.5.1　内部替代物

如果你最终需要在被测对象中设置一个私有域，那么你可能要首先尝试直接使用测试方法中的反射 API。尽管这不是一个好办法，但是因为 API 使用起来比较麻烦，并且这样的需求极有可能发生在其他测试用例中。在类似这样的情况下，最好为已有的工具类添加一个新方法，如果没有任何类的话，就创建一个新的。这个特殊的方法需要 3 个参数：对将设置域的对象的引用、域的名称和它的新值。因为你很有可能在某个点上需要获取这个域的值，所以为什么不为此添加一个辅助方法呢？代码 19.8 中给出了这两个方法。

代码 19.8 直接使用反射 API 的 TestingHelper 的初步实现

```
[...]

import java.lang.reflect.Field;

public class TestingHelper {

  public static void set( Object object, String fieldName,
                          Object newValue) {
    Field field = getField(object.getClass(), fieldName);
    try {
      field.set(object, newValue);
    } catch (IllegalAccessException e) {
      throw new RuntimeException(
        "Could not set value of field '" + fieldName +
        "' on object "  + object + " to " + newValue, e );
    }
  }

  public static <T> T get(Object object, String fieldName) {
    Field field = getField(object.getClass(), fieldName);
    Object value;
    try {
      value = field.get(object);
    } catch (IllegalAccessException e) {
      throw new RuntimeException( "Could not get value of field '" +
        fieldName + "' from object "  + object, e );
    }
    @SuppressWarnings("unchecked")
    T castValue = (T) value;
    return castValue;
  }

  private static Field getField(Class<?> clazz, String fieldName) {
    Class<?> tmpClass = clazz;
    do {
      for ( Field field : tmpClass.getDeclaredFields() ) {
        String candidateName = field.getName();
        if ( ! candidateName.equals(fieldName) ) {
          continue;
        }
        field.setAccessible(true);
        return field;
      }
      tmpClass = tmpClass.getSuperclass();
    } while ( clazz != null );
    throw new RuntimeException("Field '" + fieldName +
      "' not found on class "  + clazz);
  }
}
```

这个类提供了两个辅助方法❶`set()`和 `get()`。它们的实现遵循了相同的工作流：获得了对 `java.lang.reflect.Field`❷的引用，使用它实现某些操作❸，并且将任何反射 API 异常转换❹为 `RuntimeException`，因此调用者不必担心 checked exception。`get()`方法也实现了 Java 5 额外的功能，将结果转换为预期的类型❺，因此当它被指派给一个变量时，调用者无需显式转换[1]。

最“脏”的部分就是获得 `Field` 的引用❻；这个方法不得不扫描对象的类❼和它的超类❾的所有方法，而且一旦发现了方法，就必须使得它可以被访问❽。回顾之前的 `UserFacadeImpl` 示例，一旦它不能为 `UserDao` 提供 setter 并且这些新的辅助方法可用时，我们就可以在 `serFacadeImplTest.setFixtures()`（已在代码 19.5 中定义）中将语句 `facade.Set UserDao(dao)` 重写为 `TestingHelper.set(facade, "userDao", dao);`。

绕过封装，或者我如何学会停止担忧并爱上反射

当学习面向对象语言时，你首先学到的事情之一就是它们构建于三大基础之上：封装、继承和多态。封装的最佳实践指出属性应该被定义为 private 并只能通过 getter 和 setter 访问。作为一个好学生和受过训练的开发者，你会遵守该实践，愉快地将所有的对象域定义为 private，从你喜欢的 IDE 中选择一些热键来生成那些无聊乏味的 getter 和 setter。在经过了一天的繁重工作之后，你决定在家读几页本书放松一下。当你读到一些令人不安的内容：那些被你小心翼翼保护的、紧密封装的域可以通过反射轻而易举地被访问！你的整个世界崩溃了，你第一本能反应就是卖掉你所有的 Java 书，再用这些钱买进千年虫生存工具包（Y2K survival kits）。哦，如果你碰巧遇到这种情况，请回到沙发坐下同时放松：你只有在授予权限让 JVM 这样做时，才可以绕过封装。更具体地说，当你调用方法如 `Field.setAccessible(true)` 时，JVM 会首先检查 `SecurityManager`，看看调用方法是否有权限改变访问规则。你可能会说权限是默认授予的，因此这些域也是完全开放的，但事实是，这样的行为在多数情况下是方便实用的，至少在 Java SE 环境下是如此。

总之，这样的访问是否默认允许已经超出了本书的讨论范围。即使 JVM 有更加严格的默认行为，你也可以在你的测试用例环境中通过配置 `SecurityManager` 来降低限制条件。

19.5.2 JUnit-addons

JUnit-addons 的 `PrivateAccessor` 类提供了类似于前一节中从零开始实现的多个方法。其不同之处在于名称（以 `getField()` 和 `setField()` 取代了 `get()` 和 `set()`）、它们是如何实现的（尽管逻辑是一样的，但它们用 `for` 替代了 `while`）以及 `getField()` 没有返回一个参数化值的事实（因为 JUnit-addons 比 Java 5 出现得早）。

---

[1] 这听起来像是巫术，但事实是，编译器知道被预期的类型并进行适当的转换（因为这个方法返回了一个参数化类型，<T>）。这并没有消除运行时的 `ClassCastExceptions`，但是它让代码更加清晰，因此在测试用例中尤其常见（事实上，本书中所介绍的许多工具，如 EasyMock 和 FEST，都使用了这种技巧）。

通过直接使用 PrivateAccessor，我们重写了 setFixtures() 中设置 DAO 的语句为 Private Accessor.setField(facade, "userDao", dao)；尽管直接使用 PrivateAccessor 是可行的，但它有 3 个缺陷：getField() 没有参数化（因此需要在每个测试用例中转换它返回的值）、调用者不得不检查 NoSuchFieldException，以及不得不在所有测试用例中增加一个对第三方工具的直接依赖（这会使得它随后更难于切换到其他工具）。更好的做法是，在 TestingHelper 方法中间接地使用 PrivateAccessor，而不是在测试用例中使用，如代码 19.9 所示。

代码 19.9 重构 TestingHelper 来使用 JUnit-addons

```
[...]
import junitx.util.PrivateAccessor;

public class TestingHelperJUnitAddons {

  public static void set( Object object, String fieldName,
    Object newValue ) {
    try {
      PrivateAccessor.setField(object, fieldName, newValue);
    } catch (Exception e) {
      throw new RuntimeException( "Could not set value of field '" +
        fieldName + "' on object "  + object + " to " + newValue, e );
    }
  }

  public static <T> T get(Object object, String fieldName) {
    try {
      Object value = PrivateAccessor.getField(object, fieldName);
      @SuppressWarnings("unchecked")
      T castValue = (T) value;
      return castValue;
    } catch (NoSuchFieldException e) {
      throw new RuntimeException( "Could not get value of field '" +
        fieldName + "' from object "  + object, e );
    }
  }
```

PrivateAccessor 也提供其他一些方法，如 invoke()（调用任意实例或静态方法）以及用来处理静态方法的 getField() 和 setField() 的重载版本。

19.5.3 FEST-Reflect

FEST-Reflect 提供了辅助类来访问各种 Java 实体，如域、方法、构造函数甚至内部类。就像所有其他的 FEST 模块一样，FEST-Reflect 也采用了流畅接口方法，这次使用 org.reflect.core.Reflection 作为切入点。例如，要创建 User 对象的一个实例，你就可以使用 constructor() 方法：

```
User user = Reflection.constructor().in(User.class).newInstance();
```

在这背后，constructor()返回了一个 TargetType 对象，它的方法 in()返回了一个 Invoker，Invoker 又通过方法 newInstance()创建了一个实际的 User 实例。所有这些方法使用参数化的变量并返回了值（类似于代码 19.9 中的 get () 方法），因此结果可以直接使用，而无须显式转换。唯一的缺点是在多数情况下，你必须将预期类作为这条链上的某个参数进行传递；例如，要使用 FEST 来设置我们的 DAO，那么就必须显式地指定域是 UserDao 类型，如下所示：

```
Reflection.field("userDao").ofType(UserDao.class).in(facade).set(dao);
```

由于这样的要求，TestingHelper 在不修改它的定义包含域类（如代码 19.10 所示）时，是无法使用 FEST 重写的。这个域类也需要在 set DAO 语句中做个修改：

```
TestingHelperFESTReflect.set(facade, "userDao", UserDao.class, dao);
```

代码 19.10 重构 TestingHelper 来使用 FEST-Reflect

```
[...]
import org.fest.reflect.core.Reflection;
public class TestingHelperFESTReflect {
  public static <T> void set(Object object, String fieldName,
                             Class<T> fieldClass, T newValue) {
    Reflection.field(fieldName).ofType(fieldClass).in(object).set(newValue);
  }
  public static <T> T get(Object object, String fieldName,
                          Class<T> fieldClass) {
    return Reflection.field(fieldName).ofType(fieldClass).in(object).get();
  }
}
```

对于上述这两种工具，如何选择取决于用户的个人偏好：相比它的竞争对手 JUnit-addons，FESTReflect 更加强大，并采用更自然的语法。而选择 JUnit-addons 则是以更复杂为代价（它的语法对于不熟悉的开发者而言是不自然的），并且需要更多的信息（被访问的域的类型）。

19.6 小结

在本章中，我们分析了一些工具，它们可以用来对 JUnit 进行有效的补充、提供额外的功能或者使得一些任务更加有效。

我们已经在我们的测试用例中学会了 3 种以更有效的方式使用 mocks 的不同方法：如何通过第三方注释来充分使用 DbUnit、涵盖了各种对象对比的多个自定义断言以及如何访问私有域而无须直接处理低级别的反射 API。

由于以上介绍的一些功能已被多种工具所支持，所以要选择使用哪个工具可能并不容易。尽管我们已经描述了每种选择的优缺点，但是，最好的选择通常取决于项目的需要和用户的个人偏好。最重要的是，认识到这些工具的存在，这样你就可以在项目的早期对各种工具进行评估。越早使用工具，由于生产力的提高，就会节省越多的时间。

附录 A JUnit 3 和 JUnit 4 之间的不同

本章重点

- JUnit 3.x 版本和 4.x 版本之间的区别
- API 的变化
- JUnit 4.x 的新特性

可能你已经看到，新的 JUnit 4.x 版是一个全新的框架。与其说它是一个项目的 bug 修复改进版，还不如说它是一个全新的项目。但是它仍然会涉及 Java 代码的单元测试，也就是说，我们将会试图详细说明 JUnit 最新版本与 3.x 版本之间的所有区别。

A.1 全球的需求变化

本节讨论了 JUnit 使用需求方面的变化。

A.1.1 JDK 的要求

JUnit 4 用到了许多 Java 5 中的特性，如注释、泛型和静态导入等。虽然 JUnit 3.x 版本能够与 JDK 1.2+一起工作，但是这种用法要求 JUnit 的新版本与 Java 5 或者更高版本一起使用。

A.1.2　向后/向前兼容

所有的 JUnit 4.x 测试 runner 都能够执行 JUnit 3.x 测试，而无需进行任何修改。但是，使用 JUnit 3.x 测试 runner 执行 JUnit 4.x 测试会怎么样呢？目前这还是一个棘手的问题，但是 JUnit 3.x 测试 runner 绝对有必要支持 JUnit 4.x 测试，以便外部工具如 Ant 或 Eclipse 等可以与 JUnit 一起工作，而无需进行任何更新。

关键在于使用 `JUnit4TestAdapter` 并将如代码 A.1 所示的所有测试进行打包。

代码 A.1　JUnit4TestAdapter 打包你的 JUnit 4.x 测试

```
[...]
import junit.framework.JUnit4TestAdapter;

public class TestJUnit4Tests extends TestCase {
   public static junit.framework.Test suite() {
      return new JUnit4TestAdapter(SampleTest.class);        <-❶
   }
}
```

这段代码非常简单。在❶处你需要将你的 JUnit 4.x 测试传给 `JUnit4TestAdapter`，并且它们会立即转换成 JUnit 3.x 测试，以便它们可以被 JUnit 3.x runner 运行。

A.2　API 中的变化

这里列出的变化与 JUnit 的内部结构有关：我们需要了解所有的 API 新功能。

A.2.1　包结构

新版本的 JUnit 是建立在向后兼容的想法之上的。JUnit 的开发人员想确保你，作为一名软件开发人员，能够在你的类路径中使用 JUnit 4.x 库执行任何 JUnit 3.x 测试用例。这就是为什么他们在一个新的软件包 `org.junit` 中包含了所有的新功能。而以前的 `junit.framework` 包也被捆绑在这个分发包中。

A.2.2　构造函数

如果你正在维护一些使用 3.8.1 版本之前的 JUnit 所编写的测试，那么你的类就需要一个 `String` 构造函数。例如：

```
public CalculatorTest(String name) { super(name); }
```

但是如果使用 JUnit 3.8.1 或更高版本的话，就不再需要了。

A.2.3　扩展 TestCase

在新版本的 JUnit 中，你的测试用例不再需要扩展 `junit.framework.TestCase` 类了。

事实上，任何带有一个无参数的 public 构造函数的 public 类都可以用作一个测试类。

A.2.4 测试方法名称

在新版本的 JUnit 中，测试名称不再需要遵从 test*XXX* 的模式了。但是，任何你想视作测试方法的方法都应该带有一个@Test 注释。例如，如代码 A.2 所示的方法就是一个有效的测试方法。

代码 A.2 在 JUnit 4.x 中的测试方法注释

```
@Test
public void substract () {
   assertEquals(2, 5-3);
}
```

A.3 注释与新增的静态导入

JUnit 4.x 是基于注释的，而注释是与静态导入以及其他一些功能一起被引入到 JDK 1.5 中的一个概念。本小节列出了 JUnit API 的那些变化。

A.3.1 @Before 与@After 注释

如果你还记得，当我们继承 junit.framework.TestCase 类时，我们习惯于使用 JUnit 3.x 重写 setUp()和 tearDown()方法。这些方法（它们也可以叫做 fixture）恰好在每个测试执行之前/之后被执行。

它们的目的就是在每个测试之前或之后执行一些公共逻辑。正如我们之前所提到的（至少提过好几遍了），在 JUnit 4.x 中，你不再需要继承 junit.framework.TestCase 类。那么，我们该如何在每个测试之前/之后执行一些公共逻辑呢？

答案（猜一猜是什么？）还是注释。你可以使用@Before 注释来注释任何你想要在测试之前执行的方法，而且你可以注释任意多的方法。在 JUnit 3.x 版本中，你只可以有一个 setUp()和一个 tearDown()方法（方法名限制了你）。但是在该框架的 4.x 版本中，如代码 A.3 所示的声明是十分常见的。

代码 A.3 实际应用中的@Before 和@After 注释

```
public class CalculatorTest {
[...]

    @Before
    public void initializeMocks() { ... }
    @Before
    public void prepareFilesForReading() { ... }
[...]
}
```

WARNING 事实上，你可以有任意多的以@Before 和@After 注释的方法，但是要知道，这些方法的执行顺序并没有被明确指定。也就是说，根本无法保证任何@Before 方法会在其他方法之前或之后执行。

此外，用户还面临一个可能的“陷阱”。如果你有几个从公共超类继承的测试类，那么@Before 和@After 方法的执行顺序是什么呢？答案是超类中的@Before 方法会先于子类中的@Before 方法执行。而@After 方法的执行顺序却是反向的；子类中的@After 方法会优先执行。

你要记住，以@Before 注释的方法必须定义为 public 并返回 void。这同样也适用于以@After 注释的方法。

A.3.2 @BeforeClass 和@AfterClass 注释

人们最想从 JUnit 中获得的功能之一就是在一整套测试之前/之后执行一些公共逻辑的能力。例如，如果你的 setUp()或 tearDown()方法消耗了大量资源（比如打开了一个数据库连接或创建了一些文件结构），你就会发现有办法在**整套测试之前**而不是在**每个测试之前**执行 setUp()或 tearDown()方法是非常有用的。

JUnit 4.x 提供一个使用@BeforeClass 和@AfterClass 注释的选择。就像我们已经介绍的@Before 和@After 注释一样，你可以使用@BeforeClass 和@AfterClass 注释你的任何方法。在代码 A.4 中，我们展示了如何在测试中使用这些注释。

代码 A.4 实际应用中的@BeforeClass 和@AfterClass 注释

```
[...]
public class CalculatorTest {

    @BeforeClass
    public static void setupFileStructure() { ... }

    @AfterClass
    public static void cleanupFileStructure() { ... }
}
```

还有几点需要注意。首先，你可以任意添加使用@BeforeClass 和@AfterClass 注释的方法。与使用@Before/@After 注释的方法的情况一样；它们的执行顺序也无法得到保证。还有一件需要注意的事情是，使用@BeforeClass 和@AfterClass 注释的方法必须是 public 的并返回 void，而且必须是 static 的。

A.3.3 忽略测试的差异

有时候，由于系统重新配置或客户需求的变化，你需要跳过某个测试方法的执行。在 JUnit 3.x 版本中，唯一能这样做的办法就是注释整个测试方法或者为方法重命名。

这样，如果你开始注释你的测试方法，你就不会得到在测试执行时有多少方法被跳过的详细统计。在 JUnit 4.x 中，通过引入@Ignore 注释，这个问题得到了很大的改进。

你可以使用@Ignore 来注释你的任何测试方法，其结果就是该方法在测试执行时将会被跳过。最好的部分是在测试结束后，你还可以得到详细的统计信息，不仅包括了测试成功或失败的次数，也包括了被忽略的测试数目。

最后值得一提的是，从 JUnit 4.3 版本起，你不仅可以注释测试方法，而且可以使用@Ignore 注释整个类。因此，这个类中的所有测试都将被跳过。

A.3.4 静态导入

上文已经提过，你的测试用例不再需要继承 junit.framework.TestCase 类，而在 JUnit 以前的版本中，断言方法来自于继承的 junit.framework.TestCase 类。那么现在你的问题是，“我到底该如何获得类中的断言方法呢？”

这个问题的答案就是 Java 5 的新功能之一：静态导入。有了 Java 的静态导入，你就可以编写出如代码 A.5 所示的代码。

代码 A.5 实际应用中的静态导入

```
import static org.junit.Assert.assertEquals;          <-❶
import org.junit.Test;

public class CalculatorTest {

    @Test
    public void add() {
        assertEquals(60, 50+10);          <-❷
    }
}
```

在❶处，我们用静态导入功能来导入我们所需要的一个断言方法，然后我们在❷处调用了它。

A.3.5 异常测试

单元测试最重要的一方面是在代码中测试异常情况的能力。你要确保无论何时发生异常，它都可以做出正确的处理。在代码 A.6 中，你可以看到 JUnit 以前的版本是如何实现异常处理的。

代码 A.6 3.x 版本下的异常处理

```
public void testDivisionByZero() {
   Calculator c = new Calculator();
   try {                                                          <-┐
      c.divide(5,0);                                                 ❶    <-┐
      fail("Exception should have been raised, but was not");        |       |
   } catch (ArithmeticException expected) {                       <-┘       ❷
      assertTrue("Sanity check", true);          <-❸
   }
}
```

基本上，你所做的就是使用 try-catch 块❶来包围问题代码，并且在此之后，如果没有发生异常，就故意让测试失败❷。一个良好的习惯是，在 catch 子句❸中放置一个空的断言，这只是为了确保你总能通过 catch 子句。

相比 JUnit 3，我们在 JUnit 4 中对处理异常情况有了一个更好的解决方案。每次你想要确保异常发生时，你就可以使用@Test 注释的 expected 参数。代码 A.7 向你展示了如何确保一个 Arithmetic 异常发生。

代码 A.7 异常处理使用了@Test 注释的 expected 参数

```
[...]
public class CalculatorTest {

    @Test(expected=ArithmeticException.class)          <-❶
    public void testDivisionByZero() {
        Calculator c = new Calculator();
        c.divide( 5, 0 );
    }
}
```

正如你在❶处所看到的，我们为@Test 注释添加了 expected 属性，用来表示该方法应该抛出一个提供类型的异常。

A.3.6 超时测试

你可以给@Test 注释添加的另一个参数是 timeout。这项功能在老版本的 JUnit 中是不支持的。使用这个参数，你可以指定一个以毫秒为单位的值，而这个值决定了执行测试所花费时间的上限。当执行时间超过了该限制会发生什么情况呢？将会产生一个异常，并且测试会被标识为失败，告诉用户测试无法在给定的 Test timeout 参数时间内完成。代码 A.8 向你展示了如何使用@注释的 timeout 参数。

代码 A.8 @Test 注释中的 timeout 参数

```
public class CalculatorTest {

    @Test(timeout=5000)
    public void testSomethingTimeConsuming() {
        [...]
    }
}
```

A.4 新的 JUnit runners

这一小节将简单介绍一下 JUnit 4.x 中的一些新的 JUnit runner。

A.4.1 测试运行器（Test runner）

JUnit 3.x 版本自带了 Swing 和 AWT 测试运行器，但后两者已不再是 JUnit 分发包的一部分了。现在，你可以用来从控制台启动测试的测试运行器 façade，叫做 `org.junit.JunitCore`。

如果分发包中不包含 GUI（图形用户接口）测试运行器，那么只有使用你最喜欢的 IDE 才能看到熟悉的绿条；JUnit 4.x 支持上述功能。

A.4.2 测试集

过去构建一套测试的方式是编写一个 `suite()` 方法，并手动地插入你希望在测试集中出现的所有测试。由于 JUnit 的新版本是面向注释的，所以测试集的构建也是借助注释来完成的。此外，测试集的构建不是由一个注释而是由两个注释完成：`@RunWith` 和 `@SuiteClasses`。

第一个注释用来定义运行测试的测试运行器。`@RunWith` 注释接受一个叫做 `value` 的参数，其中你需要指定测试运行器来执行你的测试集：`Suite.class`。这个测试运行器与其他运行器一样都包含在 JUnit 中。但是在这个注释中，你也可以指定一个自定义运行器。你可以通过阅读附录 B 搞明白如何实现你自己的 JUnit 运行器。第二个注释声明了所有你想在测试集中包含的测试。你在`@SuiteClasses` 注释的参数 `value` 中列出了所有拥有测试的类。

代码 A.9 中展示了如何在 JUnit 4.x 中构建测试集。

代码 A.9 使用 JUnit 4.x 构建测试集

```
@RunWith(value=Suite.class)
@SuiteClasses(value={CalculatorTest.class, ComputerTest.class})
public class CalculatorTests {
  [...]
}
```

有些人觉得在 JUnit 4.x 中构建测试集很不习惯，但这也仅仅是刚开始的感觉。一旦开始编写测试，你就会发现采用这种方式做事没有什么不习惯的。记住，你可以在测试集中包含`@BeforeClass` 和`@AfterClass` 注释。而这在 JUnit 3.x 中是不可能的。

A.4.3 参数化测试

正如你所见，`@RunWith` 注释让你定义了一个测试运行器来使用。我们已经提供的 `Suite` 测试运行器让你可以在测试集中运行测试用例。另一个与 JUnit 分发包绑定的测试运行器是 `Parameterized` 测试运行器。它能让你使用不同的输入测试数据运行相同的测试。我们觉得有必要通过一个示例详细解释一下，所以代码 A.10 给出了这个示例。

代码 A.10 实际应用中的 Parameterized 测试运行器

```
@RunWith(value=Parameterized.class)
public class SquareRootTest {                                    ❶

    private int expected;
    private int actual;

    @Parameters                                                  ❷
    public static Collection data() {
        return Arrays.asList( new Object[][] {                   ❸
                            { 1, 1 },
                            { 2, 4 },
                            { 3, 9 },
                            { 4, 16 },
                            { 5, 25 },
                            });
    }

    public SquareRootTest(int expected, int actual) {
        this.expected = expected;
        this.actual = actual;
    }

    @Test                                                        ❹
    public void squareRoot() {
        Calculator calculator = new Calculator();
        assertEquals(expected, calculator.squareRoot(actual));   ❺
    }
}
```

想象一下，在我们想要测试的 Calculator 类中有一个 squareRoot 方法。在这段代码展示了如何使用不同的输入测试数据来测试这个方法。我们首先在❶处声明了 Parameterized 测试运行器的使用。然后在❷处定义了使用@Parameters 注释的静态方法 data()，表示这个方法会为我们的测试返回实际的测试数据。这个测试数据来自于 java.util.List，而且 List 中的每个元素都是一个二维数组，这些元素将被用来创建一个 SquareRootTest 的新实例。在❸处填写测试数据并返回它。在❹处我们启动了测试方法，并在该方法内部实例化 Calculator 对象。然后，在❺处我们使用所有的测试数据断言 Calculator 的 squareRoot()方法的结果正确性。如果你运行这个示例，并且你只运行了如下所示的 5 个明确的断言，那么你就会得到类似你所看到的结果。

```
assertEquals( 1, calculator.squareRoot ( 1 ) );
assertEquals( 2, calculator.squareRoot ( 4 ) );
assertEquals( 3, calculator.squareRoot ( 9 ) );
assertEquals( 4, calculator.squareRoot ( 16 ) );
assertEquals( 5, calculator.squareRoot ( 25 ) );
```

A.5 新的断言和假设

在最后一小节中，我们首先介绍了 JUnit 4.x 引入的新的断言和假设机制，然后展示了 JUnit 与 Hamcrest 匹配器的集成——这使得你可以编写有用的匹配语句来简化断言。

A.5.1 Hamcrest 断言

JUnit 4.4 版本包含了 Hamcrest 断言机制。Hamcrest 断言机制在 JMock 中被引入，并为断言提供了一个新的、强健的、流畅的 API。通过 Hamcrest 断言，你就能编写出更加易读的、灵活的测试断言，如代码 A.11 所示。

代码 A.11 JUnit 4.4+中的 Hamcrest 断言

```
[...]
import org.junit.Test;
import static org.junit.Assert.*;
import static org.hamcrest.CoreMatchers.is;
import static org.hamcrest.CoreMatchers.not;

public class CalculatorTest {

    @Test
    public void squareRoot() {
        Calculator c = new Calculator();
        assertThat(2, is(c.squareRoot(4)));
        assertThat(3, is(not(c.squareRoot(4))));
    }
}
```

程序包 `org.hamcrest.CoreMatchers` 和 `org.junit.matchers.JunitMatchers` 随 JUnit 被一起分发，这两个包包含了大量的匹配器。JUnit 自带的 Hamcrest 匹配器是包含在 JUnit 中的第一个第三方类。

如果你发现匹配器不够用，那么你可以随时从网上获得完整的 Hamcrest 项目，并将这些匹配器中的任何一个与 JUnit 一起使用。

A.5.2 假设

作为一名开发人员，你总是尝试在不同的场景下执行你的测试。但有时候，你无法控制运行测试的环境，比如，当测试取决于操作系统的路径分隔符（在 Windows 系统中为\，而在 UNIX 系统中为/）时。这就可能要求你的测试用例运行在 Windows 环境下，而不是 Linux 环境。如果你可以就字符分隔符是什么做一个假设，并且只在你的假设正确时才执行测试，那么这将是非常不错的。

JUnit 4.4 版本引入了假设。在 JUnit 中，要针对你所做的假设运行一个给定的测试，`assumeThat` 是一种常用的方式。你可以假设，设置了一个给定条件，然后断言测试通过了，如代码 A.12 所示。

代码 A.12 JUnit 中的假设

```
[...]
import java.io.File;
```

```
import org.junit.Test;
import static org.junit.Assert.*;
import static org.junit.Assume.*;
import static org.hamcrest.CoreMatchers.is;

public class PathSeparatorTest {
    @Test
    public void pathSeparatorIsOK() {
        assumeThat(File.separatorChar, is('/'));                    ❶
        assertThat((new FileManager()).getDBConfFile().getPath(),   ❷
                                          is("conf/db.cfg"));
    }
}
```

如你所见，我们使用了 assumeThat 方法来确保文件分隔符是 UNIX 类型的❶，并断言数据库配置文件的路径是正确的❷。如果假设出错了并且我们正在 Windows 系统上运行测试，那么会发生什么情况？我们的测试会被标记为通过，无论断言是什么。

A.5.3 新断言

虽然 JUnit 3.x 中的 assertXXX 方法完全够用，但却缺少比较数组相等的方法。为了解决这个问题，JUnit 4.0 框架中增加了两个带有这些签名的方法：

```
assertEquals(Object[] expected, Object[] actual)
assertEquals(String message, Object[] expected, Object[] actual)
```

对于给定的两个数组，这两个方法首先检查数组的大小。如果大小相同，它们就会针对每一个元素调用 equals() 方法。

在 4.3 版本中，这两个方法在使用方式方面广受诟病，同时一组全新的名为 assertArrayEquals() 的方法被引入。从 JUnit 框架的 4.6 版本起，你能够使用一种方便的新方法来测试两个双精度数组的相等性：

```
assertArrayEquals(double[]first ,double[] second, double delta);
```

这个方法使用给定的增量比较了两个数组中的每一项。

A.5.4 断言错误

当你使用 JUnit 3.x 版本进行测试，并且你的断言的任何一部分都是错误的时，你就会获得一条 junit.framework.AssertionFailedError 消息。随着 JUnit 新版本的出现，情况也发生了变化，如果发生了断言错误，你就会看到 java.lang.AssertionError 消息。java.lang. AssertionError 类是在 JDK 1.4 中被引入的。

附录 B 使用自定义的运行器和匹配器扩展 JUnitAPI

本章重点

- 介绍拦截器（Interceptor）模式
- 为 JUnit 实现自定义运行器
- 为 JUnit 实现自定义匹配器

我们已经在第 2 章中讨论过，JUnit 的核心由 3 个类组成——TestClass、Runner 和 Suite——后者本身是个 Runner。这意味着，一旦我们明白了这些类的工作原理，我们就可以使用 JUnit 编写任何需要的测试。如果你发现 JUnit 无法满足你的测试需要时，你还可以使用自定义类来扩展 JUnit API。由于 JUnit 是开源的，所以你能够重新构建或扩展它。不过在继承 TestClass 类方面，不会带来明显的好处。另一方面，特别设计了 Runner 类，使得它可以根据我们的需求很容易地被扩展。

本附录简单地介绍了如何使用自定义的 Runner 对象来扩展 JUnit 的 API。同时，本附录也描述了如何使用自定义的匹配器来扩展 Hamcrest API，从而使我们最终不仅自定义了运行器而且也自定义了断言调用。

B.1 介绍拦截器模式

本书到目前为止，已经介绍了大量的设计模式：控制器、Façade、控制反转（IoC）等。现在，来看一看另一种设计模式：拦截器（Interceptor）模型。

设计模式实战：拦截器

拦截器模式可以看作是一种拦截业务方法调用的方法。这种模式通常包含了几个对象。第一个对象是 `Interceptor` 接口，它定义了你的拦截器将实现的一个或多个方法。第二个对象是 `Delegate` 对象，它持有一系列拦截器。`Delegate` 对象在应用程序的拦截点被调用，并且它会一个接一个地调用拦截器。这里列出了拦截器模式一些有趣的功能：

- 它带来了可扩展性和灵活性；
- 它使得关注分离。
- 它增加了可重用性。
- 如果没有被正确使用，就可能会出现安全问题。

想象一下，你正在为一组开发人员设计一个程序。你想让他们尽可能容易地将他们的代码植入你的应用程序中，同时，你又不希望他们改变它。那么你能做什么呢？你可以在你的应用程序中提供一些点，让那些开发人员能够拦截程序的调用并引入他们自己的逻辑。而其他人无须改变你的代码；他们可以简单地将他们的代码植入你的框架。

B.2 实现自定义运行器

让我们先实现一个我们自己的自定义运行器。你可能已经猜到了，我们想要开发一个刚才讨论的能够实现拦截器模式的自定义运行器。

我们想定义一个拦截器接口，它可以通过我们已有的各种拦截器来实现。这就是我们首先介绍拦截器接口的原因，如代码 B.1 所示。

代码 B.1 Interceptor 接口定义了针对任意拦截器的方法

```
[...]
public interface Interceptor {

   public void interceptBefore();        <-┐
                                           ❶
   public void interceptAfter();         <-┘
}
```

我们使用这个通用的接口来定义两个方法❶，在这两个方法中我们定义了我们的自定义逻辑，以便植入到程序的执行中。注意，我们的拦截器方法不接受任何参数。实现拦截器模式的常见方法是以某种上下文对象调用拦截器方法，从而使得这些方法能够监控和访问我们的应用程序。这样可以让我们的应用程序从拦截器方法的执行中获得一些反馈。但对于我们的需求来说，实现不带有输入参数的拦截器方法也足够用了。

自 JUnit 4.5 版本之后，JUnit 中的测试在一语句块中执行。该语句块包含了一个测试可能附带的所有功能：@Before/@After 方法、超时时间、忽略功能等。基于这些功能，各种不同的操作被实现。有意思的是@Before/@After 方法非常靠近语句块的边缘，并且测试的实际执行就是该语句块的核心（参见代码 B.2）。

代码 B.2 InterceptorStatement 封装了原来的语句

```
[...]
import org.junit.runners.model.Statement;
  public class InterceptorStatement extends Statement {      ❶ ❷

  private final Statement invoker;
  private List<Interceptor> interceptors =
                           new ArrayList<Interceptor>();      ❸

  public InterceptorStatement(Statement invoker) {            ❹
     this.invoker = invoker;
  }
  @Override
  public void evaluate() throws Throwable {                   ❺
     for (Interceptor interceptor:interceptors) {
        interceptor.interceptBefore();                        ❻
     }

     invoker.evaluate();                                      ❼

     for (Interceptor interceptor:interceptors) {
        interceptor.interceptAfter();                         ❽
     }
  }

  public void addInterceptor(Interceptor interceptor) {       ❾
     interceptors.add(interceptor);
  }
}
```

我们的想法是把这个语句块封装到另一个我们实现的语句（InterceptorStatement）中，并将这个语句传递给我们自定义的运行器。这个自定义运行器调用了语句块，该语句块会在某个点到达我们的语句，然后我们的语句开始执行定义的拦截器。接着，我们的语句会调用被封装的那个语句块，从而以一种正常的方式继续执行。这样，我们就将 InterceptorStatement 作为拦截器模式的 Delegate 对象。

代码 B.2 展示了我们为运行器使用的 InterceptorStatement。

我们已经讨论过，在 JUnit 4.5 之后，每个测试都由一个语句块执行[1]。在这里我们通过继承 Statement 对象❶创建了我们的 InterceptorStatement，并且我们重写了 evaluate 方法❺。我们的语句包含了一个要调用的语句❷和一组已添加到该语句中❾的 Interceptor 实现❸。在这个构造函数中，我们初始化了我们正在封装的 invoker

[1] 关于该话题的更多内容，可以通过以下网址参考 Kent Beck 撰写的一篇文章：http://threeriversinstitute.org/TwoMoreImplementationPatterns.htm。

语句❹。evaluate 方法❺实现了该语句的整个逻辑；它遍历了所有的拦截器并调用它们的 interceptBefore 方法❻。接下来，我们调用了被封装的语句对象❼的 evaluate 方法，并且再次遍历了所有的拦截器，这次是为了调用 interceptAfter 方法❽。

现在我们已经准备好了 InterceptorStatement 对象，接下来要实现我们创建的自定义 JUnit 运行器的真正核心部分了。我们通过继承 BlockJUnit4ClassRunner 类来实现这一点，如代码 B.3 所示。BlockJUnit4ClassRunner 类已被添加到了 JUnit 框架的 4.5 版本中，用来帮助用户创建自定义运行器。

代码 B.3　自定义 JUnit 运行器——InterceptorRunner

```
[...]
import org.junit.runners.BlockJUnit4ClassRunner;

public class InterceptorRunner extends BlockJUnit4ClassRunner {       ❶

   @Retention( RetentionPolicy.RUNTIME )                        ❷
   @Target( ElementType.TYPE )
   public @interface InterceptorClasses {

      public Class<?>[] value();                       ❸

   }

   public InterceptorRunner(Class<?> clazz) throws InitializationError {   ❹
      super( clazz );
   }

   @Override
   public Statement methodInvoker(FrameworkMethod method, Object test) {   ❺
      InterceptorStatement statement = new InterceptorStatement(
                                    super.methodInvoker( method, test ));   ❻
      InterceptorClasses annotation = test.getClass().getAnnotation(       ❼
                                    InterceptorClasses.class);
      Class<?>[] klasez = annotation.value();                       ❽
      try {
         for (Class<?> klaz : klasez) {
            statement.addInterceptor((Interceptor) klaz.newInstance());   ❾
         }
      }
      catch ( IllegalAccessException ilex ) {
         ilex.printStackTrace();
      }
      catch ( InstantiationException e ) {
         e.printStackTrace();
      }
      return statement;                      ❿
   }
}
```

我们刚才已经提到，为了实现一个自定义 JUnit 运行器，我们需要继承 BlockJUnit4ClassRunner 类❶。在我们的自定义运行器中，我们也在❷处声明了一个叫做@InterceptorClasses 的注释。我们用它来保存 Interceptor 接口（我们想把 Interceptor 接口插入到我们的执行中）的实现。我们的@InterceptorClasses 注释定义了一个 value()方法，用来返回它在❸处保存的类。我们在❹处定义了我们必须有的构造函数，同时在❺处重写了 method

InvokerStatement 方法。我们通过在❻处创建 InterceptorStatement 的一个实例来启动该方法。

注意，我们在代码 B.2 中编写的 InterceptorStatement 接受了一个语句来回绕(wrap around)。我们通过调用以测试方法和测试类为参数的 super.methodInvoker 方法来创建这个语句。这样创建了一个 Statement，使得我们离语句块的核心更近了一级。因为该语句块的核心是测试本身，因此我们将测试封装在自定义的语句中。我们在❼处获得了@InterceptorClasses 注释，它必须为测试类被定义。然后，我们在❽处获得了该注释持有的所有类，遍历类的集合，并且在❾处将它们添加到 InterceptorStatement 对象中。最后一步是返回现成的 InterceptorStatement 对象❿。

我们的自定义 JUnit 运行器就完成了！但是为了使用它，我们需要一些 Interceptor 接口的实现示例。那么就产生一个真实的问题："我们想在测试的执行中插入什么样的事件呢？"

出现在我们脑海中最简单的实现之一很可能是日志实现；我们在每个测试的执行之前和之后都会记录一条消息。代码 B.4 给出了这个拦截器的代码。

代码 B.4　第一个拦截器 SampleLoggingInterceptor

```
[...]
public class SampleLoggingInterceptor implements Interceptor {      ❶

    public void interceptBefore() {
        System.out.println( "Before-test" );                        ❷
    }                                                                    ❸

    public void interceptAfter() {
        System.out.println( "After-test" );
    }
}
```

这个实现很简单，但是它对于我们当前的需求已经够用了。代码实现了 Interceptor 接口❶（根据我们的要求就是使它成为一个有效的拦截器），并且具体化了 interceptBefore❷和 interceptAfter❸方法。

我们将 InterceptorRunner 与拦截器一起配合使用。并且使用我们的 JUnit 运行器，就像我们使用任何其他 JUnit 运行器一样。让我们来测试一下它，如代码 B.5 所示。

代码 B.5　使用我们自定义运行器执行一个测试用例

```
[...]

@RunWith( InterceptorRunner.class )                                   ❶
@InterceptorClasses( value = { SampleLoggingInterceptor.class } )
public class TestCustomRunnerWithLoggingInterceptor {                    ❷
    @Before
    public void setUp() {
        System.out.println( "Real before" );
    }
                                                          ❸
    @Test
    public void testDummy() {
        assertTrue( true );
```

```
        System.out.println( "Some text for test purpose" );
    }

    @After
    public void tearDown() {
        System.out.println( "Real after" );
    }
}
```

这个测试用例从@RunWith 注释开始。通过这个注释，我们就能够指定由哪个 JUnit 运行器来执行测试；在这个用例中，我们想使用刚实现的 InterceptorRunner❶。我们也提供一个@InterceptorClasses 注释来保存我们想要插入执行的所有拦截器❷。

然后我们开始实现我们的测试用例。在这个情况下，我们仅有一个测试方法，该方法只针对测试目的进行了定义❸。执行测试的结果如下所示：

```
Real before
Before-test
Some text for test purpose
After-test
Real after
```

显而易见，@Before 方法在拦截器的 interceptBefore 方法之前执行，并且@After 方法在 interceptAfter 方法之后执行。我们很快会用到这个功能。

不过，我们继续创建另一个拦截器，这一次就不仅仅是将一些文本记录到屏幕上了。代码 B.6 给出了一个用于计时的拦截器示例。

代码 B.6 第二个拦截器 SampleTimingInterceptor

```
[...]
public class SampleTimingInterceptor implements Interceptor {      ❶
    Timer timer = new Timer();                                     ❷

    public void interceptBefore() {                              ❸
        System.out.println("Interceptor started.");
        timer.start();
    }

    public void interceptAfter() {                              ❹
        timer.stop();
        System.out.println("Interceptor ended."
                + "The test executed for " + timer.time());
    }

    class Timer {
        private long nanoStart = 1;
        private long nanoEnd = 0;

        void start() {
            nanoStart = System.nanoTime();
        }

        void stop() {
            nanoEnd = System.nanoTime();
        }

        long time() {
```

```
            return nanoEnd - nanoStart;
        }
    }
}
```

同样，要使得这个拦截器按照我们的要求成为一个有效的拦截器，就需要实现一个 Interceptor 接口❶。我们在❷处声明了一个 Timer 类型的局部变量 timer，我们使用它来记录测试执行的时间。interceptBefore 方法启动该定时器❸，而 interceptAfter 方法停止计时器，并在屏幕上输出执行时间❹。

现在我们需要为这个拦截器提供一个测试用例。代码 B.7 就给出了这样一个例子。

代码 B.7 计时拦截器的测试用例

```
[...]
@RunWith( InterceptorRunner.class )                                    <-❶
@InterceptorClasses( SampleTimingInterceptor.class )                       <-❷
public class TestCustomRunnerWithTimingInterceptor {
    @Before
    public void longSetUp() throws InterruptedException {              <-┐
        Thread.sleep( 1000 );                                             │
    }                                                                     │
                                                                          │
    @Test                                                                 │
    public void testDummy() throws InterruptedException {                 ❸
        Thread.sleep( 2000 );                                             │
        assertTrue( true );                                               │
    }                                                                     │
                                                                          │
    @After                                                                │
    public void longTearDown() throws InterruptedException {           <-┘
        Thread.sleep( 1000 );
    }
}
```

我们采用与上一个拦截器测试用例相同的方法：以@RunWith 注释声明我们使用的运行器❶，并在❷处通过@InterceptorClasses 注释来指定使用哪些拦截器类。

你可能会觉得奇怪，我们为什么需要这些拦截器；它们只是在测试执行之前/之后执行了一些常见的逻辑（与@Before/@After 方法的功能类似）。问题在于，有时候很难确定执行一个测试方法所需的时间。在我们的例子中，我们有 longSetUp()和 longTearDown()方法（在❸处），它们也可能花费很多时间，因此要确定 testDummy()方法本身的执行时间就更加困难了。因为我们的计时拦截器只跟踪测试方法的执行时间（interceptBefore 方法在@Before 方法之后执行，而 interceptAfter 方法在@After 方法之前执行），所以这就使得它成为解决我们问题的最佳方法。

执行测试用例后，我们应该看一看控制台中所显示的以下内容，尽管事实上 JUnit 运行器可能会显示一个不同的值，如图 B.1 所示。

```
Interceptor started.
Interceptor ended. The test executed for 2 sec.
```

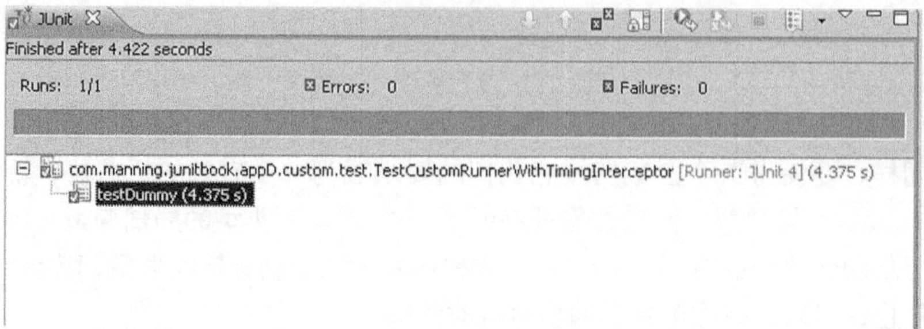

图 B.1 JUnit 测试运行器显示它花费了 4.375 秒来执行整个测试（包括@Before 和@After 方法）。

B.3 实现自定义匹配器

随着你编写了越来越多的测试，你就会发现，有时候乍一看很难看到断言语句。例如，以下这个语句：

```
assertTrue( user.getContext().getPassword().size() >= 6
                && containsADigit(user.getContext().getPassword()) );
```

无论你对代码有多么熟悉，你总是需要一些时间来理解断言语句。一种简化的办法是通过引入新的方法（比如我们添加的 containsADigit 方法）。另一种简化办法是添加 Hamcrest 匹配器；它将在很大的程度上简化断言语句。不过，我们很可能在测试中大量地使用了这个断言语句，那么在测试中到处复制粘贴相同的断言语句是非常繁琐的。如果有一种方法能够实现自定义 Hamcrest 匹配器，从而使得断言语句更加简化，岂不是很好？

幸运的是，确实存在这么一种方法，这也是我们接下来要介绍的内容。我们首先实现一个简单的匹配器，它能够检查一个给定字符串是否为 null 或空。代码 B.8 给出了匹配器的具体代码。

代码 B.8 第一个 Hamcrest 匹配器的实现

```
[...]
import org.hamcrest.BaseMatcher;
import org.hamcrest.Description;
import org.hamcrest.Factory;
import org.hamcrest.Matcher;

public class IsNotNullOrEmpty extends BaseMatcher<String> {          ❶

    public boolean matches( Object string ) {                       ❷
        String str = (String) string;
        return ( str != null ) && !str.equals( "" );
    }
    public void describeTo( Description description ) {
        description.appendText("a string that is not null and not empty");  ❸
    }

    @Factory
```

```
    public static <T> Matcher<String> isNotNullOrEmpty() {     ⟵┐
        return new IsNotNullOrEmpty();                            │
    }                                                             ❹
                                                                  │
    @Factory                                                      │
    public static <T> Matcher<String> notNullOrEmpty() {       ⟵┘
        return new IsNotNullOrEmpty();
    }
}
```

基本上，如果我们想创建一个自定义匹配器，我们就需要继承两个类之一：BaseMatcher<T>或者 TypeSafeMatcher<T>。在以上代码中，我们继承了第一个类❶。接着，我们重写了 matches 方法❷，然后我们实现了我们的逻辑，即在什么情况下匹配器将匹配各种条件；如果使用的字符串参数不为 null 并且不为空字符串，那么我们的条件就匹配成功了。

下面介绍一下 BaseMatcher<T>与 TypeSafeMatcher<T>的不同之处。你随后会看到，如果你继承了 TypeSafeMatcher<T>，那么你就不得不使用以下定义重写另一个方法：

```
protected boolean matchesSafely(T item);
```

这意味着，必须实现我们的逻辑的方法绝对不能接受一个 null 对象。它总是会接受一个类型为 T 的参数，该参数已经被检查是否为 null 值且永远不能为 null。然而，我们想实现这个检查，因此我们继续使用 BaseMatcher<T>类。

在❸处我们给匹配器添加了一个描述。在匹配器无法匹配条件时，这个描述就会被使用在我们的测试用例中。我们在❹处提供两个工厂方法（已由@Factory 注释标注）。我们从测试用例中调用这些方法来创建一个匹配器的实例。我们提供了两个方法，仅出于可读性目的；有时调用它们中的一个方法会更加易读，有时调用另一种方法会更加易读。

代码 B.9 展示了使用测试方法的相应测试类。

代码 B.9 演示 IsNotNullOrEmpty 匹配器的测试类

```
[...]
import static com.manning.junitbook.appD.custom.matchers
                        .IsNotNullOrEmpty.isNotNullOrEmpty;      ⟵┐
import static com.manning.junitbook.appD.custom.matchers             ❶
                        .IsNotNullOrEmpty.notNullOrEmpty;        ⟵┘

public class TestStringIsNullUsingMatcher {

    @Test(expected=java.lang.AssertionError.class)            ⟵❷
    public void testIsNotNullOrEmptyButIsNull() {
        String str = null;

        assertThat( str, isNotNullOrEmpty() );                  ❸
        assertThat( str, is( notNullOrEmpty() ) );
    }

    @Test(expected=java.lang.AssertionError.class)
    public void testIsNotNullOrEmptyButIsEmpty() {
        String str = "";

        assertThat( str, isNotNullOrEmpty() );
```

```
        assertThat( str, is( notNullOrEmpty() ) );
    }

    @Test
    public void testIsNotNullOrEmptyIsNotNull() {
        String str = "test";
        assertThat( str, isNotNullOrEmpty() );
        assertThat( str, is( notNullOrEmpty() ) );
    }
}
```

我们所需要做的就是，使用 Java 1.5 的静态导入功能，并导入我们想要使用的匹配器❶。然后，我们利用刚刚实现的自定义匹配器实现了 3 个测试方法。前两个故意造成了测试失败的条件，且我们使用`@Test`注释的 `expected` 参数标识了这一点❷。我们也使用了两个工厂方法❸，第二个工厂方法与 Hamcrest 的核心匹配器之一联合使用。

现在我们展示另一个创建自定义匹配器的示例，这一次我们使用 `TypeSafeMatcher<T>`。对于这个例子，我们实现了一个自定义的 `Hamcrest` 匹配器，用来检查给定的密码是否有效。如果密码长度超过 6 个字符，且包含 1 个数字和 1 个特殊符号（!、"、#、$、%、&、'、(、)、*、+、-、.和/中的任意符号）的话，我们就认为这个密码是有效的。

代码 B.10 展示了我们自定义的 Hamcrest 匹配器。

代码 B.10 IsStrongPassword 自定义匹配器

```
[...]
public class IsStrongPassword extends TypeSafeMatcher<String> {          ❶
    @Override
    public boolean matchesSafely( String str ) {                        ❷
        return containsSpecialSymbol( str )
                && containsDigit( str )
                && str.length() >= 6;
    }

    private boolean containsDigit( String str ) {                     ❸
        for ( char ch : str.toCharArray() ) {
            if ( Character.isDigit( ch ) ) {
                return true;
            }
        }
        return false;
    }
    private boolean containsSpecialSymbol( String str ) {                 ❹
        for ( char ch : str.toCharArray() ) {
            if ( ( (int) ch ) <= 47 && ( (int) ch ) >= 33 ) {
                return true;
            }
        }
        return false;
    }
                                                                          ❺
    public void describeTo( Description description ) {
        description.appendText( "string that contains"
            + "a digit, a special character and is at least 6 symbols" );
    }

    @Factory
```

```
    public static <T> Matcher<String> isStrongPassword() {      ❻
        return new IsStrongPassword();
    }

    @Factory                                                    ❼
    public static <T> Matcher<String> strongPassword() {
        return new IsStrongPassword();
    }
}
```

我们首先通过继承 TypeSafeMatcher 类❶来实现我们的自定义匹配器。这是创建匹配器的第二种方法。

我们在❷处重写了 matchesSafely 方法，并实现了我们的代码逻辑，即在什么情况下匹配器应该匹配条件。在我们的例子中，条件是密码大于 6 个字符，且包含 1 个数字和 1 个特殊符号。❸和❹是两个辅助方法，我们使用它们来验证密码。

matchesSafely 方法绝不会接受一个 null 值。如果出现了这种情况，那么匹配器将会抛出一个 java.lang.AssertionFailedError 异常——这正是我们所期望的情况（密码绝不能为 null）。

describeTo 方法❺为我们的匹配器添加了一个显示在日志中的描述，以便在条件不匹配时使用。接下来，我们在❻和❼处提供了两个静态工厂方法，用来创建我们的匹配器的实例。我们提供了两个方法而不是一个方法，因为有时使用一种方法比另一种方法更加易读。

让我们来看看我们的匹配器的实际运行效果吧！现在创建一个测试用例，并使用这个匹配器。代码 B.11 给出了详细的代码。执行的结果如图 B.2 所示。

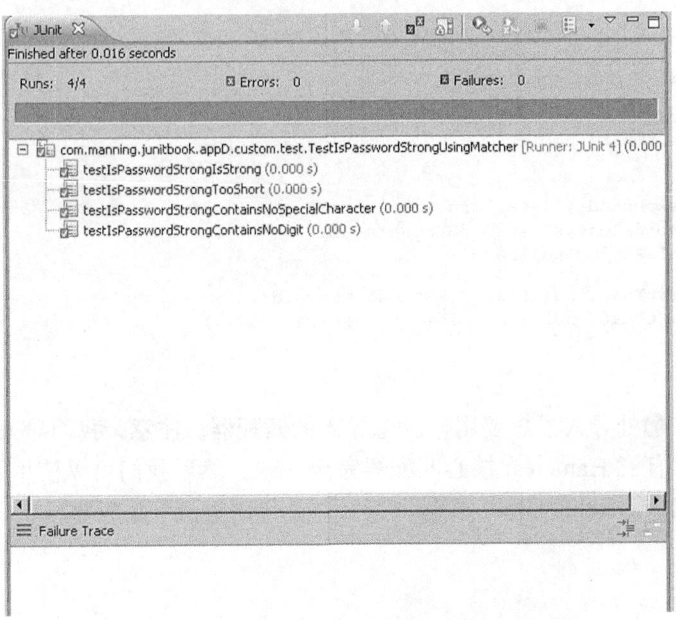

图 B.2 执行测试的结果，包括自定义匹配器

代码 B.11　使用自定义匹配器的测试用例

```
[...]
import static org.hamcrest.core.Is.is;
import static com.manning.junitbook.appD.custom.matchers.
                              IsStrongPassword.isStrongPassword;     ❶
import static com.manning.junitbook.appD.custom.matchers.
                              IsStrongPassword.strongPassword;

public class TestIsPasswordStrongUsingMatcher {

    @Test
    public void testIsPasswordStrongIsStrong() {
        final String pass = "!abcde0";

        assertThat( pass, isStrongPassword() );                    ❷
        assertThat( pass, is( strongPassword() ) );
    }

    @Test( expected = java.lang.AssertionError.class )
    public void testIsPasswordStrongTooShort() {
        final String shortPass = "abcde";
        assertThat( shortPass, isStrongPassword() );
        assertThat( shortPass, is( strongPassword() ) );
    }

    @Test( expected = java.lang.AssertionError.class )
    public void testIsPasswordStrongContainsNoSpecialCharacter() {
        final String noSpecialCharacterPass = "abcdef0";

        assertThat( noSpecialCharacterPass, isStrongPassword() );
        assertThat( noSpecialCharacterPass, is( strongPassword() ) );
    }

    @Test( expected = java.lang.AssertionError.class )
    public void testIsPasswordStrongContainsNoDigit() {
        final String noDigitPass = "abcdef!";

        assertThat( noDigitPass, isStrongPassword() );
        assertThat( noDigitPass, is( strongPassword() ) );
    }

    @Test( expected = java.lang.AssertionError.class )
    public void testIsPasswordStrongIsNull() {
        final String nullPass = null;

        assertThat( nullPass, isStrongPassword() );
        assertThat( nullPass, is( strongPassword() ) );
    }
}
```

我们在❶处导入了想要用作静态导入的匹配器。注意，我们导入自定义匹配器的方式，与导入任意 Hamcrest 核心匹配器完全一致。然后我们可以使用它们中的任意一个，就像使用 Hamcrest 匹配器一样❷。怎么样，代码很漂亮也很整洁，不是吗？

附录 C 本书源代码

本章重点

- 安装本书的源代码
- 需要的软件版本
- 目录结构的约定

本附录给出了书中源代码的概览，并说明了可以从哪里找到这些源代码，如何安装以及如何运行。当我们在编写本书时，我们决定把本书所有的源代码捐献给 Apache 软件基金会，因为在编写本书时我们使用了很多 Apache 框架。因此，我们把这些源代码作为开源代码放置于 SourceForge 网站上，其链接为 http://junitbook.sourceforge.net/junit2/。

我们还承诺维护这些源代码，发现 bug 时及时修改，把它们作为一个标准的开源项目来对待。此外，Manning 的作者论坛已经建立起来，读者也可以去 http://www.manning-sandbox.com/forum. jspa?forumID=502 讨论这些代码。

C.1 获取源代码

从你的本机有两种获取源代码的方式：

- 一种方式是从 http://sourceforge.net/project/showfiles.php?group_id=68011 下载发

布版本，并解压缩到你的硬盘上；

■ 另一种方式是使用 SVN 客户端并从 SVN HEAD 获取源代码。关于如何从 SVN 获得源代码可以参见 http://sourceforge.net/svn/?group_id=68011。或者，将源代码放在一个名为 junitbook2/的本地目录（例如，在 Windows 系统上的 C:\junitbook2 或者在 UNIX 系统上的/opt/junitbook2）中。

C.2 源代码概览

一旦你将源代码放置于 junitbook2/目录中，你应该就有了如图 C.1 所示的目录结构。每个目录都代表了书中某一章的源代码（repository/目录除外，这个目录包含了各章项目所需要的各个外部 JAR）。章节名与目录名的对应关系如表 C.1 中所示。

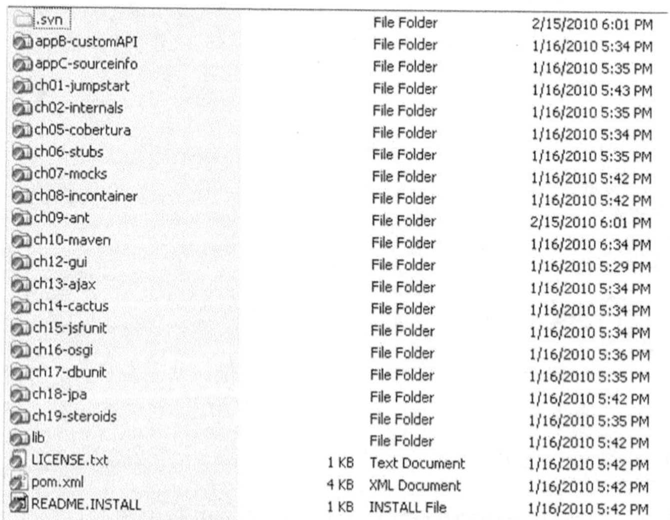

图 C.1 在 Windows Explorer 中所显示的源代码目录结构
（注意，目录和文件图标由 TortoiseSVN 客户端自动生成）

表 C.1 章名与源代码目录名的对应关系

章 名	目 录 名
第 1 章 JUnit 起步	junitbook2/ch01-jumpstart/
第 2 章 探索 JUnit 的 核心	junitbook2/ch02-internals/
第 3 章 掌握 JUnit	
第 4 章 软件测试法则	
第 5 章 测试范围和开发	junitbook2/ch05-coberturra/
第 6 章 使用 stub 进行粗粒度测试	junitbook2/ch06-stubs/
第 7 章 使用 mock objects 来测试	junitbook2/ch07-mocks/

续表

章 名	目 录 名
第 8 章 容器内测试	junitbook2/ch08-incontainer/
第 9 章 从 Ant 运行 JUnit 测试	junitbook2/ch09-ant/
第 10 章 从 Maven2 运行 JUnit 测试	junitbook2/ch10-maven/
第 11 章 持续集成工具	
第 12 章 表示层测试	junitbook2/ch12-gui/
第 13 章 Ajax 测试	junitbook2/ch13-ajax/
第 14 章 使用 Cactus 进行服务器端的 Java 测试	junitbook2/ch14-cactus/
第 15 章 测试 JSF 应用程序	junitbook2/ch15-jsfunit/
第 16 章 测试 OSGi 组件	junitbook2/ch16-osgi/
第 17 章 测试数据库访问	junitbook2/ch17-dbunit/
第 18 章 测试基于 JPA 的应用程序	junitbook2/ch18-jpa/
第 19 章 JUnit 的其他用法	junitbook2/ch19-steroids/

每个目录都直接对应于一个项目。项目是一种将 Java 源代码、测试源代码、配置文件等重新分组（使之位于同一处）的方式。项目还带有构建文件，它使得你可以执行各种操作，比如编译代码、运行测试以及生成 Javadoc。我们对不同的项目使用了不同的构建工具（Ant 和 Maven），同时在每个项目对应的章节中进行了解释和说明。

C.3 外部库

你可能已经注意到，在图 C.1 中一个名为 repository/的目录。它包含了其他所有项目编译和运行所依赖的不同外部库（JAR 文件）。为了方便起见，我们把所有的这些文件提供给你，这样你就不需要耗费精力去网上四处寻找。

C.4 JAR 版本

表 C.2 列出了各个项目用到的所有外部 JAR 和应用程序的版本。我们建议你在尝试书中的示例时使用这些版本。

表 C.2 外部 JAR/应用程序版本（按字母顺序排序）

外部项目名称	版 本	项 目 网 址
Ant	1.7.1	http://ant.apache.org/
Cactus	1.8.1	http://jakarta.apache.org/cactus
Commons BeanUtils		http://commons.apache.org/
Commons Collections		http://commons.apache.org/
Commons HttpClient		http://commons.apache.org/

续表

外部项目名称	版　本	项 目 网 址
Commons Logging		http://commons.apache.org/
DBUnit	1.5.5	http://dbunit.sourceforge.net/
EasyMock	1.0	http://easymock.org/
Eclipse	3.5.2	http://eclipse.org/
HttpUnit	1.5.3	http://httpunit.sourceforge.net/
Jakarta Taglibs/JSTL	1.0.2	http://jakarta.apache.org/taglibs/
JBoss	4.2.1	http://jboss.org/
Jetty	7.0.0.pre5	http://jetty.mortbay.org/
JUnit	4.6	http://junit.org/
Maven	2.0.10	http://maven.apache.org/
MockObjects	0.09	http://mockobjects.com/
ServletAPI	2.5	http://repo1.maven.org/maven2/javax/servlet/
Tomcat	6.0.14	http://tomcat.apache.org/

C.5 目录结构约定

对于每个项目，我们都遵循表 C.3 中列出的目录结构约定。

表 C.3 目录结构约定

目 录 名	说　明
<project name>/src/main/java	Java 运行时代码
<project name>/src/test/java	Java 测试代码
<project name>/src/main/webapp	Java 应用程序资源（JSP、 web.xml、taglib 等）
<project name>/src/main/conf	配置文件（如果有的话）
<project name>/target	构建过程（Ant 或 Maven）建立的目录，用来存放生成的文件和临时文件。可以安全地删除这个目录，因为下次构建时会重新生成

附录 D JUnit IDE 集成

本章重点

- 安装 Eclipse 和 NetBeans
- 在 Eclipse 和 NetBeans 中安装本书的源代码
- 在 Eclipse 和 NetBeans 中运行 JUnit 测试

在本章附录中，你将了解到两个最流行的 Java IDE：Eclipse IDE 和 NetBeans IDE。我们介绍了安装过程、配置以及如何在 IDE 中运行本书的源代码。

D.1 JUnit 与 Eclipse 的集成

本小节主要是为了让你能够快速上手，并使用 Eclipse 以及集成的 JUnit 运行测试。

D.1.1 安装 Eclipse

安装 Eclipse 非常简单；这个过程包括从 http://eclipse.org/下载 Eclipse 并将它解压缩到在你的硬盘上的某处。我们推荐下载 Eclipse3.2 或者更高版本。在本附录中，我们假定 Eclipse 安装在 [ECLIPSE_HOME]目录中（比如 C:\eclipse-3.2）。

D.1.2 从源代码创建 Eclipse 项目

创建一个 Eclipse 项目非常简单，因为我们在本书的源代码包中提供了 Eclipse 项目文件。请参阅附录 C“本书源代码”，该附录详细说明了本书中的目录结构组织和项目名称。第一个要导入的 Eclipse 项目对应于 ch01-jumpstart/目录。

这个项目包含了本书第 1 章的源代码。为了导入这个项目，选择 File→Import，然后选择 Existing Project Into Workspace。将 Project Content 指向你硬盘上的 ch01-jumpstart/目录。重复上述操作，直到你在 Eclipse 工作空间内看到了所有想要的项目。如果你导入了所有的项目，你应该会看到如图 D.1 所示的工作空间界面。

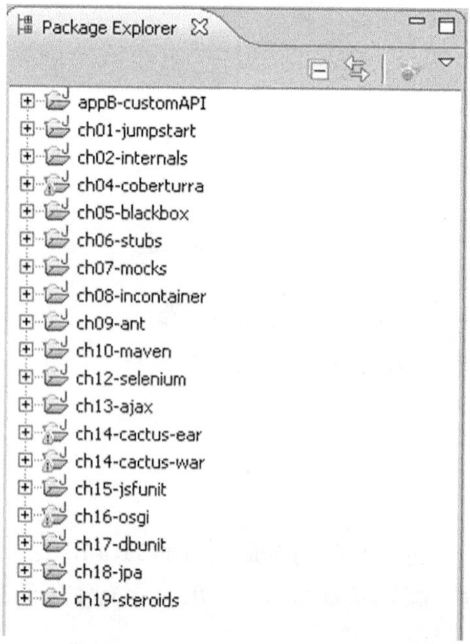

图 D.1 书中所有项目被导入后 Eclipse 工作空间的界面

D.1.3 从 Eclipse 运行 JUnit 测试

为了在 Eclipse 中运行 JUnit 测试，首先选择 Java 视图（），单击要执行的测试类，单击 Run As 箭头图标（），然后选择 JUnit Test。当你运行第 5 章中的 Eclipse 项目 ch05-stubs 中的 `TestWebClient1` 测试用例时，你会看到如图 D.2 所示的结果。

关于如何从 Eclipse 中运行 JUnit 测试的完整细节，请参阅 Eclipse 自带的帮助：单击 Help→Help Contents，然后在帮助浏览器中选择如下主题：Java Development User Guide→Getting Started→Basic Tutorial→Writing And Running JUnit tests。

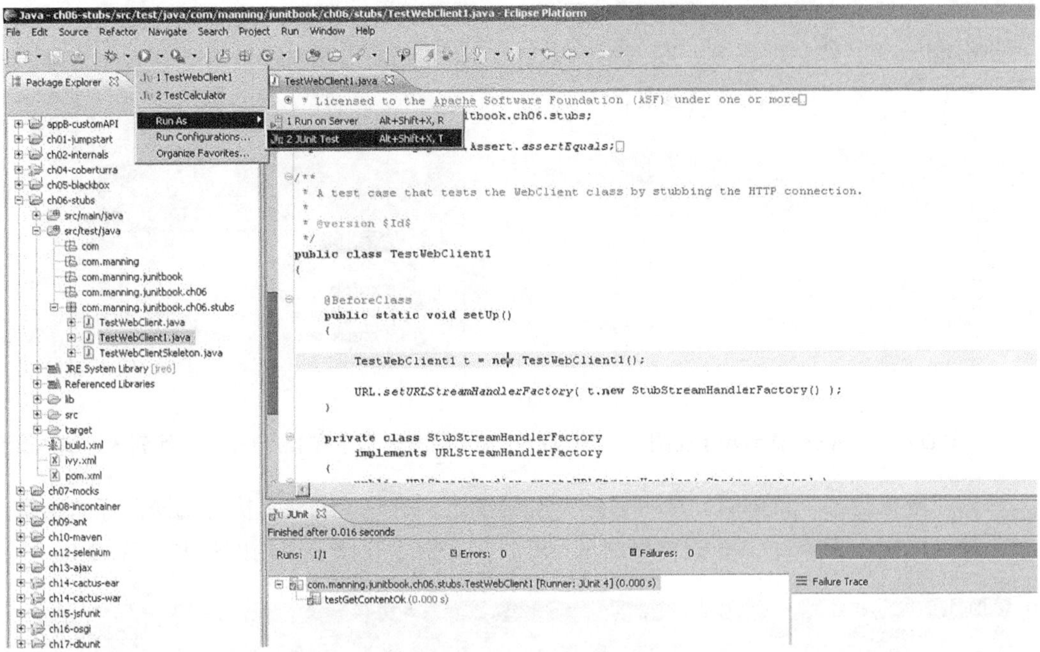

图 D.2 在使用了内置 JUnit 插件的 Eclipse 中运行 TestWebClient1 测试用例

D.1.4 从 Eclipse 运行 Ant 脚本

在执行 Ant 脚本之前，请先确保你已经把 Ivy 的 ivy.jar 库文件添加到了 Ant 的 classpath 中（Ant 脚本需要用到）。为了添加该库文件，选择 Window→Preferences，在 Preferences 对话框中选择 Ant→Runtime，然后添加 JAR，如图 D.3 所示。

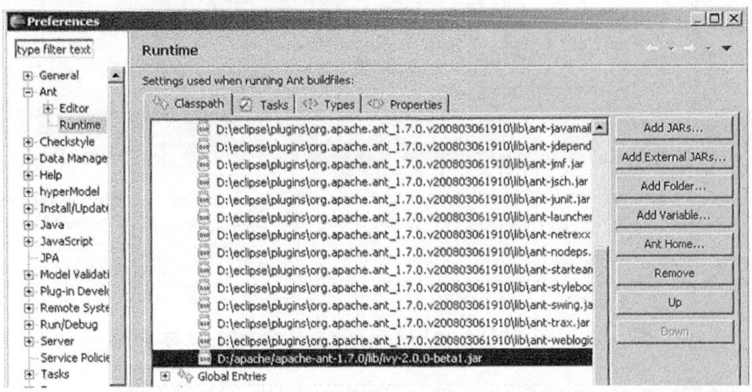

图 D.3 将 JDK ivy-[version].jar 文件添加到 Eclipse 的 Ant classpath 中

为了执行 Ant 构建文件中的一个目标（target），你需要首先让 Eclipse 显示 Ant 视图。这可以通过单击 Window→Show View 菜单项并选择 Ant 来做到。图 D.4 展示了结果。

然后单击图标把构建文件添加到 Ant 视图中。例如，从 ch06-stubs 项目中添加 build.xml 文件。现在 Ant 视图列出了它在 build.xml 文件中找到的所有 Ant 目标，并把默认目标高亮显示出来（参见图 D.5）。

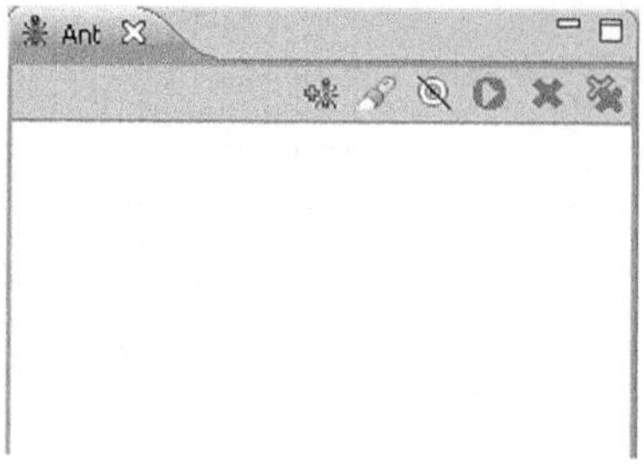

图 D.4 Eclipse 显示 Ant 视图

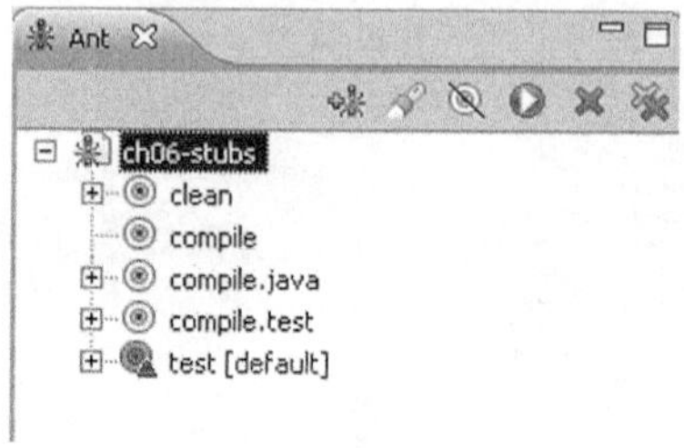

图 D.5 Ant 视图显示了在 build.xml 中找到的所有 Ant 目标

要执行某个目标时，选中它并单击按钮。图 D.6 给出了执行编译目标的结果。注意，Eclipse 捕获了 Ant 的输出结果，并且把它显示在图右下角的控制台视图中。

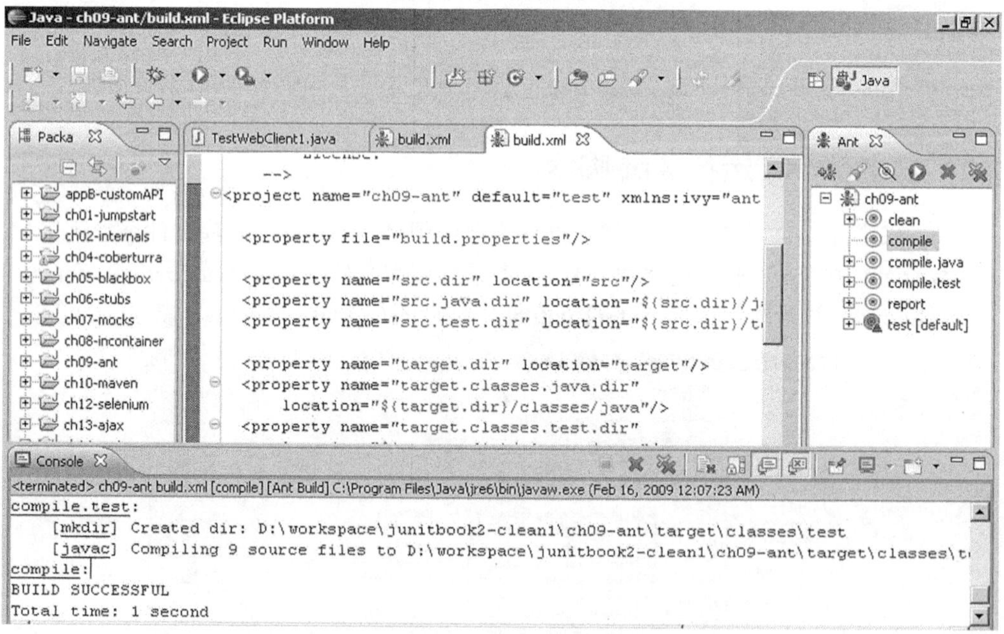

图 D.6 对 ch09-ant 项目执行编译 Ant 目标的结果

关于如何从 Eclipse 运行 Ant 脚本的全部细节，可以参见 Eclipse 自带的帮助；单击 Help→Help Contents。然后，在帮助浏览器中选择如下主题：Workbench User Guide→Getting Started→Ant & External Tools Tutorial→Eclipse Ant Basics。

D.2 引入 JUnitMAX Eclipse 插件

Kent Beck，JUnit 的创始者之一，开发了另一个叫做 JUnitMAX 的 Eclipse 插件（http://www.threeriversinstitute.org/junitmax/subscribe-w-infinitest.html）。虽然 JUnitMAX 需要每个月支付 2 美元的使用费，但是它提供了不少你可能会感兴趣的功能。

让我们再来看一看本书所介绍的第一个测试用例，如代码 D.1 所示。

代码 D.1 CalculatorTest 测试用例

```
public class CalculatorTest {
    @Test
    public void add() {
        Calculator calculator = new Calculator();
        double result = calculator.add( 10, 50 );
        assertEquals( 60, result, 0 );
    }
}
```

D.2.1 集成在你的开发周期中

JUnitMAX 的主要功能之一就是紧密地集成在你的开发周期中。例如，我们使用安装的 JUnitMAX 获得一个 Eclipse，并输入代码 D.1 中的代码。现在我们故意在测试内部引入一个错误。在你按下 Ctrl+S 保存文件之后，Eclipse 就会开始编译它，同时 JUnitMAX 将为你运行这个测试，并显示出我们刚刚引入的错误（如图 D.7 所示）。

测试错误和失败当作编译问题被显示出来。你也可以在 Package Explorer 的 Project 级别上看到它们；这样，遗漏它们并提交被破坏的测试的可能性几乎为零。

现在是修改这个错误并保存文档的时候了，结果显示在图 D.8 中。

你可以看到该插件再一次运行了我们的测试，并使用一个蓝色图标来标识它已经通过了。

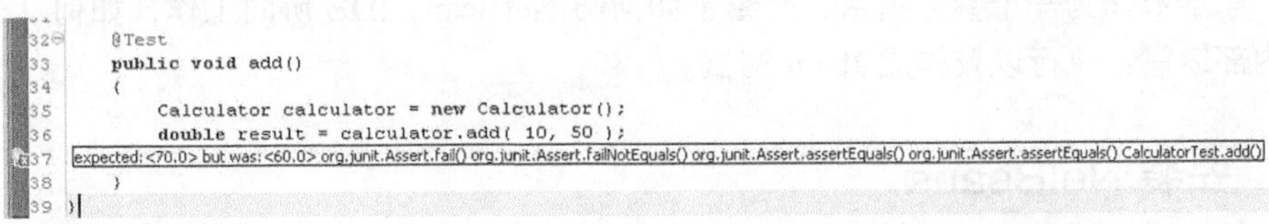

图 D.7 在测试用例中引入一个错误会导致 JUnitMAX 执行测试并在行的开头以红色标记报告错误

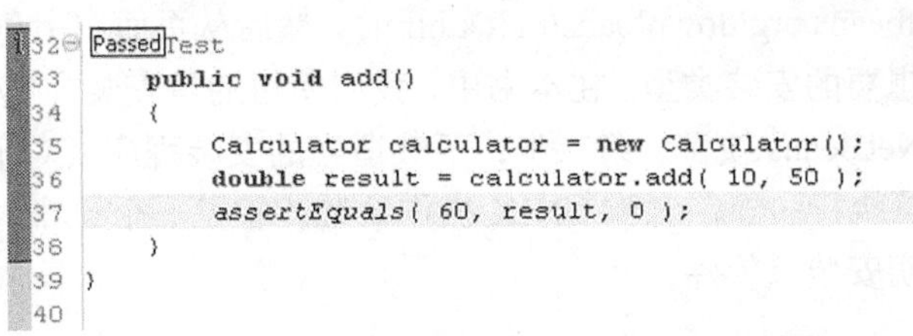

图 D.8 当我们修改了错误并保存文件时，我们的测试就通过了

由于 JUnitMAX 在开发期间运行你的测试，因此节省了你需要通过单独的接口（Ant、Maven 或其他一些图形化运行器）显式地运行测试的时间。

D.2.2 执行顺序

这个 JUnit 插件的另一个实用功能是不同的测试可以按照特定的顺序执行。

测试不是随机失败的。近期发生失败的测试很有可能会再次失败。当你使用 JUnitMAX 插件执行测试时，它会注意到这一点，并首先执行最近失败的测试。这样，你就会在执行阶段的初期得到关于测试状态的有价值的反馈。插件会先执行短的测试，再执行长的测试，你同样会在早期获得有价值的信息。

D.2.3 恢复到上一个稳定版本

最烦人的问题之一就是，某人提交给源代码库的代码破坏了已有的功能——很明显，他忘记运行他的整套测试了。通过使用持续集成系统（就像在第 10 章中介绍的那些），我们就可以在早期发现可能的问题。显然，我们需要时间来搞明白为什么有些功能被破坏了。但是，我们如何知道测试的上一个稳定版本是什么呢？我们如何又能轻松地恢复到测试用例（其中的所有测试都通过了）的上一个版本？

有一种解决办法是检查你的版本控制日志。然而，JUnitMAX 插件提供了一种更简单的解决这个问题的方法。在 Eclipse 的 Package Explorer 中右键单击你的测试，选择 Revert To Last Green 项，是不是很不错？

D.3 JUnit 与 NetBeans 集成

本节作为一个参考指南，介绍了如何与 NetBeans IDE 协同工作，如何从 NetBeans 内部编写、执行以及构成 JUnit 测试。

D.3.1 安装 NetBeans

NetBeans 的安装需要几个步骤。第一步，你需要打开 NetBeans 网站的下载页面(http://www.netbeans.org/downloads/index.html)，然后从页面右上角选择你将要安装软件的平台以及你想要的安装类型。在本书中，我们使用的是安装在 Windows 操作系统上的版本为 6.5 的 NetBeans 项目。第二步，下载适当的安装程序（对于 Windows 操作系统，它是一个.exe 可执行向导；对于 UNIX 操作系统，它是一个.sh 脚本）。最后一步，按照安装向导的说明安装该软件。

D.3.2 从源代码中创建 NetBeans 项目

幸运的是，NetBeans IDE 可以识别 Eclipse 的配置文件，所以你可以很容易地将任何 Eclipse 项目导入到 NetBeans 中并开始运行。我们使用 Eclipse IDE 来开发本书附带的软件，因此，如果你想导入它，你所需要做的就是按照以下的步骤操作：

1 单击 File→Import Project→Eclipse Project。

2 在出现的向导中，找到对应的文件夹，该文件夹包含了带有所有章节项目的工作空间。

3 选择你想要导入的项目，如图 D.9 所示。

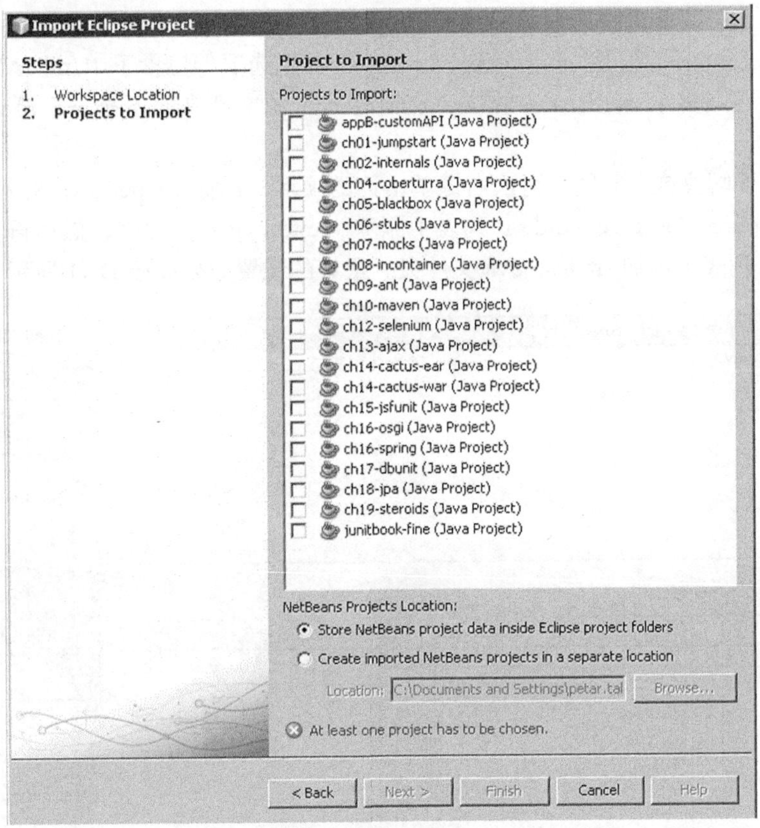

图 D.9 向 NetBeans 导入 Eclipse 项目

D.3.3 从 NetBeans 运行 JUnit 测试

一旦将项目导入到工作空间，我们就能演示如何在这里执行一些测试。在我们运行测试之前，有几点需要考虑。首先，仔细观察一下这些项目中的任何一个，你就会看到如图 D.10 所示的树状结构。

这些编译问题要归因于一个事实：与 Eclipse 不同，NetBeans 显式地保留了两个独立的目录：一个用于保存源文件，而另一个用于保存测试源文件。NetBeans 为每个文件夹各自保留了一套不同的要包含在 classpath 中的库。就像你在图 D.10 中所看到的那样，NetBeans 把 src\test\java 看作一个源文件夹，并且源文件夹的 classpath 中很可能没有包含 JUnit JAR 文件。为了查看所有包含在 classpath 中的库，右键单击你的项目，选择 Properties，在出现的对话框中，从左侧的树状结构中选择 Libraries 标签。你会看到，Compile Tests 选项卡包含了 JUnit JAR，所以事实上，编译问题是由于 NetBeans 把文件夹看作一个源文件夹而不是一个测试源文件夹所导致的。

图 D.10 使用 NetBeans 的编译问题

为了解决这个问题，再次右键单击你的项目，选择 Properties，并且在 Source 标签中从 Source Package Folders 列表中删除 src\test\java 文件夹，然后再在 Test Package Folders 列表中添加 src\test\java 文件夹。最终的设置效果如图 D.11 所示。

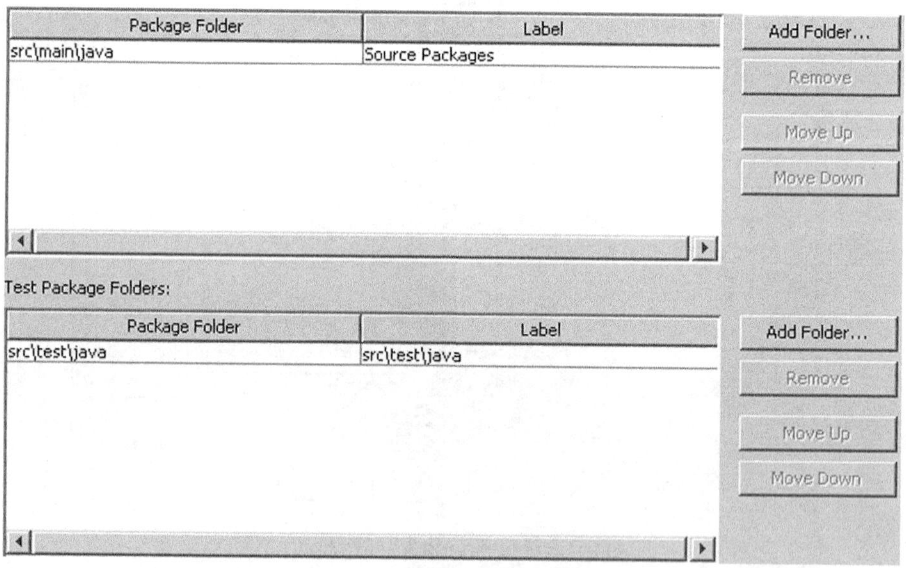

图 D.11 设置后的源文件夹

为了从 NetBeans 内部执行一个 JUnit 测试，你需要确保测试位于正确的文件夹中（测试源文件夹）。与 Eclipse 不同，如果一个 JUnit 测试位于源文件夹时，那么 NetBeans 将永远不会执行它（如果你的类位于源文件夹中并且你尝试去执行它，那么 NetBeans 会开始寻找一个主要方法，而不是将这个类作为测试来运行）。假设你已经确保所有的测试都位于测试源文件夹中，那么你有以下几个选择。要么在类的内部单击右键，然后选择 Run File（Shift+F6）；要么在 Projects 视图中右键单击文件，然后选择 Run File；要么只是简单地按下 Shift+F6。无论你使用什么方法，其结果都应该是相同的，如图 D.12 所示。

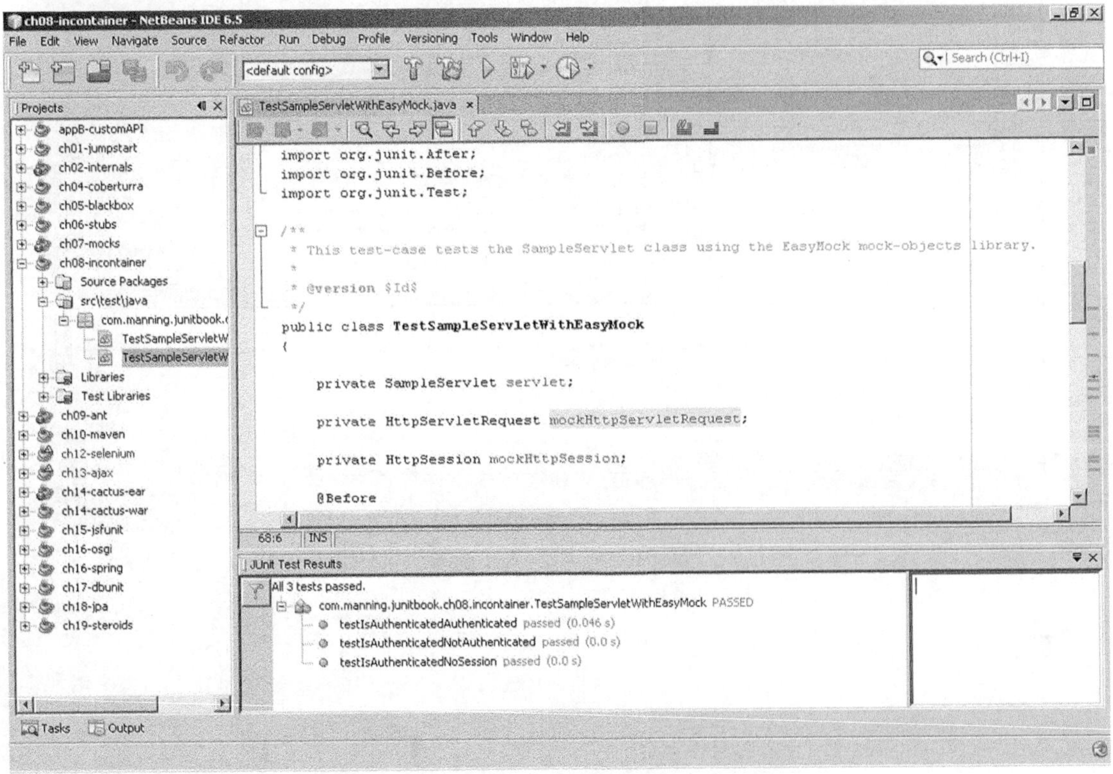

图 D.12　一个 JUnit 测试用例的执行结果

D.3.4　从 NetBeans 运行 Ant 脚本

要从 NetBeans 运行一个 Ant 脚本，你首先需要打开 Files 视图。你可以通过选择 Window→Files 菜单来做到这一点。然后，找到你的项目并右键单击 build.xml 文件。在弹出的下拉菜单中，应该出现了 Run Target 选项。

从这里你可以选择你想要执行的目标。你也可以指定哪些目标应该是默认的目标。如果你想将其他的库文件添加到 Ant 安装包中，那么你就应该知道 NetBeans 使用了它自己的 Ant 安装包。你可以在 NetBeans 的 Ant 安装包的 lib/文件夹下添加其他的 JAR 文件（通常，这个文件夹为[NETBEANS_INSTALLATION]/java2/ant/lib）。

图 D.13 展示了 NetBeans 中一个 Ant 构建脚本的执行结果。

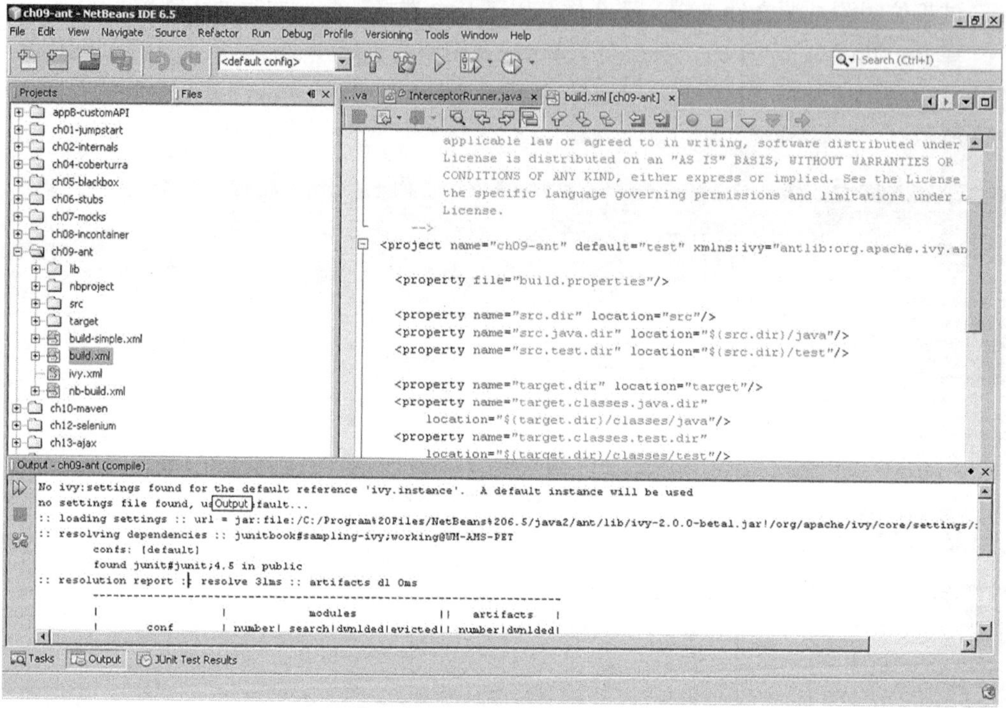

图 D.13 NetBeans 中的 Ant 脚本的执行结果

附录 E 安装软件

本章重点

- 安装 HtmlUnit
- 使用 HtmlUnit 配置 Cactus
- 安装 Selenium
- 安装 RhinoUnit
- 安装 JsUnit

E.1 安装 HtmlUnit

从 http://htmlunit.sourceforge.net/下载 HtmlUnit，并将它解压缩到你的本地硬盘中。在我们的示例中，我们把它解压缩到 C:\Java\htmlunit-2.7 目录下。

E.1.1 标准配置

将所有的 JAR 文件添加在 classpath 中，除了 3 个 XML 库以外：XML-APIs、Xalan 和 Xerces。从 1.4.2 版本开始，Java 附带了一个 XML 解析器和转换器（Apache Xalan）。

因为 HtmlUnit 附带了 XML-APIs、Xalan 和 Xerces，这些库的版本必须通过 Java-endorsed 机制[1和2]来覆盖默认的 Java 版本。

将所有的 XML 库移到 HTmlUnit-2.7/lib 目录下一个名为 endorsed 的子目录中。例如，lib 目录应该包含以下文件：

```
commons-codec-1.4.jar
commons-collections-3.2.1.jar
commons-httpclient-3.1.jar
commons-io-1.4.jar
commons-lang-2.4.jar
commons-logging-1.1.1.jar
cssparser-0.9.5.jar
htmlunit-2.7.jar
htmlunit-core-js-2.7.jar
nekohtml-1.9.14.jar
sac-1.3.jar
serializer-2.7.1.jar
```

而 lib/endorsed 目录下应该包含下列文件：

```
xalan-2.7.1.jar
xercesImpl-2.9.1.jar
xml-apis-1.3.04.jar
```

你的类路径必须在 lib 中列出所有的 JAR 文件。此外，你必须将以下内容添加到你的 Java 虚拟机调用中：

```
-Djava.endorsed.dirs=C:\Java\htmlunit-2.7\lib\endorsed
```

如果你很幸运地在 Java 6 上进行开发，那么你的命令行 classpath 就不需要列出每个 HtmlUnit JAR 文件；相反，它可以包含 `C:\Java\htmlunit-2.7\lib\*`。从 Java 6 开始，你至少可以使用通配符*来包含目录中的所有 JAR 文件。

E.1.2 Eclipse 的配置

在 Eclipse 中，你必须设置一个如图 E.1 所示的 JRE。在 JRE 的配置中有以下两个关键项：

- "Default VM Arguments" 设置了到 HtmlUnit 的 lib/endorsed 目录的授权路径；
- "JRE System Libraries" 首先列出了 HtmlUnit 的 lib/endorsed 目录下的 JAR 文件。

Eclipse 将自动设置 "JRE System Libraries" 列表中的其他项。

[1] 对于 Java 5，参见 http://java.sun.com/j2se/1.5.0/docs/guide/standards/index.html。
[2] 对于 Java 6，参见 http://java.sun.com/javase/6/docs/technotes/guides/standards/。

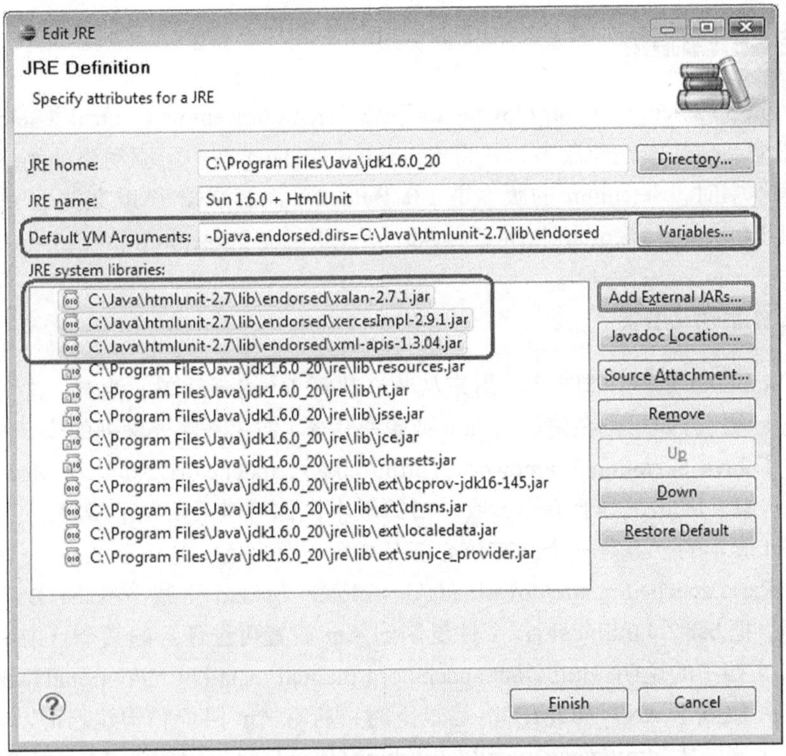

图 E.1　为了 HtmlUnit 在 Eclipse 中设置 JRE

E.2　使用 HtmlUnit 配置 Cactus

HtmlUnit 的集成需要 Cactus 1.8 或以上版本，以及一个容器（如 Tomcat 或 Jetty）。根据你选择的容器，以及 Cactus 与 HtmlUnit 的版本，你可能不得不调整你的安装包。因为 Cactus 1.8.1 附带了 HtmlUnit 1.6，所以你可能想通过复制 HtmlUnit 的 JAR 文件来覆盖 Cactus 提供的 HtmlUnit JAR 文件，同时删除 htmlunit-1.6.jar 文件，从而使 Cactus 升级到 HtmlUnit 2.7 版本。HtmlUnit 2.7 的 HTML 解析器依赖于 Xerces 和 Xalan 的类，所以请确保你的 Web 应用程序或容器可以使用这些 JAR 文件。

第 12 章介绍了如何在 Cactus 框架下编写 HtmlUnit 测试，并且在第 14 章中对此更加详细地加以阐述。关于应用程序的安装和管理，以及在特定容器内的测试的详细内容，我们推荐你阅读 Cactus 的文档。在这一章中，我们使用 Tomcat 6.0.18 和 Cactus 1.8.1 编写例子，并根据 Cactus 安装向导来进行设置[1]。

---

[1] 关于 Cactus 和 Tomcat 的设置，可以参考 http://jakarta.apache.org/cactus/integration/howto_tomcat.html。

E.3 安装 Selenium

从 http://seleniumhq.org/download/下载 Selenium Remote Control（Selenium RC），将它解压缩到你的本地硬盘中，并将 Selenium 的 Java 客户端驱动添加倒你的类路径中。在编写本书时，Selenium 的版本是 1.0 Beta 2，而客户端 JAR 文件是 selenium-remote-control-1.0-beta-2\selenium-java-client-driver-1.0-beta-2\selenium-java-client-driver.jar。

E.4 安装 RhinoUnit

RhinoUnit 是一个脚本库，用来从 Ant 执行 JavaScript 单元测试，这里使用 Ant 1.7.1 版本进行测试。如果你在使用 Java 6 或更高版本，你就不需要额外的安装程序，因为 Java 6 包含了 Java Scripting Framework（http://jakarta.apache.org/bsf/）和 Mozilla Rhino Java Script 引擎。因此，对于 Java 5 或以前的版本，你可以采用以下步骤。

Ant 脚本的任务是一个具有核心任务的可选任务包。它需要 Apache BSF，你可以从 http://jakarta.apache.org/site/downloads/downloads_bsf.cgi 下载 Apache BSF。将下载包解压缩后，把 bsf-2.4.0\lib\bsf.jar 文件复制到 Ant 放置可选任务的某个目录中，具体可以参考 Ant 文档中的说明（http://ant.apache.org/manual/install.html#optionalTasks），比如，将 JAR 文件放置于 ANT_HOME/lib 目录下时，所有 Ant 用户和构建都可以访问它。

接下来，从 http://www.mozilla.org/rhino/download.html 获得 Mozilla Rhino JavaScript（http://www.mozilla.org/rhino/）引擎。对于 Java 5，复制文件 js.jar；对于 Java 1.4.2，复制文件 js-1.4.jar 到 Ant 放置可选任务的目录中。Apache BSF 使用 Apache Commons Logging，自 Ant 1.6 版本后，Apache Commons Logging 就被包含在 Ant 中。如果你必须使用 Ant 1.6.x 之前的版本，那么你就可以从 http://commons.apache.org/logging/ 下载 Apache Commons Logging 并将 commons-logging-1.1.1.jar 文件复制到 Ant 放置可选任务的目录中。

E.5 安装 JsUnit

你可以在 http://jsunit.net/上找到 JsUnit。我们已经在第 13 章的源代码中包含了版本 2.2 的构建文件。这个构建文件位于第 13 章源代码的 jsunit 目录下。